資料結構入門－使用 C 語言

（修訂版）（附範例光碟）

陳會安　編著

全華圖書股份有限公司　印行

「資料結構」（data structures）是計算機科學的一門重要課程，在學習基本程式設計，例如：C語言後，資料結構提供的相關理論基礎，可以快速擴大讀者程式設計的視野，讓本來只能寫出十數行的程式碼，快速升級寫出上百行程式碼。

當讀者學習資料結構後，就可以靈活運用陣列、串列、堆疊、佇列、二元樹和圖形等各種結構來解決程式問題，或是使用搜尋和排序來處理大量資料，不只讓程式執行的更有效率，從此以後，你不再只能撰寫小程式，而是眞正擁有應用程式的系統開發能力。

一般來說，讀者在初次接觸資料結構時，單聽名稱就認爲這是一門十分深奧的學問，事實上，從讀者初次接觸程式設計，資料結構就如影隨形般，不知不覺的溶入程式設計經驗之中，隨著程式設計功力的累積，或多或少都會實際使用一些資料結構的觀念來設計程式。因爲資料結構就是一些前輩留下的寶貴程式設計經驗，一些有效解決程式問題的資料儲存方法和演算法步驟。

不同於市面上其他資料結構圖書，本書完全是以實務角度來幫助讀者學習資料結構，因爲筆者相信資料結構是程式設計課程的延伸，幫助讀者擁有能力來開發大型程式，所以，在本書說明的各種資料結構都擁有對應實作的C程式碼，可以讓讀者實際執行C程式來驗證各種資料結構，不只如此，本書更提供一套網頁版模擬動畫工具來加強重要觀念的解說，使用互動動畫方式來模擬展示各種資料結構。

爲了讓初學者能夠輕鬆學習資料結構，在內容上筆者更提供大量表格、範例和圖例來說明各種資料結構觀念和詳細的演算法步驟，換言之，本書不只擁有理論觀念的解說，更完整實作各種資料結構，讓讀者能夠實際測試執行來進一步了解各種資料結構。

在資料結構的實作部分，本書是使用C語言模組化程式設計來實作各種資料結構的抽象資料型態ADT，ADT就是物件導向技術的基礎，在物件導向程式語言是使用「類別」（class）來實作抽象資料型態ADT，換句話說，本書不只可以作爲程式設計的進階教材，當讀者學習物件導向程式語言的C++、C#或Java語言後，就可以將本書C模組化程式設計改爲類別來實作，例如：C++語言，輕鬆升級資料結構來學習物件導向程式設計。

如何閱讀本書

本書內容是循序漸進說明各種資料結構的觀念和實作，完全是以實務角度來解說資料結構和相關應用，在第1章是資料結構的基礎、演算法、遞迴、模組化程式設計、程式設計方法和時間複雜度的原理。

第2章是陣列與矩陣，說明陣列表示法和矩陣的應用，第3章是堆疊和遞迴的應用，第4章是佇列，第5章是動態記憶體配置的鏈結串列，第6章是樹、二元樹和二元搜尋樹，第7章是圖形結構和相關應用，在第8和9章是大量資料處理的搜尋和排序，詳細說明常見的各種搜尋和排序方法。

編著本書雖力求完美，但學識與經驗不足，謬誤難免，尚祈讀者不吝指正。

陳會安於台北hueyan@ms2.hinet.net
2015.5.30

光碟內容說明

為了方便讀者學習C語言資料結構，筆者將本書使用到的範例檔案和相關工具都收錄在書附光碟，如下表所示：

檔案或資料夾	說明
Ch01~Ch09和AppA資料夾	本書各章節C程式範例和編譯後的執行檔
DS_C.zip	C程式範例的ZIP格式壓縮檔
Tools/Dev-Cpp 5.10 TDM-GCC 4.8.1 Setup.exe	Orwell Dev-C++ 5中文版C/C++整合開發環境安裝程式
Tools/Dev-Cpp 5.10 TDM-GCC x64 4.8.1 Portable.7z	Orwell Dev-C++ 5中文版C/C++整合開發環境可攜式版本，7z壓縮格式
Tools/資料結構互動模擬動畫	資料結構互動模擬動畫教學工具
Tools/資料結構互動模擬動畫.zip	資料結構互動模擬動畫教學工具的ZIP格式壓縮檔

請使用瀏覽器開啟「Tools/資料結構互動模擬動畫」資料夾下的index.html檔（建議使用Google Chrome瀏覽器），就可以啟動教學工具，看到對應本書各章節資料結構的動畫目錄清單，如下圖所示：

資料結構與演算法的互動模擬動畫教學工具

- 第1-5-2節：遞迴的階層函數
- 第3-2節：堆疊表示法(使用陣列建立堆疊)
- 第4-2節：佇列表示法(使用陣列建立佇列)
- 第5-3-1節：單向鏈結串列(插入在前)
- 第5-3-1節：單向鏈結串列(插入在後)
- **第5-3-1節：單向鏈結串列(串列走訪)**
- 第5-3-2節：刪除單向鏈結串列的節點
- 第5-3-3節：插入單向鏈結串列的節點
- 第5-4-1節：使用串列實作堆疊
- 第5-4-2節：使用串列實作佇列
- 第6-3-3,6-4-1,6-5-1,6-5-2節：二元樹(二元搜尋樹)
- 第7-2節：圖形表示法
- 第7-3-1節：深度優先搜尋法DFS
- 第7-3-2節：寬度優先搜尋法BFS
- 第7-4-3節：最低成本擴張樹
- 第7-5-1節：一個頂點到多頂點的最短路徑
- 第7-5-2節：各頂點至其他頂點的最短路徑
- 第7-6節：拓樸排序
- 第8章：排序方法的比較
    - 泡沫排序法(Bubble Sort)
    - 選擇排序法(Selection Sort)
    - 插入排序法(Insertion Sort)
    - 謝耳排序法(Shell Sort)
    - 合併排序法(Merge Sort)
    - 快速排序法(Quck Sort)
- 第0 5節：堆積排序法
- 第9-6-1節：線性探測法(雜湊函數的碰撞問題)

中文版 ©Copyright 2015 by 陳會安

請點選超鏈結文字進入各節的動畫展示頁面，例如：選【第5-3-1節：單向鏈結串列(串列走訪)】超連結文字，如下圖所示：

鏈結串列的走訪

下一個節點 重設指標 ptr

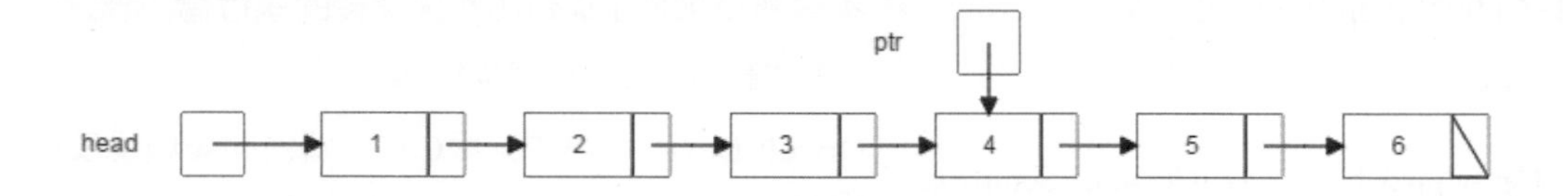

資料結構與演算法的互動模擬動畫首頁

在上方按鈕可以執行所需操作；在下方提供動畫工具列控制動畫執行（不是每頁都提供），例如：按【下一個節點】鈕，可以看到ptr指標移動至串列的下一個節點。

版權聲明

本書光碟內含的共享軟體或公共軟體，其著作權皆屬原開發廠商或著作人，請於安裝後詳細閱讀各工具的授權和使用說明。本書作者和出版商僅收取光碟的製作成本，內含軟體爲隨書贈送，提供本書讀者練習之用，與光碟中各軟體的著作權和其它利益無涉，如果在使用過程中因軟體所造成的任何損失，與本書作者和出版商無關。

目錄

第一章　資料結構概論

第二章 陣列與矩陣

第三章 堆疊

第四章 佇列

第五章 鏈結串列

第六章 樹狀結構

第七章 圖形結構

第八章 排序

第九章 搜尋

附錄A 安裝與使用Orwell Dev-C++整合開發環境

附錄B ASCII碼對照表

Chapter 1

資料結構概論

學習重點

- 認識資料結構
- 程式設計過程與演算法
- 抽象資料型態ADT
- C語言的模組化程式設計
- 遞迴函數
- 程式的分析方法

1-1 認識資料結構

當計算機（computer，電腦）發明之後，資訊科技一日千里，電腦知識隨著網路普及而隨手可得，所以，一般讀者和程式設計的初學者根本無法理解早期程式設計師的辛酸。程式設計對於早期程式設計師來說，是一種藝術而非技術。因爲可供參考的資料難得，每一位程式設計師在追求電腦知識的過程中，都經歷一段非常刻苦的時光。逐漸的，這些先輩留下來的寶貴程式設計經驗，確實能夠有效的解決一些程式問題，這些方法便成爲一門學問，這就是「資料結構」（data structure）這門課程的緣由。

日常生活中的資料結構

資料結構單從名稱來看，好像是一種十分專業的內容，事實上，資料結構根本就是源於日常生活中的經驗累積，你一定都知道，而且常常看到，例如：各種資料表格是陣列；洗餐盤是堆疊；排隊上車是佇列；連接火車或捷運車箱是串列；將街道旁的路樹倒過來是樹狀結構；公車路網是圖形結構。

不只如此，我們常常需要建立排行榜，例如：班上成績和公司業績排名是排序，使用圖書最後索引頁找尋術語，或在電話簿找電話號碼，這就是搜尋。日常生活中隨處可見的陣列、堆疊、佇列、串列、樹、圖形結構，我們常常執行的搜尋和排序操作，這些就是資料結構這門課程討論的內容。

資料結構與演算法

資料結構是一門計算機科學的基礎學科，其主要目的是研究程式使用的資料在電腦記憶體空間的儲存方式，以便撰寫程式處理問題時，能夠使用最佳的資料結構，和提供一種策略或方法來有效的善用這些資料，以便達到下列目的，如下所示：

- ✎ 程式執行速度快。
- ✎ 資料佔用最少的記憶體空間。
- ✎ 更快速的存取這些資料。

上述策略或方法是指如何選擇最恰當的資料結構，和將這些資料轉換成有用的資訊，如下圖所示：

上述圖例轉換資料的方法就是「演算法」（algorithms）。演算法和資料結構的關係十分密切，因為程式使用的演算法和資料結構都會影響程式的執行效率，所以，我們可以說：演算法加上資料結構就等於程式，如下所示：

「演算法」 + 「資料結構」 = 「程式」

筆者準備使用2個簡單的C程式來說明資料結構與演算法的關聯性。例如：10次C語言課程的小考成績，請思考一下設計程式來計算10次測驗的總分和平均，如下表所示：

測驗	成績
1	81
2	93
3	77
4	59
5	69
6	85
7	90
8	83
9	100
10	75

程式範例

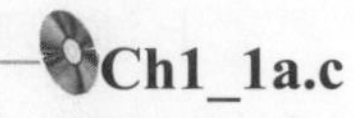

在C程式計算10次測驗的總分和平均，其執行結果如下所示：

```
總分: 812
平均: 81.00
```

程式內容

```
01: /* 程式範例: Ch1_1a.c */
02: #include <stdio.h>
03: #include <stdlib.h>
04: /* 主程式 */
05: int main() {
06:    int t1,t2,t3,t4,t5;                /* 各次的成績 */
07:    int t6,t7,t8,t9,t10;
08:    int sum;                           /* 總分 */
09:    float average;                    /* 平均 */
10:    t1 = 81; t2 = 93; t3 = 77; t4 = 59; t5 = 69;
11:    t6 = 85; t7 = 90; t8 = 83; t9 = 100; t10 = 75;
12:    sum = t1 + t2 + t3 + t4 + t5 +
13:          t6 + t7 + t8 + t9 + t10;    /* 計算總分 */
14:    average = sum / 10;                /* 計算平均 */
15:    printf("總分: %d\n", sum);        /* 顯示總分 */
16:    printf("平均: %5.2f\n", average);/* 顯示平均 */
17:    return 0;
18: }
```

程式說明

- 第6~7行：宣告整數變數儲存各次的成績資料。
- 第10~13行：指定成績和計算總分。
- 第14行：計算成績的平均。

上述程式範例使用多個變數儲存小考成績，這種方法的擴充性不佳，因爲小考次數增加成15次或減少爲8次，程式都需要大幅修改。事實上，從上述表格的測驗次數和成績關係可知，使用陣列儲存測驗成績是一種更好的方法。

程式範例

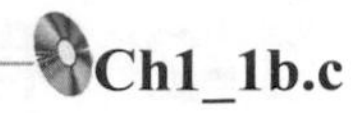
Ch1_1b.c

在C程式使用陣列儲存測驗成績，然後計算10次小考的總分和平均，其執行結果如下所示：

```
總分: 812
平均: 81.00
```

程式內容

```
01: /* 程式範例: Ch1_1b.c */
02: #include <stdio.h>
03: #include <stdlib.h>
04: /* 主程式 */
05: int main() {
06:     /* 儲存各次成績的陣列 */
07:     int t[10] = { 81,93,77,54,69,85,90,83,100,75 };
08:     int sum = 0;                          /* 總分 */
09:     float average;                        /* 平均 */
10:     int i;
11:     for ( i = 0; i < 10; i++ )
12:        sum += t[i];                       /* 計算總分 */
13:     average = sum / 10;                   /* 計算平均 */
14:     printf("總分: %d\n", sum);            /* 顯示總分 */
15:     printf("平均: %5.2f\n", average);/* 顯示平均 */
16:     return 0;
17: }
```

程式說明

- 第7行：宣告整數陣列儲存各次的成績資料。
- 第11~12行：使用for迴圈計算成績的總分。
- 第13行：計算成績的平均。

在比較程式範例Ch1_1a.c和Ch1_1b.c後，可以發現第2個程式使用的方法比較好，這是因爲此程式使用比較好的資料結構來解決問題。

總之，雖然這2個程式都可以解決問題，但是因爲採用不同方式儲存成績資料，就產生不同的程式設計方法，所以如何選擇最佳的資料結構來解決程式問題，就是學習資料結構的最主要目的。

1-2 程式設計過程與演算法

程式設計是將解決問題的步驟轉換成程式碼，這個解決問題的步驟稱爲演算法，程式設計就是依據演算法使用指定程式語言，例如：C/C++、C#、Java或BASIC等程式語言來撰寫程式碼。

1-2-1 程式設計過程

程式設計（programming）是將需要解決的問題轉換成程式碼，程式碼不只能夠在電腦上正確的執行，而且可以證明程式執行是正確、沒有錯誤且完全符合問題的需求。

當程式設計者進行程式設計時，我們通常會使用一些標準作業程序的步驟來建立程式，這些步驟和日常生活中問題解決的活動相似，即：分析問題、思考解題方法、執行解題步驟和評估解題成效活動，如下圖所示：

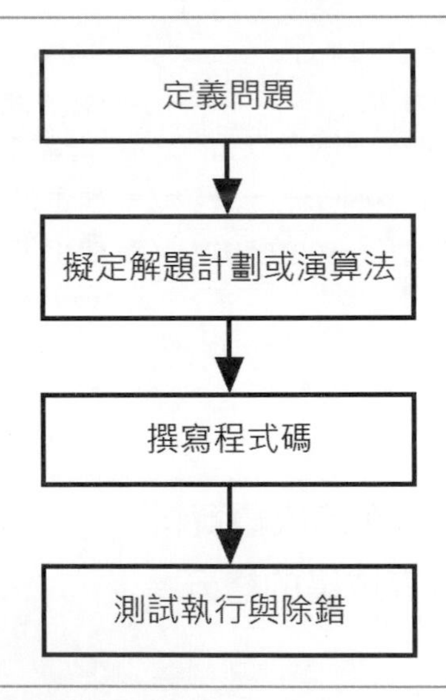

上述四個步驟是程式設計的基本步驟。首先針對問題描述來定義問題，接著設計解決問題的計劃或演算法，然後撰寫程式碼，最後經過重複測試執行和除錯，即可建立可正確執行的程式。

步驟一：定義問題（defining the problem）

程式設計的第一步是在了解問題本身，在仔細分析問題後，可以確認程式需要輸入的資料（輸入input）、預期產生結果（輸出output）、輸出格式和條件限制等需求，如下圖所示：

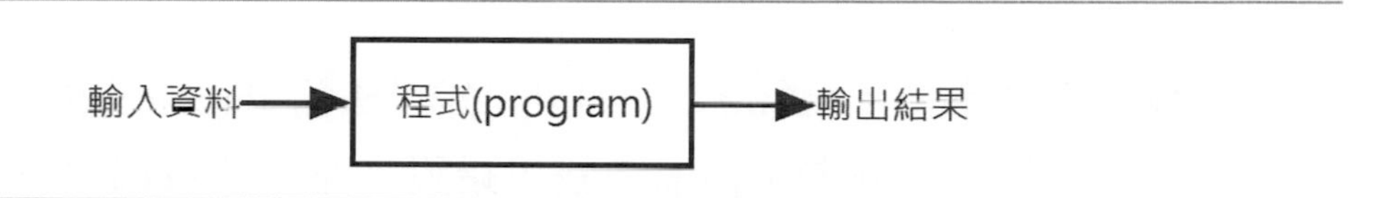

上述圖例顯示程式在輸入資料後，執行程式可以輸出執行結果，例如：從1加到100，程式輸入的資料是相加的範圍1和100，輸出是計算結果：5050。

步驟二：擬定解題計劃或演算法（planning the solution）

在定義問題後，我們可以開始找尋解決問題的計劃，即設計演算法。此步驟是問題解決的核心，我們需要先構思解題方法後，才能眞正設計出解決問題的解題演算法，如下所示：

- ✎ **解題構思**：我們需要構思和草擬解決問題的方法，例如：從1加到10是1+2+3+4+…+10的結果，我們可以使用數學運算的加法來解決此問題，或使用迴圈的重複結構執行計算。
- ✎ **解題演算法**：在完成解題構思後，就可以開始將詳細執行步驟和順序描述出來，即設計演算法，第1-2-2節有進一步的說明。-

步驟三：撰寫程式碼（coding the program）

在此步驟是將設計的演算法轉換成程式碼，也就是使用指定的程式語言來撰寫程式碼，以本書爲例是使用C語言撰寫程式碼來建立C程式。我們需要成功的將演算法步驟轉換成程式碼，如此才能眞正實行解題計劃，讓電腦替我們解決問題。

步驟四：測試執行與除錯（testing the program）

在此步驟是證明程式執行結果符合定義問題的需求，此步驟可以再細分成數小步驟，如下所示：

✎ **證明執行正確**：我們需要證明執行結果是正確的，程式符合所有輸入資料的組合，程式規格也都符合問題的需求。

✎ **證明程式沒有錯誤（bug）**：程式需要測試各種可能情況、條件和輸入資料，以測試程式執行無誤。如果有錯誤產生，就需要程式除錯來解決問題。

✎ **執行程式除錯（debug）**：如果程式無法輸出正確結果，除錯是在找出錯誤的地方，我們不但需要找出錯誤，還需要找出更正錯誤的解決方法。

1-2-2 演算法

在程式設計的設計階段寫出的解決問題步驟、策略或方法就是「演算法」（algorithms），其基本定義如下：

演算法是完成目標工作的一組指令，這組指令的步驟是有限的。除此之外，演算法還必須滿足一些條件，如下所示：

✎ **輸入（input）**：沒有或數個外界的輸入資料。

✎ **輸出（output）**：至少有一個輸出結果。

✎ **明確性（definiteness）**：每一個指令步驟都十分明確，沒有模稜兩可。

✎ **有限性（finiteness）**：這組指令一定會結束。

✎ **有效性（effectiveness）**：每一個步驟都可行，可以追蹤其結果。

根據上述演算法設計的程式一定會結束，但是，並非所有程式都滿足這項特性。例如：舊版MS-DOS作業系統除非系統當機，否則永遠執行一個等待迴圈，等待使用者鍵盤輸入的指令。

因為演算法只是將解決問題的步驟詳細寫出來，所以並沒有固定方式或語法，基本上，只要能夠描述這組指令的執行過程即可，常用方式如下所示：

✎ **一般語言文字**：直接使用文字描述來說明執行步驟。

✎ **虛擬碼（pseudo code）**：一種趨近程式語言的描述方法，並沒有固定語法，每一行約可轉換成一行程式碼。例如：從1加到10演算法的虛擬碼，如下所示：

```
/* 計算1加到10 */
Let counter = 1
Let total = 0
while counter <= 10
   total = total + counter
   Add 1 to counter
Output the total     /* 顯示結果 */
```

✎ **流程圖（flow chart）**：使用結構化圖表描述執行過程，以各種不同形狀的圖形符號代表不同操作，使用箭頭線標示執行方向，例如：從1加到10演算法的流程圖，如下圖所示：

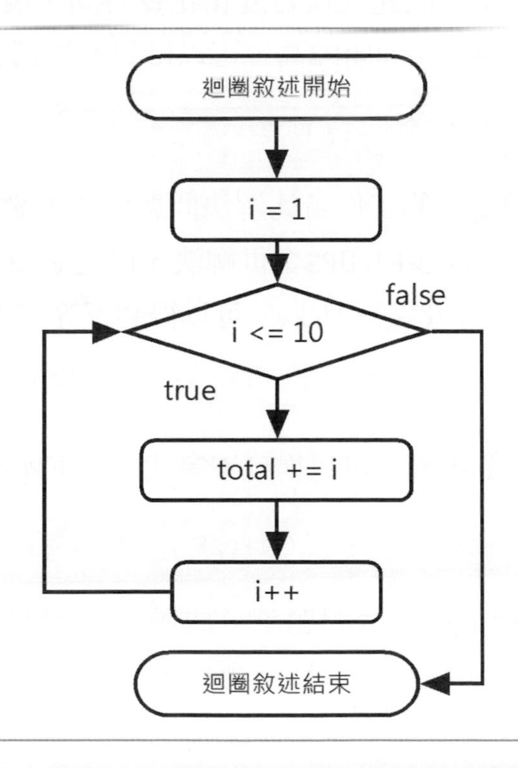

1-2-3 模組化

目前軟體功能愈來愈強大，使用者的需求也日漸複雜，每一種軟體都需要大量人才參與設計，因此，將一個大型工作分割成一個一個小型工作，然後再分別完成，就成爲一項非常重要的工作。

模組化主要是針對解決問題，把一件大型工作切割成多個小工作，切割工作屬於結構化分析的範疇，最常使用的是「由上而下設計方法」（top-down design，詳見第1-2-4節），主要是使用程序爲單位來切割工作，即所謂的「程序式程式設計」（procedural design）。

筆者準備使用一個簡單的數學不等式來說明模組化的意義，如下所示：

```
C(x)：函數表示問題的複雜度。
E(x)：函數代表需要花費多少工時來解決這個問題。
```

上述數學函數分別表示問題的複雜度和花費時間，現在有兩個問題P1和P2等待解決，問題P1的複雜度比問題P2高，可以得到不等式，如下所示：

```
C(P1) > C(P2)  →  E(P1) > E(P2)              (1)
```

上述不等式表示問題P1的工作量比解決問題P2來的費時，因爲問題P1比較複雜。接著，我們準備將問題P1和P2合併解決，但是必須考慮2個問題之間的關聯性，如此就會延伸出更多問題。所以，可以得到不等式，如下所示：

```
C(P1+P2) > C(P1)+C(P2)
```

接著從不等式(1)開始推導，可以得到不等式，如下所示：

```
C(P1+P2) > C(P1)+C(P2)  →  E(P1+P2) > E(P1)+E(P2)
```

上述不等式的意義是將一個問題劃分成數個小問題，然後分別解決這些問題的工作量，比直接解決一個大問題所需的工作量來的少，這就是模組化的目的。

1-2-4 由上而下設計方法

由上而下設計方法（top-down design）是在面對問題時，先考慮將整個解決問題的方法分解成數個大「模組」（modules），然後針對每一個大模組，一一分割成數個小模組，如此一直細分，最後等這些細分小問題的小模組都一一完成後，再將它們組合起來，如此一層層向上爬，就可以完成整個軟體系統或應用程式的設計。

例如：玩拼圖遊戲一定會先將整張拼圖粗分爲數個區域，等每一個區域都拼好後，整張拼圖也就完成了。由上而下設計方法在處理問題的過程中，應該注意幾個事項，如下所示：

- ✎ **獨立性**：每一個分割模組之間的關聯性愈少，處理起來就會愈快。獨立性是指當處理某一個子問題時，無需考慮到其他子問題。所以，獨立性就是要將每一個問題都定義成一件簡單且明確的問題。
- ✎ **結合問題**：小心控制子問題之間的結合方法，而且要注意結合這些子問題的邏輯順序，避免語焉不詳的結果。
- ✎ **子問題之間的溝通**：雖然獨立性可以減少各問題之間的關聯性，但是，並無法避免掉全部的溝通。因此各問題之間如何溝通的問題（即函數的參數傳遞）也是十分重要的考量。

由上而下設計方法是結構化程式設計一種相當實用的方法，它並不是一些嚴格規則，而是讓我們能夠循序漸進的了解問題，進而發展出解決問題的方法。

1-3 抽象資料型態ADT

「抽象資料型態」（abstract data type）是使用資料抽象化的方法來建立自訂資料型態，不同於由上而下程式設計方法著重在模組分解，抽象資料型態是將資料和操作一起思考，以便能夠建立完善的自訂資料型態。

1-3-1 抽象化 – 塑模

程式設計的目的是解決問題，也就是將現實生活中的眞實問題轉換成電腦程式，讓電腦執行程式幫助我們解決問題，這個過程是找出問題的模型，稱爲「塑模」（modeling），如下圖所示：

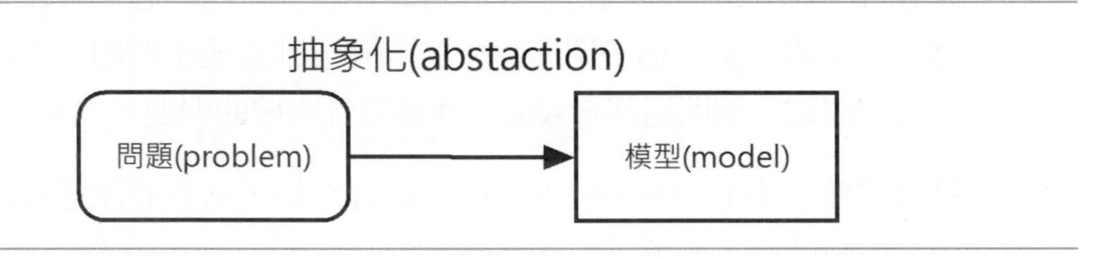

上述圖例是使用抽象觀點來檢視問題，以便建立問題的模型，將問題轉換成模型的方式稱爲「抽象化」（abstraction），其主要目的是定義問題的二個屬性，如下所示：

✎ **資料（data）**：問題影響的資料。

✎ **操作（operators）**：問題產生的操作。

例如：學生基本資料的問題，可以抽象化成Students模型，資料部分是：學號、姓名、地址和電話號碼，操作部分有：指定和取得學生的姓名、地址和電話號碼。

1-3-2 程序或函數抽象化

程序或函數抽象化（procedure abstraction or function abstraction）是針對傳統由上而下的程式設計方法，將問題分割成一個一個子工作，分割的程序或函數並不用考量實作程式碼，只需定義好程序或函數使用介面的參數和傳回值，將它視爲是一個黑盒子，所以，程式可以使用任何符合介面的程序或函數來取代，稱爲程序或函數抽象化。

例如：將繪出房屋問題分解成一個個繪圖操作的程序，如下圖所示：

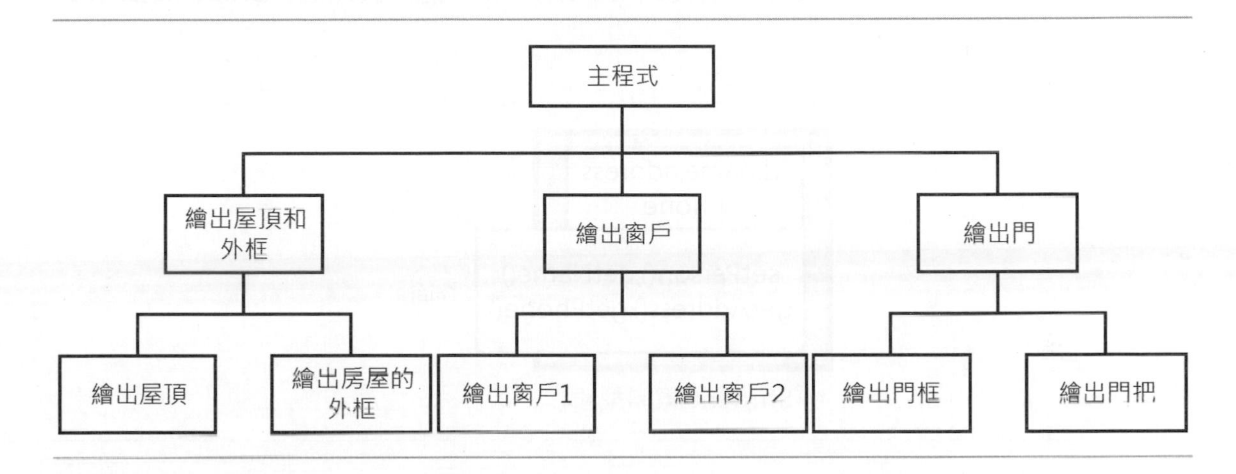

上述圖例的操作步驟是將問題使用程序來分割，著重於需要執行哪些處理的操作屬性，而不是資料屬性。

現在，就讓我們來看看程序抽象化的實例，當定義繪出門框程序的使用介面後，如果開發出更佳的演算法，只需將程序取代成實作的新程式碼，並不用更改使用介面，就可以馬上增加程式執行效率，如果程序擁有此特性，就稱爲程序抽象化。

1-3-3 抽象資料型態（ADT）

「抽象資料型態」（abstract data type，ADT）是一種自訂資料型態，包含資料和相關操作，將資料和處理資料的操作一起思考，結合在一起，操作是對外的使用介面，如下圖所示：

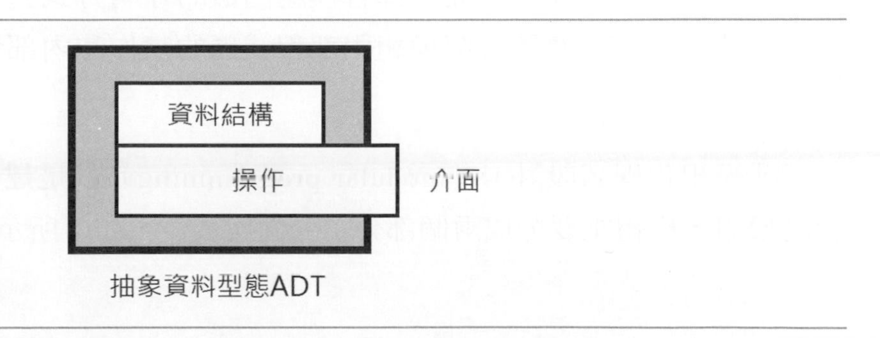

抽象資料型態ADT

上述圖例是抽象資料型態的結構，操作介面是用來存取資料結構的資料，例如：將學生基本資料抽象化成Students模型，內含學號id、姓名name、地址address和電話號碼phone等資料，和setStudent()指定學生資料，getName()、getAddress()和getPhone()取出學生資料等操作，如此就可以建立Students抽象資料型態，如下圖所示：

以物件導向程式語言：C++、C#或Java語言來說，Students資料型態就是Students類別，程式可以使用Students類別建立多個Students實例（instances，實例是物件導向名詞，它就是一個物件），用來模擬眞實世界的學生，例如：同班同學、高中同學和同修一門課的同學等。

雖然C語言不是一種物件導向程式語言，不過，我們仍然可以使用C語言的模組化程式設計來實作抽象資料型態，其主要問題是只能建立一個實例的物件，並不能像物件導向程式語言的類別能夠建立多個物件實例。

1-4 C語言的模組化程式設計

「模組」（modules）是特定功能的相關資料和函數集合，程式設計者只需知道模組對外的使用介面（即各模組函數的呼叫方式），就可以使用模組提供的功能，而不用實際了解模組內部程式碼的實作和內部資料儲存使用的資料結構。

「模組化程式設計」（modular programming）就是建立相關資料和函數集合的模組，模組主要分成兩個部分：介面與實作，如下所示：

✎ **模組介面（module interface）**：模組介面是定義模組函數和使用的資料，即定義讓使用此模組的程式可以呼叫的函數和存取的變數資料，在C語言是使用標頭檔.h定義模組介面。

✎ **模組實作（module implementations）**：模組實作部分是模組函數和資料的實作程式碼，程式設計者需要定義哪些函數屬於公開介面，哪些只能在模組程式檔使用，C語言的程式檔案.c可以實作模組的程式碼，以extern和static關鍵字區分公開或內部使用的函數與變數，如下所示：

- 在標頭檔宣告成extern的變數和函數：可供其他程式使用的外部函數和變數。
- 在模組程式檔宣告成static的變數和函數：只能在模組程式檔中使用。

現在，筆者準備使用一個實例來說明C語言的模組化程式設計，這個範例模組擁有2個變數和一個函數，只需指定2個變數值，呼叫函數就可以顯示2個變數中的最大或最小值，模組介面檔案是Ch1_4.h，實作檔案是Ch1_4.c。

程式範例　**Ch1_4.h**

```
01: /* 程式範例: Ch1_4.h */
02: #define MAXCMP   1
03: #define MINCMP   0
04: /* 外部變數宣告 */
05: extern int var1;
06: extern int var2;
07: /* 顯示整數變數的比較結果 */
08: extern void cmpresult(int);
```

上述程式碼是模組介面，可以看到定義的常數，使用extern宣告的變數var1、var2和cmpresult()函數，表示這些變數和函數是定義在另一個程式檔案的變數和函數，也就是Ch1_4.c。

對於C語言的外部變數來說，如果使用extern宣告的變數，只是「宣告」（declaration）變數的名稱和資料型態，並沒有配置記憶體空間，即所謂「定義」（definition）變數，以此例是在Ch1_4.c程式檔案的模組才定義這2個變數。

程式範例

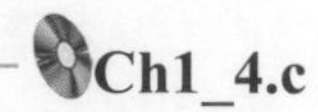

```
01: /* 程式範例: Ch1_4.c */
02: #include <stdio.h>
03: #include <stdlib.h>
04: #include "Ch1_4.h"
05: /* 函數原型宣告 */
06: static void maxvalue(void);
07: static void minvalue(void);
08: int var1, var2;
09: static int result;
10: /* 函數: 最大值 */
11: static void maxvalue() {
12:    if ( var1 > var2 ) result = var1;
13:    else               result = var2;
14: }
15: /* 函數: 最小值 */
16: static void minvalue() {
17:    if ( var1 < var2 ) result = var1;
18:    else               result = var2;
19: }
20: /* 函數: 顯示整數變數的比較結果 */
21: void cmpresult(int type) {
22:    printf("變數1: %d\n", var1);
23:    printf("變數2: %d\n", var2);
24:    if ( type == MAXCMP ) {
25:        maxvalue();
26:        printf("最大值: %d\n", result);
27:    } else {
28:        minvalue();
29:        printf("最小值 : %d\n", result);
30:    }
31: }
```

上述程式碼檔案是模組的實作，在第4行含括標頭檔"Ch1_4.h"，第8行是真正定義的外部變數var1和var2且配置其記憶體空間，第21~31行是函數cmpresult()實作的程式碼。

函數mixvalue()和minvalue()宣告成static，表示只能在此模組的程式碼呼叫這2個函數，同理，變數result也是宣告成static，也只能在此程式檔案使用。

C語言的模組化程式設計擁有多個程式碼檔案，如果使用命令列模式建立是使用Makefiles進行編譯，本書使用的Dev-C++整合開發環境提供的專案管理功能，可以編譯和執行C語言模組化的應用程式，關於專案的進一步說明，請參閱附錄B-4節。

爲了方便讀者進行編譯和執行，本書程式範例的模組檔案是使用include指令直接含括模組程式檔案，並沒有使用專案。這些程式範例只需小幅修改，就可以使用Dev-C++專案來編譯和執行模組的程式檔案。

書附光碟提供Dev-C++專案Ch1_4.dev，擁有模組檔案Ch1_4.h和Ch1_4.c，主程式Ch1_4m.c呼叫模組函數cmpresult()，在「命令提示字元」視窗可以顯示專案的執行結果，如下所示：

```
變數1: 45
變數2: 100
最小值 : 45
變數1: 45
變數2: 100
最大值: 100
```

1-5 遞迴函數

「遞迴」（recursive）是程式設計的一個重要觀念。「遞迴函數」（recursive functions）可以讓函數的程式碼變的很簡潔，但是，設計這類函數需要很小心，不然很容易就掉入類似無窮迴圈的陷阱。

1-5-1 遞迴的基礎

遞迴觀念主要就是在建立遞迴函數，其基本定義如下所示：

> 一個問題的內涵是由本身所定義的話，稱之爲遞迴。

遞迴函數是由上而下分析方法的一種特殊情況，因爲子問題本身和原來問題擁有相同特性，只是範圍改變，範圍逐漸縮小到一個終止條件。遞迴函數的特性，如下所示：

✎ 遞迴函數在每次呼叫時，都可以使問題範圍逐漸縮小。

✎ 函數需要擁有一個終止條件，以便結束遞迴函數的執行，否則遞迴函數並不會結束，而是持續呼叫自已。

1-5-2 遞迴的階層函數

遞迴函數最常見的應用是數學的階層函數n!，如下所示：

$$
n! = \begin{cases} 1 & n=0 \\ n*(n-1)*(n-2)*...*1 & n>0 \end{cases}
$$

例如：計算4!的值，從上述定義n>0，使用n!定義的第2條計算階層函數4!的值，如下所示：

```
4!=4*3*2*1=24
```

因為階層函數本身擁有遞迴特性。可以將4!的計算分解成子問題，如下所示：

```
4!=4*(4-1)!=4*3!
```

現在，3!的計算成為一個新的子問題，必須先計算出3!值後，才能處理上述的乘法。同理將子問題3!再繼續分解，如下所示：

```
3! = 3*(3-1)! = 3*2!
2! = 2*(2-1)! = 2*1!
1! = 1*(1-1)! = 1*0! = 1*1 = 1
```

最後在知道1!的值後，就可以計算出2!~4!的值，如下所示：

```
2! = 2*(2-1)! = 2*1! = 2
3! = 3*(3-1)! = 3*2! = 3*2 = 6
4! = 4*(4-1)! = 4*3! = 24
```

上述階層函數的子問題是一個階層函數，只是範圍改變逐漸縮小到終止條件，以階層函數爲例子就是n=0。等到到達終止條件，階層函數值也就計算出來。

互動模擬動畫

點選【第1-5-2節：遞迴的階層函數】項目，讀者可以自行輸入階層值，按下按鈕來模擬遞迴函數的實際處理過程，如下圖所示：

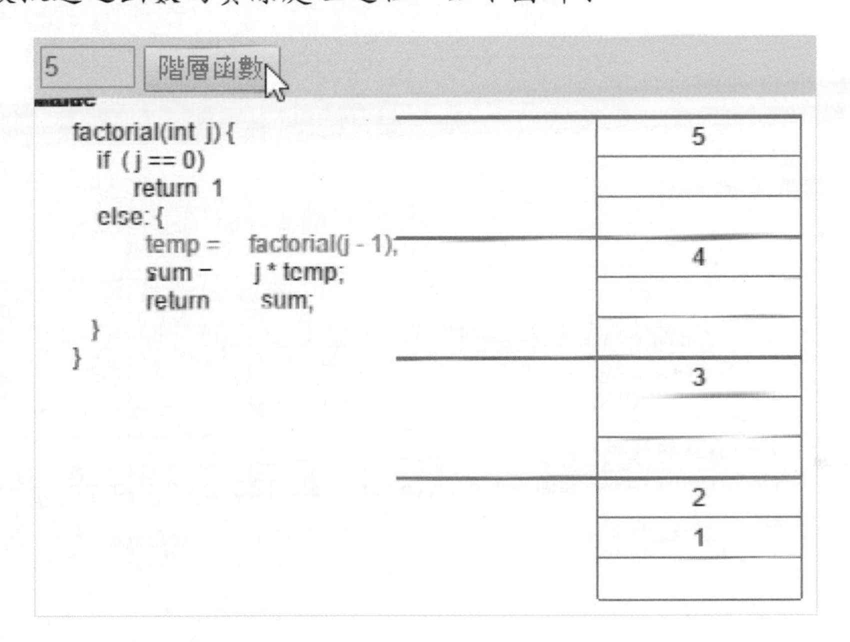

程式範例

Ch1_5_2.c

在C程式建立遞迴階層函數，輸入階層數就可以計算階層函數的值，其執行結果如下所示：

```
請輸入階層數(-1結束)==> 4 Enter
4!函數的值: 24
請輸入階層數(-1結束)==> 3 Enter
3!函數的值: 6
請輸入階層數(-1結束)==> -1 Enter
```

上述執行結果在輸入階層數後，就可以顯示階層計算的結果，例如：3!的值是6；4!的值爲24，輸入-1結束程式執行。

程式內容

```
01: /* 程式範例: Ch1_5_2.c */
02: #include <stdio.h>
03: #include <stdlib.h>
04: /* 函數: 計算n!的值 */
05: long factorial(int n) {
06:    if ( n == 1 )                     /* 終止條件 */
07:       return 1;
08:    else
09:       return n * factorial(n-1);
10: }
11: /* 主程式 */
12: int main() {
13:    /* 變數宣告 */
14:    int no = 0;
15:    char c;
16:    while( no != -1 ) {
17:       printf("請輸入階層數(-1結束)==> ");
18:       scanf("%d", &no);
19:       if ( no > 0 )
20:          /* 函數的呼叫 */
21:          printf("%d!函數的值: %ld\n",no,factorial(no));
22:    }
23:    return 0;
24: }
```

程式說明

- 第5~10行：階層函數的factorial()遞迴函數，在第6行是遞迴的終止條件，第9行是在遞迴函數中呼叫自已，只是參數的範圍縮小1。
- 第18行：取得階層數。
- 第21行：呼叫factorial()遞迴函數。

1-6 程式的分析方法

在實務上，我們需要如何評量一個程式寫的好不好，程式執行是否有效率。一般來說，一個好程式需要滿足一些條件，如下所示：

- ✎ **正確的執行結果**：程式滿足分析的輸入和輸出結果。
- ✎ **可維護性高**：程式不只需要正確，而且是可讀、容易修改和擴充，屬於程式設計方法和風格的問題，例如：使用模組化來設計程式和加上完整程式註解的說明。
- ✎ **執行效率高**：執行效率是指程式執行花費的時間和所需的記憶體空間，事實上，這兩項在大多數情況是矛盾的，因爲使用較大的記憶體空間，通常可以換取程式執行效率的改進，反之亦然，至於如何找到其之間的平衡點，就需視解決的問題而定。

1-6-1 頻率計數的基礎

程式執行效率是在計算程式執行的時間，例如：在程式中有一行程式碼，如下所示：

```
a = a + 1;
```

上述程式碼將變數a的值加1。如果使用for迴圈執行此程式碼n次，如下所示：

```
for ( i = 1; i <= n ; i++ )
    a = a + 1;
```

上述程式碼執行的全部時間是n*t，t爲單獨執行a = a + 1程式碼所需的時間。至於如何決定時間t，其評量標準如下所示：

- ✎ **執行程式碼使用的電腦種類**：桌上型電腦、工作站或大型電腦。
- ✎ **CPU使用的機器語言指令集**：某些CPU的機器語言指令包含乘法和除法指令，有些沒有，有些使用硬體實作；有些是軟體模擬。

✎ **CPU執行機器語言指令所需的時間**：即CPU的執行速度，每秒可以執行的指令數不同，執行所需的時間當然不同。

✎ **使用的編譯器**：一個好的編譯器可以將程式敘述轉譯成爲單一機器語言指令，相對於將它轉譯成數個機器語言指令的編譯器，其執行效率的差異就十分明顯。

基於上述原因，執行單位時間t的差異可能十分大，所以我們並不會直接計算程式的執行時間，取而代之是計算程式每一行程式碼的執行頻率，也就是「頻率計數」（frequency count），以程式執行的次數代替每一行程式碼實際執行的時間。

1-6-2 頻率計數的計算

頻率計數（frequency count）是以原始程式碼的每一行可執行程式敘述作爲一個執行單位，我們可以計算出程式中每一行程式碼的執行次數，這個次數就是頻率計數。

筆者準備使用建立費氏數列（Fibonacci）函數來說明如何計算頻率計數，費氏數列是一序列的數值，從第3項開始每一項接著的數值都是前兩個數值的和，如下所示：

```
0,1,1,2,3,5,8,13,21,34……
```

上述費氏數列的第1項爲F_0，可以得到$F_0=0$，$F_1=1$和$F_2 = F_0 + F_1 = 1$，依序類推，其公式如下所示：

$$F_n = F_{n-1} + F_{n-2}，n \geqq 2$$

程式範例Ch1_6_2.c擁有函數可以建立費氏數列，只需輸入整數n，就可以顯示F_0到F_n的費氏數列。

程式範例

Ch1_6_2.c

在C程式輸入整數n，然後依照費氏數列的公式建立從F_0到F_n的費氏數列，其執行結果如下所示：

```
請輸入數列項數 ==> 10 Enter
[0][1][1][2][3][5][8][13][21][34][55]
```

程式內容

```
01: /* 程式範例: Ch1_6_2.c */
02: #include <stdio.h>
03: #include <stdlib.h>
04: /* 函數: 顯示費氏數列 */
05: void fibonacci(int n) {
06:    int fn;                         /* F(n)變數 */
07:    int fn2;                        /* F(n-2)變數 */
08:    int fn1;                        /* F(n-1)變數 */
09:    int i;
10:    if ( n <= 1 )                   /* 項數是否小於1 */
11:       printf("[%d]\n",n);          /* 顯示費氏數列 */
12:    else {
13:       fn2 = 0;                     /* 設定 F(n-2) */
14:       fn1 = 1;                     /* 設定 F(n-1) */
15:       printf("[0][1]");            /* 顯示前二項 */
16:       for ( i = 2; i <= n; i++ ) {/* 顯示數列的迴圈 */
17:          fn = fn2 + fn1;           /* 計算各一般項 */
18:          printf("[%d]",fn);        /* 顯示數列 */
19:          fn2 = fn1;                /* 重設 F(n-2) */
20:          fn1 = fn;                 /* 重設 F(n-1) */
21:       }
22:       printf("\n");
23:    }
24: }
25: /* 主程式 */
26: int main() {
27:    /* 變數宣告 */
28:    int n;
29:    printf("請輸入數列項數 ==> ");
30:    scanf("%d",&n);                  /* 輸入項數 */
31:    fibonacci(n);                   /* 呼叫費氏數列函數 */
32:    return 0;
33: }
```

程式說明

▶ 第5~24行：fibonacci()函數是用來顯示費氏數列，在第10~23行的if條件分為兩種情況：n <= 1和n > 1，第16~21行是計算F_n的for主迴圈。

頻率計數的計算

程式範例Ch1_6_2.c主要是執行fibonacci()函數，頻率計數的計算也是針對此函數，在計算時只計算可執行的程式碼，註解和第6~9行的變數宣告都不計算在內，程式區塊的左右大括號也不列入計算。函數fibonacci()可執行程式碼的頻率計數，如下表所示：

列數	計數	列數	計數
10	1	17	n-1
11	1	18	n-1
13	1	19	n-1
14	1	20	n-1
15	1	22	1
16	n		

函數fibonacci()的頻率計數計算需要考慮兩種情況，如下所示：

✎ n = 0或1：執行函數第10和11共2行程式碼，所以頻率計數是2。

✎ n > 1：在執行函數第10行的if條件判斷後，頻率計數是1，然後執行第13~15行後的頻率計數是4，接著執行第16~21行的for迴圈，第16行執行n次（因爲for迴圈共執行n-1次，再加上最後一次比較跳出for迴圈），第17~20行執行4*(n-1) = 4n-4次，最後第22行可以計算出頻率計數是5n+1。

函數fibonacci()的頻率計數是：2 + 5n + 1 = 5n+3。

1-6-3 遞迴函數的頻率計數

遞迴函數的頻率計數因爲函數會呼叫自己本身，其頻率計數類似迴圈敘述，例如：第1-5-2節階層函數的factorial()遞迴函數，如下所示：

```
05: long factorial(int n) {
06:    if ( n == 1 )                         /* 終止條件 */
07:       return 1;
08:    else
09:       return n * factorial(n-1);
10: }
```

當主程式呼叫factorial(n)函數時，在第9行的遞迴函數共呼叫n-1次，例如：factorial(4)時，第9行依序呼叫factorial(3)、factorial(2)、factorial(1)，共為4-1 = 3次。頻率計數的計算，如下所示：

- **第6行**：函數本身呼叫遞迴函數共n-1次，所以執行n-1次比較，再加上主程式呼叫遞迴函數時的第1次比較，共執行n-1+1次，所以頻率計數是n。
- **第7行**：函數只有在最後一次遞迴呼叫才執行，所以頻率計數是1。
- **第9行**：函數本身遞迴呼叫共n-1次，所以頻率計數是n-1。

遞迴函數factorial()的頻率計數是：n + 1 + n - 1 = 2n。

1-6-4 Big Oh函數

在分析程式執行效率時，事實上，我們考量的是頻率計數的級數，而不是實際的頻率計數，函數O()是用來表示參數頻率計數的級數，唸成Big Oh。

例如：O(1)表示頻率計數是一個常數，O(n)表示頻率計數是an+b，$O(n^2)$表示頻率計數是an^2+bn+c，a、b和c是常數，O()函數不計頻率計數的常數。程式範例Ch1_6_2.c的O()函數，如下所示：

```
n=0或1：2           O(1)
n>1   ：5n+1        O(n)
```

上述頻率計數5n+1是O(n)，係數5和4不用考慮，O(n)表示程式執行的頻率計數和n成正比，稱為是程式或演算法的「時間複雜度」（time complexity）。各種程式碼片段的O()函數，如下所示：

O(1)：單行程式碼

```
a = a + 1;
```

上述程式碼a = a + 1是單行程式碼，沒有不包含在任何迴圈中，頻率計數是1所以是O(1)。

O(n)：線性迴圈

```
a = 0;
for ( i = 1; i <= n; i++ )
    a=a+1;
```

上述程式碼執行n次的a = a + 1，其頻率計數是n+1，包含最後1次比較，不計常數是O(n)。

O(Log n)：非線性迴圈

```
a = 0;
for ( i = n; i > 0; i = i / 2 )
    a=a+1;
```

或

```
a = 0;
for ( i = 1; i <= n; i = i * 2 )
    a=a+1;
```

上述2個迴圈的增量是除以2或乘以2，以除來說，如果n = 16，迴圈依序為8、4、2、1，其執行次數是對數Log n，其頻率計數是Log n+1，包含最後1次比較，不計常數是O(Log n)。

O(n Log n)：在巢狀迴圈擁有內層非線性迴圈

```
a = 0;
for ( i = 1; i <= n; i++ )
   for ( j = n; j > 0; j = j / 2 )
      a=a+1;
```

上述巢狀迴圈的外層是線性迴圈的O(n)，內層是非線性迴圈的O(Log n)，所以是：

```
O(n) * O(Log n) = O(n Log n)
```

O(n^2)：巢狀迴圈

```
a = 0;
for ( i = 1; i <= n; i++ )
   for ( j = 1; j <= n; j++ )
      a=a+1;
```

上述巢狀迴圈的外層是線性迴圈的O(n)，內層線性迴圈的O(n)，所以是：

```
O(n) * O(n) = O(n²)
```

1-6-5 Big Oh函數的等級

程式執行效率的時間複雜度可以使用O(1)、O(Log n)、O(n)、O(n Log n)、O(n^2)、O(n^3)和O(2^n)函數來表示，如下表所示：

Big-Oh函數	等級	頻率計數範例
O(1)	常數級	2
O(Log n)	對數級	4*Log n+4
O(n)	線性級	5n+1
O(n Log n)	N/A	n*(5*Log n)
O(n^2)	平方級	$3n^2$+5n
O(n_3)	立方級	n*($3n^2$+5)
O(2^n)	指數級	5*2^n

當n值足夠大時，O(Log n)比O(n)有效率，同理O(n Log n)比O(n^2)有效率，不過比O(n)差。時間複雜度和n值的成長曲線圖，如下圖所示：

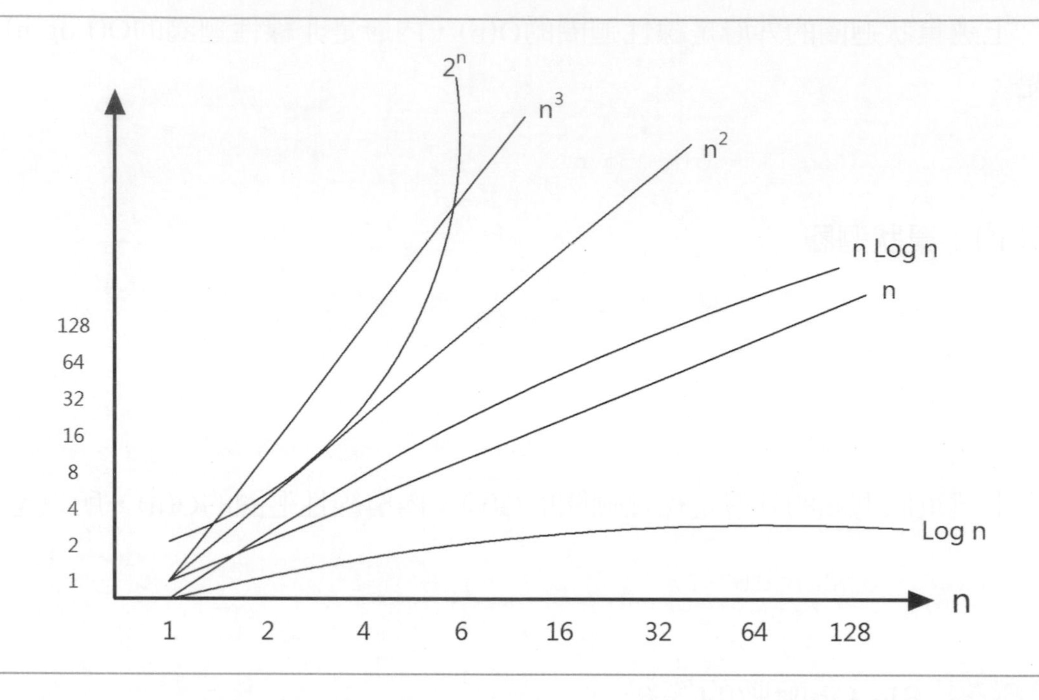

如果一個問題有兩種不同方法來解決，第一種方法的頻率計數是5n；第二種方法的頻率計數是$n^2/2$，我們可以計算出頻率計數與n值的關係，如下表所示：

n	5n	$n^2/2$
1	5	0.5
5	25	12.5
10	50	50
15	75	112.5
20	100	200
30	150	450

在上表當$n < 10$時，第二種方法比第一種有效率，如果$n > 10$時，第一種方法反而比較有效率，函數O()分別爲O(n)和$O(n^2)$。

所以，當n足夠大時，頻率計數的常數可以忽略不計，只需比較其級數，所以O(n)執行效率比$O(n^2)$好。如果n很小時，常數就需要考量，如此才能眞正比較出程式執行效率的優劣。

學習評量

1. 請說明資料結構、演算法和之間的關係？
2. 程式＝________＋________。
3. 請簡單說明程式設計過程？
4. (　) 使用程式解決問題的方法和資料結構都只有一種。
5. 請說明模組化、由上而下的程式設計方法和之間的關係？
6. 請舉例說明抽象資料型態ADT是什麼？
7. C語言的模組化程式設計是使用____________檔案定義模組介面，__________檔案實作模組的程式碼。
8. 請說明什麼是遞迴？遞迴擁有哪些特性？
9. 請使用數學上找出最大公因數（greater common divisor，GCD）的輾轉相除法，以C語言的遞迴函數實作最大公因數函數GCD()。
10. 請說明影響頻率計數的因素有哪些？如何評量程式寫的好不好，程式執行是否有效率？
11. 請舉例說明什麼是時間複雜度的O() – Big Oh？
12. 請計算下列C語言程式片段或函數的頻率計數和時間複雜度，如下所示：

```
(1)   for ( i = 1; i < =n; i++ )
        for ( j = 1; j <= n; j++ )
           for ( k - 1; k <= n; k++)
              a=a+1;
(2)    i = 1;
       while ( i <= n ) {
          a = a+1;
          i++;
       }
(3)    void printMoney( int level ) {
          if (level == 0)  {
             printf("$");
          } else {
             printf("<");
```

學習評量

```
            printMoney(level-1);
            printf(">");
        }
    }
(4)     void n2n(int n) {
            int i;
            int total;
            total = 0;
            for ( i = 1; i <= n; i++ ) {
                printf("數字: %d\n", i);
                total += i;
            }
            printf("從1到5的總和: %d\n", total);
        }
```

13. 當n值很大時，請從優到劣排列時間複雜度：O(n)、$O(2^n)$、O(Log n)和$O(n^2)$。

14. 如果解決問題的二種方法，其頻率計數分別為：10n和$n^2/2$，請比較執行效率的差異？

15. 如同第14.題，頻率計數分別為：5n和$n^2/5$。

16. (　) 請問下列哪一個關於Big Oh的敘述是錯誤的？ [95東華資工]

    (A) $5n^2 - 6n = O(n^2)$　(B) $10n^{100} + 2^n = O(n^{100})$

    (C) $99n + 1 = O(n)$　(D) $100 + 5 = O(1)$

17. 請寫一個C程式，使用遞迴函數列印出2的n次方式值。

    [94雲科大電機]

18. 請使用C語言寫出程式來計算下列無窮序列前n項的和，如下所示：

    [94暨南資管]

    $1 + 1/2\sqrt{2} + 1/3\sqrt{3} + \cdots$

Chapter 

陣列與矩陣

學習重點

- C語言的陣列
- 陣列表示法
- C語言的結構
- 矩陣與稀疏矩陣
- 使用結構陣列處理多項式

2-1 C語言的陣列

陣列是C語言延伸資料型態提供的資料結構，屬於一種循序性的資料結構。日常生活最常見的範例是一排信箱，如下圖所示：

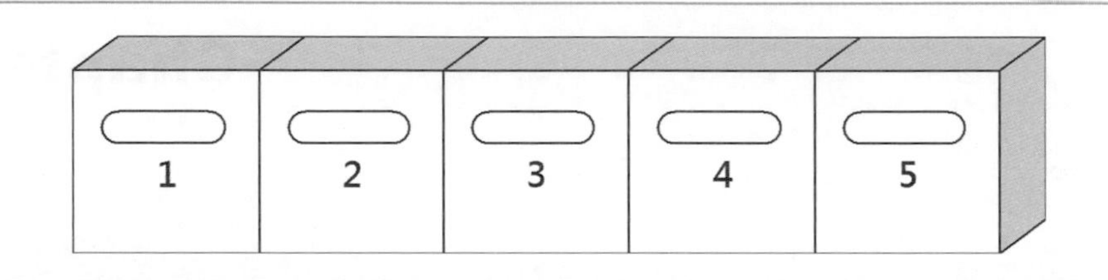

上述圖例是公寓或社區住家的一排信箱，郵差依信箱號碼投遞郵件，住戶依信箱號碼取出郵件，信箱儲存的信件就是儲存在陣列的元素值，信箱號碼是陣列索引值（index），我們可以隨機存取每一個元素，這就是陣列的特性。

陣列是將C語言資料型態的變數集合起來，使用一個名稱代表，然後以索引值來存取元素，每一個元素相當於是一個變數，如下圖所示：

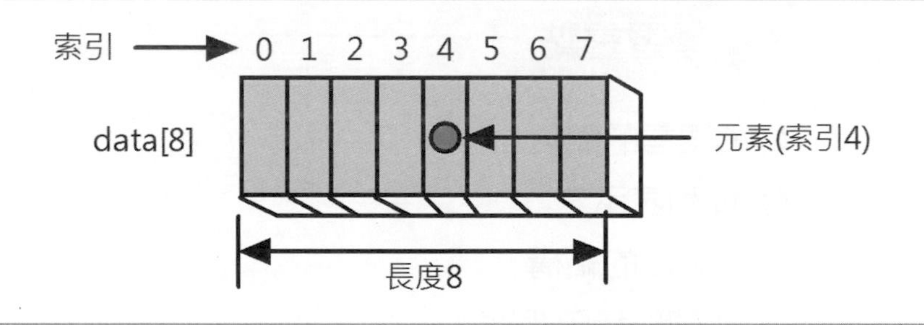

上述圖例的data[8]陣列是一種固定長度結構，每一個元素是C語言基本或延伸資料型態，在陣列中的每一個「陣列元素」（array elements）是使用「索引」（index）存取，索引值是從0開始到陣列長度減1，即0~7。

C語言的陣列是使用靜態記憶體配置，這是在編譯階段就已經配置記憶體空間給宣告的變數，例如：基本資料型態的變數和陣列，這和第5章在執行階段才向作業系統要求記憶體空間的動態記憶體配置是兩種不同的記憶體配置方法。

2-1-1 一維陣列

「一維陣列」（one-dimensional array）如同前述單排信箱的資料結構，只是將相同資料型態的變數集合起來，然後使用一個變數名稱來代表，以索引值存取指定陣列元素的值。

在C語言陣列變數的宣告語法，如下所示：

```
資料型態 變數名稱[長度];
```

上述陣列宣告的資料型態可以是基本資料型態：整數、浮點數和字元，也可以是延伸資料型態的結構。例如：宣告整數int的一維陣列scores[]，如下所示：

```
int scores[5];
```

上述程式碼宣告大小為5的一維陣列，資料型態是int整數，陣列名稱是scores，C語言的陣列索引值是從0開始，陣列scores[]的記憶體圖例，如下圖所示：

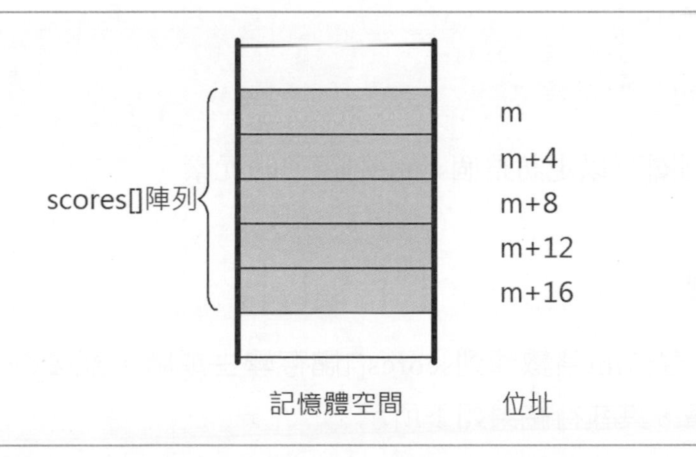

上述圖例的m表示陣列第1個元素的記憶體位址scores[0]，這是一塊連續的記憶體空間，因為陣列元素的資料型態是整數，所以每個陣列元素以GCC來說佔用的空間是4個位元組（Turbo C是2個位元組）。如果宣告雙精度的浮點數陣列averages[]，其宣告如下所示：

```
double averages[5];
```

上述程式碼因爲浮點數佔用8個位元組，陣列的每一個元素是8個位元組。

一維陣列的存取與走訪

一維陣列可以隨機存取元素值，只需花費固定時間就可以存取指定索引的元素值。例如：大小10的整數陣列scores[]儲存學生的成績資料，陣列索引值是學生學號，我們可以很容易查詢學生成績或更改學生的成績資料，如下圖所示：

	0	1	2	3	4	5	6	7	8	9
scores[]陣列	76	85	90	67	59	79	82	95	91	65

上述圖例可以快速取得學號3的學生成績是67。除了存取陣列值外，另外一個重要的陣列操作就是「走訪」（traverse）。

陣列走訪是以循序方式移動陣列索引值，然後處理每一個元素，也就是以地毯方式依序存取陣列全部的元素，在C語言通常是使用迴圈來走訪陣列，如下所示：

```
for ( i = 0; i < 10; i++ )
   printf("%d:%d ", i, scores[i]);
```

上述for迴圈可以走訪整個scores[]陣列的元素。

程式範例 Ch2_1_1.c

在C程式宣告int整數陣列scores[]儲存學生成績，然後輸入學生編號查詢或更改學生成績，其執行結果如下所示：

```
----選單----
1: 查詢成績
2: 修改成績
3: 顯示成績
4: 離開作業
請輸入選項( 1 到 4 ). ==> 3 Enter
學生成績:
0:76 1:85 2:90 3:67 4:59 5:79 6:82 7:95 8:91 9:65
```

```
----選單----
1: 查詢成績
2: 修改成績
3: 顯示成績
4: 離開作業
請輸入選項( 1 到 4 ). ==> 1 Enter
請輸入學生學號( 0 到 9). ==> 6 Enter
學生成績: 82
----選單----
1: 查詢成績
2: 修改成績
3: 顯示成績
4: 離開作業
請輸入選項( 1 到 4 ). ==> 2 Enter
請輸入學生學號( 0 到 9). ==> 7 Enter
原來學生成績: 95
輸入新成績. ==> 85 Enter
----選單----
1: 查詢成績
2: 修改成績
3: 顯示成績
4: 離開作業
請輸入選項( 1 到 4 ). ==> 4 Enter
```

程式內容

```
01: /* 程式範例: Ch2_1_1.c */
02: #include <stdio.h>
03: #include <stdlib.h>
04: /* 主程式 */
05: int main() {
06:    /* 學生成績陣列 */
07:    int scores[10] = {76,85,90,67,59,79,82,95,91,65};
08:    int num;            /* 學號 */
09:    int grade;          /* 成績 */
10:    int i, choice;      /* 選項 */
11:    int doit = 1;
12:    /* 執行操作的主迴圈 */
13:    while ( doit ) {
14:       printf("----選單----\n");
15:       printf("1: 查詢成績\n");
16:       printf("2: 修改成績\n");
17:       printf("3: 顯示成績\n");
```

```
18:        printf("4: 離開作業\n");
19:        printf("請輸入選項( 1 到 4 ). ==> ");
20:        scanf("%d", &choice);
21:        if ( choice < 3 ) {
22:           printf("請輸入學生學號( 0 到 9). ==> ");
23:           scanf("%d", &num);  /* 讀入學號 */
24:        }
25:        switch( choice ) {
26:           case 1:  /* 查詢成績 */
27:              grade = scores[num];     /* 取得成績 */
28:              printf("學生成績: %d\n", grade);
29:              break;
30:           case 2:  /* 修改成績 */
31:              grade = scores[num];
32:              printf("原來學生成績: %d\n", grade);
33:              printf("輸入新成績. ==> ");/* 讀取新成績 */
34:              scanf("%d", &grade);
35:              scores[num] = grade;     /* 更新成績 */
36:              break;
37:           case 3:  /* 顯示成績 */
38:              printf("學生成績: \n");
39:              for ( i = 0; i < 10; i++ )
40:                 printf("%d:%d ", i, scores[i]);
41:              printf("\n");
42:              break;
43:           case 4:  /* 結束作業 */
44:              doit = 0;
45:              break;
46:        }
47:     }
48:     return 0;
49: }
```

程式說明

- 第7行：宣告int陣列scores[]且指定初值。
- 第13~47行：使用while迴圈執行成績操作，在第14~20行顯示選單和取得使用者輸入的選項。
- 第21~24行：if條件判斷是否是前2個選項，如果是，取得使用者輸入的學號。
- 第25~46行：switch條件判斷是執行哪一種操作，在第39~40行使用for迴圈走訪陣列顯示陣列元素值。

這個程式範例是一個簡單的陣列存取應用，只需擴充一下，就可以成為一套小型的學生成績管理系統。

2-1-2 二維陣列

「二維陣列」（two-dimensional array）就是一維陣列的擴充，如果將一維陣列視為一度空間，二維陣列就是二度空間的平面。在日常生活的二維陣列非常常見，只要屬於平面的表格，大都可以轉換成二維陣列來儲存資料。例如：一張功課表，如下圖所示：

功課表

	一	二	三	四	五
1		離散數學		離散數學	
2	計算機概論	資料庫理論	計算機概論	資料庫理論	計算機概論
3	上機實習		上機實習		上機實習
4					
5	資料結構		資料結構		資料結構
6					

上述圖例是一張功課表，儲存學生的上課資料，為了節省二維陣列元素佔用的空間，筆者改為課程代碼儲存功課表的資料，如下圖所示：

功課表

	一	二	三	四	五
1		2		2	
2	1	4	1	4	1
3	5		5		5
4					
5	3		3		3
6					

課程名稱	課程代碼
計算機概論	1
離散數學	2
資料結構	3
資料庫理論	4
上機實習	5

宣告二維陣列

我們可以宣告整數int的二維陣列courses[][]來儲存功課表，其尺寸是6 X 5，6列和5欄（或稱行），如下所示：

```
int courses[6][5];
```

上述二維陣列的元素值是整數的課程代碼，如果這節沒課，其值爲0。當宣告二維陣列後，C編譯器就會配置陣列所需的記憶體空間，如下圖所示：

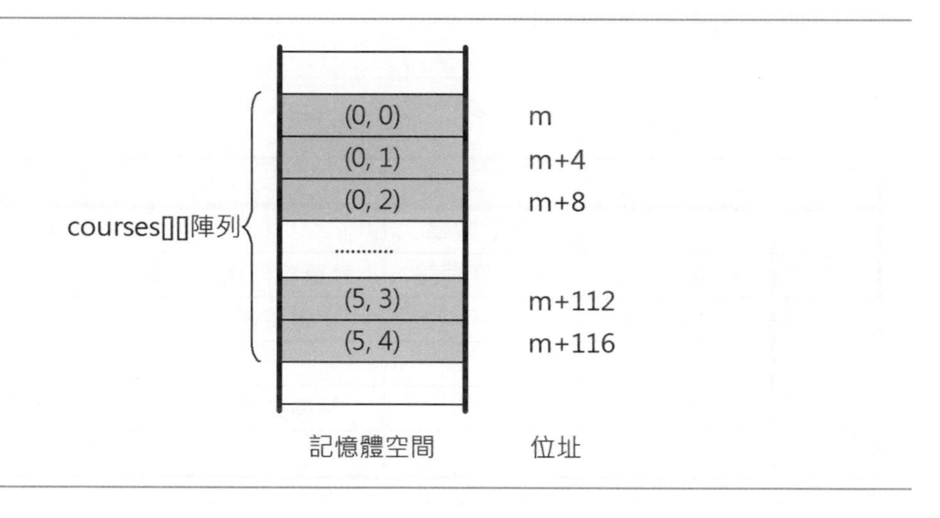

上述圖例的m代表陣列的起始位址，因爲二維陣列的元素是整數資料型態，所以每一個元素佔用4個位元組。二維陣列各元素的陣列索引值，如下圖所示：

(0,0)	(0,1)	(0,2)	(0,3)	(0,4)
(1,0)	(1,1)	(1,2)	(1,3)	(1,4)
(2,0)	(2,1)	(2,2)	(2,3)	(2,4)
(3,0)	(3,1)	(3,2)	(3,3)	(3,4)
(4,0)	(4,1)	(4,2)	(4,3)	(4,4)
(5,0)	(5,1)	(5,2)	(5,3)	(5,4)

二維陣列的存取與走訪

二維陣列如同一維陣列一般，只需知道存取元素的欄（或稱行）與列值，就可以在固定時間存取其元素值。同樣的，二維陣列的走訪也一樣可以使用二層巢狀迴圈來完成，如下所示：

```
for ( i = 0; i < 6; i++ )
   for ( j = 0; j < 5; j++ )
     if ( courses[i][j] != 0 )
        sum++;
```

上述程式碼使用二層for迴圈來走訪二維陣列courses[][]。

程式範例

Ch2_1_2.c

在C程式宣告int整數的二維陣列courses[][]儲存學生的功課表，然後輸入星期和第幾節課，可以查詢這節是什麼課？並且在最後走訪陣列來計算一星期的上課總數，其執行結果如下所示：

```
請輸入星期(1 到 5). ==> 3 Enter
請輸入第幾節課(1 到 6). ==> 3 Enter
課程代碼: 5
上機實習
上課總節數: 13
```

程式內容

```
01: /* 程式範例: Ch2_1_2.c */
02: #include <stdio.h>
03: #include <stdlib.h>
04: /* 主程式 */
05: int main() {
06:    /* 學生功課表, 使用課程代碼 */
07:    int courses[6][5]={0, 2, 0, 2, 0,
08:                       1, 4, 1, 4, 1,
09:                       5, 0, 5, 0, 5,
10:                       0, 0, 0, 0, 0,
11:                       3, 0, 3, 0, 3,
12:                       0, 0, 0, 0, 0 };
13:    int week_no;      /* 星期幾 */
14:    int num;          /* 第幾節課 */
15:    int code;         /* 課程代碼 */
16:    int sum = 0;    /* 上課總節數 */
17:    int i,j;
18:    printf("請輸入星期(1 到 5). ==> ");
19:    scanf("%d", &week_no);    /* 讀取星期幾 */
20:    printf("請輸入第幾節課(1 到 6). ==> ");
```

```
21:     scanf("%d", &num);          /* 讀取第幾節課 */
22:     /* 取得課程代碼 */
23:     code = courses[num-1][week_no-1];
24:     printf("課程代碼: %d\n", code);
25:     /* 顯示課程名稱 */
26:     switch ( code ) {
27:        case 0: printf("沒課！\n");
28:                break;
29:        case 1: printf("計算機概論\n");
30:                break;
31:        case 2: printf("離散數學\n");
32:                break;
33:        case 3: printf("資料結構\n");
34:                break;
35:        case 4: printf("資料庫理論\n");
36:                break;
37:        case 5: printf("上機實習\n");
38:                break;
39:     }
40:     for ( i = 0; i < 6; i++ )      /* 二維陣列的走訪 */
41:        for ( j = 0; j < 5; j++ )
42:           if ( courses[i][j] != 0 ) /* 是否有課 */
43:              sum++;
44:     /* 顯示上課總節數 */
45:     printf("上課總節數: %d\n", sum);
46:     return 0;
47: }
```

程式說明

- 第7~12行：宣告二維陣列courses[][]儲存功課表，0表示沒課；1~5是課程代碼。
- 第18~21行：輸入星期幾和第幾節課。
- 第23行：取得這節課的課程代碼。
- 第26~39行：使用switch條件以課程代碼顯示課程名稱。
- 第40~43行：使用二層for迴圈走訪二維陣列courses[][]。

基本上，C語言不論二維或三維陣列，甚至更多維陣列，都可以從一維陣列開始，循序擴充而得，筆者就不再進一步說明。

2-2 陣列表示法

陣列表示法是電腦內部記憶體儲存陣列元素的方式，一維陣列就是一塊連續的記憶體空間；二維以上的陣列因爲擁有多列和多欄，所以這塊記憶體的儲存方式可能有不同順序，稱爲陣列表示法，常見方法有三種，如下所示：

✎ 以列爲主的表示方法。

✎ 以欄爲主的表示方法。

✎ 指標陣列表示法。

2-2-1 以列爲主的表示方法

雖然C語言本身就提供二維陣列，不過任何維數陣列都可以使用一維陣列來表示，這是程式語言內部處理二維以上陣列的方法，共有兩種方法，如下所示：

✎ 以列爲主（row major order）。

✎ 以欄爲主（column major order）。

筆者準備使用上一節的二維陣列爲例，在這一節和下一節分別說明這兩種陣列表示方法。二維陣列的圖例，如下圖所示：

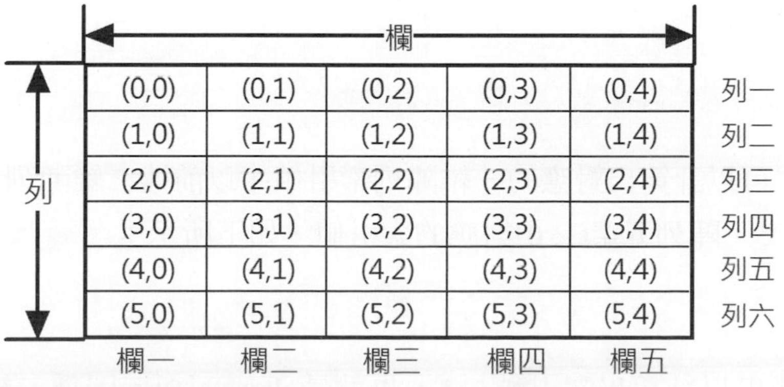

	欄一	欄二	欄三	欄四	欄五
列一	(0,0)	(0,1)	(0,2)	(0,3)	(0,4)
列二	(1,0)	(1,1)	(1,2)	(1,3)	(1,4)
列三	(2,0)	(2,1)	(2,2)	(2,3)	(2,4)
列四	(3,0)	(3,1)	(3,2)	(3,3)	(3,4)
列五	(4,0)	(4,1)	(4,2)	(4,3)	(4,4)
列六	(5,0)	(5,1)	(5,2)	(5,3)	(5,4)

上述圖例的二維陣列共有6 X 5 = 30個元素，我們可以宣告一個大小爲30的一維陣列來儲存二維陣列的所有元素。一維陣列classes[]的宣告，如下所示：

```
int classes[30];
```

以列爲主將二維陣列以一維陣列儲存的陣列表示方法（這就是C語言的陣列表示法），如下圖所示：

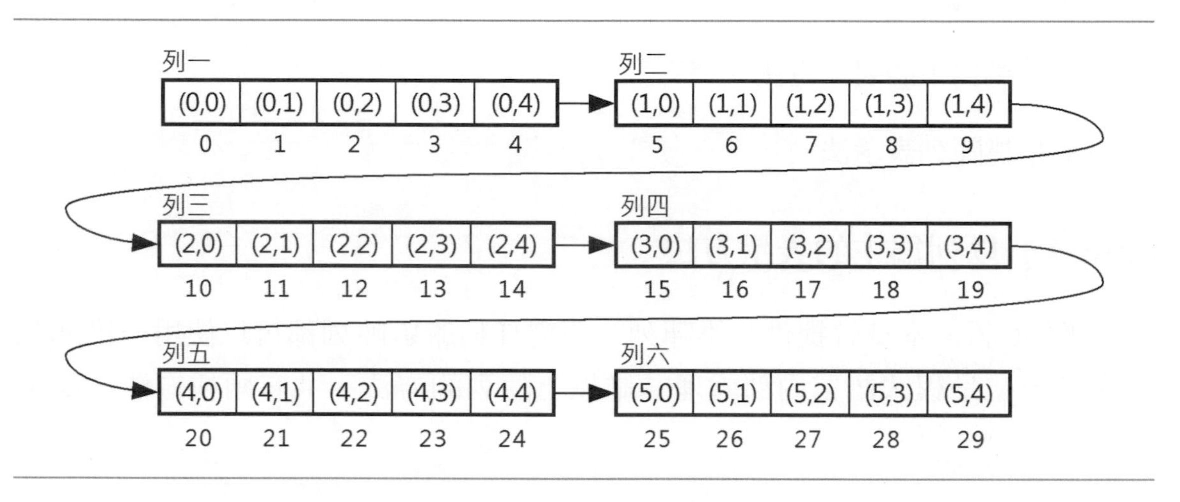

上述圖例的以列爲主表示法是將二維陣列的每一列連結起來，相當於是一個相同元素數的一維陣列classes[]。

至於二維陣列的索引值如何對應到一維陣列的索引值？如此我們才能在一維陣列存取二維陣列的元素。例如：二維陣列a的大小是rows X columns，二維陣列的元素a(row_num,column_num)使用以列爲主的一維陣列表示法，其索引值公式如下所示：

```
row_num * columns + column_num
```

上述公式可以計算出對應的一維陣列索引值，以前述二維陣列爲例，rows = 6，columns = 5，陣列元素(1, 0)對應的索引值，如下所示：

```
(1, 0) = 1 * 5 + 0 = 5
```

上述公式可以計算出索引值是5，也就是classes[5]。因爲二維陣列的每一列大小是5，即columns。row_num是陣列的第row_num + 1列，column_num是第column_num + 1欄，所以對應一維陣列的索引值就是所在列前的總列數乘以大小columns，即((row_num+1)-1)*columns = row_num*columns再加上(column_num+1)-1欄。

程式範例

Ch2_2_1.c

在C程式宣告int整數的一維陣列classes[]儲存學生的功課表，然後以列為主表示方法改寫Ch2_1_2.c，在顯示陣列內容後，走訪陣列計算一星期的上課總數，其執行結果如下所示：

```
0:0 1:2 2:0 3:2 4:0 5:1 6:4 7:1 8:4 9:1 10:5 11:0 12:5 13:0 14:5 15:0 16:0
17:0 18:0 19:0 20:3 21:0 22:3 23:0 24:3 25:0 26:0 27:0 28:0 29:0
上課總節數: 13
```

程式內容

```
01: /* 程式範例: Ch2_2_1.c */
02: #include <stdio.h>
03: #include <stdlib.h>
04: #define ROW    6      /* 定義列數 */
05: #define COLUMN 5      /* 定義欄數 */
06: /* 主程式 */
07: int main() {
08:    /* 學生功課表, 使用課程代碼 */
09:    int classes[30] = {0, 2, 0, 2, 0,
10:                       1, 4, 1, 4, 1,
11:                       5, 0, 5, 0, 5,
12:                       0, 0, 0, 0, 0,
13:                       3, 0, 3, 0, 3,
14:                       0, 0, 0, 0, 0 };
15:    int sum = 0;   /* 上課總節數 */
16:    int i, j;
17:    for ( i = 0; i < 30; i++ )    /* 一維陣列的走訪 */
18:       printf("%d:%d ", i, classes[i]);
19:    printf("\n");
20:    for ( i = 0; i < ROW; i++ )     /* 二維陣列的走訪 */
21:       for ( j = 0; j < COLUMN; j++ )
22:          if ( classes[i*COLUMN+j] != 0 ) /* 是否有課 */
23:             sum++;
24:    /* 顯示上課總節數 */
25:    printf("上課總節數: %d\n", sum);
26:    return 0;
27: }
```

程式說明

▶第22行：使用對應公式：i*COLUMN+j計算二維陣列對應的一維陣列索引值。

2-2-2 以欄爲主的表示方法

二維陣列在程式語言內部處理方法也可以使用以欄爲主（column major order）。同樣是使用上一節二維陣列爲例，因爲二維陣列共有6 X 5 = 30個元素，可以宣告一個長度爲30的一維陣列來儲存二維陣列的所有元素。一維陣列classes[]的宣告，如下所示：

```
int classes[30];
```

以欄爲主是將二維陣列以一維陣列儲存的陣列表示方法，如下圖所示：

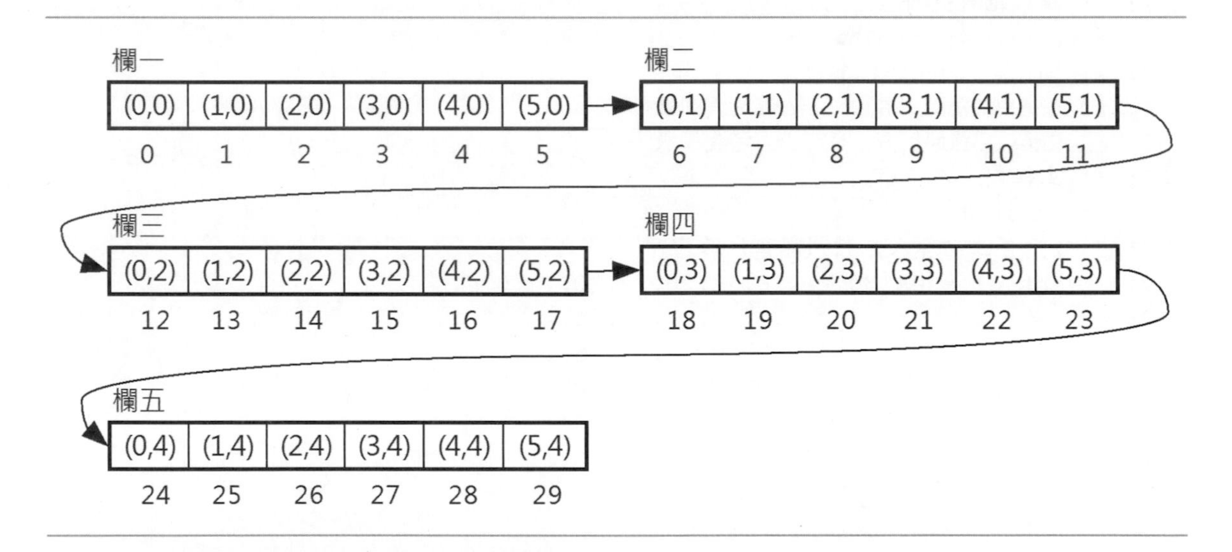

上述圖例的以欄爲主表示法是將二維陣列的每一欄連結起來，如此相當於是一個相同元素數的一維陣列classes[]。

二維陣列索引值對應到一維陣列索引值的公式。例如：二維陣列a的大小是rows X columns，二維陣列的元素a(row_num,column_num)使用以欄爲主的一維陣列表示法，其索引值公式如下所示：

```
column_num * rows + row_num
```

上述公式可以計算出二維陣列對應一維陣列的索引值，以前述二維陣列爲例，rows = 6，columns = 5，陣列元素(0, 1)對應的索引值，如下所示：

```
(0, 1) = 1 * 6 + 0 = 6
```

上述公式計算出索引值是6，也就是classes[6]。

程式範例

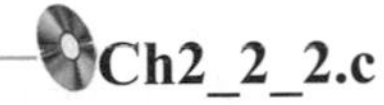

Ch2_2_2.c

在C程式宣告int整數的一維陣列classes[]儲存學生的功課表，然後以欄為主表示方法改寫Ch2_1_2.c，在顯示陣列內容後，走訪陣列計算一星期的上課總數，其執行結果如下所示：

```
0:0 1:1 2:5 3:0 4:3 5:0 6:2 7:4 8:0 9:0 10:0 11:0 12:0 13:1 14:5 15:0 16:3
17:0 18:2 19:4 20:0 21:0 22:0 23:0 24:0 25:1 26:5 27:0 28:3 29:0
上課總節數: 13
```

程式內容

```
01: /* 程式範例: Ch2_2_2.c */
02: #include <stdio.h>
03: #include <stdlib.h>
04: #define ROW    6      /* 定義列數 */
05: #define COLUMN 5      /* 定義欄數 */
06: /* 主程式 */
07: int main() {
08:    /* 學生功課表, 使用課程代碼 */
09:    int classes[30] = { 0, 1, 5, 0, 3, 0,
10:                        2, 4, 0, 0, 0, 0,
11:                        0, 1, 5, 0, 3, 0,
12:                        2, 4, 0, 0, 0, 0,
13:                        0, 1, 5, 0, 3, 0 };
14:    int sum = 0;    /* 上課總節數 */
15:    int i, j;
16:    for ( i = 0; i < 30; i++ )    /* 一維陣列的走訪 */
17:       printf("%d:%d ", i, classes[i]);
18:    printf("\n");
19:    for ( j = 0; j < COLUMN; j++ ) /* 二維陣列的走訪 */
20:       for ( i = 0; i < ROW; i++ )
21:          if ( classes[j*ROW+i] != 0 ) /* 是否有課 */
22:             sum++;
```

```
23:     /* 顯示上課總節數 */
24:     printf("上課總節數: %d\n", sum);
25:     return 0;
26: }
```

程式說明

▶第21行：使用的對應公式：j*ROW+i計算二維陣列對應的一維陣列索引值。

在上述程式範例是以欄爲主的表示法，所以classes[]陣列的排列方式並不同，讀者可以比較這兩小節範例程式的差異。C語言二維以上陣列，其記憶體是使用以列爲主的方法來排列陣列元素，如同第2-1-3節的圖例。

2-2-3 指標陣列表示法

指標陣列是另一種使用一維陣列來儲存二維陣列元素的方法。指標陣列的元素是指向另一個一維陣列data[]的索引值，data[]陣列儲存二維陣列內的每一列。例如：前述courses[][]二維陣列的大小是6 X 5，我們可以宣告一個指標陣列pointer[]，大小是陣列的列數6，其宣告如下所示：

```
int pointer[6];
```

上述指標陣列指向二維陣列各列開始的索引值，這個二維陣列的元素是儲存在一個一維陣列data[]，因爲courses[][]二維陣列共有兩列的元素值是完全相同，所以在data[]一維陣列只儲存courses[][]二維陣列中不相同元素值的各列元素，如下圖所示：

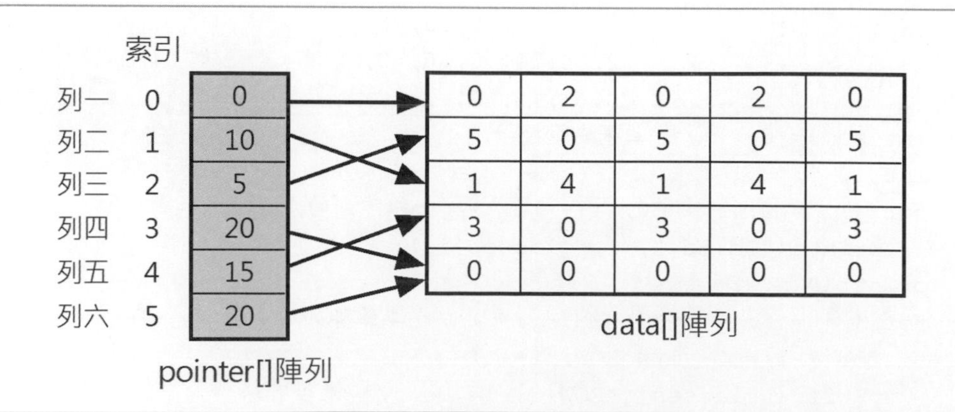

上述圖例的data[]陣列內每一列並不需依序排列，而且只儲存不同元素值的列，陣列pointer[]的第四和第六列是指向相同元素值的列，陣列存取是使用指標陣列，所以稱爲指標陣列表示法，這種陣列表示法能夠在記憶體空間的運用上擁有更大的彈性。

二維陣列的元素如何對應到指標陣列的索引值？筆者只使用以列爲主來說明。例如：二維陣列a的尺寸是rows X columns，元素a(row_num,column_num)在指標陣列表示法的索引值公式，如下所示：

```
pointer(row_num) + column_num
```

上述pointer(row_num)內容是每一列的起始座標，column_num是陣列這一列的位移值。

程式範例　Ch2_2_3.c

在C程式宣告int整數的一維陣列pointer[]，這是儲存指向data[]陣列學生功課表的指標陣列，改寫Ch2_1_2.c使用pointer[]指標陣列來走訪陣列計算一星期的上課總數，其執行結果如下所示：

```
0:0 1:2 2:0 3:2 4:0 5:1 6:4 7:1 8:4 9:1 10:5 11:0 12:5 13:0 14:5 15:3 16:0
17:3 18:0 19:3 20:0 21:0 22:0 23:0 24:0
上課總節數: 13
```

程式內容

```
01: /* 程式範例: Ch2_2_3.c */
02: #include <stdio.h>
03: #include <stdlib.h>
04: #define ROW     6      /* 定義列數 */
05: #define COLUMN 5      /* 定義欄數 */
06: /* 主程式 */
07: int main() {
08:    /* 學生功課表, 使用課程代碼 */
09:    int data[25] = {0, 2, 0, 2, 0,
10:                     1, 4, 1, 4, 1,
11:                     5, 0, 5, 0, 5,
12:                     3, 0, 3, 0, 3,
13:                     0, 0, 0, 0, 0 };
```

```
14:     /* 指標陣列 */
15:     int pointer[6] = { 0, 10, 5, 20, 15, 20 };
16:     int sum = 0;    /* 上課總節數 */
17:     int i, j;
18:     for ( i = 0; i < 25; i++ )    /* 一維陣列的走訪 */
19:        printf("%d:%d ", i, data[i]);
20:     printf("\n");
21:     for ( i = 0; i < ROW; i++ )     /* 二維陣列的走訪 */
22:        for ( j = 0; j < COLUMN; j++ )
23:           if ( data[pointer[i]+j] != 0 ) /* 是否有課 */
24:              sum++;
25:     /* 顯示上課總節數 */
26:     printf("上課總節數: %d\n", sum);
27:     return 0;
28: }
```

程式說明

- 第15行：宣告pointer[]陣列，其元素值是一個索引值的指標指向第9~13行只有5行的data[]陣列，因為陣列內的第3和第5個索引值是指向同一列。
- 第23行：使用對應公式：pointer[i]+j計算指標陣列對應的陣列索引值。

指標陣列表示法需要使用額外空間儲存各列或欄指標的索引值，它比以列為主或以欄為主的陣列表示法，更能夠靈活運用記憶體空間。

2-3 C語言的結構

C語言的結構資料型態也是一種延伸資料型態，它和陣列的主要差異在於陣列的每一個元素都是相同資料型態，結構的組成元素可以是不同資料型態。

2-3-1 宣告結構

「結構」（structures）是C語言的延伸資料型態，這是一種自定資料型態（user-defined types），可以讓程式設計者自行在程式碼定義新的資料型態。

結構是由一或多個不同資料型態（當然可以是相同資料型態）所組成的集合，然後使用一個新名稱來代表，新名稱是一個新的資料型態，可以用來宣告結構變數。在C程式宣告結構是使用struct關鍵字來定義新型態，其語法如下所示：

```
struct 結構名稱 {
    資料型態 變數1;
    資料型態 變數2;
    ……
};
```

上述語法定義名爲【結構名稱】的新資料型態，程式設計者可以自行替結構命名，在結構中宣告的變數稱爲該結構的「成員」（members）。

結構名稱和成員變數的名稱可以和程式碼中其他變數同名，因爲結構名稱是新型態（並不是變數），結構的成員變數存取方式和一般變數不同，所以並不會產生名稱衝突。例如：宣告學生資料的結構student，如下所示：

```
struct student {
    int id;
    char name[20];
    int math;
    int english;
    int computer;
};
```

上述結構是由學號id、學生姓名name、數學成績math、英文成績english和電腦成績computer的成員變數所組成。

宣告結構變數

當宣告student結構後，因爲它是一種自訂資料型態，所以在程式碼可以使用這個新型態來宣告變數，其語法如下所示：

```
struct 結構名稱 變數名稱;
```

上述宣告使用struct關鍵字開頭加上結構名稱來宣告結構變數，以本節程式範例爲例，結構變數的宣告，如下所示：

```
struct student std1;
struct student std2 = {2, "江小魚", 45, 78, 66};
```

上述程式碼宣告結構變數std1和std2，同樣可以在宣告時指定結構成員變數的初值，以大括號括起的內容是依序的變數值。

結構與成員變數的運算

在建立結構變數後，就可以存取結構各成員變數的值，如下所示：

```
std1.id = 1;
strcpy(std1.name, "陳會安");
std1.math = 78;
std1.english = 65;
std1.computer = 90;
```

上述程式碼使用「.」運算子存取結構的成員變數。因爲結構的成員變數就是一個變數，所以一樣可以執行成員變數的運算，例如：計算各科成績的總分，如下所示：

```
total = std1.math + std1.english + std1.computer;
```

程式範例 Ch2_3_1.c

在C程式宣告結構student和3個結構變數，在設定初值和指定結構的成員變數值後，依序顯示結構的內容，其執行結果如下所示：

```
學號: 1
姓名: 陳會安
成績總分: 233
--------------------
學號: 2
姓名: 江小魚
成績總分: 189
--------------------
學號: 2
姓名: 江小魚
成績總分: 189
```

上述執行結果可以看到3筆學生資料，最後2筆資料相同，因為std3 = std2。

程式內容

```
01: /* 程式範例: Ch2_3_1.c */
02: #include <stdio.h>
03: #include <stdlib.h>
04: #include <string.h>
05: struct student {          /* 學生資料 */
06:      int id;
07:      char name[20];
08:      int math;
09:      int english;
10:      int computer;
11: };
12: /* 主程式 */
13: int main() {
14:    struct student std1;              /* 宣告結構變數 */
15:    struct student std2 = {2, "江小魚", 45, 78, 66};
16:    struct student std3;
17:    int total;
18:    std1.id = 1;                      /* 指定結構變數的值 */
19:    strcpy(std1.name, "陳會安");
20:    std1.math = 78;
21:    std1.english = 65;
22:    std1.computer = 90;
23:    std3 = std2;                      /* 指定敘述 */
24:    /* 顯示學生資料 */
25:    printf("學號: %d\n", std1.id);
26:    printf("姓名: %s\n", std1.name);
27:    total = std1.math + std1.english + std1.computer;
28:    printf("成績總分: %d\n", total);
29:    printf("--------------------\n");
30:    printf("學號: %d\n", std2.id);
31:    printf("姓名: %s\n", std2.name);
32:    total = std2.math + std2.english + std2.computer;
33:    printf("成績總分: %d\n", total);
34:    printf("--------------------\n");
35:    printf("學號: %d\n", std3.id);
36:    printf("姓名: %s\n", std3.name);
37:    total = std3.math + std3.english + std3.computer;
38:    printf("成績總分: %d\n", total);
39:    return 0;
40: }
```

程式說明

- ▶第5~11行：結構student的宣告。
- ▶第14~16行：宣告結構變數std1、std2和std3，和指定結構變數std2的初值。
- ▶第18~22行：指定結構的成員變數值，字串變數name是使用strcopy()函數指定變數值。
- ▶第23行：結構變數的指定敘述。
- ▶第25~38行：顯示結構內容和計算成績總分。

2-3-2 結構陣列

「結構陣列」（arrays of structures）是結構資料型態的陣列。例如：宣告test結構，如下所示：

```
struct test {
    int math;
    int english;
    int computer;
};
```

上述結構擁有3個成員變數，因為test是一種新型態，所以可以使用此型態建立陣列，如下所示：

```
#define NUM_STUDENTS      3
struct test students[NUM];
```

上述程式碼宣告結構陣列students[]，擁有3個陣列元素，每一個元素是一個test結構。因為結構陣列是一個陣列，存取陣列索引i元素結構的成員變數，其程式碼如下所示：

```
students[i].math
students[i].english
students[i].computer
```

程式範例

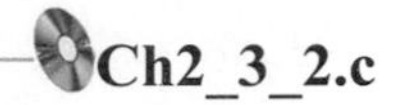
Ch2_3_2.c

在C程式宣告結構test儲存測驗成績，然後以此結構宣告結構陣列students[]儲存每位學生的成績，在使用迴圈輸入學生的成績資料後，計算所有學生的各科平均成績，其執行結果如下所示：

```
學生編號: 1
請輸入數學成績. ==> 62 Enter
請輸入英文成績. ==> 78 Enter
請輸入電腦成績. ==> 80 Enter
學生編號: 2
請輸入數學成績. ==> 44 Enter
請輸入英文成績. ==> 87 Enter
請輸入電腦成績. ==> 65 Enter
學生編號: 3
請輸入數學成績. ==> 79 Enter
請輸入英文成績. ==> 90 Enter
請輸入電腦成績. ==> 88 Enter
數學平均成績:  61.67
英文平均成績:  85.00
電腦平均成績:  77.67
```

上述執行結果可以看到共輸入3筆學生的成績資料，最後顯示各科的平均成績。

程式內容

```
01: /* 程式範例: Ch2_3_2.c */
02: #include <stdio.h>
03: #include <stdlib.h>
04: #define NUM_STUDENTS        3    /* 學生人數 */
05: /* 主程式 */
06: int main() {
07:    struct test {                  /* 宣告結構 */
08:       int math;
09:       int english;
10:       int computer;
11:    };
12:    /* 結構陣列變數宣告 */
13:    struct test students[NUM_STUDENTS];
14:    int i, c;
15:    /* 各科成績總分變數 */
```

```
16:     int m_sum = 0, e_sum = 0, c_sum = 0;
17:     /* 各科平均成績變數 */
18:     float m_ave, e_ave, c_ave;
19:     /* 使用迴圈讀取學生成績 */
20:     for ( i = 0; i < NUM_STUDENTS; i++ ) {
21:         printf("學生編號: %d\n",i + 1);
22:         printf("請輸入數學成績. ==> ");
23:         scanf("%d", &students[i].math); /* 讀取數學成績 */
24:         m_sum += students[i].math;       /* 計算數學總分 */
25:         printf("請輸入英文成績. ==> ");
26:         scanf("%d",&students[i].english);/* 讀取英文成績 */
27:         e_sum += students[i].english;     /* 計算英文總分 */
28:         printf("請輸入電腦成績. ==> ");
29:         scanf("%d",&students[i].computer);/* 讀取電腦成績 */
30:         c_sum += students[i].computer;     /* 計算電腦總分 */
31:     }
32:     /* 計算平均成績 */
33:     m_ave = (float) m_sum / (float) NUM_STUDENTS;
34:     e_ave = (float) e_sum / (float) NUM_STUDENTS;
35:     c_ave = (float) c_sum / (float) NUM_STUDENTS;
36:     printf("數學平均成績: %6.2f \n", m_ave);
37:     printf("英文平均成績: %6.2f \n", e_ave);
38:     printf("電腦平均成績: %6.2f \n", c_ave);
39:     return 0;
40: }
```

程式說明

- 第7~11行：在主程式宣告結構test，所以，我們只能在主程式的程式區塊中使用此結構。
- 第13行：宣告結構陣列students[]。
- 第20~31行：使用for迴圈輸入每位學生的各科成績，然後計算各科成績的總分。
- 第33~35行：計算平均成績，因為是整數值，所以型態迫換成float後，顯示各科的平均成績。

2-3-3 typedef建立新型態

在宣告結構型態後，為了方便宣告，我們可以使用別名來取代新的資料型態，這個別名是新增的識別字，可以定義全新資料型態，其語法如下所示：

```
typedef 資料型態 識別字;
```

上述識別字代表資料型態，所以可以直接使用此識別字宣告變數。例如：程式範例的test結構可以使用typedef指令定義新識別字的型態和宣告變數，如下所示：

```
typedef struct test score;
score joe;
```

上述程式碼在定義新型態score識別字後，就可以直接使用score宣告變數joe（不再需要struct關鍵字），變數joe是test結構變數。

程式範例 Ch2_3_3.c

在C程式宣告結構test，然後使用typedef建立新型態score，改為使用score宣告結構變數joe和jane，其執行結果如下所示：

```
姓名: Joe
數學: 80
英文: 85
數學: 83
==================
姓名: Jane
數學: 78
英文: 65
數學: 55
```

上述執行結果可以看到學生各科的成績資料。

程式內容

```
01: /* 程式範例: Ch2_3_3.c */
02: #include <stdio.h>
03: #include <stdlib.h>
04: /* 主程式 */
05: int main() {
06:    struct test {                     /* 宣告結構 */
07:       int math;
08:       int english;
09:       int computer;
10:    };
11:    typedef struct test score;   /* 定義新型態 */
12:    score joe, jane;              /* 使用新型態變數宣告 */
13:    joe.math = 80;                /* 指定成員變數 */
14:    joe.english = 85;
15:    joe.computer = 83;
16:    jane.math = 78;               /* 指定成員變數 */
17:    jane.english = 65;
18:    jane.computer = 55;
19:    /* 顯示成績 */
20:    printf("姓名: Joe\n");
21:    printf("數學: %d\n", joe.math);
22:    printf("英文: %d\n", joe.english);
23:    printf("數學: %d\n", joe.computer);
24:    printf("=================\n");
25:    printf("姓名: Jane\n");
26:    printf("數學: %d\n", jane.math);
27:    printf("英文: %d\n", jane.english);
28:    printf("數學: %d\n", jane.computer);
29:    return 0;
30: }
```

程式說明

- ▶第11行：使用typedef建立新型態score。
- ▶第12行：使用新型態score宣告變數joe和jane。

2-4 矩陣與稀疏矩陣

「矩陣」（matrices）類似二維陣列，一個m X n矩陣表示這個矩陣擁有m列（rows）和n欄（columns），或稱爲列和行，如下圖所示：

	第1欄	第2欄	第3欄
第1列	6	2	0
第2列	1	0	3
第3列	6	4	2
第4列	1	4	7

上述圖例是4 X 3矩陣，m和n是矩陣的「維度」（dimensions），很明顯的！我們可以使用C語言的二維陣列來建立矩陣。

2-4-1 稀疏矩陣

「稀疏矩陣」（sparse matrices）屬於矩陣一種非常特殊的情況，因爲矩陣元素大部分元素都沒有使用，元素稀稀落落，所以稱爲稀疏矩陣。例如：50個元素的稀疏矩陣，眞正使用的元素只有5個，如下圖所示：

	0	1	2	3	4	5	6	7	8	9
0			1							
1				9						
2						2				
3					3					
4								6		

上述圖例是一個稀疏矩陣，最常見的稀疏矩陣就是Excel電子試算表的試算格，在Excel如此大張的試算表內，通常只會使用很少部分的試算格，換句話說，整個試算表就是一個稀疏矩陣。

稀疏矩陣實際儲存資料的項目很少，如果使用二維陣列來儲存稀疏矩陣，表示大部分記憶體空間都是閒置的，爲了增加記憶體的使用效率，可以採用壓縮方式儲存稀疏矩陣中只擁有值的項目，如下圖所示：

	列row	欄col	值value
smArr[0]	0	2	1
smArr[1]	1	3	9
smArr[2]	2	5	2
smArr[3]	3	4	3
smArr[4]	4	7	6

上述圖例使用結構陣列smArr[]儲存稀疏矩陣有值的項目，共只有5個有值的項目，Term結構儲存各項目的列、欄和值。

稀疏矩陣的標頭檔：Ch2_4_1.h

```
01: /* 程式範例: Ch2_4_1.h */
02: #define MAX_TERMS     10  /* 稀疏矩陣的最大元素數 */
03: struct Term {              /* 稀疏矩陣的元素結構 */
04:    int row;                /* 元素的列數 */
05:    int col;                /* 元素的欄數 */
06:    int value;              /* 元素的值 */
07: };
08: struct sMatrix {           /* 稀疏矩陣的結構 */
09:    int rows;               /* 矩陣的列數 */
10:    int cols;               /* 矩陣的欄數 */
11:    int numOfTerms;         /* 矩陣的元素數 */
12:    struct Term smArr[MAX_TERMS];  /* 壓縮陣列的宣告 */
13: };
14: typedef struct sMatrix Matrix; /* 建立稀疏矩陣的新型態 */
15: Matrix m;                      /* 建立稀疏矩陣 */
16: /* 抽象資料型態的操作函數宣告 */
17: extern void createMatrix(int r,int c,int *arr);
18: extern void transposeMatrix();
19: extern void printMatrix();
```

上述第8~13行的sMatrix結構是巢狀結構，擁有另一個Term結構，這是矩陣各項目的結構。稀疏矩陣的內容是儲存在第12行的smArr[]結構陣列，只儲存值不等於0的陣列元素。模組函數說明如下表所示：

模組函數	說明
void createMatrix(int r,int c,int *arr)	使用參數的陣列建立稀疏矩陣，第1和2個參數是稀疏矩陣的尺寸
void transposeMatrix()	矩陣轉置函數，可以將矩陣的列與欄互換，原來矩陣位置座標[i][j]轉置成[j][i]
void printMatrix()	顯示稀疏矩陣的內容

程式範例

Ch2_4_1.c

在C程式實作稀疏矩陣標頭檔的模組函數，當建立前述稀疏矩陣後，顯示稀疏矩陣的內容，其執行結果如下所示：

```
尺寸: 5 X 10 項目數: 5
列row    欄col    值value
 0        2        1
 1        3        9
 2        5        2
 3        4        3
 4        7        6
```

程式內容

```
01: /* 程式範例: Ch2_4_1.c */
02: #include <stdio.h>
03: #include <stdlib.h>
04: #include "Ch2_4_1.h"
05: /* 函數: 建立稀疏矩陣 */
06: void createMatrix(int r,int c,int *arr) {
07:    int i, j, count;
08:    m.rows = r;                 /* 初始結構的成員變數 */
09:    m.cols = c;
10:    count = 0;
11:    for ( i = 0; i < r; i++ )    /* 二維陣列的走訪 */
12:       for ( j = 0; j < c; j++ )
13:          if ( arr[i*c+j] != 0 ) {         /* 元素有值 */
14:             m.smArr[count].row = i;       /* 列數 */
15:             m.smArr[count].col = j;       /* 欄數 */
16:             /* 元素值 */
17:             m.smArr[count].value = arr[i*c+j];
18:             count++;
```

```
19:             }
20:     m.numOfTerms = count;
21: }
22: /* 函數: 顯示稀疏矩陣 */
23: void printMatrix() {
24:     int i;
25:     /* 顯示稀疏矩陣尺寸和項目數 */
26:     printf("尺寸: %d X %d", m.rows, m.cols);
27:     printf(" 項目數: %d\n", m.numOfTerms);
28:     printf("列row\t欄col\t值value\n");
29:     /* 顯示稀疏矩陣的各項目座標與值 */
30:     for ( i = 0; i < m.numOfTerms; i++) {
31:       printf(" %d\t%d",m.smArr[i].row,m.smArr[i].col);
32:       printf("\t%d\n", m.smArr[i].value);
33:     }
34: }
35: /* 主程式 */
36: int main() {
37:     /* 稀疏矩陣 */
38:     int sparse[5][10] = { 0, 0, 1, 0, 0, 0, 0, 0, 0, 0,
39:                           0, 0, 0, 9, 0, 0, 0, 0, 0, 0,
40:                           0, 0, 0, 0, 0, 2, 0, 0, 0, 0,
41:                           0, 0, 0, 0, 3, 0, 0, 0, 0, 0,
42:                           0, 0, 0, 0, 0, 0, 0, 6, 0, 0 };
43:     int *fp = &sparse[0][0];            /* 取得陣列的指標 */
44:     /* 建立稀疏矩陣 */
45:     createMatrix(5, 10, fp);
46:     printMatrix();                      /* 顯示稀疏矩陣 */
47:     return 0;
48: }
```

程式說明

- 第4行：含括稀疏矩陣的標頭檔Ch2_4_1.h。
- 第6~21行：createMatrix()函數是在第11~19行使用二層for迴圈走訪二維陣列，第13~19列行if條件檢查值是否不是0，不是就新增稀疏矩陣的項目到smArr[]結構陣列。
- 第23~34行：printMatrix()函數是在第30~33行使用for迴圈走訪結構陣列顯示稀疏矩陣的項目資料。
- 第38~42行：稀疏矩陣的二維陣列。

▶第45~46行：在呼叫createMatrix()函數建立稀疏矩陣後，呼叫printMatrix()函數顯示稀疏矩陣內容。

2-4-2 稀疏矩陣的轉置

矩陣的轉置是指矩陣的列與欄值互換，原來矩陣位置座標[i][j]轉置成[j][i]，如下圖所示：

$$\begin{bmatrix} 1 & 0 & 0 \\ 1 & 0 & 0 \\ 1 & 0 & 0 \end{bmatrix} \xrightarrow{\text{轉置成}} \begin{bmatrix} 1 & 1 & 1 \\ 0 & 0 & 0 \\ 0 & 0 & 0 \end{bmatrix}$$

上述矩陣的列與欄值互換，因爲對角線的i=j，所以，在轉置矩陣時，位在對角線的矩陣元素並不會改變。

以稀疏矩陣的陣列表示法來說，矩陣轉置是使用for迴圈走訪smArr[]物件陣列，將row和col值對調即可，如下圖所示：

	列row	欄col	值value
smArr[0]	0	2	1
smArr[1]	1	3	9
smArr[2]	2	5	2
smArr[3]	3	4	3
smArr[4]	4	7	6

轉置成

列row	欄col	值value
2	0	1
3	1	9
5	2	2
4	3	3
7	4	6

上述圖例的稀疏矩陣陣列表示法的元素排列，原來是以列座標從小到大排列，當轉置矩陣後的矩陣變成以欄座標從小到大排列。

如果希望轉置矩陣仍然維持列座標從小到大排列，就需要使用二層巢狀迴圈，以便找出正確的排列位置，如下所示：

```
for ( c = 0; c < temp.cols; c++ ) /* 以欄轉置 */
   for ( i = 0; i < temp.numOfTerms; i++ )
      if ( temp.smArr[i].col == c ) {   /* 依序找尋各欄 */
          // 存入轉置的稀疏矩陣
      }
```

上述temp是複製的矩陣，在第1層for迴圈是從0走訪到矩陣的最大欄數（欄在轉置後就成爲列），也就是以欄來排序，第2層for迴圈是走訪smArr[]結構陣列來找出是否有此欄的元素，如果有，存入轉置的稀疏矩陣（欄列對調，我們是直接更改m矩陣），如此轉置成的矩陣就會仍然以列座標從小到大排列。

程式範例 Ch2_4_2.c

在C程式實作transposeMatrix()函數來轉置矩陣，當在主程式建立矩陣後，分別顯示轉置前和後的稀疏矩陣內容，其執行結果如下所示：

```
尺寸: 5 X 10 項目數: 5
列row    欄col    值value
 0        2        1
 1        3        9
 2        5        2
 3        4        3
 4        7        6
尺寸: 10 X 5 項目數: 5
列row    欄col    值value
 2        0        1
 3        1        9
 4        3        3
 5        2        2
 7        4        6
```

程式內容

```
01: /* 程式範例: Ch2_4_2.c */
02: #include <stdio.h>
03: #include <stdlib.h>
04: #include "Ch2_4_1.h"
05: #include "sMatrix.c"
06: /* 函數: 稀疏矩陣轉置 */
07: void transposeMatrix() {
08:    int pos, c, i;
09:    struct sMatrix temp;
10:    /* 複製矩陣 */
11:    temp.rows = m.rows;
12:    temp.cols = m.cols;
13:    temp.numOfTerms = m.numOfTerms;
```

```
14:    for ( i = 0; i < m.numOfTerms; i++) {   /* 複製每一個元素 */
15:        temp.smArr[i].row = m.smArr[i].row;
16:        temp.smArr[i].col = m.smArr[i].col;
17:        temp.smArr[i].value = m.smArr[i].value;
18:    }
19:    if ( temp.numOfTerms > 0 ) { /* 稀疏矩陣不是空的 */
20:        m.rows = temp.cols;        /* 矩陣的列欄數對換 */
21:        m.cols = temp.rows;
22:        pos = 0;
23:        for ( c = 0; c < temp.cols; c++ ) /* 以欄轉置 */
24:            for ( i = 0; i < temp.numOfTerms; i++ )
25:                if ( temp.smArr[i].col == c ) {   /* 依序找尋各欄 */
26:                   m.smArr[pos].row = c;
27:                   m.smArr[pos].col = temp.smArr[i].row;
28:                   m.smArr[pos].value = temp.smArr[i].value;
29:                   pos++;
30:                }
31:    }
32: }
33: /* 主程式 */
34: int main() {
35:    /* 稀疏矩陣 */
36:    int sparse[5][10] = { 0, 0, 1, 0, 0, 0, 0, 0, 0, 0,
37:                          0, 0, 0, 9, 0, 0, 0, 0, 0, 0,
38:                          0, 0, 0, 0, 0, 2, 0, 0, 0, 0,
39:                          0, 0, 0, 0, 3, 0, 0, 0, 0, 0,
40:                          0, 0, 0, 0, 0, 0, 0, 6, 0, 0 };
41:    int *fp = &sparse[0][0];          /* 取得陣列的指標 */
42:    /* 建立稀疏矩陣 */
43:    createMatrix(5, 10, fp);
44:    printMatrix();                    /* 顯示稀疏矩陣 */
45:    transposeMatrix();                /* 轉置稀疏矩陣 */
46:    printMatrix();                    /* 顯示稀疏矩陣 */
47:    return 0;
48: }
```

程式說明

- 第4行：含括稀疏矩陣的標頭檔Ch2_4_1.h。
- 第5行：含括實作建立和顯示稀疏矩陣函數的sMatrix.c（修改自Ch2_4_1.c）。
- 第7~32行：transposeMatrix()函數首先在第14~18行使用for迴圈走訪結構陣列來複製稀疏矩陣m成為temp，第20~21行對換矩陣的列和欄數，在第23~30行

的二層巢狀迴圈執行矩陣轉置，我們是走訪複製temp矩陣來更改m矩陣的列與欄，在第26~28行將矩陣的列與欄的元素值對調

▶ 第45行：呼叫轉置稀疏矩陣的transposeMatrix()函數。

2-5 使用結構陣列處理多項式

實務上，我們可以使用結構陣列來處理多項式（polynomial）。例如：2個多項式，如下所示：

$$A(X) = 7X^4+3X^2+4$$
$$B(X) = 6X^5+5X^4+X^2+7X+9$$

上述多項式的最大指數（exponent）稱爲「次」（degree），A(X)是4次多項式，B(X)是5次多項式，多項式並沒有列出係數（coefficient）爲0的項目，因爲X0就是1，所以只有係數。

多項式結構陣列的標頭檔：Ch2_5.h

```
01: /* 程式範例: Ch2_5.h */
02: #define MAX_TERMS    50    /* 最大項目數 */
03: struct Term {               /* 項結構     */
04:    float coef;             /* 係數       */
05:    int exp;                 /* 指數       */
06: };
07: struct Term termArr[MAX_TERMS];  /* 多項式的結構陣列 */
08: int freePos = 0;            /* 可用索引位置 */
09: int one_Begin, one_End;   /* 第1個多項式索引開始與結束 */
10: int two_Begin, two_End;   /* 第2個多項式索引開始與結束 */
11: /* 抽象資料型態的操作函數宣告 */
12: extern void createPoly(float array[], int len, int num);
13: extern void newTerm(float c, int e);
14: extern void printPoly(int num);
```

上述第3~6行是Term結構，這是多項式的項目，儲存各項的指數和係數，我們是用第7行termArr[]的Term結構陣列來儲存2個多項式，使用第9行的one_Begin和one_End變數記錄結構陣列中的第1個多項式；第10行的two_Begin和two_End變數記錄第2個多項式。

在第8行freePos變數的初值是0，這是termArr[]結構陣列尚未使用元素的開始索引，如果建立多項式，就是從freePos索引位置開始儲存。模組函數說明如下表所示：

模組函數	說明
void createPoly(float array[], int len, int num)	使用參數的一維陣列建立多項式，陣列索引是指數，元素值是係數，第2個參數是陣列元素數，最後1個參數是建立哪1個多項式，1是第1個；2是第2個
void newTerm(float c, int e)	新增termArr[]結構陣列的多項式項目，參數是係數和指數
void printPoly(int num)	顯示多項式，參數值1是第1個多項式；2是第2個

多項式的儲存方式

C程式是使用變數termArr[]的Term結構陣列來儲存2個多項式，如下所示：

```
A(X) = 7X^4+3X^2+4
B(X) = 6X^5+5X^4+X^2+7X+9
```

上述多項式A(X)和B(X)儲存在termArr[]結構陣列的圖例，如下圖所示：

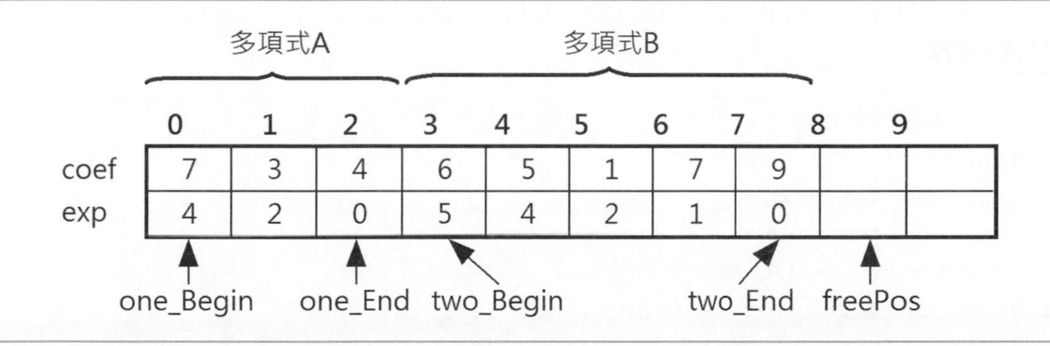

上述圖例可以看出2個多項式是緊鄰的儲存在同一termArr[]結構陣列，freePos是下一個可以儲存多項式項目的索引位置，2個多項式分別使用one_Begin、one_End、two_Begin和two_End變數來記錄2個多項式儲存的開始和結束索引。

createPoly()函數：建立多項式

createPoly()函數是使用for迴圈走訪陣列，以陣列值呼叫newTerm()函數建立多項式，陣列的索引值是指數，元素值爲係數，如下圖所示：

	0	1	2	3	4	5	
							←指數
多項式A(X)	4	0	3	0	7	0	←係數

	0	1	2	3	4	5
多項式B(X)	9	7	1	0	5	6

上述圖例的每1個一維陣列就是一個多項式，共有2個一維陣列，在本節的結構陣列是將2個多項式儲存在同一結構陣列。

程式範例

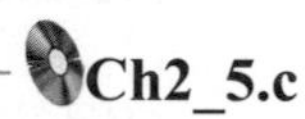
Ch2_5.c

在C程式實作多項式的Term結構陣列，然後在主程式建立前述2個多項式A(X)和B(X)，和顯示這2個多項式的內容，其執行結果如下所示：

```
7.0X^4+3.0X^2+4.0X^0
6.0X^5+5.0X^4+1.0X^2+7.0X^1+9.0X^0
```

程式內容

```
01: /* 程式範例: Ch2_5.c */
02: #include <stdio.h>
03: #include <stdlib.h>
04: #include "Ch2_5.h"
05: /* 函數: 建立多項式 */
06: void createPoly(float array[], int len, int num) {
07:    int i, begin, end;
08:    begin = freePos;     // 多項式開始索引
09:    end = freePos - 1;  // 多項式結束索引
10:    for ( i = len - 1; i >= 0; i-- )
11:       if ( array[i] != 0.0 ) {
12:          newTerm(array[i], i);    // 新增項
13:       end++;
14:    }
15:    if (num == 1) {   /* 第1個多項式 */
```

```
16:         one_Begin = begin;
17:         one_End = end;
18:     }
19:     else {                /* 第2個多項式 */
20:         two_Begin = begin;
21:         two_End = end;
22:     }
23: }
24: /* 函數: 新增多項式的項目 */
25: void newTerm(float c, int e) {
26:     if ( freePos >= MAX_TERMS ) {
27:          printf("多項式的項目超過範圍!");
28:          return;
29:     }
30:     termArr[freePos].coef = c;  /* 係數 */
31:     termArr[freePos].exp = e;   /* 指數 */
32:     freePos++;
33: }
34: /* 函數: 顯示多項式 */
35: void printPoly(int num) {
36:     float c;
37:     int i, e, begin, end;
38:     /* 判斷是哪一個多項式的開始和結束 */
39:     begin = ( num == 1 ) ? one_Begin : two_Begin;
40:     end = ( num == 1 ) ? one_End : two_End;
41:     /* 顯示多項式 */
42:     for ( i = begin; i <= end; i++) {
43:         c = termArr[i].coef;
44:         e = termArr[i].exp;
45:         printf("%.1fX^%d", c, e);
46:         if ( i != end ) printf("+");
47:     }
48:     printf("\n");  /* 換行 */
49: }
50: /* 主程式 */
51: int main() {
52:     /* 建立多項式所需的陣列 */
53:     float list1[6] ={4.0f, 0.0f, 3.0f, 0.0f, 7.0f, 0.0f};
54:     float list2[6] ={9.0f, 7.0f, 1.0f, 0.0f, 5.0f, 6.0f};
55:     createPoly(list1, 6, 1);    /* 建立第1個多項式 */
56:     createPoly(list2, 6, 2);    /* 建立第2個多項式 */
57:     printPoly(1);               /* 顯示第1個多項式 */
58:     printPoly(2);               /* 顯示第2個多項式 */
59:     return 0;
60: }
```

程式說明

- ▶第4行：含括多項式結構陣列的標頭檔Ch2_5.h。
- ▶第6~23行：createPoly()函數是在第8~9行初始位置變數，然後第10~14行使用for迴圈走訪一維陣列，第12行呼叫newTerm()函數來新增多項式的項目，在第15~22行的if條件依參數num判斷建立的是第1個，或第2個多項式。
- ▶第25~33行：newTerm()函數是第30~31行指定指數與係數，在第32行將freePost索引值加一。
- ▶第35~49行：printPoly()函數是在第39~40行判斷顯示哪一個多項式，42~47行使用for迴圈走訪陣列來顯示多項式的指數和係數。
- ▶第55~56行：使用陣列值建立2個多項式。
- ▶第57~58行：顯示2個多項式的內容。

學習評量

1. 請使用圖例說明陣列？C語言陣列的索引值是從_____開始。
2. 在C語言宣告大小為50個元素的整數陣列members[]，sizeof(int) = 4，如下所示：

```
int members[50];
```

   假設：上述陣列的記憶體開始位址是：1000（十進位），請回答下列問題，如下所示：

   - members[]陣列總共佔用的記憶體空間______位元組。
   - members[12]的記憶體開始位址：________。
   - members[33]的記憶體開始位址：________。
3. 在C語言宣告大小為30個元素的浮點數陣列sales[]，sizeof(int) = 8，如下所示：

```
double sales[30];
```

   假設：上述陣列的記憶體開始位址是：0022FE80（十六進位），請回答下列問題，如下所示：

   - sales[]陣列總共佔用的記憶體空間______位元組。
   - sales[12]的記憶體開始位址：________。
   - sales[25]的記憶體開始位址：________。
4. 請使用圖例說明以列為主和以欄為主的陣列表示法？
5. 二維陣列a[][]的大小是8 X 9，二維陣列元素a(i, j)，請寫出下列二種方法的一維陣列索引公式，如下所示：
   - 以行為主。
   - 以欄為主。
6. 同第5.題，現在的二維陣列b[][]的大小是9 X 8。
7. 假設二維陣列c[][]的大小是5 X 7，c[0][0]的位址是1000（十進位），c[0][1]的位址是1004，c[2][3]的位址是1068，請問c[4][4]的位址為何？

學習評量

8. 假設二維陣列c[][]的大小是5 X 7，c[0][0]的位址是1000（十進位），c[1][0]的位址是1004，c[3][2]的位址是1052，請問c[4][4]的位址為何？

9. 請說明什麼是C語言的結構？C語言定義新型態的別名是使用__________關鍵字。

10. 請使用C語言宣告結構儲存員工資料Employees，擁有name（10字元）、age（整數）、salary（浮點數）和email（20字元）儲存姓名、年齡、薪水和電子郵件地址。

11. 請說明什麼是稀疏矩陣？

12. 現在有一個6 X 9的稀疏矩陣，如下圖所示：

	0	1	2	3	4	5	6	7	8
0		7							
1				5					3
2						1			
3	2				4				
4			8						
5								9	

請使用結構陣列的壓縮表示法建立稀疏矩陣的內容。

13. 請參閱第2-5節使用C語言結構陣列儲存二個多項式，然後建立函數執行多項式相加。例如：二個多項式，如下所示：

$$A(X) = 7X^4+3X^2+4$$
$$B(X) = 6X^5+5X^4+X^2+7X+9$$

14. 如果陣列元素A(5, 3)在記憶體中的位址是5314，元素A(8, 5)的位址是5422，現已知每個元素佔用4個位元組，請問元素A(2, 7)的位址為何？ [93雲科大資管]

15. ( ) 現在有一個m x n的整數矩陣，其中有k個非0值，如果使用陣列來儲存這個稀疏矩陣的k個值，我們需要多少整數記憶體空間？
(A) k (B) 2k+1 (C) 3(k+1) (D) 4k [88高考]

Chapter 3

堆疊

學習重點

- 認識堆疊
- 堆疊表示法
- 運算式的計算與轉換
- 走迷宮問題
- 河內塔問題

3-1 認識堆疊

「堆疊」（stacks）屬於一種擁有特定進出規則的線性串列結構，如同在餐廳廚房的工人清洗餐盤，將洗好的餐盤疊在一起，每一個洗好的餐盤放在這疊餐盤的頂端，如下圖所示：

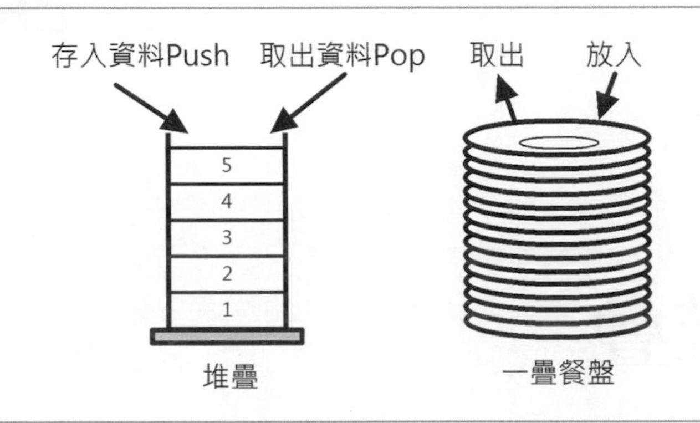

上述圖例的一疊餐盤是一個堆疊，為了避免餐盤倒下來，廚師取用餐盤一定是從一疊餐盤的最頂端取出，從頂端取出餐盤的操作，稱為彈出資料（pop）。同理，洗餐盤工人一定是將餐盤放置在一疊餐盤的最頂端，從頂端放入餐盤的操作稱為將資料推入（push）堆疊。堆疊的基本操作函數說明，如下表所示：

操作函數	說明
pop()	從堆疊取出資料，每執行一次，就從頂端取出一個資料
push()	將資料存入堆疊，在堆疊的頂端新增資料
isStackEmpty()	檢查堆疊是否是空的，以便判斷是否還有資料可以取出

堆疊的特性

堆疊的資料因為是從頂端一一存入，上述堆疊圖例的內容是依序執行push(1)、push(2)、push(3)、push(4)和push(5)的結果，接著從堆疊取出資料，也就是依序執行pop()取出堆疊資料，如下所示：

```
pop()：5
pop()：4
pop()：3
pop()：2
pop()：1
```

上述取出的資料順序是5、4、3、2、1，可以看出其順序和存入時相反，稱爲「先進後出」（last out, first in）的特性。總之，堆疊擁有的特性，如下所示：

- 只允許從堆疊的頂端存取資料。
- 資料存取的順序是先進後出（last out, first in），也就是後存入堆疊的資料，反而先行取出。

C語言的函數呼叫

C語言函數呼叫的執行過程就是使用作業系統的堆疊儲存目前的執行狀態，例如：C程式擁有主程式main()和a()和b()兩個函數，如下所示：

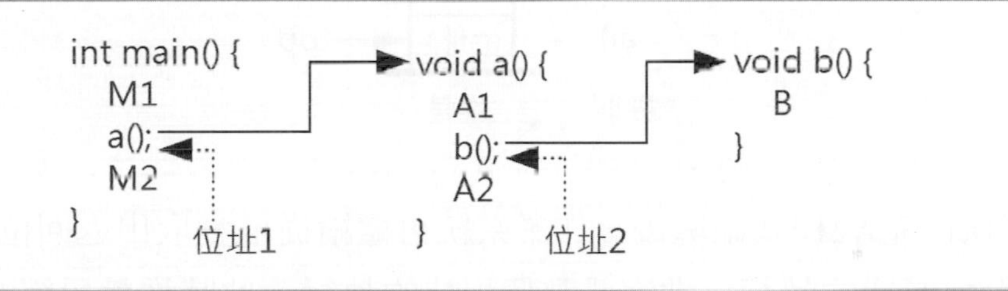

上述M1、M2、A1、A2和B分別代表程式區塊，程式的執行順序依序爲：M1→A1→B→A2→M2。當主程式main()執行M1程式區塊後呼叫和進入函數a()，此時的堆疊如下圖所示：

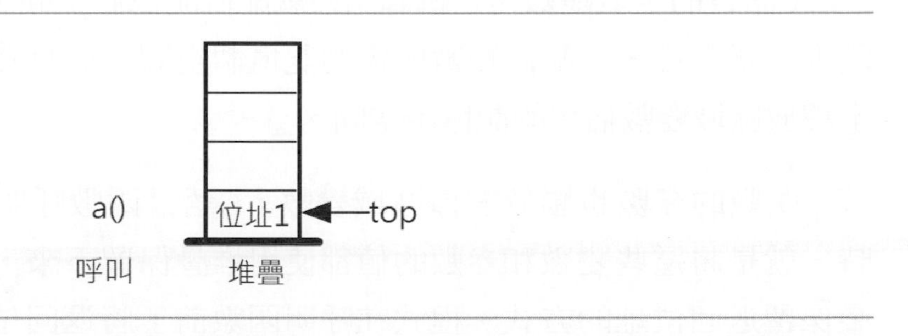

上述圖例的top是指向堆疊頂端的變數，筆者只以返回位址爲例（保留的狀態應該包含所有區域變數和參數值），將主程式main()的返回位址1存入堆疊，接著執行完A1程式區塊後進入函數b()，返回位址2被存入堆疊，如下圖所示：

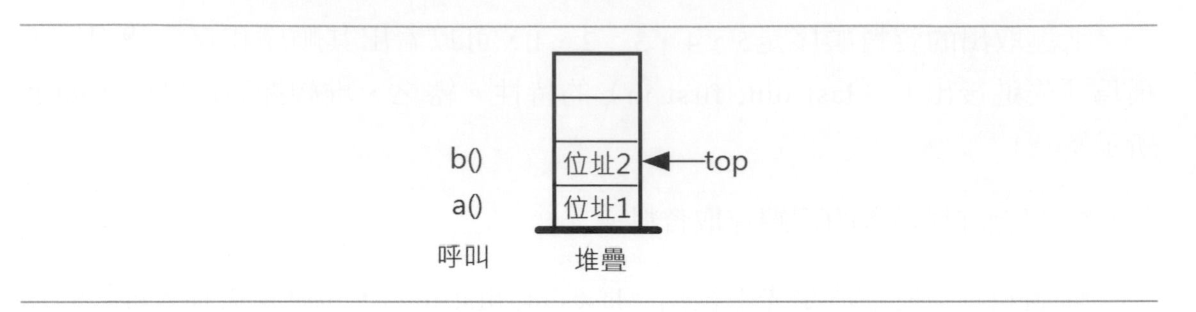

在當執行完函數b()後，接著從作業系統堆疊取出返回位址2，以便繼續執行A2程式區塊，目前的堆疊如下圖所示：

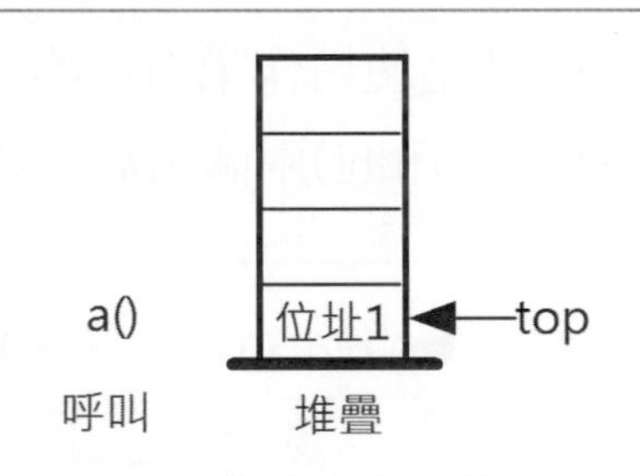

等到執行完A2程式區塊後，作業系統再繼續從堆疊取出返回位址1，繼續主程式M2程式區塊的執行，當完成整個程式的執行，此時堆疊已經空了，這整個流程就是作業系統處理C函數呼叫的過程。

C語言的區域變數

C語言的全域變數是在編譯階段就配置記憶體空間，區域變數則是在執行階段進入函數後，才配置變數所需的記憶體空間，而且在結束函數執行後，就馬上釋放區域變數佔用的記憶體空間。

函數的參數也屬於一種區域變數，C語言函數呼叫在處理區域變數和參數時，就是將這些變數和參數的值都使用堆疊保留下來，其操作類似前述使用堆疊保留返回位址的方式，程式在呼叫函數前，將返回位址、各區域變數和參數都一一存入堆疊，等到返回後，再一一取出堆疊內容，恢復成函數呼叫前的執行狀態。

3-2 堆疊表示法

堆疊可以使用第2章的陣列或第5章的串列來實作，不論我們是使用陣列或串列，都是使用pop()、push()和isStackEmpty()函數的相同操作來存取堆疊資料，將實際資料儲存方式隱藏在函數之後。在這一節我們是使用陣列來實作，串列部分請參閱第5-4-1節。

互動模擬動畫

點選【第3-2節：堆疊表示法(使用陣列建立堆疊)】項目，讀者可以自行輸入值，按下按鈕來模擬存入和取出堆疊操作，如下圖所示：

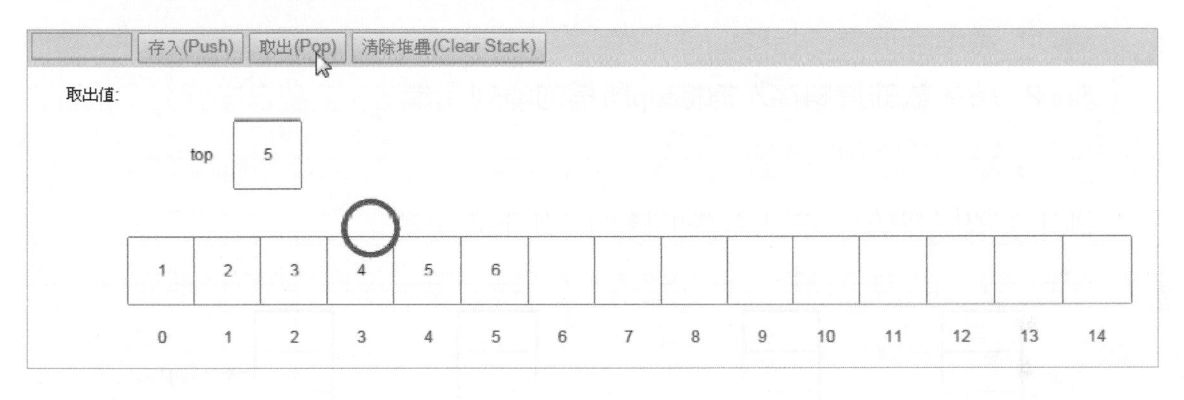

堆疊的標頭檔：Ch3_2.h

```
01: /* 程式範例: Ch3_2.h */
02: #define MAXSTACK 100                    /* 最大的堆疊容量 */
03: int stack[MAXSTACK];                    /* 堆疊的陣列宣告 */
04: int top = -1;                           /* 堆疊的頂端 */
05: /* 抽象資料型態的操作函數宣告 */
06: extern int isStackEmpty();
07: extern int push(int d);
08: extern int pop();
```

上述C語言標頭檔的第3行宣告陣列stack[]儲存堆疊元素，第4行的top變數是目前堆疊頂端的陣列索引值，初始值爲-1，表示目前的堆疊是空的。模組函數的說明如下表所示：

模組函數	說明
int isStackEmpty()	檢查堆疊是否是空的，如果是，傳回1；否則為0
int push(int d)	將參數的資料存入堆疊，如果堆疊超過最大堆疊尺寸MAXSTACK，傳回0
int pop()	從堆疊取出資料

函數push()

因爲堆疊特性是只能從堆疊頂端存取資料，所以需要一個額外top變數來指向堆疊頂端的陣列索引值，使用此索引值將資料存入堆疊。push()函數將資料存入堆疊的步驟，如下所示：

Step 1 將堆疊頂端的指標top加1。

Step 2 將參數的資料存入指標top所指的陣列元素。

```
stack[++top] = d;
```

例如：依序將值1~6存入堆疊的圖例，如下圖所示：

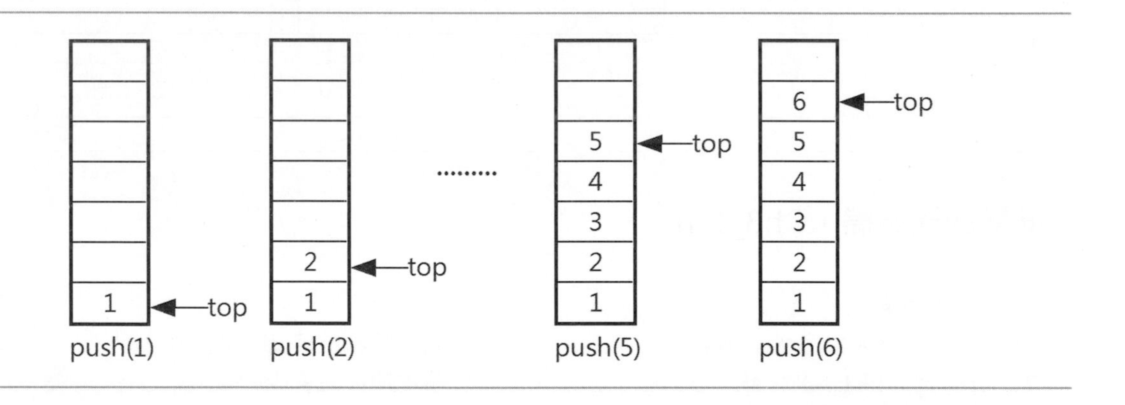

函數pop()

從堆疊取出資料的是pop()函數，取出資料的步驟，如下所示：

Step 1 取出目前堆疊指標top所指的陣列值。

Step 2 將堆疊指標top的內容減1，即指向下一個堆疊元素。

```
return stack[top--];
```

例如：在依序將值1~6存入堆疊後，從堆疊取出元素的圖例，如下圖所示：

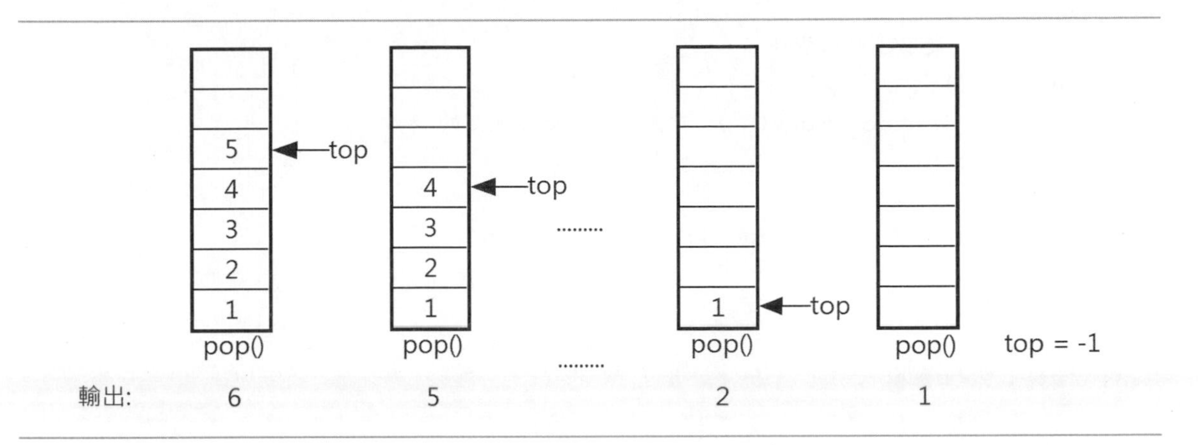

程式範例

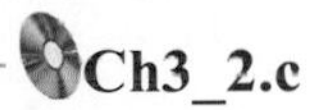

在C程式實作堆疊標頭檔的模組函數，然後將值1~6依序存入堆疊，在存入堆疊後，依序取出，可以看出堆疊先進後出的特性，其執行結果如下所示：

```
存入堆疊資料的順序: [1][2][3][4][5][6]
取出堆疊資料的順序: [6][5][4][3][2][1]
```

程式內容

```
01: /* 程式範例: Ch3_2.c */
02: #include <stdio.h>
03: #include <stdlib.h>
04: #include "Ch3_2.h"
05: /* 函數: 檢查堆疊是否是空的 */
06: int isStackEmpty() {
07:    if ( top == -1 ) return 1;
08:    else             return 0;
09: }
10: /* 函數: 將資料存入堆疊 */
11: int push(int d) {
12:    if ( top >= MAXSTACK ) { /* 是否超過堆疊容量 */
13:       printf("堆疊內容全滿\n");
14:       return 0;
15:    }
16:    else {
17:       stack[++top] = d;     /* 存入堆疊 */
18:       return 1;
```

```
19:     }
20: }
21: /* 函數: 從堆疊取出資料 */
22: int pop() {
23:    if ( isStackEmpty() )   /* 堆疊是否是空的 */
24:       return -1;
25:    else
26:       return stack[top--]; /* 取出資料 */
27: }
28: /* 主程式 */
29: int main() {
30:    /* 宣告變數 */
31:    int data[6] = {1, 2, 3, 4, 5, 6};
32:    int i;
33:    printf("存入堆疊資料的順序: ");
34:    /* 使用迴圈將資料存入堆疊 */
35:    for ( i = 0; i < 6; i++) {
36:       push(data[i]);
37:       printf("[%d]", data[i]);
38:    }
39:    printf("\n取出堆疊資料的順序: ");
40:    while ( !isStackEmpty() )    /* 取出堆疊資料 */
41:       printf("[%d]", pop());
42:    printf("\n");
43:    return 0;
44: }
```

程式說明

- 第4行：含括堆疊標頭檔Ch3_2.h。
- 第6~9行：isStackEmpty()函數在第7~8行的if條件檢查top指標變數，-1表示是空的。
- 第11~20行：push()函數使用if條件判斷是否超過堆疊的最大尺寸，如果沒有，在第17行將資料存入堆疊。
- 第22~27行：pop()函數使用if條件配合isStackEmpty()函數判斷堆疊是否是空的，如果不是，在第26行取出堆疊元素。
- 第35~41行：在主程式使用for迴圈將值1~6存入堆疊，while迴圈配合isStackEmpty()函數取出所有的堆疊元素。

3-3 運算式的計算與轉換

堆疊最常應用的問題是運算式的計算與轉換，我們可以使用堆疊儲存運算元或運算子來計算前序、中序和後序運算式的結果，或是進行運算式的轉換，例如：將中序運算式轉換成後序運算式。

3-3-1 認識運算式的種類、計算與轉換

算術運算式是使用「運算子」（operators）和「運算元」（operands）所組成，如下所示：

```
A+B
A*B+C
```

上述運算式的A、B和C是運算元，＋和*是運算子。

運算式種類

運算式種類依據運算子位在運算式中的位置，可以分爲三種，如下所示：

- **中序表示法（infix）**：運算式中的運算子是位在兩個運算元之間，例如：A+B和A*B+C。
- **前序表示法（prefix）**：運算子位在兩個運算元之前，例如：+AB和+*ABC。
- **後序表示法（postfix）**：運算子位在兩個運算元之後，例如：AB+和AB*C+。

一般來說，我們習慣的寫法是中序表示法，不過以計算機科學來說，後序表示法不用考量運算子的優先順序，可以依序讀取後馬上執行計算，所以在電腦的作業系統和編譯器會將我們習慣的中序表示法先轉換成後序表示法，然後再進行運算式的計算。

運算式計算與運算子的優先順序（priority）

中序表示法在執行運算式的計算和轉換前，需要注意運算子的「優先順序」（priority），運算子的優先順序，如下表所示：

運算子	優先順序
括號( )	高
負號-	↓
乘* 除/ 餘數%	↓
加+ 減-	低

上表運算子優先順序就是我們耳熟能詳的「先乘除後加減」的口訣，其運算過程如下所示：

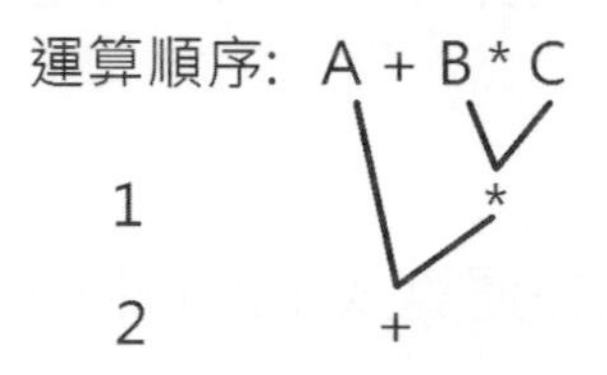

上述運算式在先計算B*C後才和A相加，因爲運算子*的優先順序大於+。如果中序運算式不考慮運算子優先順序，同一個中序運算式可能產生不同的運算結果，如下所示：

```
A+B*C：先算A+B，再和C相乘
A+B*C：先算B*C再加上A
```

中序運算式的計算需要考量運算子的優先順序，不過前序和後序表示法，就不需要考慮運算子的優先順序，如下表所示：

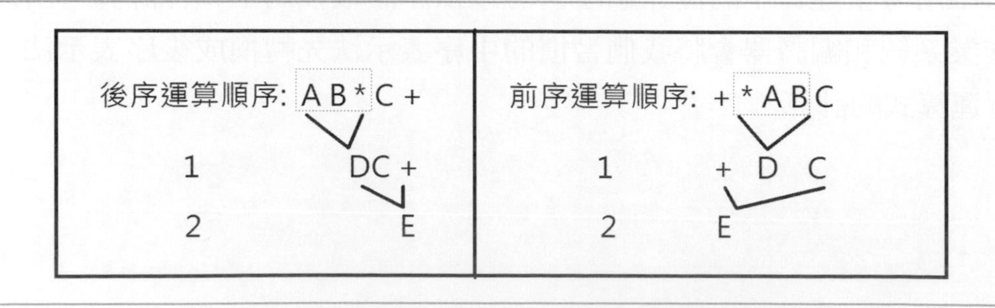

上述計算過程只需依序的執行，E是運算式的計算結果。

運算式轉換

運算式轉換可以分為中序轉前序和中序轉後序表示法，這兩種運算式轉換的步驟十分相似，其差異只在運算子是放在運算元之前或之後。例如：一個中序運算式，如下所示：

```
A*(B+C)
```

上述運算式轉換成前序和後序表示法的步驟，如下表所示：

步驟	說明	前序表示法	後序表示法
1	轉換加法	A*(+BC)	A*(BC+)
2	轉換乘法	*A(+BC)	A(BC+)*
3	刪除括號	*A+BC	ABC+*

上表的轉換步驟是以運算子優先順序來進行處理，順序高者先行處理，第1步處理最高的括號，即括號內的加法，將運算子移到之前或之後，在第2步將括號視為獨立運算元處理第2高的乘法，最後一步刪除括號完成運算式的轉換。

另一種方法是先替中序運算式加上完整括號來確認運算的優先順序，如下所示：

```
中序運算式：          A+B*(C+D)-E
加上括號的中序運算式：((A+(B*(C+D)))-E)
```

上述是加上括號的中序運算式，現在只需從最中間的括號開始，將運算子移到右括號的位置且刪除右號，直到刪除所有右括號為止，如下所示：

```
將運算子搬移到右括號：((A(B(CD+*+E-
刪除所有的左括號：    ABCD+*+E-
```

上述最後一個步驟是刪除所有左括號，完成中序運算式轉換成後序運算式。同樣的方法，如果將運算子移到左括號，然後刪除右括號，就可以轉換成前序運算式。

一些中序運算式轉換成前序和後序運算式的範例（轉換步驟就留給讀者自行練習），如下表所示：

中序表示法	前序表示法	後序表示法
A+B	+AB	AB+
(A+B)/C	/+ABC	AB+C/
(A+B)*(C+D)	*+AB+CD	AB+CD+*

從上表運算式的轉換範例可以看出前序和後序表示法並不會有括號，不只如此，甚至不需要運算子的優先順序，因為前序和後序運算式的計算順序只有一種且非常明確，所以前後和後序表示法也稱為無括號表示法。

3-3-2 後序運算式的計算

後序運算式的計算和前序運算式類似，都屬於無括號和優先順序的運算式計算，例如：一個後序運算式如下所示：

```
67*45++
```

上述運算式的運算子是位在運算元之後，所以，當讀取運算式的運算元或運算子時，只需一個堆疊存放運算元即可，如果是運算子馬上取出堆疊的運算元，然後將計算結果存回到堆疊。

後序運算式的計算過程

後序運算式：67*45++的計算過程是在主迴圈依序讀取運算式的運算元或運算子，第1個讀入的字元是'6'，因為是運算元，所以存入運算元堆疊，如下圖所示：

運算元堆疊	6			

接著讀入字元'7'是運算元，再存入運算元堆疊，如下圖所示：

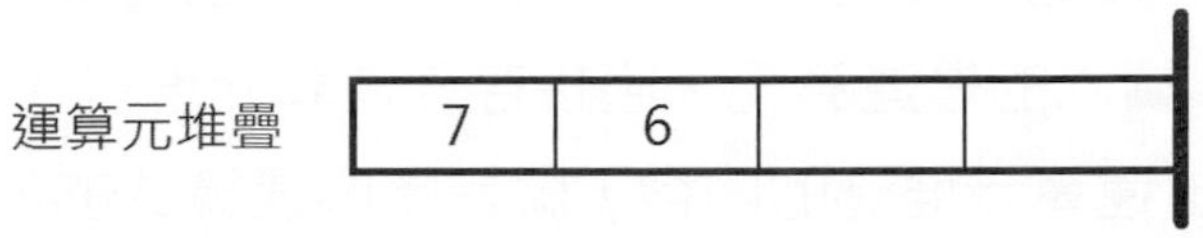

運算元堆疊	7	6		

繼續讀入字元'*'是運算子，所以從運算元堆疊取出2個運算元7和6，然後將6*7的計算結果42，回存運算元堆疊，如下圖所示：

運算元堆疊	42			

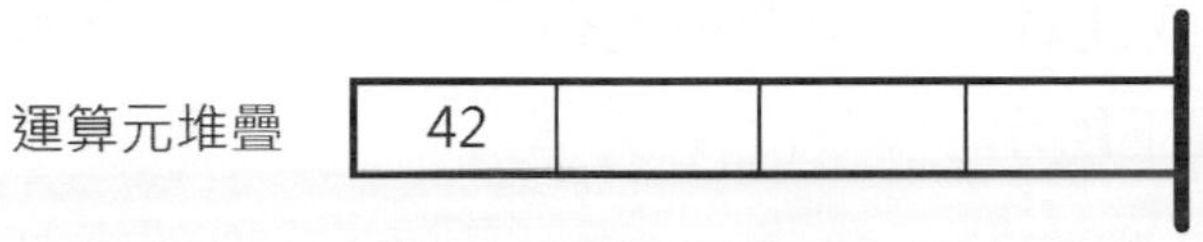

接著讀入字元'4'和字元'5'兩個運算元，依序存入運算元堆疊，如下圖所示：

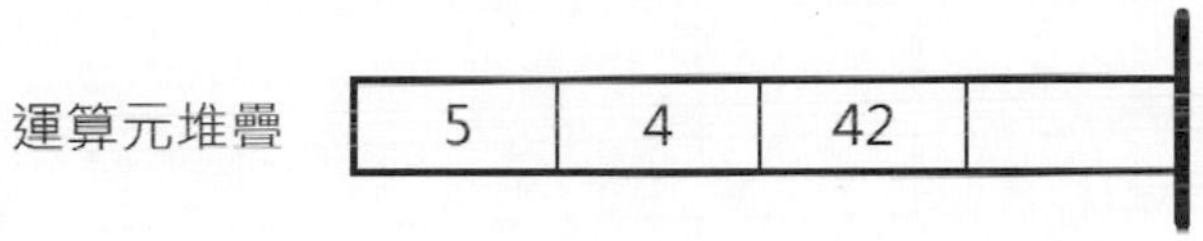

運算元堆疊	5	4	42	

繼續讀入字元'+'是運算子，所以從運算元堆疊取出2個運算元5和4，然後將4+5計算結果9存回運算元堆疊，如下圖所示：

運算元堆疊	9	42		

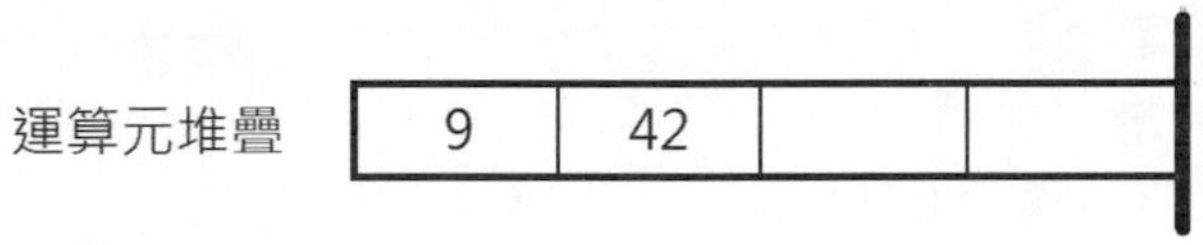

最後讀入的字元是運算子'+'，從運算元堆疊取出2個運算元9和42，可以得到後序運算式的計算結果是51。

後序運算式計算的演算法

後序運算式計算的演算法可以依照前述計算過程來推導，其完整步驟如下所示：

Step 1 使用迴圈從左至右依序讀入後序運算式。

(1) 如果讀入的是運算子, 則：

① 從運算元堆疊取出所需的運算元。

② 計算此運算元和運算子的值後，存回運算元堆疊。

(2) 如果讀入的是運算元，直接存入運算元堆疊。

Step 2 最後取出運算元堆疊的內容，就是後序運算式的計算結果。

程式範例

Ch3_3_2.c

在C程式使用一個堆疊計算後序的四則運算式，我們輸入運算式的每一個字元是一個運算元或運算子，中間不能有空格，所以，運算元的範圍只有數字0~9，其執行結果如下所示：

```
請輸入後序運算式 ==> 67*45++ Enter
運算式: 67*45++ = 51
```

程式內容

```
01: /* 程式範例: Ch3_3_2.c */
02: #include <stdio.h>
03: #include <stdlib.h>
04: #include "stack.c"
05: /* 是否是運算子 */
06: int isOperator(char op) {
07:    switch ( op ) {
08:       case '+':
09:       case '-':
10:       case '*':
11:       case '/': return 1;       /* 是運算子 */
12:       default:  return 0;       /* 不是運算子 */
13:    }
14: }
15: /* 計算二元運算式的結果 */
16: int cal(int op,int operand1,int operand2) {
17:    switch ( (char) op ) {
18:       case '*': return ( operand2 * operand1 ); /* 乘 */
19:       case '/': return ( operand2 / operand1 ); /* 除 */
20:       case '+': return ( operand2 + operand1 ); /* 加 */
21:       case '-': return ( operand2 - operand1 ); /* 減 */
22:    }
23: }
24: /* 後序運算式的計算 */
25: int postfixEval(char *exp) {
26:    int operand1 = 0;                /* 第1個運算元變數 */
```

```
27:     int operand2 = 0;                    /* 第2個運算元變數 */
28:     int pos = 0;                         /* 運算式字串索引 */
29:     /* 剖析運算式字串迴圈 */
30:     while ( exp[pos] != '\0' && exp[pos] != '\n' ) {
31:        if ( isOperator(exp[pos]) ) {  /* 是不是運算子 */
32:           /* 從堆疊取出兩個運算元 */
33:           operand1 = pop();
34:           operand2 = pop();
35:           /* 計算結果存回堆疊 */
36:           push(cal(exp[pos],operand2,operand1));
37:        }
38:        else  /* 這是運算元, 存入運算元堆疊 */
39:           push(exp[pos]-48);
40:        pos++;                    /* 下一個字元 */
41:     }
42:     return pop();    /* 傳回後序運算式的結果 */
43: }
44: /* 主程式 */
45: int main() {
46:     char exp[100];                       /* 運算式的字串變數 */
47:     printf("請輸入後序運算式 ==> ");
48:     gets(exp);      /* 讀取運算式 */
49:     printf("運算式: %s = %d\n", exp, postfixEval(exp));
50:     return 0;
51: }
```

程式說明

- 第4行：含括第3-2節陣列實作的堆疊程式檔案stack.c。
- 第6~14行：isOperator ()函數檢查讀入的是運算子，還是運算元。
- 第16~23行：cal()函數計算二個運算元和單一運算子的結果。
- 第25~43行：postfixEval()函數計算後序運算式的結果，在第30~41行的while迴圈讀取運算式。
- 第31~39行：if條件判斷是否是運算子，如果是，在第33~36行取出運算元計算結果後，在第36行存回運算元堆疊，如果是運算元，在第39行存入運算元堆疊，程式碼使用了一個小技巧，數字字元是使用ASCII碼0內碼48的運算，將字元轉換成數值。
- 第48~49行：讀取運算式的字串，呼叫postfixEval()函數計算輸入的運算式結果。

3-3-3 中序運算式轉換成後序運算式

中序運算式轉換成後序運算式可以使用堆疊配合運算子優先順序來進行轉換。例如：相同運算結果的中序和後序運算式，如下所示：

```
中序運算式： (9+6)*4
後序運算式： 96+4*
```

上述後序運算式是從中序運算式轉換而成，可以看出兩個運算式中的運算元排列順序是相同的，只有運算子執行順序有優先順序的差異，所以中序運算式的轉換只需一個運算子堆疊，如果讀入運算元馬上輸出即可，運算子需要進行優先順序的比較，以決定輸出或存入堆疊。

括號處理是當遇到左括號時，先存入運算子堆疊，直到讀到右括號後，再從運算子堆疊取出運算子後輸出，重覆操作直到遇到左括號爲止。

中序轉後序運算式的過程

中序運算式：(9+6)*4的計算過程是在主迴圈從左至右依序讀取運算式的運算元或運算子，第1個讀入的字元是'('左括號，存入運算子堆疊，如下圖所示：

運算子堆疊 | (| | | |

輸出：

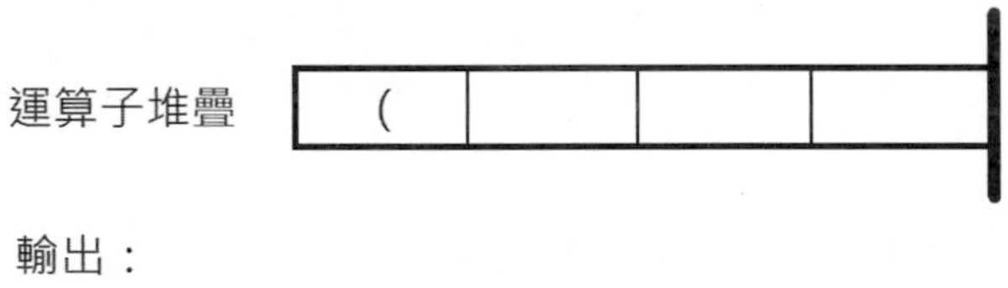

接著讀入字元是運算元'9'，直接輸出運算元，如下圖所示：

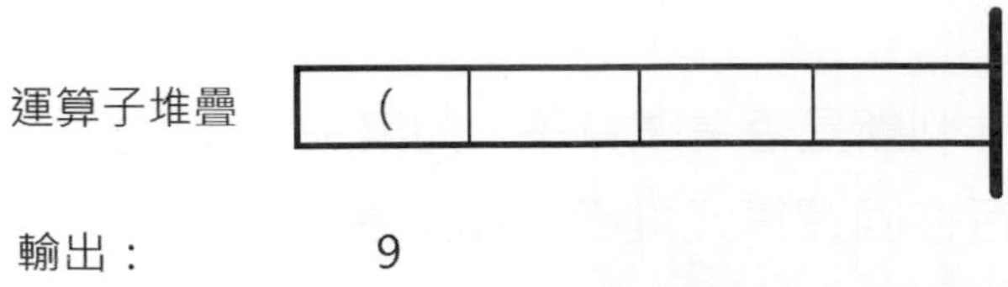

運算子堆疊 | (| | | |

輸出： 9

繼續讀入字元'+'是運算子，因爲不是右括號且'+'號的優先順序大於堆疊中的'('號（請注意！括號的優先順序和第3-3-1節說明的並不同，左括號的優先順序是最小），所以將運算子存入運算子堆疊，如下圖所示：

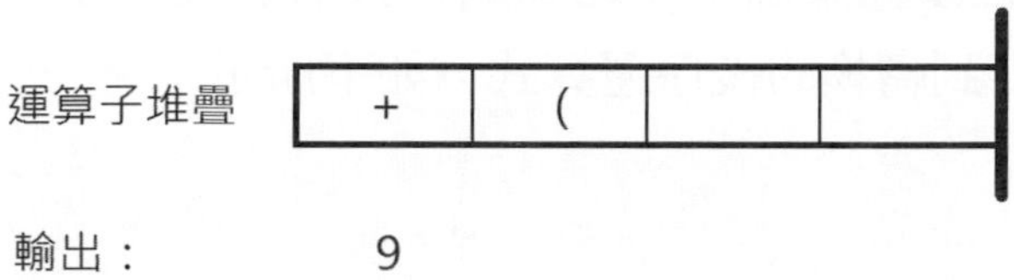

運算子堆疊	+	(		

輸出： 9

然後讀入字元是運算元'6'，直接輸出運算元，如下圖所示：

運算子堆疊	+	(		

輸出： 96

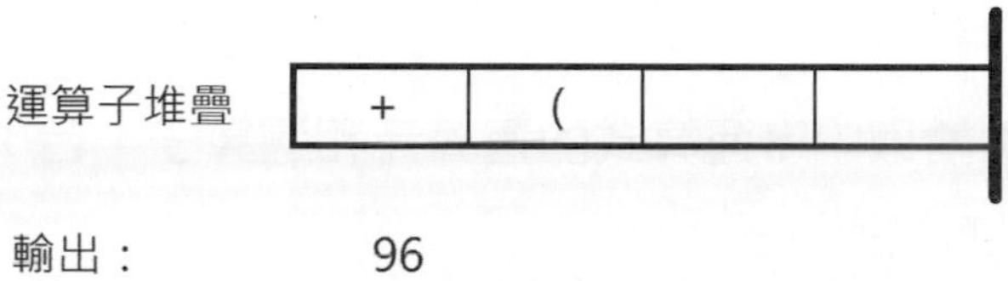

接著讀入是右括號')'，我們需要從運算子堆疊取出運算子'+'輸出，直到左括號爲止，左括號在此的目的只是作爲一個標籤，所以不用輸出，此時堆疊已經全空了，如下圖所示：

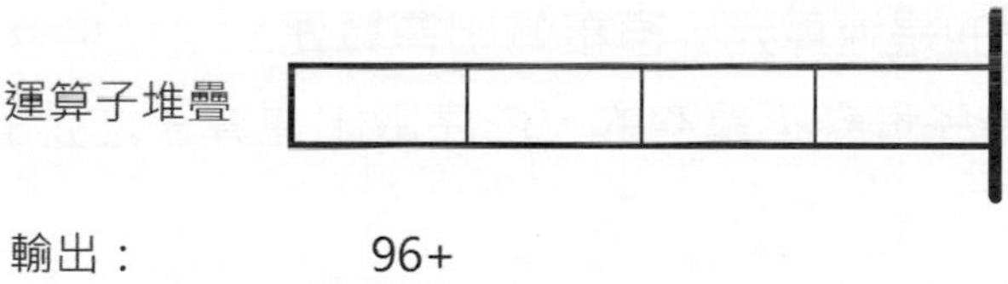

運算子堆疊				

輸出： 96+

繼續讀入字元'*'是運算子，存入運算子堆疊，如下圖所示：

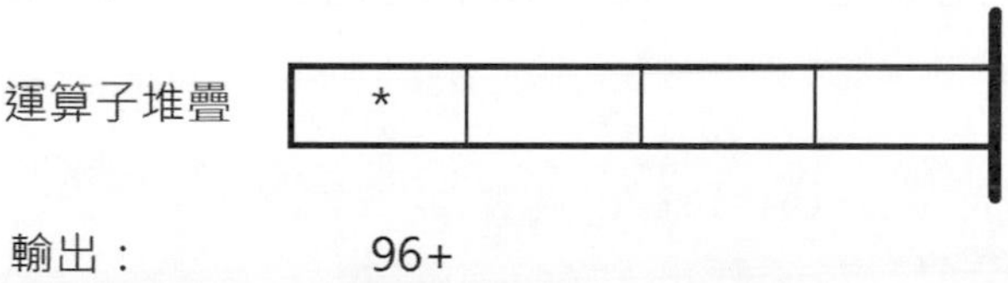

運算子堆疊	*			

輸出： 96+

接著讀入運算元'4'，直接輸出運算元，如下圖所示：

運算子堆疊	*			

輸出： 96+4

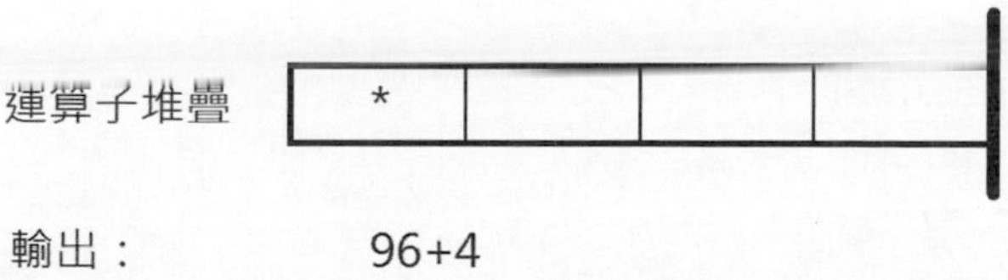

現在，我們已經讀完整個中序運算式，接著從運算子堆疊取出剩下的運算子'*'和輸出，可以得到轉換的後序運算式，如下所示：

```
96+4*
```

中序轉成後序運算式的演算法

中序轉成後序運算式的演算法可以依照前述計算過程來推導，其完整步驟如下所示：

Step 1 使用迴圈讀取中序運算式的運算元和運算子，若：

(1) 讀取的是運算子：

① 如果運算子堆疊是空的或是左括號，存入運算子堆疊。

② 如果是右括號，從堆疊取出運算子輸出，直到左括號為止。

③ 如果堆疊不是空的，持續和堆疊的運算子比較優先順序，若：

a. 優先順序比較低，輸出運算子。

b. 優先順序比較高或堆疊空了，將運算子存入運算子堆疊。

(2) 讀取的是運算元，直接輸出運算元。

Step 2 如果運算子堆疊不是空的，依序取出運算子堆疊的運算子。

程式範例　Ch3_3_3.c

在C程式輸入中序運算式後，將輸出轉換成的後序運算式，輸入運算式的每一個字元是1個運算元或運算子，在中間不能有空格，可以使用括號，其執行結果如下所示：

```
請輸入中序運算式 ==> (9+6)*4 Enter
後序運算式: 96+4*
```

程式內容

```
01: /* 程式範例: Ch3_3_3.c */
02: #include <stdio.h>
03: #include <stdlib.h>
04: #include "stack.c"
05: /* 是否是運算子 */
06: int isOperator(char op) {
```

```
07:     switch ( op ) {
08:        case '(':
09:        case ')':
10:        case '+':
11:        case '-':
12:        case '*':
13:        case '/': return 1;        /* 是運算子 */
14:        default:  return 0;        /* 不是運算子 */
15:     }
16: }
17: /* 運算子的優先權 */
18: int priority(char op) {
19:    switch ( op ) {      /* 傳回值愈大，優先權愈大 */
20:       case '*':
21:       case '/': return 3;
22:       case '+':
23:       case '-': return 2;
24:       case '(': return 1;
25:       default:  return 0;
26:    }
27: }
28: /* 中序轉後序運算式 */
29: void postfix(char *infix) {
30:    int op, doit;                        /* 運算子和旗標變數 */
31:    int pos = 0;                         /* 運算式字串的索引 */
32:    /* 剖析運算式字串迴圈 */
33:    while ( infix[pos] != '\0' && infix[pos] != '\n' ) {
34:       if ( isOperator(infix[pos]) ) { /* 是運算子 */
35:          if ( isStackEmpty() ||
36:               infix[pos] == '(' )     /* 將運算子存入堆疊 */
37:                  push(infix[pos]);
38:          else if ( infix[pos] == ')' ) { /* 處理括號 */
39:                doit = 1;
40:                while ( doit ) {
41:                   /* 取出運算子直到是'(' */
42:                   op = pop();
43:                   if ( op != '(' )
44:                      printf("%c", op);  /* 顯示運算子 */
45:                   else
46:                   doit = 0;
47:                }
48:             }
49:             else {  /* 比較優先順序 */
```

```
50:                 doit = 1;
51:                 while ( doit &&  /* 比較優先順序的迴圈 */
52:                   !isStackEmpty()) {
53:                   op = pop();  /* 取出運算子 */
54:                   if (priority(infix[pos])<=priority(op))
55:                      printf("%c", op);    /* 顯示運算子 */
56:                   else {
57:                      push(op);  /* 存回運算子 */
58:                      doit = 0;
59:                   }
60:                 } /* 將運算子存入堆疊 */
61:                 push(infix[pos]);
62:              }
63:        } else  printf("%c", infix[pos]);    /* 顯示運算元 */
64:        pos++;
65:     }  /* 取出剩下的運算子 */
66:     while ( !isStackEmpty() )
67:        printf("%c", pop());     /* 顯示運算子 */
68:     printf("\n");
69: }
70: /* 主程式 */
71: int main() {
72:     char exp[100];                /* 運算式的字串變數 */
73:     printf("請輸入中序運算式 ==> ");
74:     gets(exp);          /* 讀取運算式 */
75:     printf("後序運算式: ");
76:     postfix(exp);       /* 顯示結果 */
77:     return 0;
78: }
```

程式說明

- 第6~16行：isOperator ()函數檢查讀入的是運算子，還是運算元，新增左括號運算子。
- 第18~27行：priority()函數判斷運算子的優先順序，左括號運算子'('擁有最低的優先順序，因為左括號在運算子堆疊只是作為標籤的記號，以便遇到右括號時，能夠取出括號之間的運算子，這和第3-3-1節的括號優先順序並不相同。
- 第29~69行：postfix()函數將中序運算式轉換成後序運算式，在第33~65行的while迴圈讀取運算式的運算元和運算子。
- 第34~63行：if條件判斷是否是運算子，如果是且堆疊是空的，在第37行存入堆疊，如果是右括號，第40~47行的while迴圈取出堆疊的運算子，在第44行顯示運算子。

- 第50~63行：如果是運算子且堆疊不是空的，就進入第51~60行的while迴圈比較運算子的優先順序，如果比較低，顯示運算子，否則在第61行存入運算子堆疊，如果是運算元，在第63行輸出運算元。
- 第66~67行：如果運算子堆疊不是空的，取出和顯示所有的運算子。
- 第74~76行：讀取中序運算式的字串，呼叫postfix()函數轉換成後序運算式。

3-4 走迷宮問題

堆疊與遞迴有異曲同工之妙，遞迴函數就是直接使用作業系統的堆疊，當然我們也可以自行在程式建立堆疊執行回溯控制，例如：走迷宮問題（a maze problem）可以使用堆疊或遞迴來找出走出迷宮的路。

3-4-1 使用堆疊的回溯控制走迷宮

「回溯」（backtracking）屬於人工智慧的一種重要觀念，它是使用嘗試錯誤方式來找尋問題的解答。例如：在迷宮找出一條走出迷宮的路，這是回溯最常見的應用。

假設：迷宮的路只有向上下左右四個方向行走，其行走的優先順序是上、下、左和右，如下圖所示：

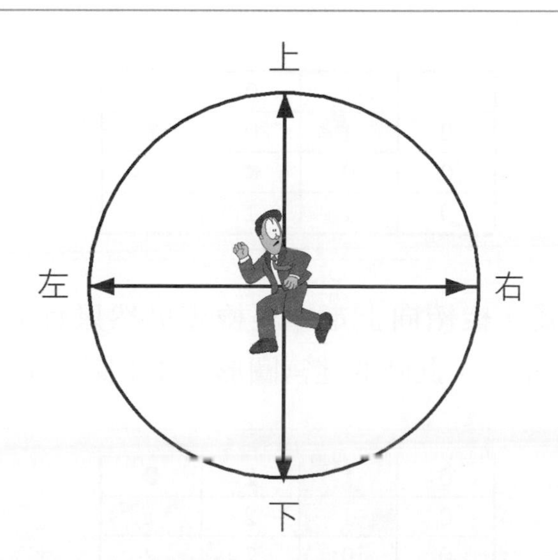

上述圖例的對角線方向並不允許行走，迷宮行走方式是依照上述四個方向，每次走一步，如果遇到牆壁，就需嘗試剩下幾個方向是否有路可走，繼續相同走法直到找出一條走出迷宮的路。

迷宮圖形是一個二維陣列，陣列元素值0表示是可走的路；1代表牆壁，如下圖所示：

0	1	0	0
0	1	0	1
0	0	0	0
0	1	1	●

上述二維陣列的●符號是目前位置，入口在右下角；出口在左上角，第1步首先嘗試往上走，如下圖所示：

0	1	0	0
0	1	0	1
0	0	0	●
0	1	1	2

上述陣列元素值2表示是已走過的路，因為再往上走是牆壁，下方是已走過的路，只有左邊有路可走，所以往左走，如下圖所示：

0	1	0	0
0	1	0	1
0	0	●	2
0	1	1	2

接著上方有路可走，繼續向上走，經檢查仍然只有上方有路，繼續向上走，然後右方有路，向右走，此時的迷宮圖形，如下圖所示：

0	1	2	●
0	1	2	1
0	0	2	2
0	1	1	2

慘了！現在沒路可走，所以使用回溯，退回一步找找看有沒有其他路，從上述迷宮可以知道需連退三步，直到下圖位置才有路可走，如下圖所示：

0	1	3	3
0	1	3	1
0	0	●	2
0	1	1	2

上述陣列元素值3表示是退回的路，現在左方有路可走，向左走一步，接著上方、右方和下方都是牆壁或走過的路，所以再向左走一步，如下圖所示：

0	1	3	3
0	1	3	1
●	2	2	2
0	1	1	2

最後，一步步往上走，就可以找到一條走出迷宮的路，這種找尋路徑的方法稱為「嘗試錯誤」（try and error），一步步退回的技巧稱為回溯（backtracking）。

在C程式處理迴溯是使用堆疊記錄經過的路徑，迷宮問題的迷宮圖形是二維陣列，如下圖所示：

1	1	1	1	1	1	1	1	1	1
1	0 (出口)	1	0	1	0	0	0	0	1
1	0	1	0	1	0	1	1	0	1
1	0	1	0	1	1	1	0	0	1
1	0	1	0	0	0	0	0	1	1
1	0	0	0	1	1	1	0	0 (入口)	1
1	1	1	1	1	1	1	1	1	1

上述圖例的迷宮數字1表示牆壁；數字0是路徑，為了簡化陣列邊界檢查，真正的迷宮只有中間粗框部分，因為四周都是牆壁，程式碼就不需額外檢查陣列邊界。

程式範例

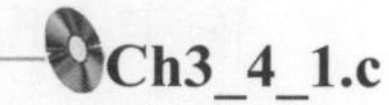

Ch3_4_1.c

在C程式使用堆疊記錄走過的路徑，然後使用回溯控制在陣列迷宮中找尋出路，其執行結果如下所示：

```
迷宮路徑圖(從右下角到左上角):
1 1 1 1 1 1 1 1 1 1
1 2 1 3 1 3 3 3 3 1
1 2 1 3 1 3 1 1 3 1
1 2 1 3 1 1 1 3 3 1
1 2 1 2 2 2 2 2 1 1
1 2 2 2 1 1 1 2 2 1
1 1 1 1 1 1 1 1 1 1

數字 1: 牆壁
數字 2: 走過的路徑
數字 3: 回溯路徑
```

程式內容

```
01: /* 程式範例: Ch3_4_1.c */
02: #include <stdio.h>
03: #include <stdlib.h>
04: #include "stack.c"
05: /* 主程式: 使用回溯方法在陣列走迷宮 */
06: int main() {
07:    int maze[7][10] = { /* 迷宮陣列,數字0可走, 1不可走 */
08:               1, 1, 1, 1, 1, 1, 1, 1, 1, 1,
09:               1, 0, 1, 0, 1, 0, 0, 0, 0, 1,
10:               1, 0, 1, 0, 1, 0, 1, 1, 0, 1,
11:               1, 0, 1, 0, 1, 1, 1, 0, 0, 1,
12:               1, 0, 1, 0, 0, 0, 0, 0, 1, 1,
13:               1, 0, 0, 0, 1, 1, 1, 0, 0, 1,
14:               1, 1, 1, 1, 1, 1, 1, 1, 1, 1 };
15:    int i,j;
16:    int x = 5;                        /* 迷宮入口座標 */
17:    int y = 8;
18:    while ( x != 1 || y != 1 ) {      /* 主迴圈 */
19:       maze[x][y] = 2;                /* 標示爲已走過的路 */
20:       if ( maze[x-1][y] <= 0 ) {     /* 往上方走 */
21:          x = x - 1;                  /* 座標x減1 */
22:          push(x);                    /* 存入路徑 */
23:          push(y);
```

```
24:         }
25:         else if ( maze[x+1][y] <= 0 ) { /* 往下方走 */
26:             x = x + 1;                  /* 座標x加1 */
27:             push(x);                    /* 存入路徑 */
28:             push(y);
29:         }
30:             else if ( maze[x][y-1] <= 0 ) { /* 往左方走 */
31:                 y = y - 1;                  /* 座標y減1 */
32:                 push(x);                    /* 存入路徑 */
33:                 push(y);
34:             }
35:             else if ( maze[x][y+1] <= 0 ) {/* 往右方走 */
36:                 y = y + 1;                  /* 座標y加1 */
37:                 push(x);                    /* 存入路徑 */
38:                 push(y);
39:             }
40:             else {  /* 沒有路可走:迴溯 */
41:                 maze[x][y] = 3;    /* 表示是迴溯的路 */
42:                 y = pop();         /* 退回一步 */
43:                 x = pop();
44:             }
45:     }
46:     maze[x][y] = 2;                    /* 標示最後位置 */
47:     printf("迷宮路徑圖(從右下角到左上角): \n");
48:     for ( i = 0; i <= 6; i++) {        /* 顯示迷宮圖形 */
49:        for ( j = 0; j <= 9; j++)
50:           printf("%d ", maze[i][j]); /* 顯示座標值 */
51:        printf("\n");
52:     }
53:     printf("\n數字 1: 牆壁\n數字 2: 走過的路徑\n");
54:     printf("數字 3: 回溯路徑\n");
55:     return 0;
56: }
```

程式說明

▶第7~14行：迷宮的二維陣列。

▶第18~45行：走迷宮的while主迴圈，使用if條件判斷是向上、下、左和右走，和將X和Y座標依序存入堆疊。

▶第41~43行：因為沒路可走，使用回溯退回一步，從堆疊取出上一步的座標。

▶第48~52行：使用二層for迴圈顯示迷宮的二維陣列內容。

3-4-2 使用遞迴走迷宮

在第3-4-1節是使用堆疊配合回溯控制來走迷宮，這一節筆者改用遞迴建立走迷宮程式。迷宮同樣是使用二維陣列，陣列元素值1表示牆壁；0表示可走的路。

假設：目前座標是(i, j)，走迷宮規則的下一步可以是往上、下、左和右走，如下圖所示：

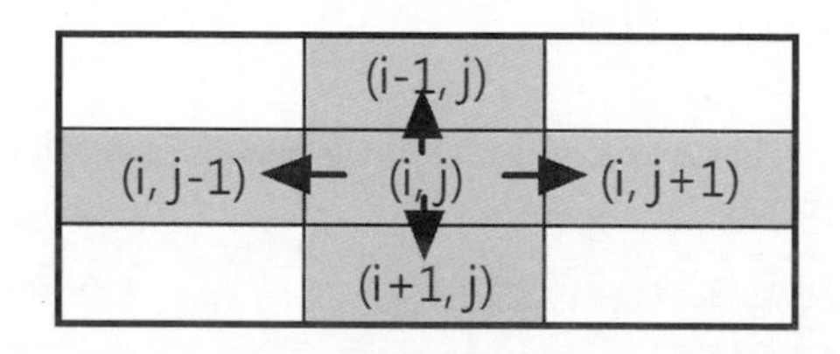

上述圖例四個方向的優先順序是上、下、左和右，所以，第1優先是往上走，如果上方可以走就往上走，不行試第2優先的下方，如果不行再試第3優先和第4優先。

走迷宮問題可以使用遞迴函數，從迷宮右下角入口開始，使用四個方向找尋下一步位置，如果可以走，就將值設爲2表示已經走過。

如果四個方向都不能走，表示是一條死路，所以需要將值重設爲0，繼續使用遞迴呼叫來嘗試找尋可走的路，這是使用作業系統的堆疊來執行回溯控制。

程式範例 Ch3_4_2.c

在C程式建立遞迴函數來走迷宮，其執行結果如下所示：

```
迷宮路徑圖(從右下角到左上角):
1 1 1 1 1 1 1 1 1 1
1 2 1 0 1 0 0 0 0 1
1 2 1 0 1 0 1 1 0 1
1 2 1 0 1 1 1 0 0 1
1 2 1 2 2 2 2 2 1 1
1 2 2 2 1 1 1 2 2 1
1 1 1 1 1 1 1 1 1 1

數字 1: 牆壁
數字 2: 走過的路徑
```

程式內容

```
01: /* 程式範例: Ch3_4_2.c */
02: #include <stdio.h>
03: #include <stdlib.h>
04: int maze[7][10] = { /* 迷宮陣列,數字0可走, 1不可走 */
05:         1, 1, 1, 1, 1, 1, 1, 1, 1, 1,
06:         1, 0, 1, 0, 1, 0, 0, 0, 0, 1,
07:         1, 0, 1, 0, 1, 0, 1, 1, 0, 1,
08:         1, 0, 1, 0, 1, 1, 1, 0, 0, 1,
09:         1, 0, 1, 0, 0, 0, 0, 0, 1, 1,
10:         1, 0, 0, 0, 1, 1, 1, 0, 0, 1,
11:         1, 1, 1, 1, 1, 1, 1, 1, 1, 1 };
12: /* 走迷宮的遞迴函數 */
13: int findPath(int x,int y) {
14:    if ( x == 1 && y == 1 ) {         /* 是否是迷宮出口 */
15:       maze[x][y] - 2;                /* 記錄最後走過的路 */
16:       return 1;
17:    }
18:    else if ( maze[x][y] == 0 ) {     /* 是不是可以走的路 */
19:           maze[x][y] = 2;            /* 記錄已經走過的路 */
20:           if ( ( findPath(x - 1,y) +         /* 往上 */
21:                  findPath(x + 1,y) +         /* 往下 */
22:                  findPath(x,y - 1) +         /* 往左 */
23:                  findPath(x,y + 1) ) > 0 ) /* 往右 */
24:               return 1;
25:           else {
26:               maze[x][y] = 0;      /* 此路不通取消記號 */
27:               return 0;
28:           }
29:         }
30:         else return 0;
31: }
32: /* 主程式: 使用遞迴函數在陣列走迷宮 */
33: int main() {
34:    int i,j;
35:    findPath(5,8);                      /* 呼叫遞迴函數 */
36:    printf("迷宮路徑圖(從右下角到左上角): \n");
37:    for ( i = 0; i <= 6; i++) {          /* 顯示迷宮圖形 */
38:       for ( j = 0; j <= 9; j++)
39:          printf("%d ", maze[i][j]); /* 顯示座標值 */
40:       printf("\n");
41:    }
42:    printf("\n數字 1: 牆壁\n數字 2: 走過的路徑\n");
43:    return 0;
44: }
```

程式說明

- ▶第13~31行：走迷宮問題的遞迴函數，在第14~17行是遞迴的終止條件，表示已經找到迷宮的出口。
- ▶第20~23行：在遞迴函數中依上、下、左和右呼叫遞迴函數，找尋下一步可走的路。
- ▶第35行：呼叫findPath()遞迴函數。
- ▶第37~41行：使用二層for迴圈顯示迷宮的二維陣列內容。

findPath()遞迴函數的遞迴呼叫圖例，可以幫助讀者明白走迷宮的過程，如下圖所示：

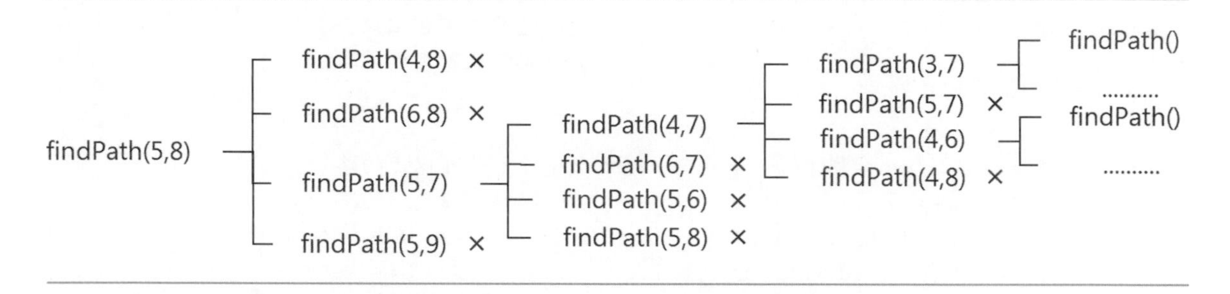

上述圖例只繪出前4層的遞迴呼叫，完整呼叫請讀者自行練習。在第1層呼叫除了向左走外全是死路，只有findPath(5, 7)函數的遞迴呼叫。第2層的呼叫也只有向上走的路，其餘三個方向都是死路，只需處理findPath(4, 7)函數的遞迴呼叫。

在第3層的呼叫就有些變化，向上和向左走都可以，findPath(3, 7)和findPath(4, 6)函數都可以繼續遞迴呼叫，因爲優先順序是向上走高於向左走，所以先處理向上走的遞迴呼叫後，才處理向左走，findPath(3, 7) 函數這條路終究是一條死路。眞正的迷宮出口是從findPath(4, 6)函數繼續往下的遞迴呼叫。

從迷宮圖形可以看出findPath(3, 7)函數的遞迴呼叫是一個回溯，當遞迴呼叫發現四個方向都是死路時，即第20~23行相加結果爲零時，回到前一層繼續尋找其它的出路，詳細的回溯過程，可以從findPath(3, 7)函數開始追蹤程式的執行。

3-5 河內塔問題

「河內塔」（tower of hanoi）問題是說明遞迴觀念時，不可錯過的一個重要範例，這是流傳在Brahma廟內的遊戲，廟內的僧侶相信完成這個遊戲是一件不可能的任務。河內塔問題共有三根木樁，如下圖所示：

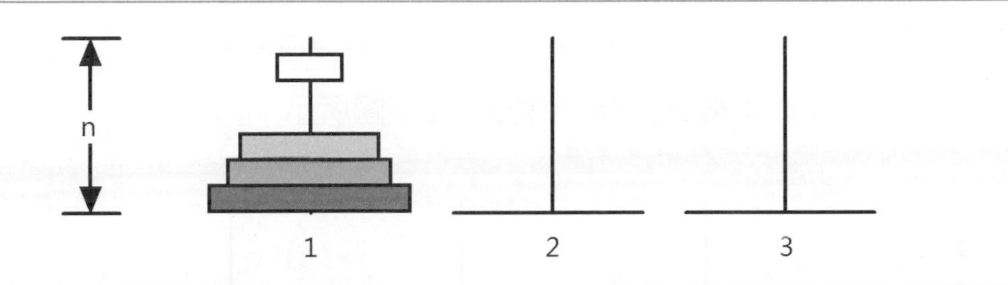

上述圖例共有n個盤子放置在第一根木樁，盤子的尺寸由上而下依序遞增。河內塔問題是將所有的盤子從木樁1搬移到木樁3，其搬動規則，如下所示：

- ✎ 每次只能移動一個盤子，而且只能從最上面的盤子搬動。
- ✎ 盤子可以搬到任何一根木樁。
- ✎ 維持盤子的尺寸是由上而下依序的遞增。

現在筆者準備從n為1~3三種情況的盤子數來詳細說明操作過程，以便歸納出解決河內塔問題的步驟，如下所示：

n=1

在木樁上只有一個盤子，只需從木樁1搬到木樁3即可。

n=2

在木樁1共有二個盤子，如下圖所示：

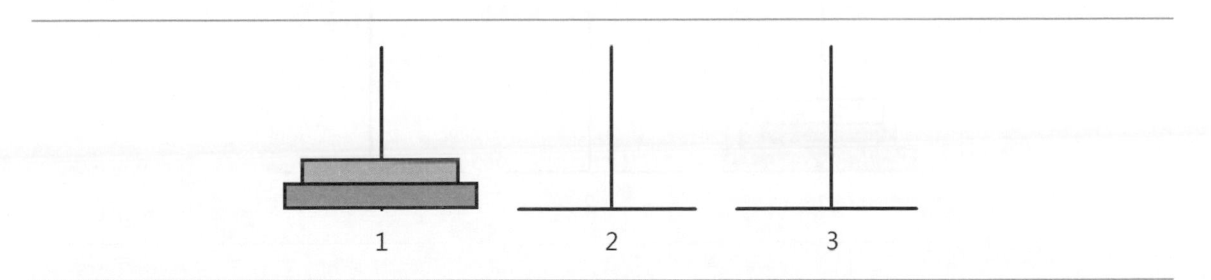

Step 1 將盤子從木樁1搬移到木樁2，如下圖所示：

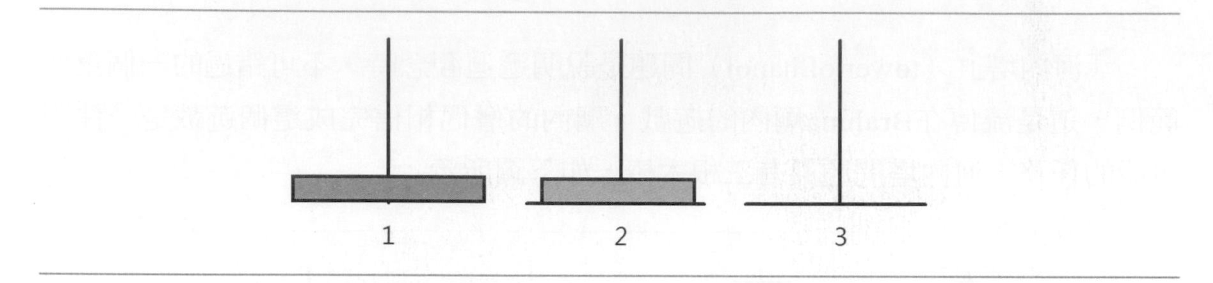

Step 2 將盤子從木樁1搬移到木樁3，如下圖所示：

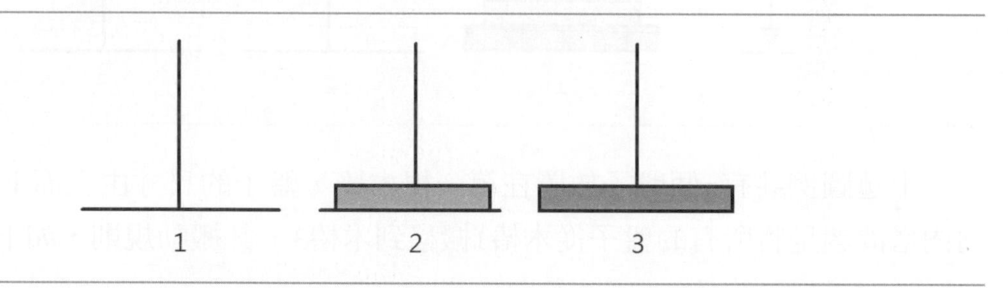

Step 3 將盤子從木樁2搬移到木樁3，即可解出河內塔問題，如下圖所示：

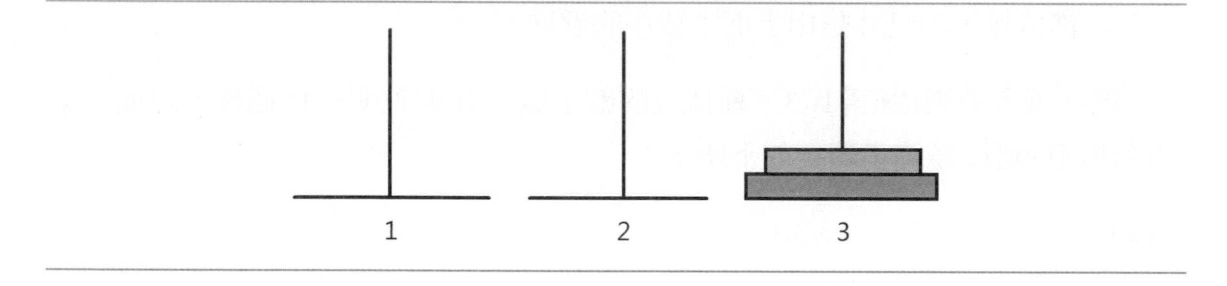

n=3

在木樁1上共有三個盤子，如下圖所示：

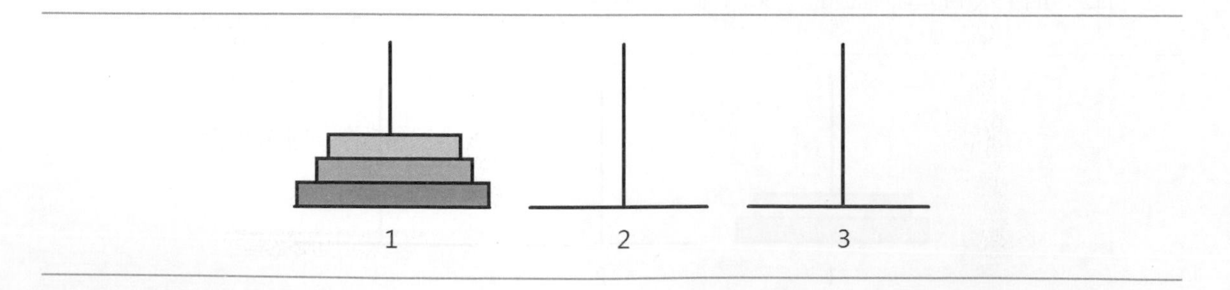

Step 1　將盤子從木樁1搬移到木樁3，如下圖所示：

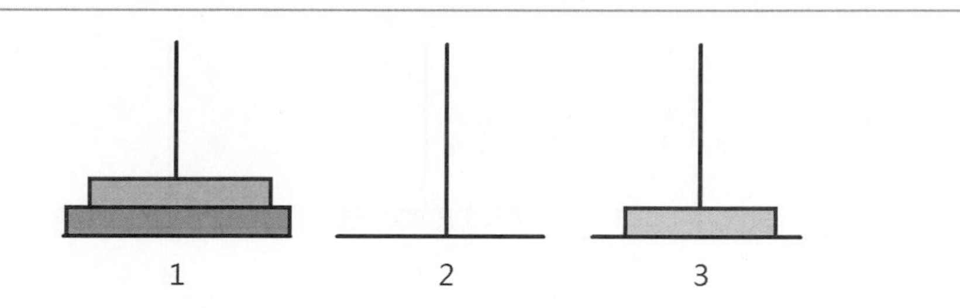

Step 2　將盤子從木樁1搬移到木樁2，如下圖所示：

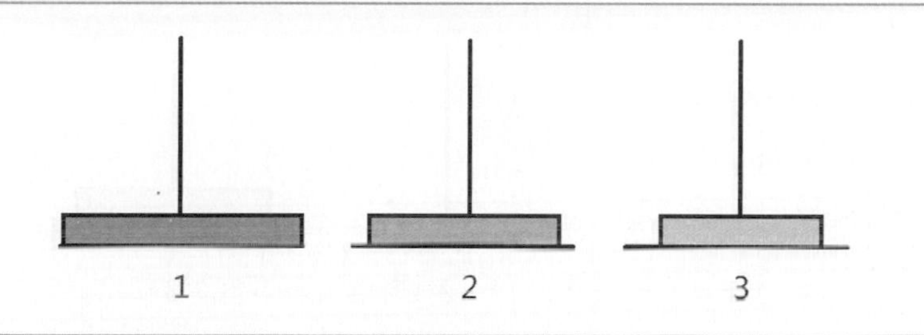

Step 3　將盤了從木樁3搬移到木樁2，如下圖所示：

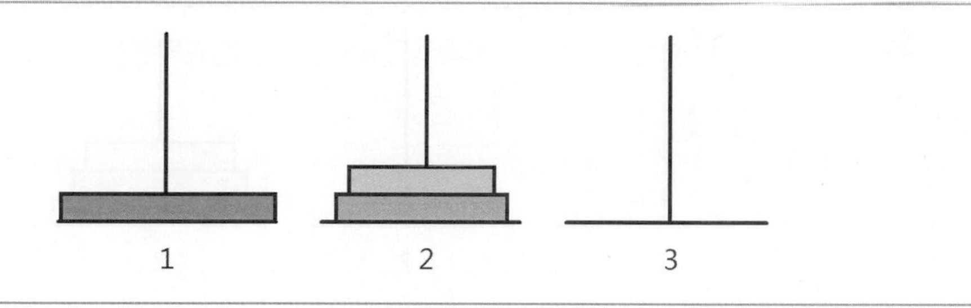

Step 4　將盤子從木樁1搬移到木樁3，如下圖所示：

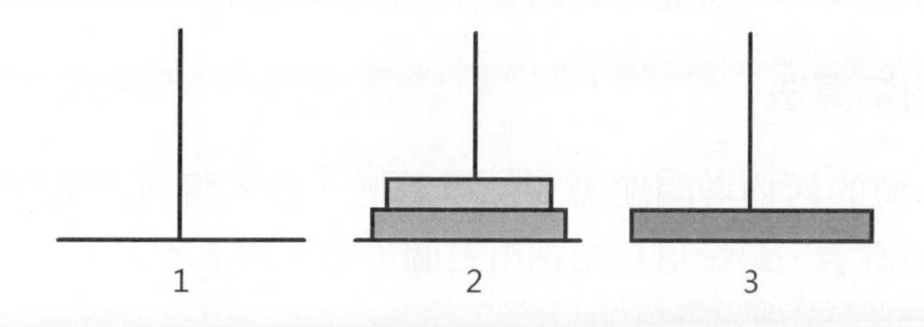

Step 5 將盤子從木樁2搬移到木樁1，如下圖所示：

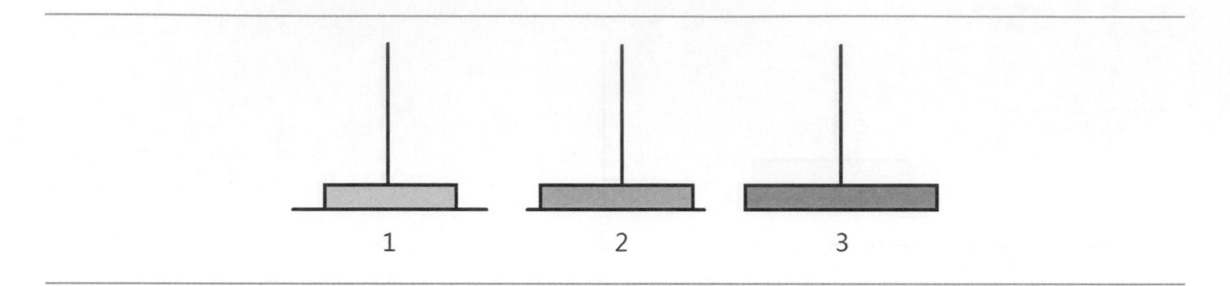

Step 6 將盤子從木樁2搬移到木樁3，如下圖所示：

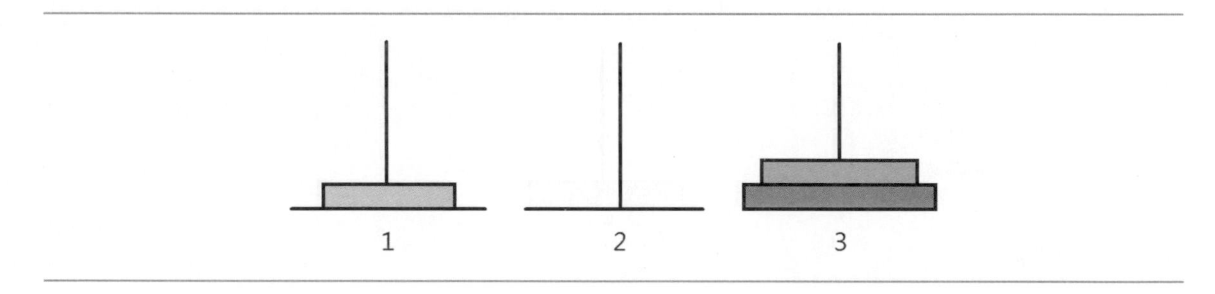

Step 7 將盤子從木樁1搬移到木樁3，即可完成河內塔問題，如下圖所示：

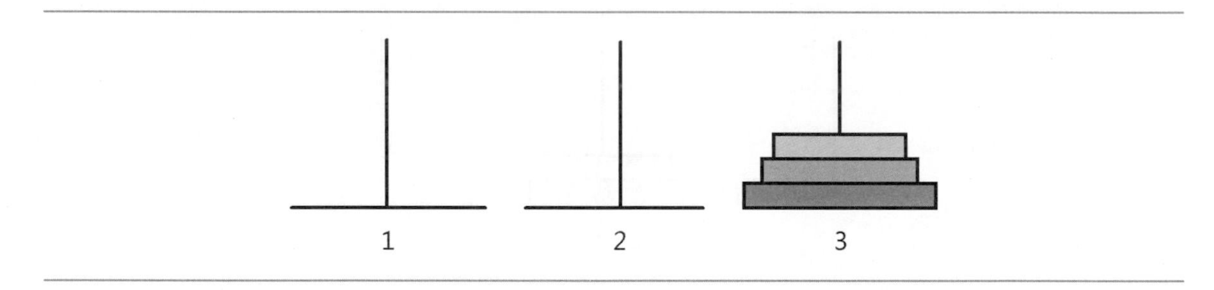

如果n值很小，河內塔問題並不難解決，如果n=6或n=20時，河內塔問題就是一項十分艱難的工作，可能解到頭髮變白都無法解出。

河內塔問題的演算法

對於未知n值的河內塔問題需要使用遞迴。首先將河內塔問題分解成小問題，並且實際搬搬看，最後可以歸納出三個步驟，如下所示：

Step 1 將最上面n-1個盤子從木樁1搬移到木樁2。

Step 2 將最後一個盤子從木樁1搬移到木樁3。

Step 3 將木樁2的n-1個盤子搬移到木樁3。

事實上，河內塔問題就是在解決上述三個步驟，任何子問題只是n值的不同，終止條件是n等於1。

程式範例

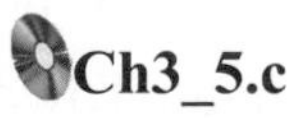

在C程式建立遞迴函數來解3個盤子的河內塔問題，並且顯示盤子搬移的步驟，其執行結果如下所示：

```
盤子從 1 移到 3
盤子從 1 移到 2
盤子從 3 移到 2
盤子從 1 移到 3
盤子從 2 移到 1
盤子從 2 移到 3
盤子從 1 移到 3
```

程式內容

```
01: /* 程式範例: Ch3_5.c */
02: #include <stdio.h>
03: #include <stdlib.h>
04: /* 河內塔問題的遞迴函數 */
05: int hanoiTower(int dishs,int peg1,int peg2,int peg3) {
06:    if ( dishs == 1)                /* 終止條件 */
07:      printf("盤子從 %d 移到 %d\n", peg1, peg3);
08:    else {
09:      hanoiTower(dishs - 1,peg1,peg3,peg2); /* 第1步驟 */
10:      printf("盤子從 %d 移到 %d\n", peg1, peg3);
11:      hanoiTower(dishs - 1,peg2,peg1,peg3); /* 第3步驟 */
12:    }
13: }
14: /* 主程式 */
15: int main() {
16:    hanoiTower(3,1,2,3);              /* 呼叫遞迴函數 */
17:    return 0;
18: }
```

程式說明

- 第5~13行：河內塔問題的遞迴函數，第6~7行是遞迴的終止條件。
- 第9和11行：在函數中呼叫自已的遞迴函數，但是參數範圍縮小1，即dishs-1，分別是前述的步驟2和3。

▶第16行：呼叫hanoiTower()遞迴函數。

因為遞迴函數並不容易看出執行過程，筆者準備從程式的遞迴呼叫開始驗證河內塔問題的實際執行過程。主程式是在第16行呼叫遞迴函數hanoiTower(3,1,2,3)，在進入遞迴函數hanoiTower()後，第9~11行的程式碼，如下所示：

```
hanoiTower(2,1,3,2);
printf("盤子從 %d 移到 %d\n", 1, 3);
hanoiTower(2,2,1,3);
```

上述程式碼先呼叫hanoiTower(2,1,3,2)遞迴函數，在下方第2個hanoiTower(3,1,2,3)函數需等待第1個遞迴呼叫結束才會執行函數呼叫，在進入hanoiTower(2,1,3,2)遞迴函數後，此時第9~11行的程式碼，如下所示：

```
hanoiTower(1,1,2,3);
printf("盤子從 %d 移到 %d\n", 1, 2);
hanoiTower(1,3,1,2);
```

繼續再次執行遞迴呼叫hanoiTower(1,1,2,3)，因為dishs是1，所以執行第7行顯示"盤子從1移到3"。

當函數hanoiTower(1,1,2,3)執行完後，返回前3行程式碼執行第2行顯示結果"盤子從1移到2"。接著第3行繼續執行hanoiTower(1,3,1,2) 遞迴函數。整個遞迴處理就是一步步的往下遞迴呼叫。遞迴呼叫過程如下圖所示：

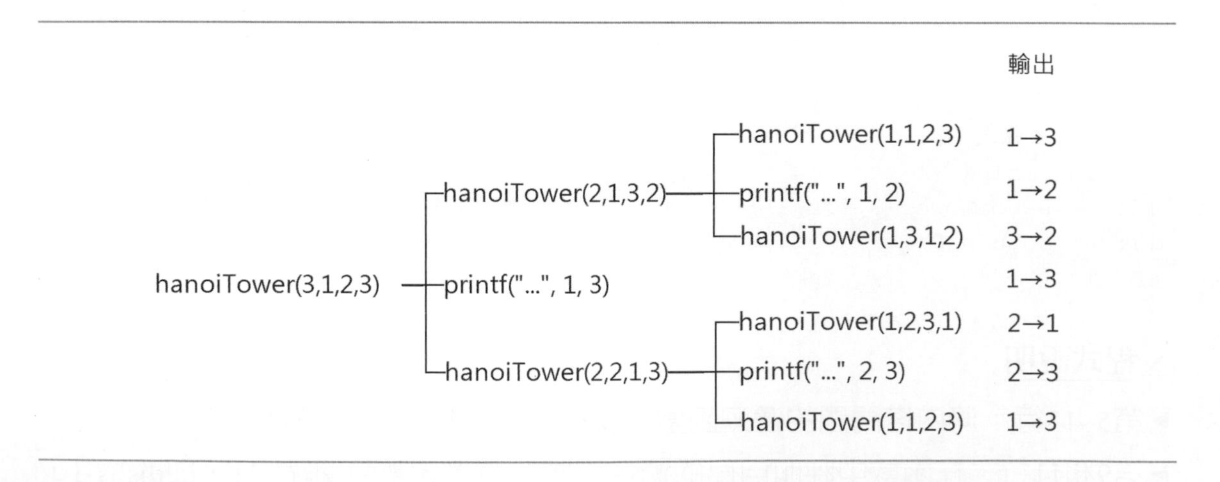

上述的執行結果可以看出hanoiTower()遞迴函數的執行過程。

學習評量

1. 請說明堆疊的特性，C語言的函數呼叫過程？
2. 在將1、2、3、4呼叫push()函數存入堆疊後，依序呼叫pop()函數取出的元素順序：＿＿＿＿＿＿＿＿＿＿＿＿。
3. 現在有一個陣列實作的堆疊，如下圖所示：

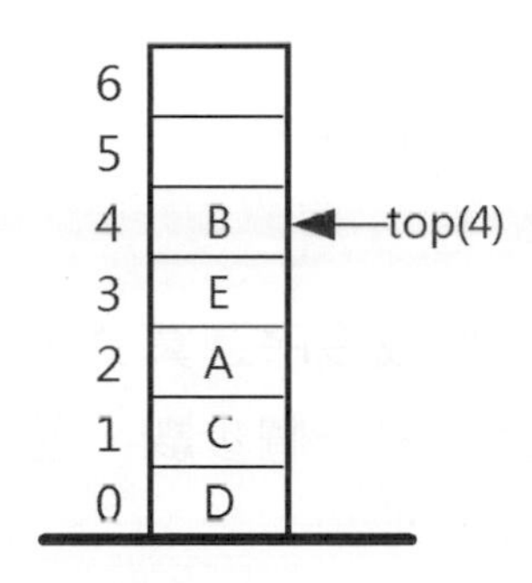

請寫出依序執行下列操作函數後，指標top的索引值和取出的內容，如下表所示：

	執行操作	top	取出內容
1	push(F)		N/A
2	pop()		
3	pop()		
4	pop()		
5	push(G)		N/A
6	pop()		

4. 現有一個堆疊提供pop()和push()函數，請寫出下列主程式main()的執行結果，如下所示：

```
int main() {
   push(5);
   push(3);
   push(4);
   printf("[%d]", pop());
   push(pop());
   push(pop()+2);
   while ( !isStackEmpty() )
     printf("[%d]", pop());
}
```

學習評量

5. 請說明為什麼前和後序表示法比中序表示法更明確，而且沒有模稜兩可的問題。

6. 請參閱第3-3-1節運算式的計算過程，寫出計算下列運算式值的過程，每一個字元是一個運算元或運算子，如下所示：

   - 中序運算式：2+(5-3)*6。
   - 後序運算式：56*2-45*+13*-。
   - 後序運算式：36+42/*5+。

7. 請將下列中序運算式轉換成後序運算式，使用表格寫出詳細的轉換過程，讀入的每一個字元是一個步驟，並且寫出堆疊內容和輸出字元，範例表格如下表所示：

讀入字元	堆疊內容	輸出字元

   - A-B*C
   - (A+B)*(C+D)/E
   - A*(B-C)/D
   - (A*B+C*D)*E*(E-G)

8. 請改寫第3-3-2和3-3-3節的程式範例，使之可以處理輸入運算式的空格，所以，輸入運算元的值可以超過10。

9. 請寫出遞迴函數計算X^n的值，例如：5^7、8^5等。

10. 請寫一個遞迴函數sum(int)，計算1到參數值的和，例如：sum(5)，就計算5+4+3+2+1。

11. N皇后的問題是在n X n西洋棋盤上放置N個皇后，各皇后之間不會相互攻擊。西洋棋皇后的下棋規則允許上、下、左、右、左上、左下、右上和右下八個方向行走或攻擊敵方棋子，如下圖所示：

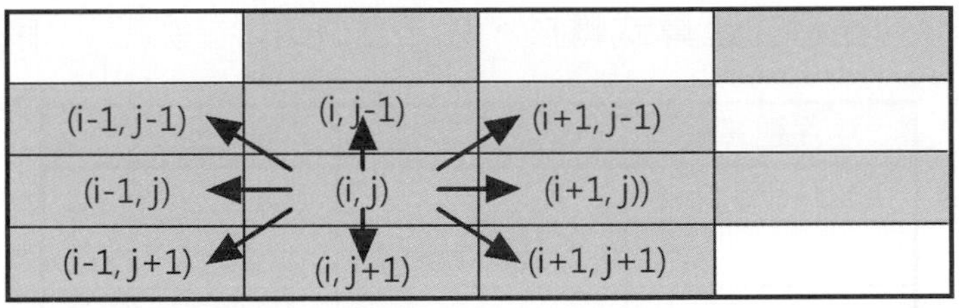

(i-1, j-1)	(i, j-1)	(i+1, j-1)	
(i-1, j)	(i, j)	(i+1, j))	
(i-1, j+1)	(i, j+1)	(i+1, j+1)	

上述棋盤的皇后是放置在座標(i, j)，灰色部分的位置不可放置其它皇后，因為會相互攻擊，因為兩個皇后位在同一列、同一行或同一條對角線上。請寫一個C程式在大小8 X 8的二維陣列中放置8個皇后，這也是回溯控制的應用。

12. 另一個回溯控制問題是「騎士問題」，西洋棋騎士的走法是往前走兩格後向左或右走一格，如下圖所示：

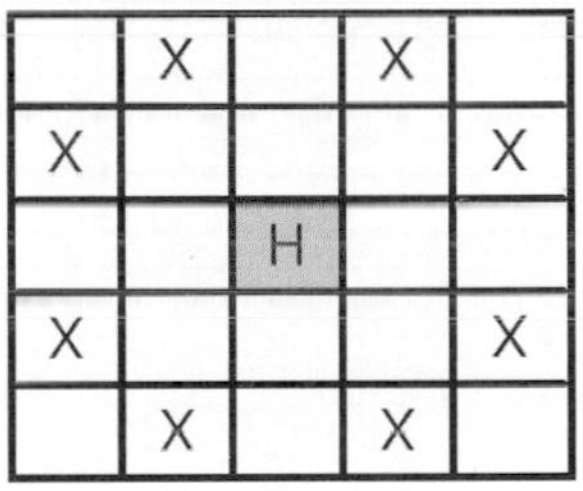

	X		X	
X				X
		H		
X				X
	X		X	

上述中心位置的H是騎士，騎士的下一步可以走到符號X的任一個位置。騎士問題是從5 X 5陣列左上角座標(0, 0)開始，使用騎士的走法將數值1~25填滿整個5 X 5陣列。

13. 請寫出完整的C程式來建立陣列實作的堆疊操作，包含Push、Pop、Full和Empty。　[90交大資工][88暨南資管]

14. 請繪出使用兩個堆疊計算中序運算式6 x 10 – 2 x 5 + 1值的圖例[95交大資工]（提示：首先使用堆疊將中序轉成後序，然後再使用堆疊計算後序運算式的值）。

學習評量

15. 請完成下列表格的運算式轉換，如下表所示： [95北大資管]

中序運算式	前序運算式	後序運算式
a*(b+c*d)/e-f		
	+*/ab-+cde-fg	
		abc*de+-/fg-*

16. (　) 目前許多程式語言都支援遞迴函數，請問下列哪一種是支援遞迴的最佳資料結構？ [94中正資工]

(A) 堆疊　(B) 佇列　(C) 雜湊表　(D) 樹

Chapter 

佇列

學習重點

- 認識佇列
- 佇列表示法
- 環狀佇列
- 雙佇列
- 優先佇列

4-1 認識佇列

「佇列」（queues）是一種和堆疊十分相似的資料結構，在日常生活中隨處可見的排隊人潮，例如：在郵局排隊寄信、銀行排隊存錢或電影院前排隊買票的隊伍，其組成的線性串列就是一種佇列，如下圖所示：

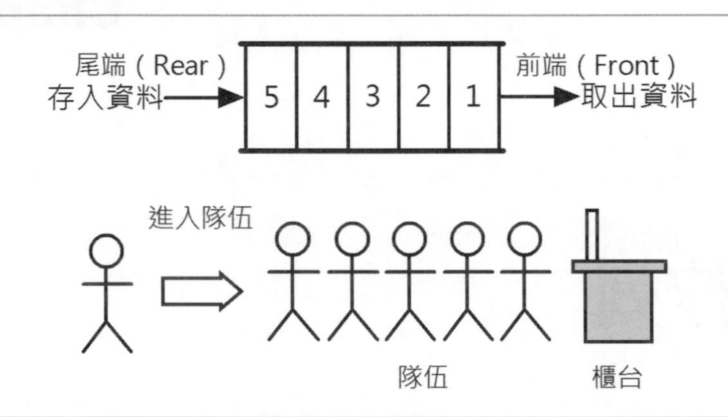

上述圖例的隊伍之所以需要排隊，這是因爲郵局、銀行或電影院的櫃台數有限，客人太多，各櫃台的處理速度無法滿足眾多客人，排隊可以讓先到客人先服務，如此才不會損害先到客人的權益。

排隊的隊伍是在尾端（rear）加入隊伍，如同佇列在尾端存入資料，當前端（front）寄完信、存完錢或買完票後，人就離開隊伍，如同佇列從前端取出資料，所以佇列的基本操作，如下表所示：

操作函數	說明
dequeue()	從佇列取出資料，每執行一次，就從前端取出一個資料
enqueue()	在尾端將資料存入佇列
isQueueEmpty()	檢查佇列是否是空的，以便判斷是否還有資料可以取出

佇列的特性

佇列的資料因爲是從尾端一一存入，上述佇列圖例的內容是依序執行enqueue(1)、enqueue(2)、enqueue(3)、enqueue(4)和enqueue(5)的結果，接著我們從佇列取出資料，也就是依序執行dequeue()取出佇列資料，如下所示：

```
dequeue()：1
dequeue()：2
dequeue()：3
dequeue()：4
dequeue()：5
```

上述取出的資料順序是1、2、3、4、5，可以看出其順序和存入時完全相同，這種情況稱爲「先進先出」（first in, first out）特性。總之，佇列擁有的特性，如下所示：

✎ 從佇列的尾端存入資料，從前端讀取資料。

✎ 資料存取的順序是先進先出（first in, first out），也就是先存入佇列的資料，先行取出。

佇列的應用

以計算機科學來說，佇列的主要用途是作爲資料緩衝區，例如：因爲電腦周邊設備的處理速度遠不如CPU，所以印表機列印報表時，需要使用佇列作爲資料暫存的緩衝區，如下圖所示：

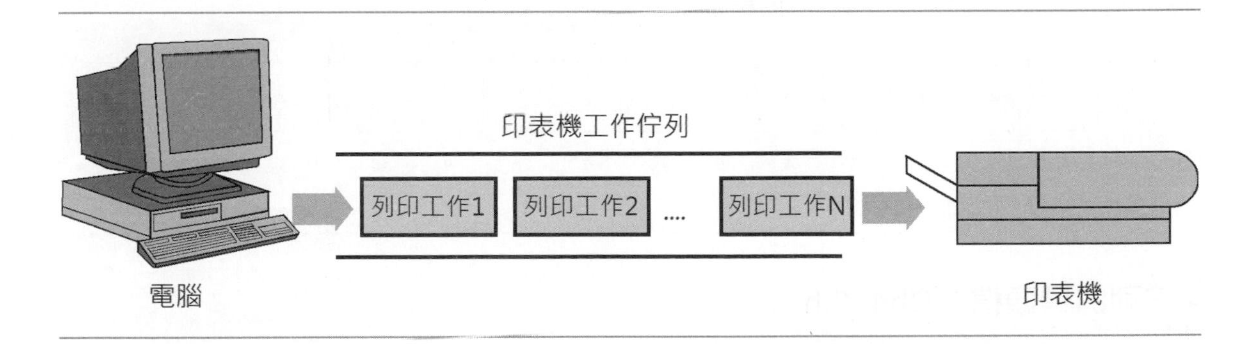

上述圖例的列印工作如同排隊的客人，印表機如同櫃台，因爲印表機的列印速度遠不及CPU的執行速度，所以作業系統使用佇列儲存列印工作，等待較慢的印表機可以一一依序執行列印工作。

鍵盤輸入裝置也需要鍵盤緩衝區，當使用者在鍵盤輸入資料時，資料是先存入鍵盤緩衝區，然後才一一讀入後顯示或解釋其命令，如果使用者按鍵按的太快，就會聽到一長串的嗶嗶聲，表示儲存字元的鍵盤緩衝區已滿，鍵盤緩衝區就是一種佇列。

佇列除了作爲電腦周邊的輸出入緩衝區外，也使用在行程安排，例如：開會和約會的行程安排，作業系統的工作排程並不是一般的佇列，而是本章後說明的雙佇列，這是一種限制存取的佇列。

4-2 佇列表示法

如同堆疊，佇列也一樣可以使用陣列或串列（詳見第5-4-2節）來實作。不同於堆疊，佇列是分別從兩端存入和取出資料，我們可以使用陣列儲存佇列元素。

互動模擬動畫

點選【第4-2節：佇列表示法(使用陣列建立佇列)】項目，讀者可以自行輸入值，按下按鈕來模擬存入和取出佇列操作，如下圖所示：

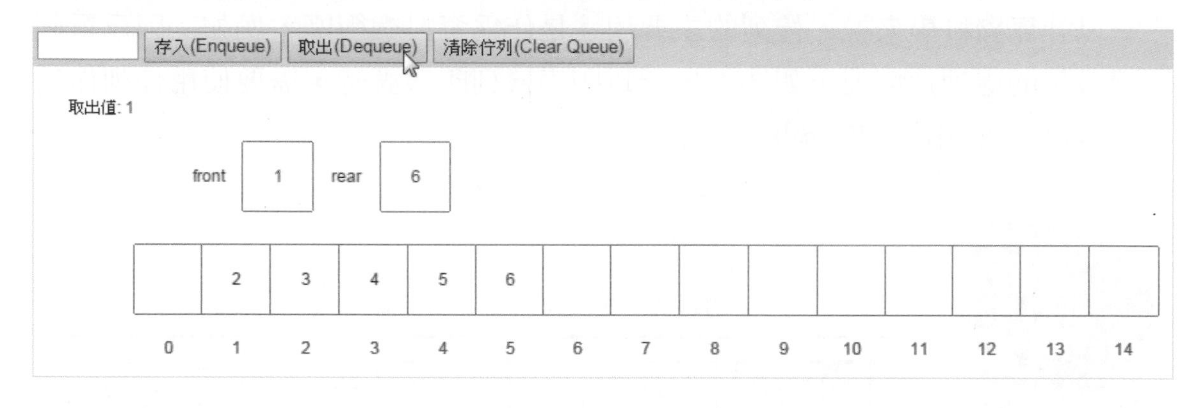

佇列的標頭檔：Ch4_2.h

```
01: /* 程式範例: Ch4_2.h */
02: #define MAXQUEUE 10              /* 佇列的最大容量 */
03: int queue[MAXQUEUE];              /* 佇列的陣列宣告 */
04: int front = -1;                   /* 佇列的前端 */
05: int rear = -1;                    /* 佇列的尾端 */
06: /* 抽象資料型態的操作函數宣告 */
07: extern int isQueueEmpty();
08: extern int enqueue(int d);
09: extern int dequeue();
```

上述第3行的queue[]陣列是用來儲存佇列元素，因爲佇列是從兩端存取資料，所以第4~5行的front和rear成員變數是佇列前端和尾端的陣列索引指標，如下圖所示：

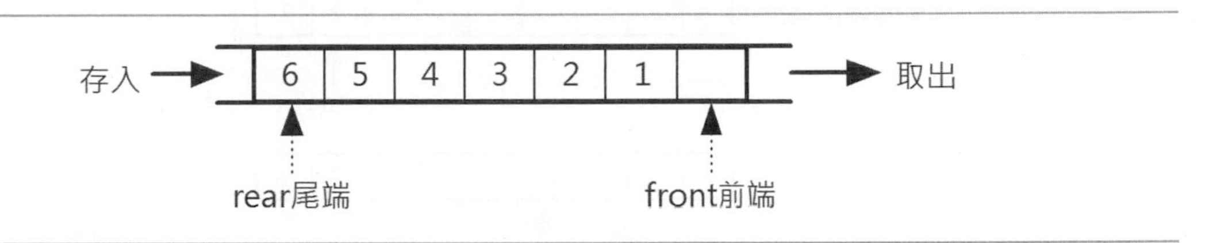

上述圖例front變數的索引值是指向目前佇列中第1個元素的前一個索引值，rear變數是指向剛存入元素的索引值。

front變數索引值沒有指向第1個元素，其目的是爲了判斷佇列是否已空，當front等於rear時就表示佇列已空，同理，因爲front和rear變數的初值爲-1，表示目前的佇列是空的，在後面dequeue()函數的執行圖例有進一步的說明。模組函數說明如下表所示：

模組函數	說明
int isQueueEmpty()	檢查佇列是否是空的，如果是，傳回1；否則為0
int enqueue(int d)	將參數的資料存入佇列的rear尾端，如果佇列大於等於最大佇列容量MAXQUEUE，傳回0
int dequeue()	從佇列的front前端取出資料，如果佇列已空傳回-1

函數enqueue()

函數enqueue()是將資料存入佇列的rear尾端，其步驟如下所示：

Step 1 將尾端指標rear往前移動，也就是將指標rear加1。

Step 2 將值存入尾端指標rear所指的陣列元素。

```
queue[++rear] = d;
```

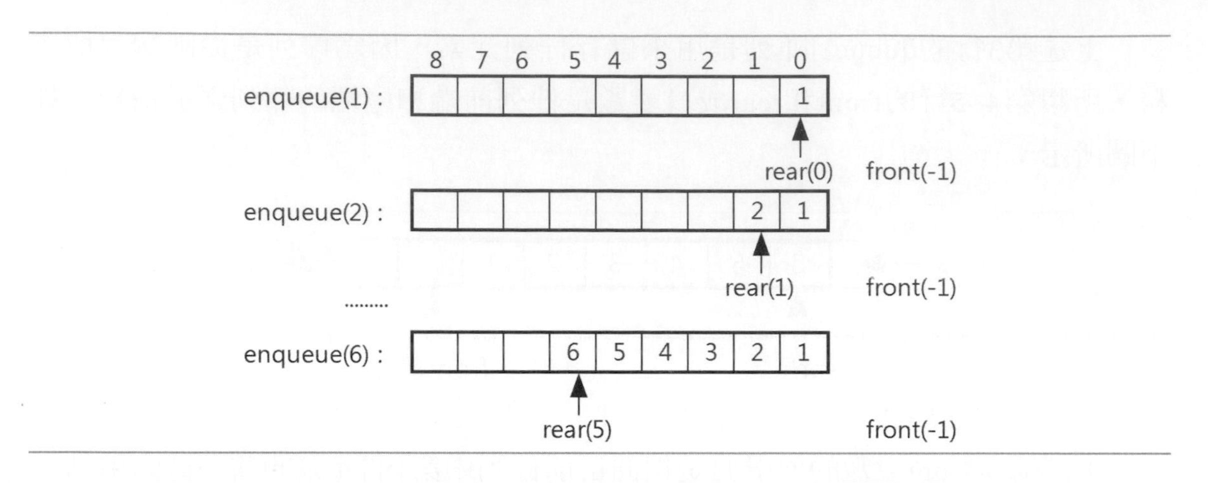

上述圖例front和rear變數的初始值都是-1（在括號內是陣列索引值）。enqueue(1)將資料1存入空佇列，也就是將指標rear往前移加1成為0，然後將值存入rear指向的陣列元素，即陣列索引值0的值為1，接著依序將值2~6存入佇列的陣列索引值1~5。

函數dequeue()

函數dequeue()是從佇列的front前端取出資料，其步驟如下所示：

Step 1 檢查佇列是否已空，如果沒有：

Step 2 將前端指標front往前移，即把其值加1。

Step 3 取出前端指標front所指的陣列元素。

```
return queue[++front];
```

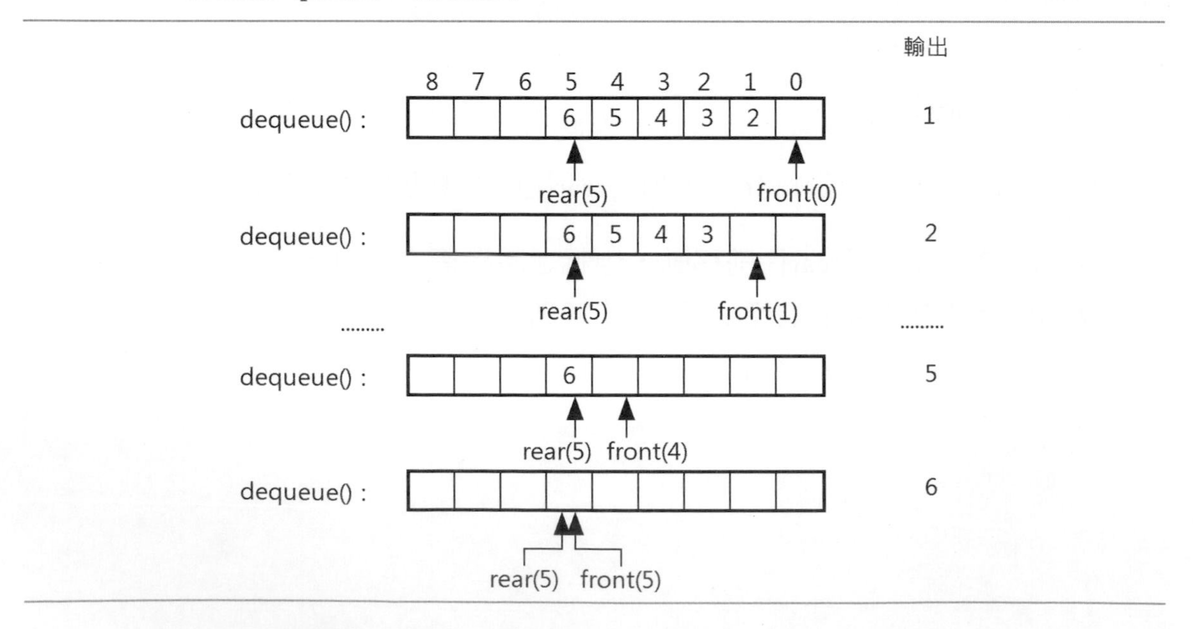

上述圖例從佇列取出資料是將指標front向前移，即加1後，輸出指標所指索引值的陣列元素，front是0，輸出的值是1，front是1，輸出2，然後依序取出2~5的值，可以看出取出順序和存入的順序相同，滿足佇列先進先出的特性。

在取出資料5後，指標front是指向佇列指標rear的前1個陣列索引值4，目前尚有1個元素，請注意！front指標是指向目前佇列中第1個元素的前一個元素，所以，只需比較兩個front和rear指標是否相等，就可以知道佇列是否已空。

如果front指標是指向佇列中的第1個元素，當取出資料5後，front指標就已經和指標rear相同，都是索引值5，如此就無法判斷佇列到底是空了或還剩下1個元素。

程式範例

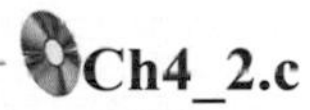

在C程式實作佇列標頭檔的模組函數，然後將值1~6呼叫enqueue()函數依序存入佇列，在存入後，呼叫dequeue()函數依序取出，可以看出佇列先進先出的特性，其執行結果如下所示：

```
存入佇列資料的順序: [1][2][3][4][5][6]
取出佇列資料的順序: [1][2][3][4][5][6]
```

程式內容

```
01: /* 程式範例: Ch4_2.c */
02: #include <stdio.h>
03: #include <stdlib.h>
04: #include "Ch4_2.h"
05: /* 函數: 檢查佇列是否是空的 */
06: int isQueueEmpty() {
07:    if ( front == rear ) return 1;
08:    else                 return 0;
09: }
10: /* 函數: 將資料存入佇列 */
11: int enqueue(int d) {
12:    if ( rear >= MAXQUEUE )  /* 是否超過佇列容量 */
13:      return 0;
14:    else {
15:      queue[++rear] = d;     /* 存入佇列 */
16:      return 1;
```

```
17:     }
18: }
19: /* 函數：從佇列取出資料 */
20: int dequeue() {
21:     if ( isQueueEmpty() )    /* 佇列是否是空的 */
22:         return -1;
23:     else
24:         return queue[++front];/* 取出資料 */
25: }
26: /* 主程式 */
27: int main() {
28:     /* 宣告變數 */
29:     int data[6] = {1, 2, 3, 4, 5, 6};
30:     int i;
31:     printf("存入佇列資料的順序：");
32:     /* 使用迴圈將資料存入佇列 */
33:     for ( i = 0; i < 6; i++) {
34:         enqueue(data[i]);
35:         printf("[%d]", data[i]);
36:     }
37:     printf("\n取出佇列資料的順序：");
38:     while ( !isQueueEmpty() )    /* 取出佇列資料 */
39:         printf("[%d]", dequeue());
40:     printf("\n");
41:     return 0;
42: }
```

程式說明

- 第4行：含括佇列標頭檔Ch4_2.h。
- 第6~9行：isQueueEmpty()函數在第7~8行的if條件檢查front指標是否等於rear指標，表示佇列已空。
- 第11~18行：enqueue()函數的if條件判斷是否超過佇列容量，如果沒有，在第15行將資料存入佇列。
- 第20~25行：dequeue()函數的if條件判斷佇列是否是空的，如果不是，在第24行取出佇列元素。
- 第33~40行：在主程式使用for迴圈將值1~6存入佇列，第38~39行使用while迴圈配合isQueueEmpty()函數取出所有的佇列元素。

陣列實作的佇列會有一個大問題，因為front和rear變數的指標都是往同一個方向遞增，如果rear指標到達一維陣列的邊界MAXQUEUE-1，我們需要位移佇列元素才有空間存入其他佇列元素，就算佇列的一維陣列尚有一些空間，如下圖所示：

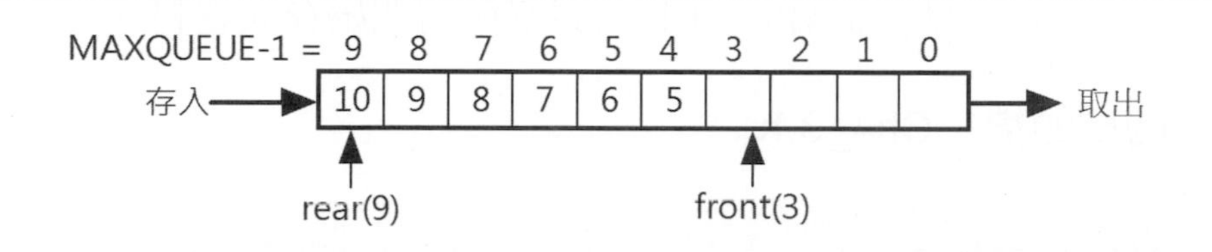

上述圖例的陣列索引值0至3是空的，可以儲存資料，不過因為尾端指標rear已經指向佇列最大容量MAXQUEUE-1，無法再將資料存入佇列。

不只如此，等到佇列元素5、6、7、8、9和10也一一從front前端取出後，佇列雖然已經完全空了，還是無法存入資料，除非加大佇列的陣列尺寸、重設front和rear變數指標或將佇列現有元素位移到從索引值0開始（第4-5節優先佇列在存入元素時，就會搬移元素來插入資料）。另一種解決問題的方法是使用第4-3節的環狀佇列。

4-3 環狀佇列

「環狀佇列」（circular queue）也是使用一維陣列實作的有限元素數佇列，其差異只在使用特殊技巧來處理陣列索引值，可以將線性的陣列轉換成環狀結構，讓佇列的索引指標周而復始的在陣列中環狀的移動，如下圖所示：

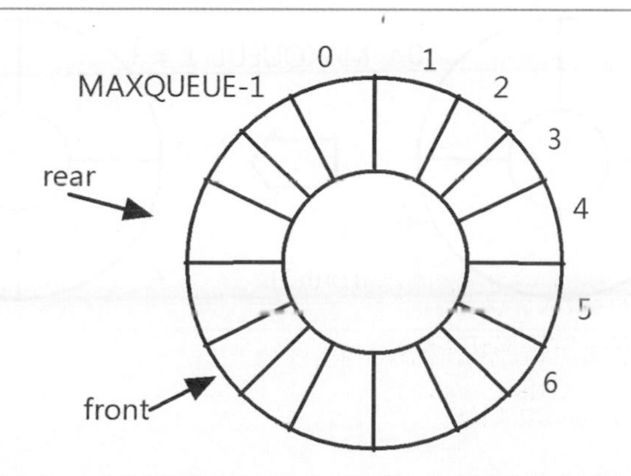

上述圖例是將陣列的最大索引值MAXQUEU-1和索引值0的元素結合成一個環狀結構的陣列，佇列front和rear指標的移動是環狀移動，當front指標的索引值到達MAXQUEUE-1後，就將front指標索引值歸0，可以從頭開始取出資料。

同理，當rear指標移動到MAXQUEU-1後，在第4-2節的佇列已經無法存入資料，不過環狀佇列可以將rear歸0，所以可以從頭再開始存入資料。

環狀佇列的標頭檔：Ch4_3.h

```
01: /* 程式範例: Ch4_3.h */
02: #define MAXQUEUE    4            /* 佇列的最大容量 */
03: int queue[MAXQUEUE];              /* 佇列的陣列宣告 */
04: int front = -1;                   /* 佇列的前端 */
05: int rear = -1;                    /* 佇列的尾端 */
06: /* 抽象資料型態的操作函數宣告 */
07: extern int isQueueEmpty();
08: extern int isQueueFull();
09: extern int enqueue(int d);
10: extern int dequeue();
```

上述環狀佇列和第4-2節的佇列幾乎完全相同，筆者只新增isQueueFull()模組函數檢查環狀佇列是否已經全滿。

函數enqueue()：將資料存入環狀佇列

函數enqueue()是在rear尾端將資料存入佇列，因爲是環狀結構的陣列，所以當rear到達陣列邊界時，需要特別處理，如下圖所示：

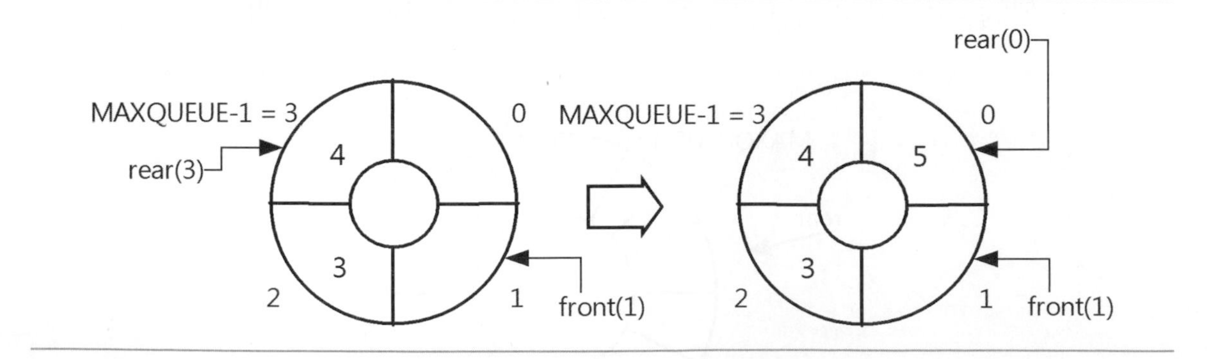

上述圖例是一個大小MAXQUEUE爲4的環狀佇列，當rear = 3時到達陣列邊界，此時再新增佇列元素5，rear++等於4，超過陣列尺寸，所以需要歸0，如下所示：

```
rear++;
if ( rear == MAXQUEUE ) rear = 0;
```

上述程式碼使用if條件檢查是否超過陣列邊界，如果超過，就重設爲0，if條件的程式碼可以改爲?:條件運算子，如下所示：

```
rear = ( rear+1 == MAXQUEUE ) ? 0 : rear+1;
```

上述程式碼擁有相同功能。我們也可以換成餘數運算，如下所示：

```
rear = (rear+1) % MAXQUEUE;
```

上述程式碼當rear = 3時，下一個索引是(3+1) % 4 = 0，否則餘數的結果是rear+1，擁有相同的運算結果。

函數dequeue()：從環狀佇列取出資料

函數dequeue()是在front前端從佇列取出資料，因爲是環狀結構的陣列，所以當front到達陣列邊界時，需要特別處理，如下圖所示：

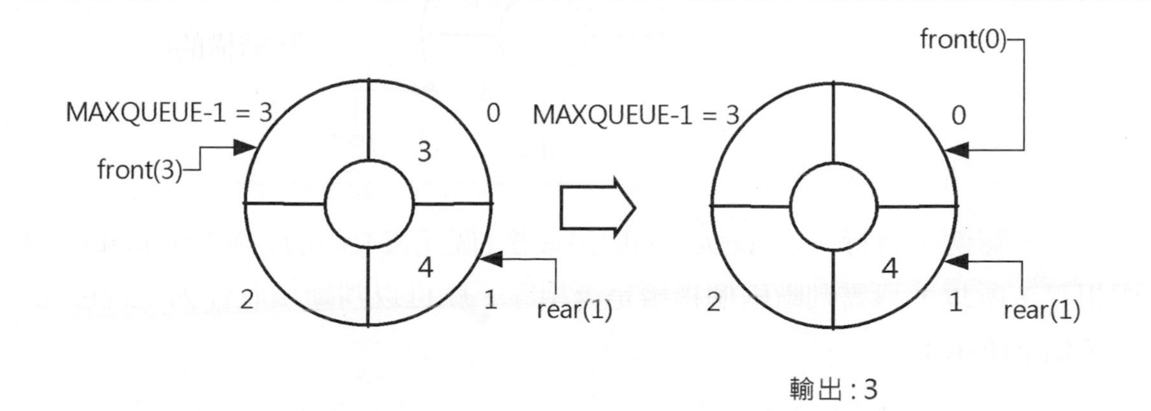

上述圖例是一個大小MAXQUEUE爲4的環狀佇列，當front = 3時到達陣列邊界，此時再從佇列取出元素3，front++等於4，超過陣列尺寸，所以需要將它歸0，如下所示：

```
front++;
if ( front == MAXQUEUE ) front = 0;
```

上述程式碼使用if條件檢查是否超過陣列邊界，如果超過，就重設為0，if條件的程式碼可以改為?:條件運算子，如下所示：

```
front = ( front+1 == MAXQUEUE ) ? 0 : front+1;
```

上述程式碼擁有相同功能。換成餘數運算，如下所示：

```
front = (front+1) % MAXQUEUE;
```

上述程式碼當front = 3時，下一個索引是(3+1) % 4 = 0，否則餘數的結果就是front+1，擁有相同的運算結果。

函數isQueueEmpty()：環狀佇列是否已空

函數isQueueEmpty()可以判斷環狀佇列是否已經空了。現在的環狀佇列尚餘1個元素，如下圖所示：

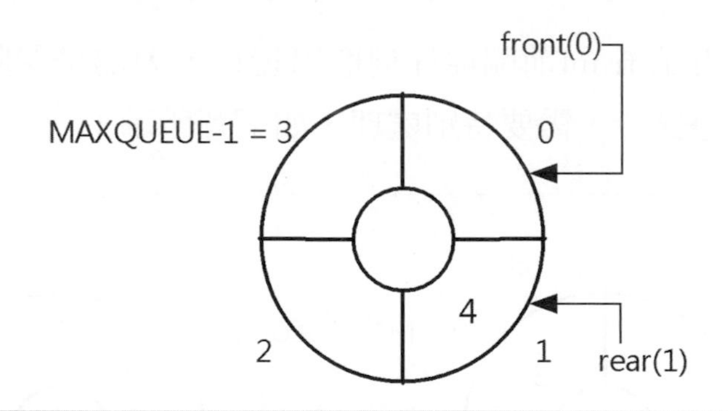

上述圖例再執行一次dequeue()取出最後1個元素4，可以發現front和rear指標相等，所以，只需判斷兩個指標是否相等，就可以判斷環狀佇列是否已經空了，如下所示：

```
if ( front == rear ) return 1;
else                 return 0;
```

函數isQueueFull()：環狀佇列是否已滿

函數isQueueFull()可以判斷環狀佇列是否已滿。現在的環狀佇列尚有1個空間沒有存入元素，如下圖所示：

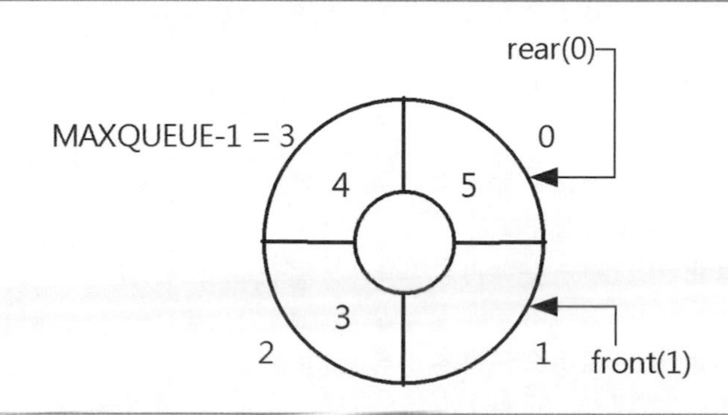

上述圖例再執行一次enqueue(6)新增元素6，可以發現front和rear指標相等，但是，我們並沒有辦法判斷環狀佇列是已空和全滿，因為兩個指標都是指向相同索引值1。

所以，環狀佇列全滿是上述圖例的指標rear和front相隔一個空間，為了分辨環狀佇列是已空和全滿，佇列的實際儲存空間是陣列尺寸減1，如下所示：

```
int pos;
pos = (rear+1) % MAXQUEUE;
if ( front == pos ) return 1;
else                return 0;
```

上述pos計算出rear指標的下一個索引值是否是front，如果是，就表示環狀佇列已滿。

程式範例

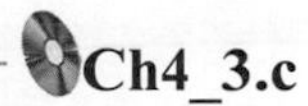
Ch4_3.c

在C程式以陣列實作環狀佇列標頭檔的模組函數，主程式可以讓使用者選擇存入或取出環狀佇列的元素，並且自行輸入存入值，結束操作後，將存入、取出和佇列剩下元素都顯示出來，其執行結果如下所示：

```
環狀佇列處理......
[1]存入 [2]取出 [3]顯示全部內容 ==> 1 Enter
請輸入存入值(0) ==> 3 Enter
[1]存入 [2]取出 [3]顯示全部內容 ==> 1  Enter
請輸入存入值(1) ==> 4 Enter
[1]存入 [2]取出 [3]顯示全部內容 ==> 1 Enter
請輸入存入值(2) ==> 5 Enter
[1]存入 [2]取出 [3]顯示全部內容 ==> 2 Enter
取出佇列元素: 3
[1]存入 [2]取出 [3]顯示全部內容 ==> 1 Enter
請輸入存入值(3) ==> 6 Enter
[1]存入 [2]取出 [3]顯示全部內容 ==> 2 Enter
取出佇列元素: 4
[1]存入 [2]取出 [3]顯示全部內容 ==> 3 Enter
輸入佇列的元素: [3][4][5][6]
取出佇列的元素: [3][4]
剩下佇列的元素: [5][6]
```

程式內容

```
01: /* 程式範例: Ch4_3.c */
02: #include <stdio.h>
03: #include <stdlib.h>
04: #include "Ch4_3.h"
05: /* 函數: 檢查佇列是否是空的 */
06: int isQueueEmpty() {
07:    if ( front == rear ) return 1;
08:    else                 return 0;
09: }
10: /* 函數: 檢查佇列是否已滿 */
11: int isQueueFull() {
12:    int pos;
13:    pos = (rear+1) % MAXQUEUE;
14:    if ( front == pos ) return 1;
15:    else                return 0;
16: }
17: /* 函數: 將資料存入佇列 */
18: int enqueue(int d) {
19:    if ( isQueueFull() )            /* 檢查是否已滿 */
20:       return 0;                    /* 已滿, 無法存入 */
21:    else {
22:       rear = (rear+1) % MAXQUEUE;/* 是否超過,重新定位 */
23:       queue[rear] = d;
```

```
24:     }
25:     return 1;
26: }
27: /* 函數: 從佇列取出資料 */
28: int dequeue() {
29:     if ( isQueueEmpty() )              /* 檢查佇列是否是空 */
30:        return -1;                      /* 無法取出 */
31:     front = (front+1) % MAXQUEUE; /* 是否超過,重新定位 */
32:     return queue[front];               /* 傳回佇列取出元素 */
33: }
34: /* 主程式 */
35: int main() {
36:     int input[100], output[100]; /* 儲存輸入和取出元素 */
37:     int select = 1;                   /* 選項 */
38:     int numOfInput  = 0;              /* 陣列的元素數 */
39:     int numOfOutput = 0;
40:     int i, temp;
41:     printf("環狀佇列處理......\n");
42:     while ( select != 3 ) {          /* 主迴圈 */
43:        printf("[1]存入 [2]取出 [3]顯示全部內容 ==> ");
44:        scanf("%d", &select);         /* 取得選項 */
45:        switch ( select ) {
46:           case 1: /* 將輸入值存入佇列 */
47:              printf("請輸入存入值(%d) ==> ", numOfInput);
48:              scanf("%d", &temp);  /* 取得存入值 */
49:              enqueue(temp);
50:              input[numOfInput++] = temp;
51:              break;
52:           case 2: /* 取出佇列的內容 */
53:              if ( !isQueueEmpty() ) {
54:                 temp = dequeue();
55:                 printf("取出佇列元素: %d\n", temp);
56:                 output[numOfOutput++] = temp;
57:              }
58:              break;
59:        }
60:     }
61:     printf("輸入佇列的元素: ");     /* 輸入元素 */
62:     for ( i = 0; i < numOfInput; i++ )
63:        printf("[%d]", input[i]);
64:     printf("\n取出佇列的元素: ");  /* 輸出元素 */
65:     for ( i = 0; i < numOfOutput; i++ )
66:        printf("[%d]", output[i]);
```

```
67:    printf("\n剩下佇列的元素: ");   /* 取出剩下佇列元素 */
68:    while ( !isQueueEmpty() )
69:       printf("[%d]", dequeue());
70:    printf("\n");
71:    return 0;
72: }
```

程式說明

- ▶第6~9行：isQueueEmpty()函數的if條件判斷rear和front指標是否相等，如果相等，表示佇列已空。
- ▶第11~16行：isQueueFull()函數的pos計算rear下一個位置的索引值，如果和front相等，就表示佇列已滿。
- ▶第18~26行：enqueue()函數在第19~20行的if條件判斷佇列是否全滿，第22行計算下一個rear指標的索引值，然後在第23行將資料存入佇列。
- ▶第28~33行：dequeue()函數的if條件判斷佇列是否是空的，如果不是，第31行計算下一個front指標的索引值，在第32行取出佇列元素。
- ▶第42~60行：在主程式的while迴圈可以選擇存入或取出佇列元素，在第49行存入佇列，第54行取出元素。
- ▶第62~70行：顯示存入、取出和佇列剩下的元素。

4-4 雙佇列

「雙佇列」（deques）是英文名稱（double-ends queues）的縮寫，雙佇列的二端如同佇列的前尾端，都允許存入或取出資料，如下圖所示：

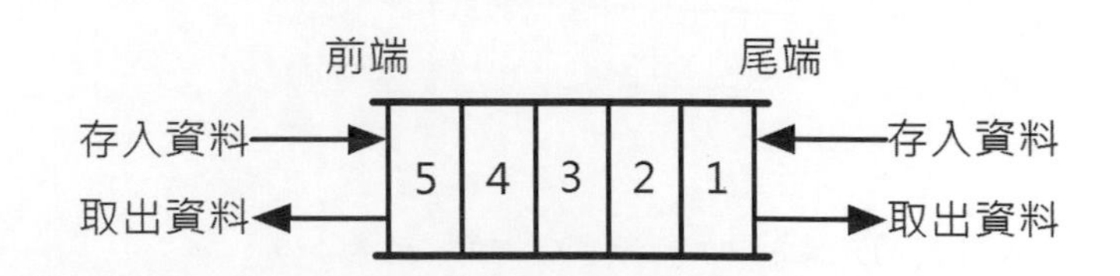

如果將上述圖例從中切成兩半，每一半就是一個堆疊。雙佇列與佇列一樣都需要兩個指標分別指向兩端，依其應用分爲多種存取方式。常見的雙佇列，如下所示：

✎ 輸入限制性雙佇列（input restricted deque）。

✎ 輸出限制性雙佇列（output restricted deque）。

上述雙佇列是使用在電腦CPU的排程，排程在多人使用的電腦是重要觀念，因爲同時有多人使用同一CPU，且CPU在每一段時間內只能執行一個工作，所以將每個人的工作集中擺在一個等待佇列，等待CPU執行完一個工作後，再從佇列取出下一個工作來執行，排定工作誰先誰後的處理稱爲「工作排程」（jobs scheduling）。

排程的方法有很多種，雙佇列也有各種不同的設計。在此筆者只說明：輸入和輸出限制性雙佇列。

4-4-1 輸入限制性雙佇列

輸入限制性雙佇列（input restricted deque）是限制存入只能在其中一端，取出可以在兩端的任何一端，如下圖所示：

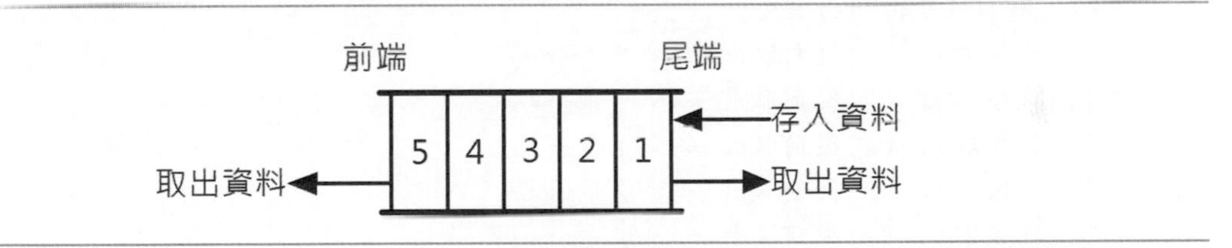

上述雙佇列只有一端存入，兩端都可以輸出，所以佇列輸出的結果擁有多種組合。

輸入限制性雙佇列的標頭檔：Ch4_4_1.h

```
01: /* 程式範例: Ch4_4_1.h */
02: #define MAXQUEUE   10  /* 佇列的最大容量 */
03: int deque[MAXQUEUE];    /* 佇列的陣列宣告 */
04: int front = -1;         /* 佇列的前端 */
05: int rear = -1;          /* 佇列的尾端 */
06: /* 抽象資料型態的操作函數宣告 */
07: extern int isDequeEmpty();
08: extern int isDequeFull();
09: extern int endeque(int d);
10: extern int dedeque_rear();
11: extern int dedeque_front();
```

上述標頭檔是使用環狀佇列來實作雙佇列，因為輸入限制性雙佇列只允許從一端存入資料，但是可以從兩端取出資料，所以多一個dedeque_rear()函數可以從尾端取出資料。模組函數說明如下表所示：

模組函數	說明
int isDequeEmpty()	檢查雙佇列是否是空的，如果是，傳回1；否則為0
int isDequeFull()	檢查雙佇列是否已滿，如果是，傳回1；否則為0
int endeque(int d)	將參數的資料存入雙佇列的rear尾端，如果雙佇列全滿傳回0
int dedeque_rear()	從雙佇列的rear尾端取出資料
int dedeque_front()	從雙佇列的front前端取出資料

程式範例

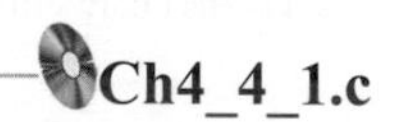
Ch4_4_1.c

在C程式使用環狀佇列來實作輸入限制性雙佇列的模組函數，然後將值1~6依序存入雙佇列，在存入後，使用者可以選擇從前端或尾端取出雙佇列元素，當結束操作後，顯示存入和取出佇列元素的順序，其執行結果如下所示：

```
輸入限制性雙佇列的處理......
[1]從後取出 [2]從前取出 ==> 1 Enter
[1]從後取出 [2]從前取出 ==> 1 Enter
[1]從後取出 [2]從前取出 ==> 1 Enter
[1]從後取出 [2]從前取出 ==> 2 Enter
[1]從後取出 [2]從前取出 ==> 2 Enter
[1]從後取出 [2]從前取出 ==> 2 Enter
存入佇列的順序: [1][2][3][4][5][6]
佇列取出的順序: [6][5][4][1][2][3]
```

程式內容

```
01: /* 程式範例: Ch4_4_1.c */
02: #include <stdio.h>
03: #include <stdlib.h>
04: #include "Ch4_4_1.h"
05: /* 函數: 檢查雙佇列是否是空的 */
06: int isDequeEmpty() {
07:    if ( front == rear ) return 1;
08:    else                 return 0;
09: }
10: /* 函數: 檢查雙佇列是否已滿 */
```

```
11: int isDequeFull() {
12:    int pos;
13:    pos = ( rear+1 == MAXQUEUE ) ? 0 : rear+1;
14:    if ( front == pos  ) return 1;
15:    else                 return 0;
16: }
17: /* 函數: 將資料存入佇列 */
18: int endeque(int d) {
19:    if ( isDequeFull() )              /* 檢查是否已滿 */
20:       return 0;                      /* 已滿, 無法存入 */
21:    else { /* 是否超過,重新定位 */
22:       rear = ( rear+1 == MAXQUEUE ) ? 0 : rear+1;
23:       deque[rear] = d;
24:    }
25:    return 1;
26: }
27: /* 函數: 從佇列(尾端)取出資料 */
28: int dedeque_rear() {
29:    int temp;
30:    if ( isDequeEmpty() )             /* 檢查佇列是否是空 */
31:       return -1;                     /* 無法取出 */
32:    temp = deque[rear];
33:    rear--;                           /* 尾端指標往前移 */
34:    /* 是否超過陣列邊界,且從未從前端取出 */
35:    if ( rear < 0 && front != -1 )
36:       rear = MAXQUEUE - 1;           /* 從最大值開始 */
37:    return temp;                      /* 傳回佇列取出元素 */
38: }
39: /* 函數: 從佇列(前端)取出資料 */
40: int dedeque_front() {
41:    if ( isDequeEmpty() )             /* 檢查佇列是否是空 */
42:       return -1;                     /* 無法取出 */
43:    /* 是否超過,重新定位 */
44:    front = ( front+1 == MAXQUEUE ) ? 0 : front+1;
45:    return deque[front];              /* 傳回佇列取出元素 */
46: }
47: /* 主程式 */
48: int main() {
49:    int input[6] =  { 1, 2, 3, 4, 5, 6 }; /* 輸入元素 */
50:    int output[6];                        /* 取出元素 */
51:    int select;                           /* 選擇項 */
52:    int i, temp, pos = 0;
53:    for ( i = 0; i < 6; i++ )    /* 將陣列元素存入佇列 */
```

```
54:         endeque(input[i]);
55:     printf("輸入限制性雙佇列的處理......\n");
56:     while ( !isDequeEmpty() ) {     /* 主迴圈 */
57:        printf("[1]從後取出 [2]從前取出 ==> ");
58:        scanf("%d", &select);         /* 取得選項 */
59:        switch ( select ) {
60:           case 1:  /* 從尾端取出佇列內容 */
61:              temp = dedeque_rear();
62:              output[pos++] = temp;
63:              break;
64:           case 2:  /* 從前端取出佇列內容 */
65:              temp = dedeque_front();
66:              output[pos++] = temp;
67:              break;
68:        }
69:     }
70:     printf("存入佇列的順序: ");    /* 顯示輸入陣列內容 */
71:     for ( i = 0; i < 6; i++ )
72:        printf("[%d]", input[i]);
73:     printf("\n佇列取出的順序: "); /* 顯示取出陣列內容 */
74:     for ( i = 0; i < 6; i++ )
75:        printf("[%d]", output[i]);
76:     printf("\n");
77:     return 0;
78: }
```

程式說明

- 第28~46行：dedeque_rear()和dedeque_front()函數分別從尾端和前端取出雙佇列的元素，dedeque_front()函數是環狀佇列的dequeue()函數，dedeque_rear()函數使用if條件判斷rear指標是否小於0，以便將索引重設成MAXQUEUE-1，其中front條件是特殊情況，表示佇列尚未取出過任何一個元素，如下所示：

```
if ( rear < 0 && front != -1 )
      rear = MAXQUEUE - 1;
```

- 第53~54行：在主程式使用for迴圈將值1~6存入佇列。
- 第56~69行：while迴圈可以選擇從前端或尾端取出，在第61行從尾端取出，第65行從前端取出元素。
- 第71~76行：顯示存入和取出雙佇列元素的順序。

4-4-2 輸出限制性雙佇列

輸出限制性雙佇列（output restricted deque）是限制取出只能在一端，卻可以從兩端的任何一端存入元素，如下圖所示：

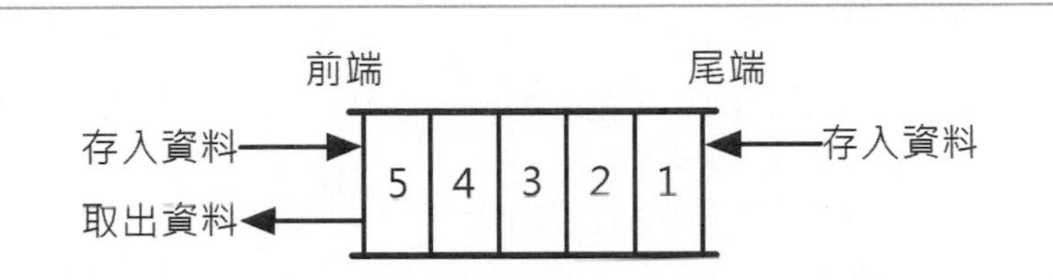

輸出限制性雙佇列的標頭檔：Ch4_4_2.h

```
01: /* 程式範例: Ch4_4_2.h */
02: #define MAXQUEUE   10  /* 佇列的最大容量 */
03: int deque[MAXQUEUE];    /* 佇列的陣列宣告 */
04: int front = -1;         /* 佇列的前端 */
05: int rear = -1;          /* 佇列的尾端 */
06: /* 抽象資料型態的操作函數宣告 */
07: extern int isDequeEmpty();
08: extern int isDequeFull();
09: extern int endeque_rear(int d);
10: extern int endeque_front(int d);
11: extern int dedeque();
```

上述標頭檔也是使用環狀佇列來實作雙佇列，因為是輸出限制性雙佇列，只允許從一端取出資料，但是可以從兩端存入資料，所以多一個endeque_front()函數可以從前端存入資料。模組函數說明如下表所示：

模組函數	說明
int isDequeEmpty()	檢查雙佇列是否是空的，如果是，傳回1；否則為0
int isDequeFull()	檢查雙佇列是否已滿，如果是，傳回1；否則為0
int endeque_rear(int d)	將參數的資料從rear尾端存入雙佇列
int endeque_rear(int d)	將參數的資料從front前端存入雙佇列
int dedeque()	從雙佇列取出資料

程式範例

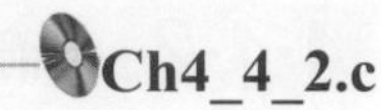

在C程式使用環狀佇列實作輸出限制性雙佇列的模組函數，主程式可以讓使用者選擇從前端或尾端存入佇列元素，結束操作後，將存入和取出佇列元素的順序顯示出來，其執行結果如下所示：

```
[1]從後存入 [2]從前存入 ==> 1 Enter
[1]從後存入 [2]從前存入 ==> 1 Enter
[1]從後存入 [2]從前存入 ==> 2 Enter
[1]從後存入 [2]從前存入 ==> 2 Enter
[1]從後存入 [2]從前存入 ==> 1 Enter
[1]從後存入 [2]從前存入 ==> 1 Enter
存入的元素順序: [1][2][3][4][5][6]
佇列取出的順序: [4][3][1][2][5][6]
```

程式內容

```
01: /* 程式範例: Ch4_4_2.c */
02: #include <stdio.h>
03: #include <stdlib.h>
04: #include "Ch4_4_2.h"
05: /* 函數: 檢查佇列是否是空的 */
06: int isDequeEmpty() {
07:    if ( front == rear ) return 1;
08:    else                 return 0;
09: }
10: /* 函數: 檢查雙佇列是否已滿 */
11: int isDequeFull() {
12:    int pos;
13:    pos = ( rear+1 == MAXQUEUE ) ? 0 : rear+1;
14:    if ( front == pos  ) return 1;
15:    else                 return 0;
16: }
17: /* 函數: 將資料存入佇列 (從尾端) */
18: int endeque_rear(int d) {
19:    if ( isDequeFull() )           /* 檢查是否已滿 */
20:       return 0;                   /* 已滿, 無法存入 */
21:    else { /* 是否超過,重新定位 */
22:       rear = ( rear+1 == MAXQUEUE ) ? 0 : rear+1;
23:       deque[rear] = d;
24:    }
25:    return 1;
```

```
26: }
27: /* 函數: 將資料存入佇列 (從前端) */
28: int endeque_front(int d) {
29:     if ( isDequeFull() )            /* 檢查是否已滿 */
30:         return 0;                   /* 已滿, 無法存入 */
31:     else {
32:         if ( front == -1 ) {        /* 第1次從前端存入 */
33:             if ( rear == -1 ) {     /* 而且是第1個元素 */
34:                 rear = 0;           /* 存入陣列索引 0  */
35:                 deque[rear] = d;
36:                 front = MAXQUEUE - 1;
37:             }
38:             else {  /* 佇列已經有從後端存入的元素 */
39:                 front = MAXQUEUE - 2;
40:                 deque[MAXQUEUE -1] = d;
41:             }
42:         }
43:         else {    /* 不是第1次從前端存入 */
44:             deque[front] = d;  /* 是否超過,重新定位 */
45:             front = ( front-1 == -1 ) ? MAXQUEUE-1 : front-1;
46:         }
47:     }
48:     return 1;
49: }
50: /* 函數: 從佇列取出資料 */
51: int dedeque() {
52:     if ( isDequeEmpty() )           /* 檢查佇列是否是空 */
53:         return -1;                  /* 無法取出 */
54:     /* 是否超過,重新定位 */
55:     front = ( front+1 == MAXQUEUE ) ? 0 : front+1;
56:     return deque[front];            /* 傳回佇列取出元素 */
57: }
58: /* 主程式 */
59: int main() {
60:     int input[6] =  { 1, 2, 3, 4, 5, 6 }; /* 輸入元素 */
61:     int i, select;                        /* 選擇項 */
62:     for ( i = 0; i < 6; i++ ) {     /* 存入佇列 */
63:         printf("[1]從後存入 [2]從前存入 ==> ");
64:         scanf("%d", &select);        /* 讀入選項 */
65:         switch ( select ) {
66:             case 1: /* 從尾端存入佇列內容 */
67:                 endeque_rear(input[i]);
68:                 break;
```

```
69:         case 2: /* 從前端存入佇列內容 */
70:            endeque_front(input[i]);
71:            break;
72:       }
73:    }
74:    printf("存入的元素順序: ");  /* 顯示輸入陣列內容 */
75:    for ( i = 0; i < 6; i++ )
76:       printf("[%d]", input[i]);
77:    printf("\n佇列取出的順序: ");
78:    while ( !isDequeEmpty() )     /* 取出剩下的佇列元素 */
79:       printf("[%d]", dedeque());
80:    printf("\n");
81:    return 0;
82: }
```

程式說明

- 第18~26行：endeque_rear()函數是從尾端存入佇列元素，這和第4-3節的enqueue()相同。
- 第28~49行：endeque_front()函數是從前端存入佇列元素，在第32~46行的if條件判斷是否是第1次從前端存入元素，第33~41行的if條件是當第1次從前端存入時，判斷是否也是第1次存入元素至佇列（即rear指標值是-1），如果是，就在索引0存入元素且更新front和rear指標的索引值；不是，就在最大索引值存入元素和更新front指標；如果不是第1次從前端存入元素，就在第44~45行從前端存入元素，和更新調整front指標的索引值。
- 第62~73行：在主程式使用for迴圈選擇從前端或尾端存入，在第67行從尾端存入，第70行從前端存入元素。
- 第74~80行：顯示存入和取出佇列元素的順序。

4-5 優先佇列

優先佇列（priority queue）儲存的每一個元素會指定一個優先權（priority），從佇列取出元素並不是取出最先存入的元素，而是最高優先權的元素，例如：在醫院的急診室陸續送入的病患中，並不是先送入的先醫治，而是最嚴重的病患先醫治，如下圖所示：

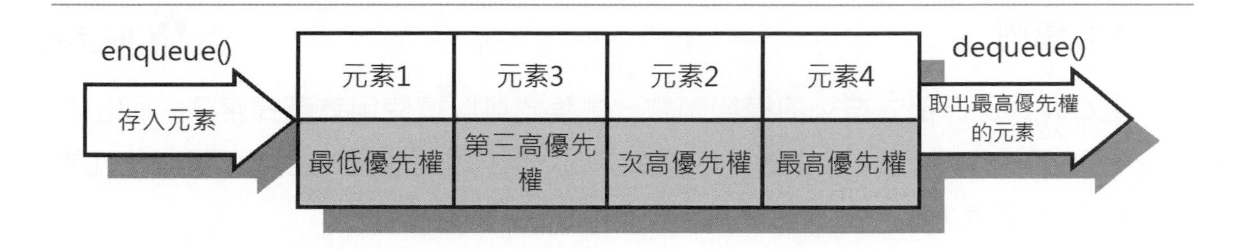

上述圖例依序呼叫enqueue()方法在佇列存入新元素1、2、3和4，每一個元素都包含對應的優先權，當dequeue()取出元素時，並不是取出最先存入的元素1，而是最高優先權的元素4，其取出順序是元素4、2、3和1。

優先佇列可以應用在多種不同的工作，例如：作業系統的排程就需要使用優先佇列，因爲不同權限的使用者擁有不同優先權來執行程式。

優先佇列的標頭檔：Ch4_5.h

```
01: /* 程式範例: Ch4_5.h */
02: #define MAXQUEUE 20              /* 優先佇列的最大容量 */
03: int pri_que[MAXQUEUE];           /* 優先佇列的陣列宣告 */
04: int front = -1;                  /* 優先佇列的前端 */
05: int rear = -1;                   /* 優先佇列的尾端 */
06: /* 抽象資料型態的操作函數宣告 */
07: extern int isQueueEmpty();
08: extern int enqueue(int d);
09: extern int dequeue();
10: extern void displayPQueue();
```

上述優先佇列的標頭檔和第4-2節的佇列表示法相同，在第3行的pri_que[]陣列用來儲存佇列元素。模組函數說明如下表所示：

模組函數	說明
int isQueueEmpty()	檢查優先佇列是否是空的，如果是，傳回1；否則為0
int enqueue(int d)	將參數資料存入佇列，因為是優先佇列，存入值會從大至小排序，這是呼叫insertData()函數比較存入值，以便找出位在佇列中的插入位置，並且搬移佇列元素，空出位置來插入資料
int dequeue()	從佇列front前端取出資料，因為是優先佇列，取出的是佇列中的最大值，如果佇列已空傳回-1
void displayPQueue()	顯示優先佇列的內容

程式範例

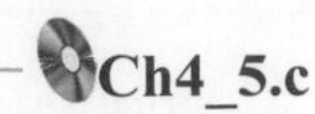

在C程式實作優先佇列的模組函數，主程式可以讓使用者選擇存入、取出和顯示佇列元素，我們可以看到存入元素是從大至小排列，而且每次取出的元素都是佇列中的最大值，其執行結果如下所示：

```
[1]存入 [2]取出 [3]顯示內容 [-1]結束==> 1 Enter
請輸入存入值 ==> 5 Enter
[1]存入 [2]取出 [3]顯示內容 [-1]結束==> 1 Enter
請輸入存入值 ==> 8 Enter
[1]存入 [2]取出 [3]顯示內容 [-1]結束==> 1 Enter
請輸入存入值 ==> 3 Enter
[1]存入 [2]取出 [3]顯示內容 [-1]結束==> 3 Enter
 8  5  3
[1]存入 [2]取出 [3]顯示內容 [-1]結束==> 2 Enter
取出元素= 8
[1]存入 [2]取出 [3]顯示內容 [-1]結束==> 3 Enter
 5  3
[1]存入 [2]取出 [3]顯示內容 [-1]結束==> -1 Enter
```

程式內容

```
01: /* 程式範例: Ch4_5.c */
02: #include <stdio.h>
03: #include <stdlib.h>
04: #include "Ch4_5.h"
05: /* 函數: 檢查佇列是否是空的 */
06: int isQueueEmpty() {
07:    if ( front == rear ) return 1;
08:    else                 return 0;
09: }
10: /* 函數: 將資料存入佇列 */
11: int enqueue(int d) {
12:    if ( rear >= MAXQUEUE )  /* 是否超過佇列容量 */
13:       return 0;
14:    if ( isQueueEmpty() ) {  /* 佇列是否是空的    */
15:       rear++;
16:       pri_que[rear] = d;    /* 存入第1個元素     */
17:       return 1;
18:    }
19:    else {
20:       insertData(d);
```

```
21:    }
22:    rear++;
23:    return 1;
24: }
25: /* 函數: 檢查優先權和存入佇列 */
26: void insertData(int d) {
27:    int i,j;
28:    /* 找尋元素插入位置的迴圈 */
29:    for (i = front+1; i <= rear; i++ ) {
30:       if (d >= pri_que[i]) {    /* 比較值是否大於佇列元素 */
31:          /* 找到插入位置 */
32:          for (j = rear + 1; j > i; j--) {    /* 搬移元素 */
33:             pri_que[j] = pri_que[j - 1];
34:          }
35:          pri_que[i] = d;                /* 存入空出位置 */
36:          return;
37:       }
38:    }
39:    pri_que[i] = d;                      /* 存入至佇列尾 */
40: }
41: /* 函數: 從佇列取出資料 */
42: int dequeue() {
43:    if ( isQueueEmpty() )          /* 佇列是否是空的 */
44:       return -1;
45:    else
46:       return pri_que[++front];         /* 取出資料 */
47: }
48: /* 函數: 顯示佇列的元素 */
49: void displayPQueue() {
50:    int i;
51:    if ( isQueueEmpty() ) {  /* 佇列是否是空的 */
52:       printf("優先佇列是空的...\n");
53:       return;
54:    }
55:    for (i = front+1; i <= rear; i++) { /* 顯示佇列元素 */
56:       printf(" %d ", pri_que[i]);
57:    }
58:    printf("\n");
59: }
60: /* 主程式 */
61: int main() {
62:    /* 宣告變數 */
63:    int d;
```

```
64:    int select = 1;                  /* 選項 */
65:    while ( select != -1 ) {          /* 主迴圈 */
66:       printf("[1]存入 [2]取出 [3]顯示內容 [-1]結束==> ");
67:       scanf("%d", &select);      /* 取得選項 */
68:       switch ( select ) {
69:         case 1:
70:              printf("請輸入存入值 ==> ");
71:              scanf("%d", &d); /* 輸入存入值 */
72:              enqueue(d);        /* 存入佇列 */
73:              break;
74:         case 2:
75:              d = dequeue();    /* 取出佇列資料 */
76:              printf("取出元素= %d\n", d);
77:              break;
78:         case 3:
79:              displayPQueue(); /* 顯示佇列內容 */
80:              break;
81:       }
82:    }
83:    return 0;
84: }
```

程式說明

- ▶第4行：含括優先佇列標頭檔Ch4_5.h。
- ▶第6~9行：isQueueEmpty()函數在第7~8行的if條件檢查front指標是否等於rear指標，表示優先佇列已空。
- ▶第11~24行：enqueue()函數的if條件判斷是否超過佇列容量，在第14~21行的if條件判斷是否是存入第1個元素（即佇列是空的），第15~16行將資料存入成為佇列的第1個元素，如果不是，在第20行呼叫insertData()函數將資料插入佇列。
- ▶第26~40行：insertData()函數是在第29~38行的for迴圈找尋佇列中的插入位置，這是使用第30~37行的if條件判斷插入元素是否比指定佇列元素大，如果是，表示插入在此元素前，在第32~34行的for迴圈可以位移1個位置，以便第35行插入至此空出位置，第39行是將資料存入至佇列尾。
- ▶第42~47行：dequeue()函數的if條件判斷佇列是否是空的，如果不是，在第46行取出佇列元素。

▶第49~59行：displayPQueue()函數是在第51~54行的if條件判斷佇列是否是空的，如果不是，第55~57行使用for迴圈顯示佇列元素。

▶第65~82行：在主程式是使用while迴圈處理使用者的選擇，第68~81行的switch條件依選擇呼叫模組函數來存入、取出和顯示佇列內容。

學習評量

1. 請說明下列各種佇列資料結構的特性，如下所示：
   - 佇列。
   - 環狀佇列。
   - 雙佇列。
   - 優先佇列。
2. 請比較堆疊和佇列資料結構的差異？
3. 在將A、E、D、G、H、B依序呼叫enqueue()函數存入佇列後，請寫出依序呼叫dequeue()函數取出佇列所有元素的順序________________。
4. 現在有一個陣列實作的佇列（非環狀佇列），如下圖所示：

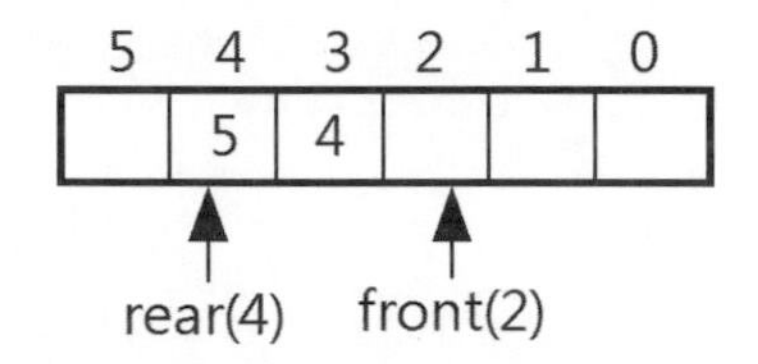

請寫出依序執行下列操作函數後，指標front和rear的索引值，如下表所示：

	執行操作	front	rear	取出內容
1	enqueue(6)			N/A
2	dequeue()			
3	dequeue()			

5. 同習題4.，陣列實作的如果是環狀佇列，請寫出依序執行下列操作函數後，指標front和rear的索引值，如下表所示：

	執行操作	front	rear	取出內容
1	enqueue(6)			N/A
2	enqueue(9)			N/A
3	dequeue()			
4	enqueue(2)			N/A
5	dequeue()			
6	dequeue()			
7	enqueue(1)			N/A
8	dequeue()			

6. 在第4-2節的程式範例並沒有提供位移函數resetQueue()，當佇列到達最大容量時，位移佇列元素至陣列索引0，如下圖所示：

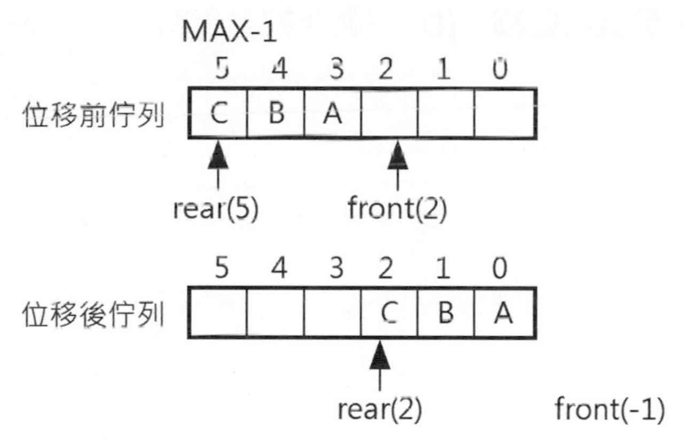

在經過上述圖例的位移後，佇列就可以再存入資料，請在佇列新增此位移函數。

7. 現有一個環狀佇列提供enqueue()和dequeue()函數，請寫出下列主程式main()的執行結果，如下所示：

```
int main() {
   enqueue(5);
   enqueue(3);
   enqueue(4);
   printf("[%d]", dequeue());
   enqueue(dequeue());
   enqueue(dequeue()+1);
   while ( !isQueueEmpty() )
     printf("[%d]", dequeue());
}
```

學習評量

8. 請說明輸入限制性和輸出限制性雙佇列是什麼？其差異為何？
9. 佇列和優先佇列之間的差異為何？
10. 請使用2個堆疊S1和S2來實作佇列的enqueue()和dequeue()函數。

[94中正資工]

11. 請舉例說明為何使用佇列資料結構，而不使用其他資料結構。

[93交大工工]

12. (　) 在儲存佇列元素時，使用環狀陣列取代線性陣列，其最主要的優點是下列哪一個？ [94高考]

(A) 節省空間　(B) 易於修正前端索引

(C) 避免資料搬移　(D) 可儲存較多資料

Chapter 

鏈結串列

學習重點

- C語言的動態記憶體配置
- 認識鏈結串列
- 單向鏈結串列
- 使用串列實作堆疊和佇列
- 環狀鏈結串列
- 雙向鏈結串列
- 含開頭節點的環狀鏈結串列
- 環狀雙向鏈結串列

5-1 C語言的動態記憶體配置

C語言的動態記憶體配置不同於第2章陣列的靜態記憶體配置是在編譯階段配置記憶體空間，動態記憶體配置是在執行階段，才向作業系統要求配置記憶體空間，可以讓程式設計者靈活運用記憶體空間。

在<stdlib.h>標頭檔的標準函數庫提供兩個函數：malloc()和free()，可以配置和釋放所需的記憶體空間。

malloc()函數：配置記憶體空間

C語言的程式碼可以呼叫malloc()函數向作業系統取得一塊可用的記憶體空間，其語法如下所示：

```
fp = (資料型態*) malloc(sizeof(資料型態));
```

上述語法因為函數傳回void通用型指標，所以需要加上型態迫換，將函數傳回的指標轉換成指定資料型態的指標，sizeof運算子計算指定資料型態的大小。例如：配置一個浮點數變數的記憶體空間，如下所示：

```
fp = (float *) malloc(sizeof(float));
```

上述程式碼配置一塊浮點數的記憶體空間，fp是浮點數的指標變數。傳回值經過型態迫換成float指標後，指定給指標fp。如果記憶體空間不足，傳回NULL。

C陣列是配置一整塊的連續的記憶體空間，結構或結構陣列也一樣可以使用動態記憶體配置來配置所需的記憶體空間，如下所示：

```
struct test *score;
score=(struct test *) malloc(num*sizeof(struct test));
```

上述程式碼在宣告結構指標score後，呼叫malloc()函數配置test結構陣列的記憶體空間，其大小是num*sizeof(struct test)，num是結構陣列的元素個數。

free()函數：釋放配置的記憶體空間

free()函數是用來釋放malloc()函數配置的記憶體空間，例如：指標fp是指向malloc()函數傳回的浮點數記憶體空間的指標，我們可以呼叫free()函數來釋放這塊記憶體，如下所示：

```
free(fp);
```

上述程式碼的指標fp是float浮點數指標，也可以是malloc()函數傳回的其他資料型態指標、陣列或結構指標。

程式範例

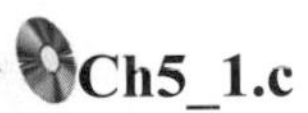
Ch5_1.c

在C程式使用動態記憶體配置的malloc()函數配置浮點數和結構陣列的記憶體空間來儲存學生的數學成績，在計算後，使用free()函數釋放配置的記憶體空間，其執行結果如下所示：

```
請輸入學生人數 ==> 4 Enter
請輸入第1位的成績. ==> 56 Enter
請輸入第2位的成績. ==> 77 Enter
請輸入第3位的成績. ==> 87 Enter
請輸入第4位的成績. ==> 92 Enter
成績總分:     312
平均成績:   78.00
```

上述執行結果可以看到動態配置記憶體的結構陣列大小是在輸入學生人數後才配置4個元素，接著輸入學生成績後，計算總分和平均，平均變數是使用動態記憶體配置的浮點數，在程式結束前釋放這些配置的記憶體空間。

程式內容

```
01: /* 程式範例: Ch5_1.c */
02: #include <stdio.h>
03: #include <stdlib.h>
04: /* 主程式 */
05: int main() {
06:    struct test { /* 宣告結構 */
07:       int math;
08:    }; /* 結構陣列指標變數宣告 */
```

```
09:     struct test *score, *ptr;
10:     float *ave;
11:     int i, num, sum, temp;
12:     printf("請輸入學生人數 ==> "); /* 讀取學生人數 */
13:     scanf("%d", &num);
14:     /* 配置成績陣列的記憶體 */
15:     score=(struct test *)malloc(num*sizeof(struct test));
16:     if ( score != NULL ) { /* 檢查指標 */
17:        sum = 0;    /* 讀取成績 */
18:        for ( i = 0; i < num; i++ ) {
19:           ptr = &score[i];  /* 指向結構的指標 */
20:           printf("請輸入第%d位的成績. ==> ", i+1);
21:           scanf("%d", &temp);
22:           ptr->math = temp; /* 指定數學成績 */
23:           sum += temp;
24:        } /* 配置浮點數的記憶體 */
25:        ave = (float *) malloc(sizeof(float));
26:        *ave = (float) sum / (float) num;  /* 計算平均 */
27:        printf("成績總分: %6d\n", sum);
28:        printf("平均成績: %6.2f\n", *ave);
29:        free(ave);  /* 釋回記憶體空間 */
30:        free(score);
31:     } else printf("成績結構陣列的記憶體配置失敗!\n");
32:     return 0;
33: }
```

程式說明

- 第6~8行：宣告結構test，擁有結構變數math儲存數學成績。
- 第15~31行：在輸入學生人數後，配置test結構陣列的記憶體空間，在第16~31行的if條件檢查記憶體空間是否配置成功。
- 第18~24行：for迴圈輸入各位學生的數學成績，並且在第23行計算總分。
- 第25~26行：在第25行配置浮點數的記憶體空間後，計算各位學生數學成績的平均。
- 第29~30行：釋放配置的浮點數和結構陣列的記憶體空間。

5-2 認識鏈結串列

「有序串列」（ordered list）或稱為「線性串列」（linear list）是一種元素之間擁有順序的集合，如下所示：

```
(a0, a1, a2, …, an)，ai，0 <= i <= n
```

上述集合是一個線性串列，如果是空線性串列，表示在串列中沒有任何元素，這是使用( )空括號來表示。一些線性串列的範例，如下所示：

- 英文的月份：(Jan, Feb, March, …, Oct, Nov, Dec)。
- 英文的星期：(Mon, Tue, Wed, Thu, Fri, Sat, Sun)。
- 撲克牌的點數：(A, 1, 2, 3, 4, 5, 6, 7, 8, 9, 10, J, Q, K)。
- 樓層：(B2, B1, 1, 2, 3, 4, 5, 6)。
- 生肖：(鼠, 牛, 虎, …… , 狗, 豬)。

上述線性串列的元素之間擁有前後關係的循序性，例如：Feb二月之後是March三月，之前是Jan一月等。線性串列的相關運算函數，如下表所示：

運算函數	說明
length()	取得線性串列的長度
get()	存取線性串列的第i個元素
search()	從左到右，或從右到左走訪線性串列
delete()	在線性串列第i個元素刪除元素
insert()	在線性串列第i個元素插入元素

使用陣列實作線性串列

基本上，線性串列可以使用第2章的陣列來實作。例如：一份郵寄名單包含編號、姓名和地址資料，這份名單內容常常會更新，而且同一縣市的姓名會位在同一區段以方便查詢，如下圖所示：

編號	姓名	地址
1	陳小二	台北市敦化南路1002號
2	王大毛	台北市永康街10號
3	張小小	桃園市三民路100號
4	王小美	基隆市信一路5號
5	李光明	台中市中港路10號
6	周星星	新竹市中正路500號

上述郵寄名單是一個線性串列，如果使用結構陣列實作，結構擁有no、name和address三個成員變數，筆者僅以姓名代表名單的資料，郵寄名單以陣列實作的鏈結串列，如下圖所示：

address[0]	address[1]	address[2]	address[3]	address[4]	address[5]
陳小二	王大毛	張小小	王小美	李光明	周星星

上述陣列address[]是一份郵寄名單，在前述串列運算中，如同陣列的存取和走訪，我們可以執行串列長度、存取指定元素和走訪運算，其問題如下所示：

- **複雜的新增與刪除運算**：在新增或刪除名單時，因為陣列儲存的是循序且連續資料，所以在陣列中需要移動大量元素，才能滿足同縣市位在同一區段。例如：在桃園市新增江小魚，王小美、李光明和周星星都需要依序往後移動1個元素，才能將江小魚插入，同理，刪除王大毛時，之後的所有元素也需要往前移動。
- **浪費記憶體空間**：因為不知道名單共有多少位，所以需要宣告一個很大的結構陣列來儲存名單，如果最後只使用幾個元素，如此就會造成大量記憶體空間的閒置。

使用鏈結串列實作線性串列

「鏈結串列」（linked lists）是一種實作線性串列的資料結構。在現實生活中，鏈結串列如同火車掛車廂以線性方式將車廂連接起來，如下圖所示：

上述圖例的每個車廂是鏈結串列的節點（nodes），儲存線性串列的資料，車廂和車廂之間的連接，就是節點間的鏈結（link）。

在C語言建立鏈結串列是宣告一個結構作爲節點，內含指標的成員變數來鏈結其他節點，程式是使用動態記憶體配置在執行階段配置節點所需的記憶體空間，可以解決結構陣列實作上浪費記憶體的問題。

例如：使用鏈結串列建立郵寄名單，筆者僅以編號（從大到小）代表名單的節點資料，郵寄名單的鏈結串列，如下圖所示：

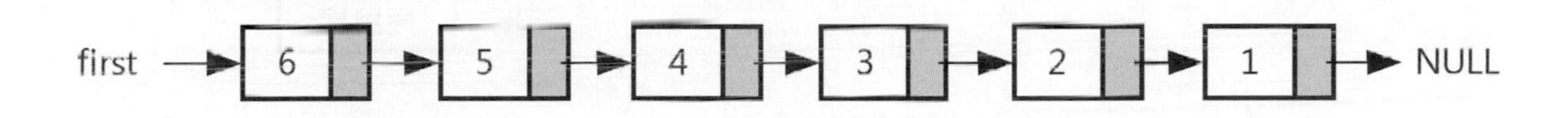

上述圖例的每一個節點是一個結構變數，擁有一個指標（灰色）的成員變數指向下一個節點的位址，first是指向鏈結串列開頭節點的指標，最後1個節點指向NULL表示串列結束。

當在串列中新增或刪除節點時，因爲鏈結串列的存取是使用指標，所以，只需更改節點指標指向的節點，即可在不移動元素的情況下插入或刪除郵寄名單，解決陣列實作上的大量資料移動問題。

例如：刪除節點3，我們只需更改節點4的指標，將它指向節點2即可。在本章主要是在說明動態記憶體配置實作的鏈結串列，如果沒有特別說明，之後所謂的串列是指鏈結串列。

5-3 單向鏈結串列

單向鏈結串列是最簡單的一種鏈結串列，因爲節點指標都是指向同一方向，依序從前一個節點指向下一個節點，在最後1個節點指向NULL，所以，稱爲單向鏈結串列，如下圖所示：

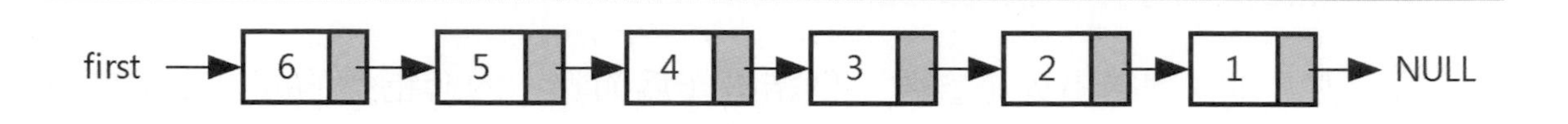

單向鏈結串列的標頭檔：Ch5_3.h

```
01: /* 程式範例: Ch5_3.h */
02: struct Node {              /* Node節點結構 */
03:    int data;               /* 結構變數宣告 */
04:    struct Node *next;  /* 指向下一個節點 */
05: };
06: typedef struct Node LNode;    /* 串列節點的新型態 */
07: typedef LNode *List;           /* 串列的新型態 */
08: List first = NULL;             /* 串列的開頭指標 */
09: /* 抽象資料型態的操作函數宣告 */
10: extern void creatList(int len, int *array);
11: extern int isListEmpty();
12: extern void printList();
13: extern List searchNode(int d);
14: extern int deleteNode(List ptr);
15: extern void insertNode(List ptr, int d);
```

上述第2~5行的Node結構是鏈結串列的節點，擁有data成員變數儲存資料和next指標變數指向下一個節點，在第6~7行建立串列節點和串列新型態，第8行的first是串列指標，指向串列的第1個節點。模組函數說明如下表所示：

模組函數	說明
void creatList(int len, int *array)	使用參數的陣列建立串列，陣列第1個元素成為串列的最後1個節點，最後1個元素是第1個節點
int isListEmpty()	檢查串列是否是空的，如果是，傳回1；否則為0
void printList()	走訪和顯示串列的節點資料
List searchNode(int d)	使用走訪方式搜尋串列中是否有參數的節點，如果找到傳回節點指標，找不到傳回NULL

模組函數	說明
int deleteNode(List ptr)	在串列中刪除參數節點指標的節點
void insertNode(List ptr, int d)	在串列中第1個參數節點指標位置之後，插入第2個參數資料的節點

5-3-1 建立和走訪單向鏈結串列

筆者準備使用第5-2節的郵寄名單為例，將原來儲存在陣列的資料建立成單向鏈結串列後，使用走訪方式搜尋和顯示串列的節點資料。

互動模擬動畫

點選【第5-3-1節：單向鏈結串列(插入在前)】或【第5-3-1節：單向鏈結串列(插入在後)】項目，讀者可以自行輸入節點值，按下按鈕，就可以從後或前方新增節點來建立鏈結串列，如下圖所示：

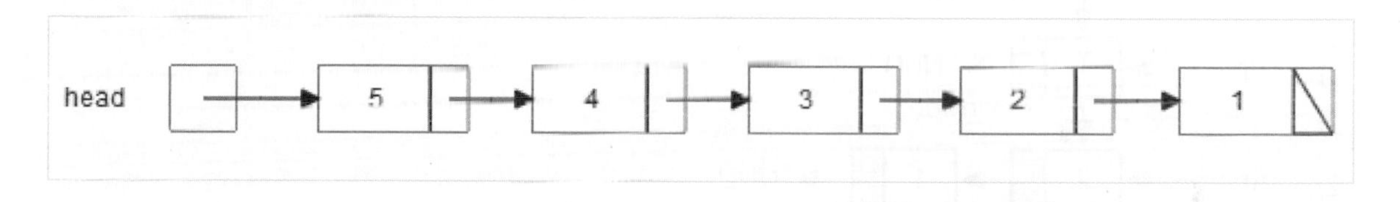

互動模擬動畫

點選【第5-3-1節：單向鏈結串列(串列走訪)】項目，讀者可以按下按鈕，實際操作鏈結串列的走訪，自目前節點移至下一個節點，如下圖所示：

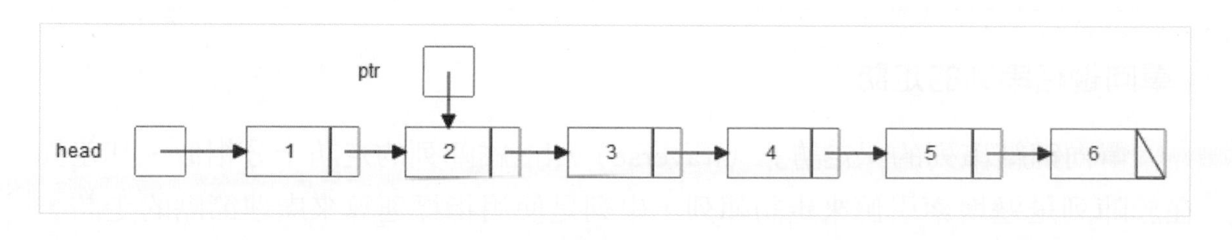

建立單向鏈結串列

在createList()函數是使用for迴圈將取得的陣列值建立成串列節點，每執行一次迴圈，就在串列開頭插入一個新節點，如下所示：

```
for ( i = 0; i < len; i++ ) {
    newnode = (List) malloc(sizeof(LNode));
    newnode->data = array[i];
    newnode->next = first;
    first = newnode;
}
```

上述程式碼使用malloc()函數配置新節點的記憶體空間後，就將新節點的next指標指向目前串列開頭的first指標，也就是說，新的節點成爲串列的第1個節點，如下圖所示：

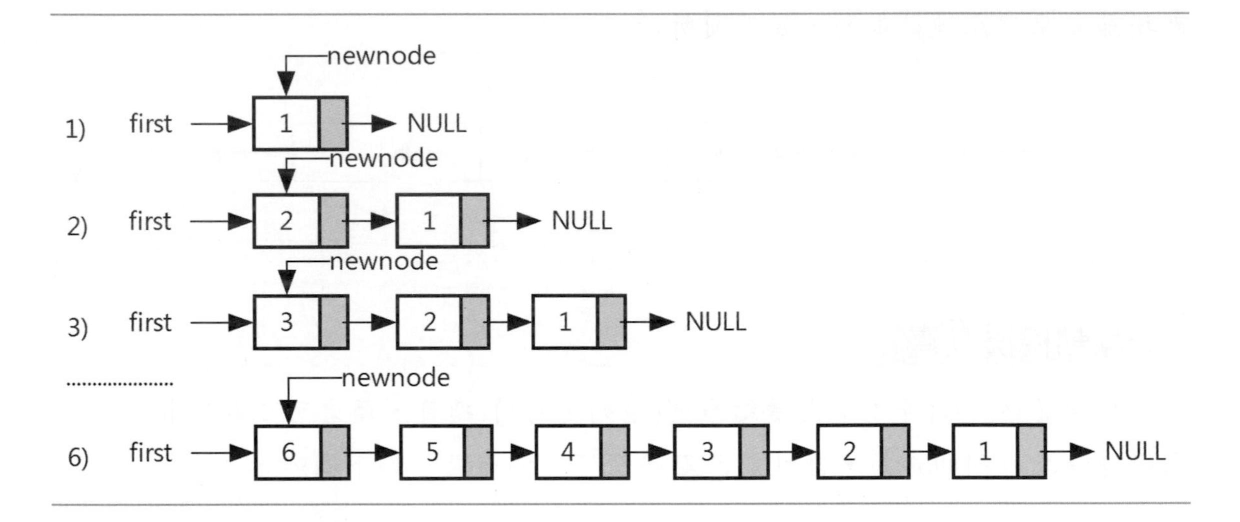

單向鏈結串列的走訪

單向鏈結串列的「走訪」（traverse）和一維陣列的走訪十分相似，其差異在於陣列是遞增索引值來走訪陣列，串列是使用指標運算來處理節點的走訪，如下所示：

```
List current = first;
while ( current != NULL ) {
    ......
    current = current->next;
}
```

上述while迴圈是串列走訪的主迴圈，current是目前節點的指標，首先指定成first的串列第1個節點，每執行一次while迴圈current = current->next程式碼會指向下一個節點，直到走訪到串列最後的NULL，如下圖所示：

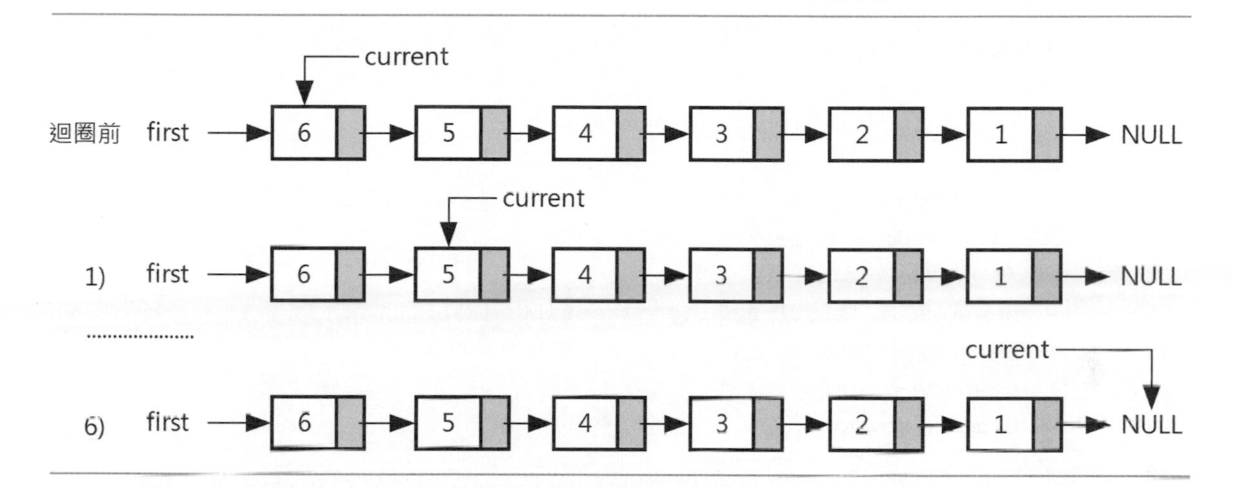

事實上，單向鏈結串列的多種運算都是使用走訪方式來達成，例如：顯示串列和搜尋節點。

請注意！單向鏈結串列和陣列走訪的最大差異在於：陣列可以使用索引值隨機存取陣列元素，但串列需要走訪到存取節點的前一個節點，例如：欲存取第n個節點值，需要走訪到n-1個節點才能知道下一個節點在哪裡？

程式範例　createList.c、Ch5_3_1.c

在C程式實作單向鏈結串列的模組函數：createList()、isListEmpty()、printList()和searchNode()，接著使用陣列值建立單向鏈結串列，然後輸入值搜尋串列和顯示串列內容，其執行結果如下所示：

```
原來的串列: [6][5][4][3][2][1]
串列是否空的: 0
請輸入搜尋的郵寄編號(-1結束) ==> 4 Enter
串列包含節點[4]
請輸入搜尋的郵寄編號(-1結束) ==> 8 Enter
串列不含節點[8]
請輸入搜尋的郵寄編號(-1結束) ==> -1 Enter
```

上述執行結果是使用走訪方式顯示串列，在第二行的0表示串列不是空的，我們只需輸入節點值，就可以在串列搜尋是否有此節點。

程式內容：createList.c

```
01: /* 程式範例: createList.c */
02: /* 函數: 建立串列 */
03: void createList(int len, int *array) {
04:    int i;
05:    List newnode;
06:    for ( i = 0; i < len; i++ ) {
07:       /* 配置節點記憶體 */
08:       newnode = (List) malloc(sizeof(LNode));
09:       newnode->data = array[i]; /* 建立節點內容 */
10:       newnode->next = first;
11:       first = newnode;
12:    }
13: }
14: /* 函數: 檢查串列是否是空的 */
15: int isListEmpty() {
16:    if ( first == NULL ) return 1;
17:    else                 return 0;
18: }
19: /* 函數: 顯示串列資料 */
20: void printList() {
21:    List current = first;  /* 目前的串列指標 */
22:    while ( current != NULL ) { /* 顯示主迴圈 */
23:       printf("[%d]", current->data);
24:       current = current->next;  /* 下一個節點 */
25:    }
26:    printf("\n");
27: }
28: /* 函數: 搜尋節點資料 */
29: List searchNode(int d) {
30:    List current = first;   /* 目前的串列指標 */
31:    while ( current != NULL ) { /* 搜尋主迴圈 */
32:       if ( current->data == d ) /* 是否找到資料 */
33:          return current; /* 找到 */
34:       current = current->next;  /* 下一個節點 */
35:    }
36:    return NULL;           /* 沒有找到 */
37: }
```

程式說明

▶第3~13行：createList()函數是在第8行配置節點的記憶體空間，第6~12行的for迴圈建立串列。

▶第15~18行：在isListEmpty()函數使用if條件檢查first指標，如果是NULL，就表示串列是空的。

▶第20~37行：printList()和searchNode()函數都是使用while迴圈的走訪方式顯示和搜尋節點資料，其差異只在第32~33行的if條件判斷是否找到指定的節點資料。

程式內容：Ch5_3_1.c

```
01: /* 程式範例: Ch5_3_1.c */
02: #include <stdio.h>
03: #include <stdlib.h>
04: #include "Ch5_3.h"
05: #include "createList.c"
06: /* 主程式 */
07: int main() {
08:    int temp;   /* 宣告變數 */
09:    int data[6]={ 1, 2, 3, 4, 5, 6 };/* 建立串列的陣列 */
10:    List ptr;
11:    /* 5-3-1: 建立, 走訪與搜尋串列 */
12:    createList(6, data);    /* 建立串列 */
13:    printf("原來的串列: ");
14:    printList();  /* 顯示串列 */
15:    printf("串列是否空的: %d\n", isListEmpty());
16:    temp = 0;
17:    while ( temp != -1 ) {
18:       printf("請輸入搜尋的郵寄編號(-1結束) ==> ");
19:       scanf("%d", &temp);   /* 讀取節點值 */
20:       if ( temp != -1 )     /* 搜尋節點資料 */
21:          if ( searchNode(temp) != NULL )
22:             printf("串列包含節點[%d]\n", temp);
23:          else
24:             printf("串列不含節點[%d]\n", temp);
25:    }
26:    return 0;
27: }
```

程式說明

- 第4~5行：含括Ch5_3.h標頭檔和實作的createList.c程式檔。
- 第12行：呼叫createList()函數，使用data[]陣列建立串列。
- 第14~15行：分別呼叫printList()函數顯示串列和isListEmpty()函數檢查串列是否是空的。
- 第17~25行：while迴圈輸入搜尋值後，在第21行呼叫searchNode()函數搜尋串列的節點資料。

5-3-2 刪除單向鏈結串列的節點

如果在郵寄名單中的王小美移民澳洲，我們需要將她的節點從郵寄名單的單向鏈結串列中刪除。

互動模擬動畫

點選【第5-3-2節：刪除單向鏈結串列的節點】項目，讀者可以按下按鈕走訪至欲刪除的節點，然後按下按鈕刪除目前節點，可以測試第1個節點、最後1個節點和中間節點刪除的三種情況，如下圖所示：

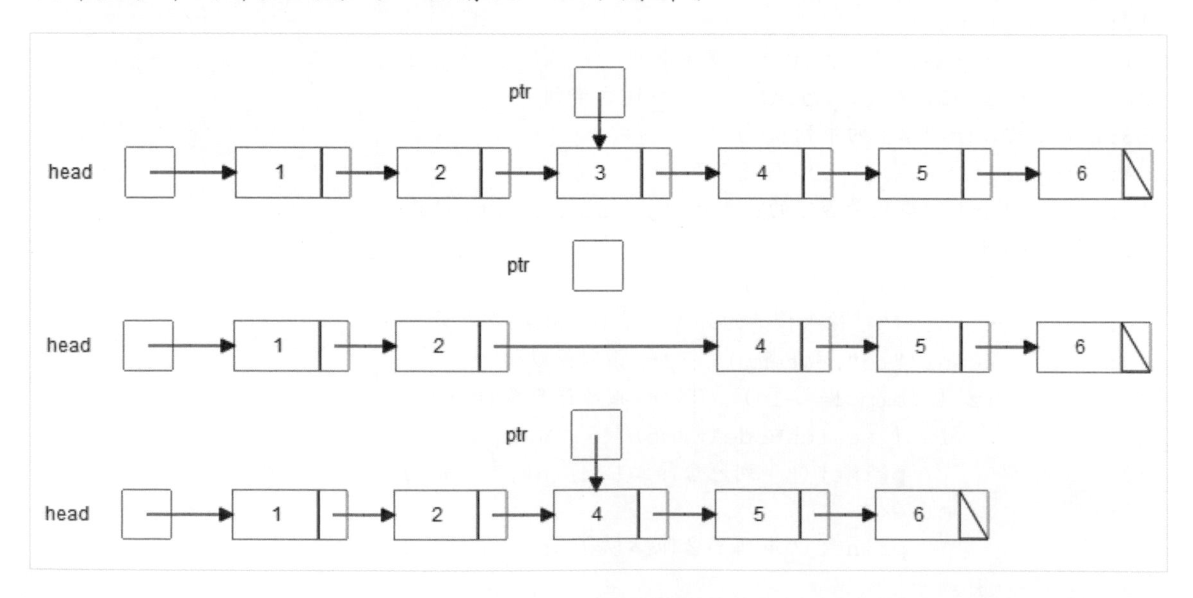

在單向鏈結串列中的節點刪除操作，可以分成三種情況，如下所示：

✎ **刪除串列的第1個節點**：只需將串列指標first指向下一個節點，如下圖所示：

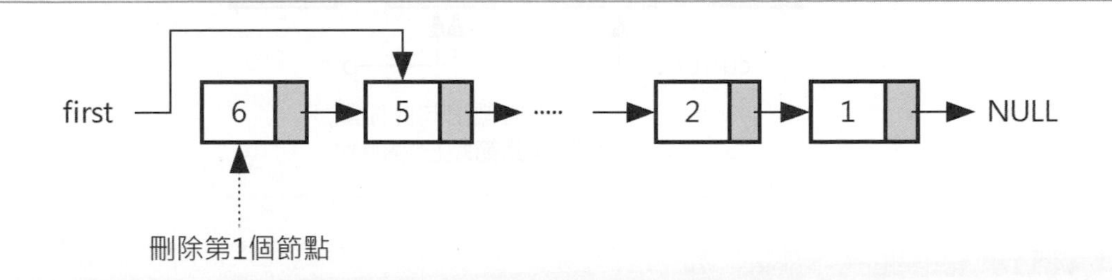


```
first = first->next;
```

✎ **刪除串列的最後1個節點**：只需將最後1個節點ptr的前一個節點指標指向NULL，如下圖所示：

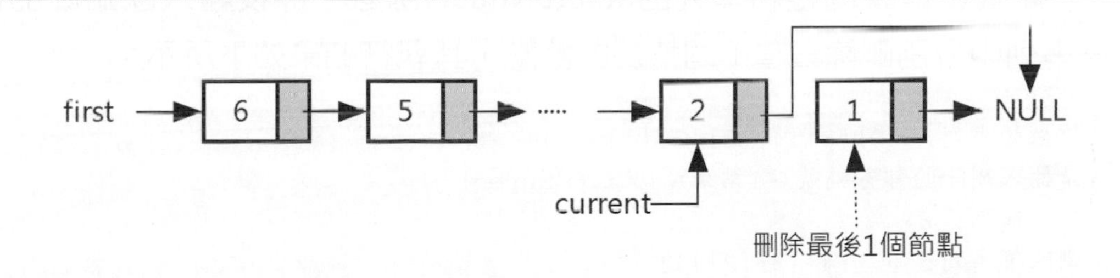


```
while (current->next!=ptr)
   current = current->next;
current->next = NULL;
```

✎ **刪除串列的中間節點**：將刪除節點前一個節點的next指標，指向刪除節點下一個節點，例如：刪除節點3，如下圖所示：

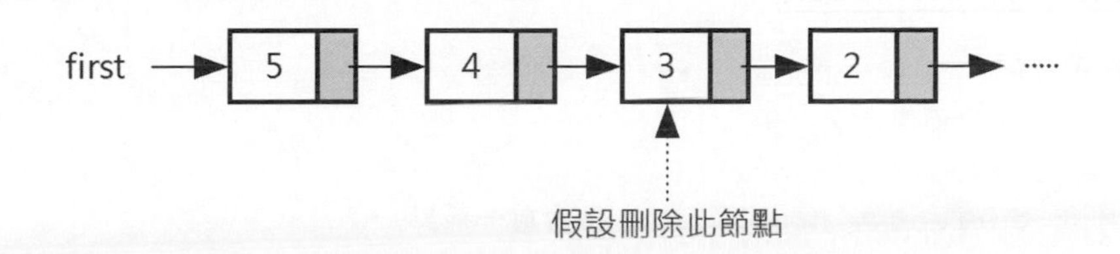

在執行刪除節點3操作後的串列圖形，如下圖所示：

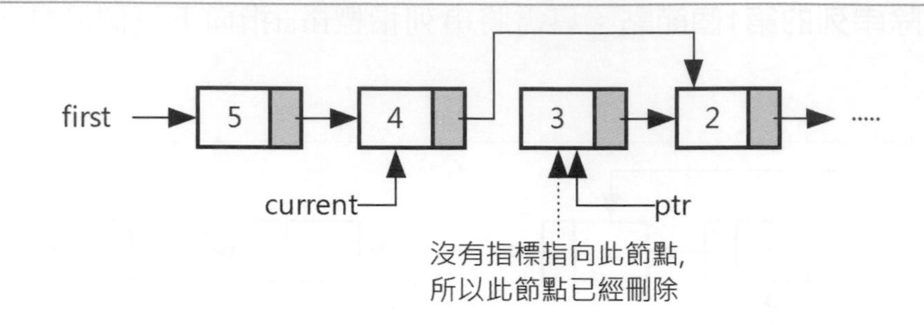


```
while (current->next!=ptr)
   current = current->next;
current->next = ptr->next;
```

程式範例

deleteNode.c、Ch5_3_2.c

在C程式實作單向鏈結串列的deleteNode()函數，然後輸入欲刪除的節點值，在串列中分別刪除三種不同情況的節點，其執行結果如下所示：

```
原來的串列: [6][5][4][3][2][1]
請輸入刪除的郵寄編號(-1結束) ==> 6 Enter
刪除節點: 6
刪除後串列: [5][4][3][2][1]
請輸入刪除的郵寄編號(-1結束) ==> 3 Enter
刪除節點: 3
刪除後串列: [5][4][2][1]
請輸入刪除的郵寄編號(-1結束) ==> 1 Enter
刪除節點: 1
刪除後串列: [5][4][2]
請輸入刪除的郵寄編號(-1結束) ==> -1 Enter
```

程式內容：deleteNode.c

```
01: /* 程式範例: deleteNode.c */
02: /* 函數: 刪除節點 */
03: int deleteNode(List ptr) {
04:    List current = first;    /* 指向前一節點 */
05:    int value = ptr->data;   /* 取得刪除的節點值 */
06:    if ( isListEmpty() )     /* 檢查串列是否是空的 */
07:       return -1;
```

```
08:    if (ptr==first || ptr==NULL) {/* 串列開始或NULL */
09:       /* 情況1: 刪除第一個節點 */
10:       first = first->next;        /* 刪除第1個節點 */
11:    } else {
12:       while (current->next!=ptr) /* 找節點ptr的前節點 */
13:          current = current->next;
14:       if ( ptr->next == NULL )     /* 是否是串列結束 */
15:          /* 情況2: 刪除最後一個節點 */
16:          current->next = NULL;     /* 刪除最後一個節點 */
17:       else
18:          /* 情況3: 刪除中間節點 */
19:          current->next = ptr->next; /* 刪除中間節點 */
20:    }
21:    free(ptr);                      /* 釋放節點記憶體 */
22:    return value;                   /* 傳回刪除的節點值 */
23: }
```

程式說明

- 第10行：刪除第1個節點。
- 第12~13行：找到欲刪除節點的前一個節點。
- 第16行：刪除最後1個節點。
- 第19行：刪除中間節點。

程式內容：Ch5_3_2.c

```
01: /* 程式範例: Ch5_3_2.c */
02: #include <stdio.h>
03: #include <stdlib.h>
04: #include "Ch5_3.h"
05: #include "createList.c"
06: #include "deleteNode.c"
07: /* 主程式 */
08: int main() {
09:    int temp;  /* 宣告變數 */
10:    int data[6]={ 1, 2, 3, 4, 5, 6 };/* 建立串列的陣列 */
11:    List ptr;
12:    createList(6, data);    /* 建立串列 */
13:    printf("原來的串列: ");
14:    printList();  /* 顯示串列 */
15:    /* 5-3-2: 節點刪除 */
16:    temp = 0;
```

```
17:    while ( temp != -1 ) {
18:       printf("請輸入刪除的郵寄編號(-1結束) ==> ");
19:       scanf("%d", &temp);   /* 讀取郵寄編號 */
20:       if ( temp != -1 ) {   /* 搜尋節點資料 */
21:          ptr = searchNode(temp);   /* 找尋節點 */
22:          if ( ptr != NULL ) {
23:             temp = deleteNode(ptr); /* 刪除節點 */
24:             printf("刪除節點: %d\n", temp);
25:             printf("刪除後串列: ");
26:             printList();          /* 顯示刪除後串列 */
27:          }
28:       }
29:    }
30:    return 0;
31: }
```

程式說明

- 第4~5行：含括Ch5_3.h標頭檔和實作的createList.c程式檔。
- 第6行：含括實作deleteNode()函數的程式檔案deleteNode.c。
- 第17~29行：while迴圈輸入欲刪除的節點值，在第21行找尋此節點，然後在第23行刪除節點，輸入-1結束執行。

5-3-3 插入單向鏈結串列的節點

當郵寄名單有新增的聯絡人資料時，我們就需要在郵寄名單串列插入新節點。

互動模擬動畫

點選【第5-3-3節：插入單向鏈結串列的節點】項目，讀者可以按下按鈕走訪至欲插入節點，然後按下按鈕插入在目前節點之前或之後，可以測試第1個節點、最後1個節點和中間節點插入的三種情況，如下圖所示：

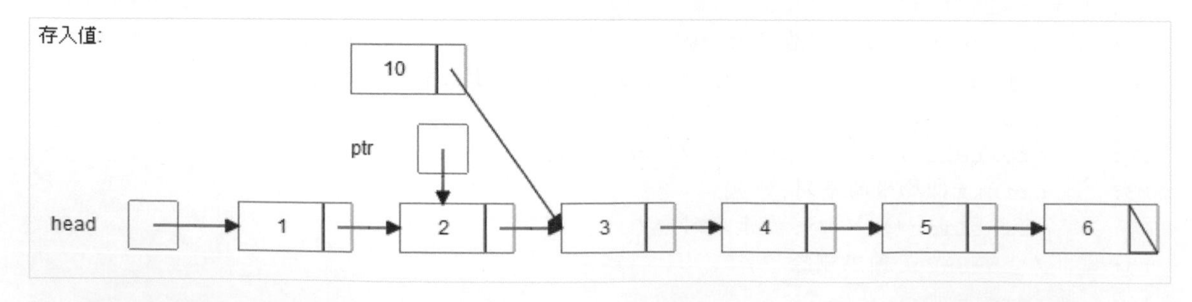

如同刪除節點，單向鏈結串列的節點插入一樣分成三種情況，如下所示：

✎ **將節點插入串列第1個節點之前**：只需將新節點newnode的指標指向串列的第1個節點，也就是first，此時的新節點就成爲串列的第1個節點，如下圖所示：

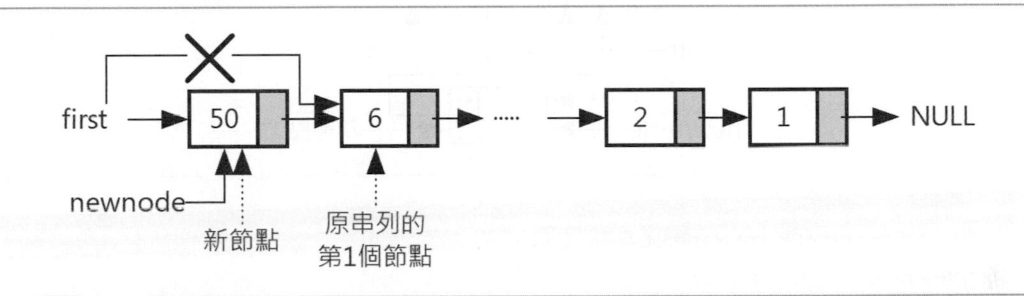


```
newnode->next = first;
first = newnode;
```

✎ **將節點插在串列的最後1個節點之後**：只需將原來串列最後1個節點的指標指向新節點newnode，新節點指向NULL，如下圖所示：

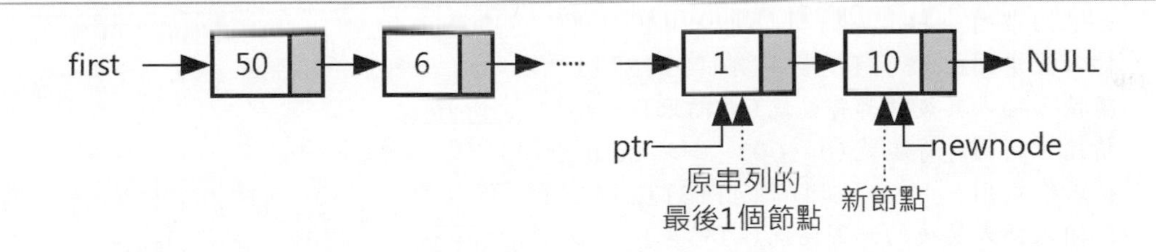


```
ptr->next = newnode;
newnode->next = NULL;
```

✎ **將節點插在串列的中間位置**：假設節點是插在p和q兩個節點之間，p是q的前一個節點，如下圖所示：

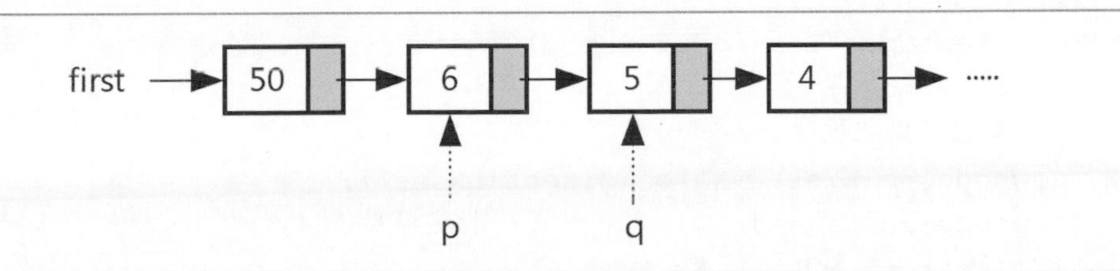

我們只需將p指標指向新節點newnode後，將新節點指標指向q，就可以插入新節點，如下圖所示：

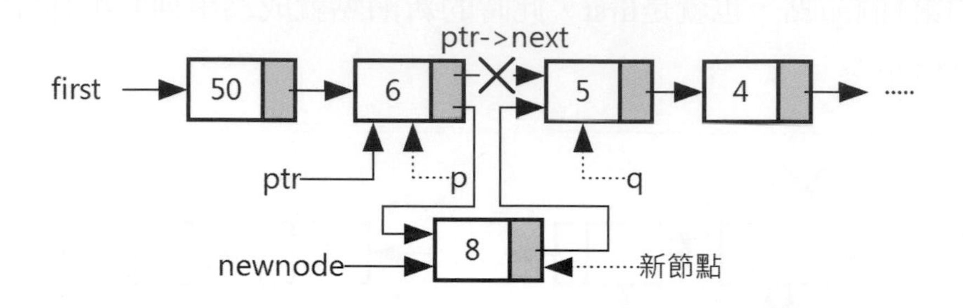


```
newnode->next=ptr->next;
ptr->next = newnode;
```

程式範例

insertNode.c、Ch5_3_3.c

在C程式實作單向鏈結串列的insertNode()函數，然後輸入欲插入節點的位置和節點值，在串列分別插入三種情況的節點，其執行結果如下所示：

```
原來的串列: [6][5][4][3][2][1]
插入後串列: [50][6][5][4][3][2][1]
請輸入插入其後的郵寄編號(-1結束) ==> 1 Enter
請輸入新的郵寄編號(0~100) ==> 10 Enter
插入後串列: [50][6][5][4][3][2][1][10]
請輸入插入其後的郵寄編號(-1結束) ==> 6 Enter
請輸入新的郵寄編號(0~100) ==> 8 Enter
插入後串列: [50][6][8][5][4][3][2][1][10]
請輸入插入其後的郵寄編號(-1結束) ==> -1 Enter
```

程式內容：insertNode.c

```
01: /* 程式範例: insertNode.c */
02: /* 函數: 插入節點 */
03: void insertNode(List ptr, int d) {
04:    List newnode;
05:    /* 配置節點記憶體 */
06:    newnode = (List) malloc(sizeof(LNode));
07:    newnode->data = d;             /* 指定節點值 */
08:    if ( ptr == NULL ) {
09:       /* 情況1: 插入第一個節點 */
```

```
10:         newnode->next = first;    /* 新節點成爲串列開始 */
11:         first = newnode;
12:     }
13:     else {
14:         if ( ptr->next == NULL ) { /* 串列最後一個節點 */
15:           /* 情況2: 插入最後一個節點 */
16:           ptr->next = newnode;     /* 最後指向新節點 */
17:           newnode->next = NULL;    /* 新節點指向NULL */
18:         }
19:         else {
20:           /* 情況3: 插入成爲中間節點 */
21:           newnode->next=ptr->next;/* 新節點指向下一節點 */
22:           ptr->next = newnode;    /* 節點ptr指向新節點 */
23:         }
24:     }
25: }
```

程式說明

- 第10~11行：插入成為第1個節點。
- 第16~17行：插入成為最後1個節點。
- 第21~22行：在串列的中間節點插入新節點。

程式內容：Ch5_3_3.c

```
01: /* 程式範例: Ch5_3_3.c */
02: #include <stdio.h>
03: #include <stdlib.h>
04: #include "Ch5_3.h"
05: #include "createList.c"
06: #include "insertNode.c"
07: /* 主程式 */
08: int main() {
09:     int temp;  /* 宣告變數 */
10:     int data[6]={ 1, 2, 3, 4, 5, 6 };/* 建立串列的陣列 */
11:     List ptr;
12:     createList(6, data);   /* 建立串列 */
13:     printf("原來的串列: ");
14:     printList();  /* 顯示串列 */
15:     /* 5-3-3: 節點插入 */
16:     temp = 0;
17:     insertNode(NULL, 50); /* 插入第一個節點 */
18:     printf("插入後串列: ");
```

```
19:     printList();             /* 顯示插入後串列 */
20:     while ( temp != -1 ) {
21:        printf("請輸入插入其後的郵寄編號(-1結束) ==> ");
22:        scanf("%d", &temp);    /* 讀取郵寄編號 */
23:        if ( temp != -1 ) {
24:           ptr = searchNode(temp); /* 找尋節點 */
25:           if ( ptr != NULL )
26:              printf("請輸入新的郵寄編號(0~100) ==> ");
27:              scanf("%d", &temp);  /* 讀取新的郵寄編號 */
28:              insertNode(ptr, temp);
29:              printf("插入後串列: ");
30:              printList();           /* 顯示插入後串列 */
31:        }
32:     }
33:     return 0;
34: }
```

程式說明

- 第6行：含括實作insertNode()函數的程式檔案insertNode.c。
- 第17行：插入成為第1個節點。
- 第20~32行：while迴圈輸入欲插入之後的節點值，在第24行找尋此節點，然後輸入新節點值，第28行插入節點，輸入-1結束執行。

5-4 使用串列實作堆疊和佇列

在第3章和第4章我們是使用陣列來分別實作堆疊和佇列，這一節筆者準備改用第5-3節的單向鏈結串列來實作堆疊和佇列。

5-4-1 使用串列實作堆疊

堆疊主要操作函數有：isStackEmpty()、push()和pop()函數，除了使用陣列實作外，還可以使用第5-3章的單向鏈結串列來建立堆疊結構。

互動模擬動畫

點選【第5-4-1節：使用串列實作堆疊】項目，讀者可以自行輸入值，按下按鈕來模擬存入和取出堆疊操作，如下圖所示:

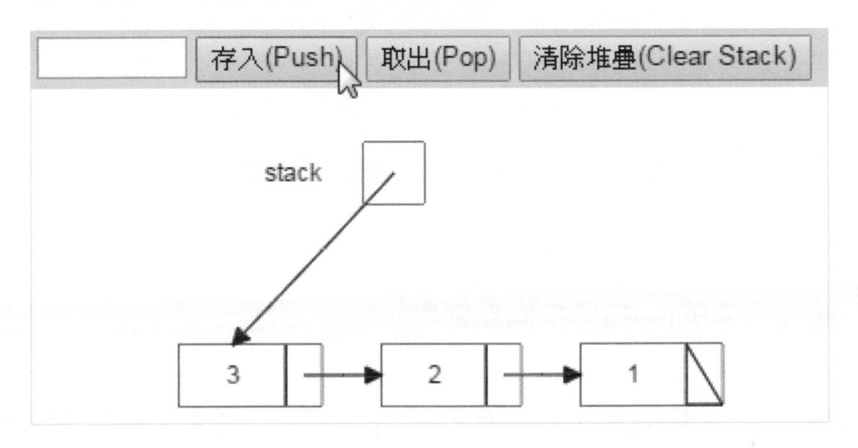

堆疊的標頭檔：Ch5_4_1.h

```
01: /* 程式範例: Ch5_4_1.h */
02: struct Node {                    /* 堆疊節點的宣告 */
03:    int data;                     /* 儲存堆疊資料 */
04:    struct Node *next;            /* 指向下一節點 */
05: };
06: typedef struct Node SNode;       /* 堆疊節點的新型態 */
07: typedef SNode *LStack;          /* 串列堆疊的新型態 */
08: LStack top = NULL;              /* 堆疊頂端的指標 */
09: /* 抽象資料型態的操作函數宣告 */
10: extern int isStackEmpty();
11: extern void push(int d);
12: extern int pop();
```

上述第2~5行宣告堆疊串列的節點，data成員變數儲存堆疊資料，第6~7行建立新型態，在第8行的top指標變數是目前堆疊頂端的指標，也就是單向串列的開頭指標，初始值爲NULL，表示目前的堆疊是空的。模組函數說明如下表所示：

模組函數	說明
int isStackEmpty()	檢查堆疊是否是空的，如果是，傳回1；否則為0
void push(int d)	將參數的資料存入堆疊
int pop()	從堆疊取出資料

函數push()

函數push()可以將資料存入堆疊，也就是新增節點成為串列的第1個節點，其步驟如下所示：

Step 1 建立新節點儲存堆疊資料。

```
new_node = (LStack)malloc(sizeof(SNode));
```

Step 2 取出資料，將新節點的next指標指向原來堆疊頂端top指標的節點。

```
new_node->data = d;
new_node->next = top;
```

Step 3 堆疊頂端的top指標指向新節點。

```
top = new_node;
```

上述步驟是將節點插入成為串列的第1個節點。例如：依序存入值1~3到堆疊的串列，如下圖所示：

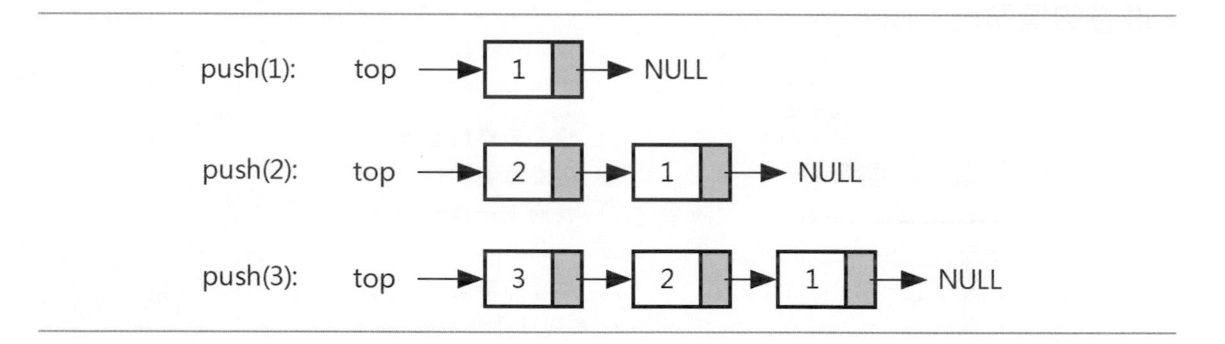

函數pop()

從堆疊取出資料的是pop()函數，也就是刪除串列的第1個節點，其取出步驟如下所示：

Step 1 將堆疊指標top指向下一個節點。

```
top = top->next;
```

Step 2 取出原來堆疊指標所指節點的內容。

```
temp = ptr->data;
```

Step 3 釋回原來堆疊指標的節點記憶體。

```
free(ptr);
```

例如：在依序存入值1~3到堆疊後，呼叫二次pop()函數取出堆疊元素，如下圖所示：

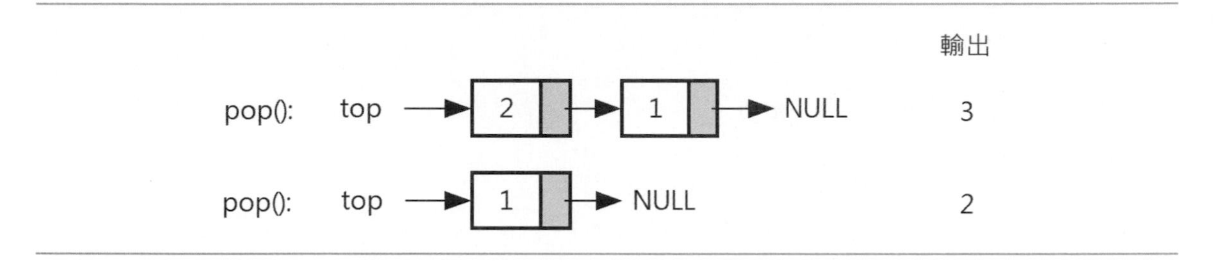

上述圖例可以看出取出2個堆疊元素，因爲共存入3個元素，所以目前堆疊還剩下一個元素1。

程式範例

Ch5_4_1.c

在C程式以串列實作堆疊標頭檔的模組函數，主程式可以讓使用者選擇存入或取出堆疊元素，並且自行輸入存入值，在結束操作後，將存入、取出和堆疊剩下元素都顯示出來，其執行結果如下所示：

```
鏈結串列的堆疊處理......
[1]存入 [2]取出 [3]顯示全部內容 ==> 1 Enter
請輸入存入值(0) ==> 1 Enter
[1]存入 [2]取出 [3]顯示全部內容 ==> 1 Enter
請輸入存入值(1) ==> 2 Enter
[1]存入 [2]取出 [3]顯示全部內容 ==> 1 Enter
請輸入存入值(2) ==> 3 Enter
[1]存入 [2]取出 [3]顯示全部內容 ==> 2 Enter
取出堆疊元素: 3
[1]存入 [2]取出 [3]顯示全部內容 ==> 2 Enter
取出堆疊元素: 2
[1]存入 [2]取出 [3]顯示全部內容 ==> 3 Enter
輸入堆疊的元素: [1][2][3]
取出堆疊的元素: [3][2]
剩下堆疊的元素: [1]
```

程式內容

```
01: /* 程式範例: Ch5_4_1.c */
02: #include <stdio.h>
03: #include <stdlib.h>
04: #include "Ch5_4_1.h"
05: /* 函數: 檢查堆疊是否是空的 */
06: int isStackEmpty() {
07:    if ( top == NULL ) return 1;
08:    else               return 0;
09: }
10: /* 函數: 將資料存入堆疊 */
11: void push(int d) {
12:    LStack new_node;               /* 新節點指標 */
13:    /* 配置節點記憶體 */
14:    new_node = (LStack)malloc(sizeof(SNode));
15:    new_node->data = d;            /* 建立節點內容 */
16:    new_node->next = top;          /* 新節點指向原開始 */
17:    top = new_node;                /* 新節點成爲堆疊開始 */
18: }
19: /* 函數: 從堆疊取出資料 */
20: int pop() {
21:    LStack ptr;                    /* 指向堆疊頂端 */
22:    int temp;
23:    if ( !isStackEmpty()  ) {      /* 堆疊是否是空的 */
24:       ptr = top;                  /* 指向堆疊頂端 */
25:       top = top->next;            /* 堆疊指標指向下節點 */
26:       temp = ptr->data;           /* 取出資料 */
27:       free(ptr);                  /* 釋回節點記憶體 */
28:       return temp;                /* 堆疊取出 */
29:    }
30:    else return -1;
31: }
32: /* 主程式 */
33: int main() {
34:    int input[100], output[100]; /* 儲存輸入和取出元素 */
35:    int select = 1;              /* 選項 */
36:    int numOfInput  = 0;         /* 陣列的元素數 */
37:    int numOfOutput = 0;
38:    int i , temp;
39:    printf("鏈結串列的堆疊處理......\n");
40:    while ( select != 3 ) {      /* 主迴圈 */
41:       printf("[1]存入 [2]取出 [3]顯示全部內容 ==> ");
42:       scanf("%d", &select);     /* 取得選項 */
```

```
43:       switch ( select ) {
44:          case 1: /* 將輸入值存入堆疊 */
45:             printf("請輸入存入值(%d) ==> ", numOfInput);
46:             scanf("%d", &temp); /* 取得存入值 */
47:             push(temp);
48:             input[numOfInput++] = temp;
49:             break;
50:          case 2: /* 取出堆疊的內容 */
51:             if ( !isStackEmpty() ) {
52:                temp = pop();
53:                printf("取出堆疊元素: %d\n", temp);
54:                output[numOfOutput++] = temp;
55:             }
56:             break;
57:       }
58:    }
59:    printf("輸入堆疊的元素: ");     /* 輸入元素 */
60:    for ( i = 0; i < numOfInput; i++ )
61:       printf("[%d]", input[i]);
62:    printf("\n取出堆疊的元素: ");  /* 輸出元素 */
63:    for ( i = 0; i < numOfOutput; i++ )
64:       printf("[%d]", output[i]);
65:    printf("\n剩下堆疊的元素: ");  /* 取出剩下堆疊元素 */
66:    while ( !isStackEmpty() )
67:       printf("[%d]", pop());
68:    printf("\n");
69:    return 0;
70: }
```

程式說明

▶第4行：含括堆疊標頭檔Ch5_4_1.h。

▶第6~9行：isStackEmpty()函數檢查top是否是NULL。

▶第11~18行：push()函數在第14~17行將新節點插入串列成為第1個節點。

▶第20~31行：pop()函數在第24~27列刪除第1個節點。

▶第34~68行：在主程式的while迴圈可以選擇存入或取出堆疊元素，在第47行存入堆疊，第52行取出元素，第59~68行顯示存入、取出和堆疊剩下的元素。

5-4-2 使用串列實作佇列

佇列和堆疊一樣可以使用鏈結串列實作佇列，使用串列建立的佇列不需要檢查佇列是否已滿，因爲動態記憶體配置的串列，除非電腦記憶體空間不足，否則佇列並不會全滿。

互動模擬動畫

點選【第5-4-2節：使用串列實作佇列】項目，讀者可以自行輸入值，按下按鈕來模擬存入和取出佇列操作，如下圖所示：

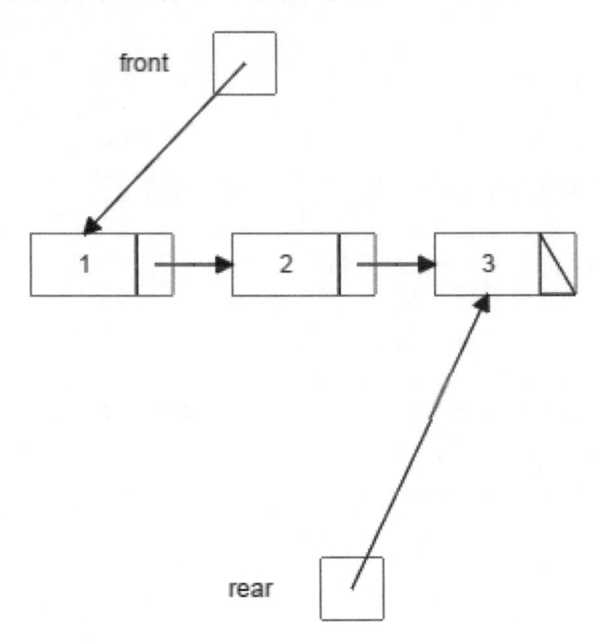

佇列的標頭檔：Ch5_4_2.h

```
01: /* 程式範例: Ch5_4_2.h */
02: struct Node {                 /* 佇列結構的宣告 */
03:    int data;                  /* 資料 */
04:    struct Node *next;         /* 結構指標 */
05: };
06: typedef struct Node QNode; /* 佇列節點的新型態 */
07: typedef QNode *LQueue;        /* 串列佇列的新型態 */
08: LQueue front = NULL;          /* 佇列的前端 */
09: LQueue rear = NULL;           /* 佇列的尾端 */
10: /* 抽象資料型態的操作函數宣告 */
11: extern int isQueueEmpty();
12: extern void enqueue(int d);
13: extern int dequeue();
```

上述第2~5行宣告佇列串列的節點，data成員變數儲存佇列資料，第6~7行建立新型態，在第8~9行的front和rear變數分別是佇列前端和尾端的指標，如下圖所示：

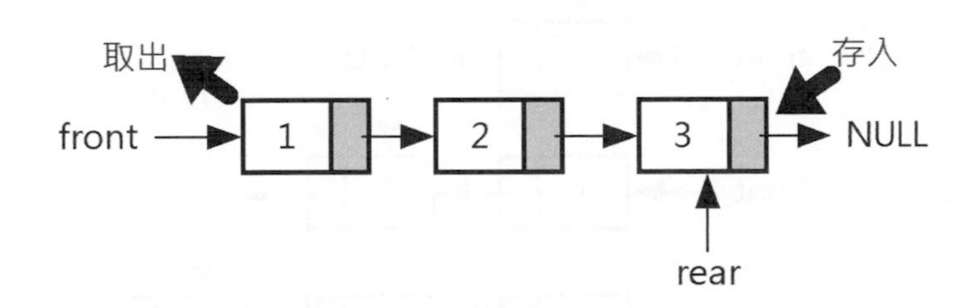

上述front指標就是指向單向串列的第1個節點，其初始值爲NULL，表示目前的佇列是空的。模組函數說明如下表所示：

模組函數	說明
int isQueueEmpty()	檢查佇列是否是空的，如果是，傳回1；否則為0
void enqueue(int d)	將參數的資料存入佇列
int dequeue()	從佇列取出資料

函數enqueue()

函數enqueue()是將資料存入佇列，也就是將節點插入成爲串列的最後1個節點，其步驟如下所示：

Step 1 建立一個新節點存入佇列資料。

```
new_node = (LQueue)malloc(sizeof(QNode));
new_node->data = d;
new_node->next = NULL;
```

Step 2 檢查rear指標是否是NULL，如果是，表示第一次存入資料，則：

(1) 如果是，將開頭指標front指向新節點。

```
front = new_node;
```

(2) 如果不是，將rear指標所指節點的next指標指向新節點。

```
rear->next = new_node;
```

Step 3 將後rear指標指向新節點。

```
rear = new_node;
```

例如：依序存入值1~3到佇列，可以看到rear指標一直都是指向串列的最後1個節點，如下圖所示：

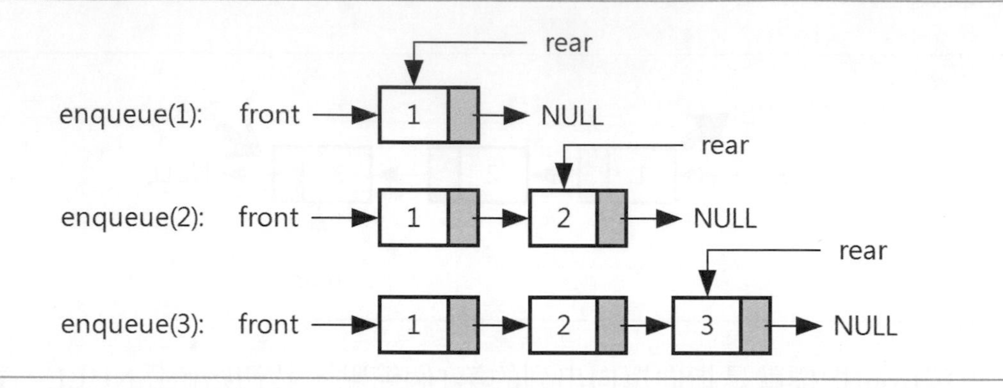

函數dequeue()

函數dequeue()是從佇列取出資料，也就是刪除串列第1個節點，其步驟如下所示：

Step 1 若front等於rear指標，表示只剩一個節點，將rear設為NULL。

```
if ( front == rear ) rear = NULL;
```

Step 2 將佇列的前端指標front指向下一個節點。

```
ptr = front;
front = front->next;
```

Step 3 取出第1個節點內容。

```
temp = ptr->data;
```

Step 4 釋回第1個節點的節點記憶體。

```
free(ptr);
```

例如：在依序存入值1~3到佇列後，呼叫二次dequeue()函數取出佇列值，如下圖所示：

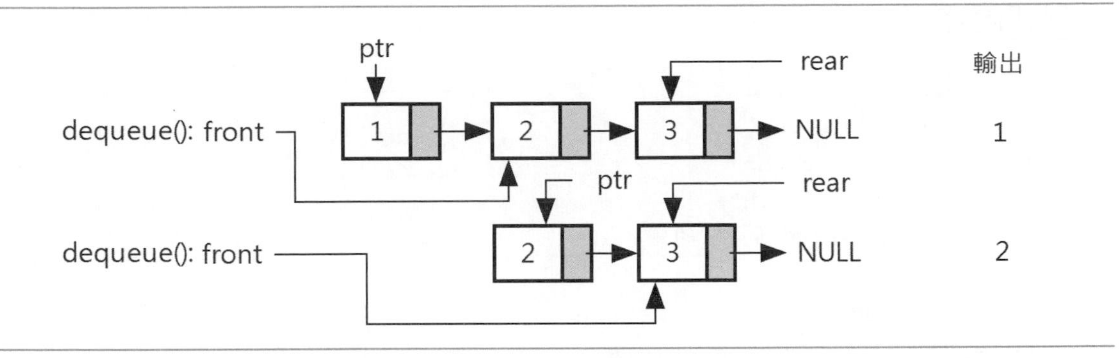

上述串列ptr指標指向刪除節點，front指標是指向ptr節點的下一個節點，輸出資料可以看出先存入資料，先被取出，符合佇列的特性。

程式範例 Ch5_4_2.c

在C程式以串列實作佇列標頭檔的模組函數，主程式可以讓使用者選擇存入或取出佇列元素，並且自行輸入存入值，在結束操作後，將存入、取出和佇列剩下元素都顯示出來，其執行結果如下所示：

```
鏈結串列的佇列處理......
[1]存入 [2]取出 [3]顯示全部內容 ==> 1 Enter
請輸入存入值(0) ==> 1 Enter
[1]存入 [2]取出 [3]顯示全部內容 ==> 1 Enter
請輸入存入值(1) ==> 2 Enter
[1]存入 [2]取出 [3]顯示全部內容 ==> 1 Enter
請輸入存入值(2) ==> 3 Enter
[1]存入 [2]取出 [3]顯示全部內容 ==> 2 Enter
取出佇列元素: 1
[1]存入 [2]取出 [3]顯示全部內容 ==> 2 Enter
取出佇列元素: 2
[1]存入 [2]取出 [3]顯示全部內容 ==> 3 Enter
輸入佇列的元素: [1][2][3]
取出佇列的元素: [1][2]
剩下佇列的元素: [3]
```

程式內容

```
01: /* 程式範例: Ch5_4_2.c */
02: #include <stdio.h>
03: #include <stdlib.h>
04: #include "Ch5_4_2.h"
05: /* 函數: 檢查佇列是否是空的 */
06: int isQueueEmpty() {
07:    if ( front == NULL ) return 1;
08:    else                 return 0;
09: }
10: /* 函數: 將資料存入佇列 */
11: void enqueue(int d) {
12:    LQueue new_node;
13:    /* 配置節點記憶體 */
14:    new_node = (LQueue)malloc(sizeof(QNode));
15:    new_node->data = d;       /* 存入佇列節點 */
16:    new_node->next = NULL;    /* 設定初值 */
17:    if ( rear == NULL )       /* 是否是第一次存入 */
18:       front = new_node;      /* front指向new_node */
19:    else
20:       rear->next = new_node;/* 插入rear之後 */
21:    rear = new_node;          /* rear指向new_node */
22: }
23: /* 函數: 從佇列取出資料 */
24: int dequeue() {
25:    LQueue ptr;
26:    int temp;
27:    if ( !isQueueEmpty() ) {    /* 佇列是否是空的 */
28:       if ( front == rear )     /* 如果是最後一個節點 */
29:          rear = NULL;
30:       ptr = front;             /* ptr指向front */
31:       front = front->next;     /* 刪除第1個節點 */
32:       temp = ptr->data;        /* 取得資料 */
33:       free(ptr);               /* 釋回記憶體 */
34:       return temp;             /* 傳回取出的資料 */
35:    }
36:    else return -1;             /* 佇列是空的 */
37: }
38: /* 主程式 */
39: int main() {
40:    int input[100], output[100]; /* 儲存輸入和取出元素 */
41:    int select = 1;              /* 選項 */
42:    int numOfInput  = 0;         /* 陣列的元素數 */
```

```
43:    int numOfOutput = 0;
44:    int i, temp;
45:    printf("鏈結串列的佇列處理......\n");
46:    while ( select != 3 ) {         /* 主迴圈 */
47:       printf("[1]存入 [2]取出 [3]顯示全部內容 ==> ");
48:       scanf("%d", &select);        /* 取得選項 */
49:       switch ( select ) {
50:          case 1: /* 將輸入值存入佇列 */
51:             printf("請輸入存入值(%d) ==> ", numOfInput);
52:             scanf("%d", &temp);  /* 取得存入值 */
53:             enqueue(temp);
54:             input[numOfInput++] = temp;
55:             break;
56:          case 2: /* 取出佇列的內容 */
57:             if ( !isQueueEmpty() ) {
58:                temp = dequeue();
59:                printf("取出佇列元素: %d\n", temp);
60:                output[numOfOutput++] = temp;
61:             }
62:             break;
63:       }
64:    }
65:    printf("輸入佇列的元素: ");    /* 輸入元素 */
66:    for ( i = 0; i < numOfInput; i++ )
67:       printf("[%d]", input[i]);
68:    printf("\n取出佇列的元素: ");  /* 輸出元素 */
69:    for ( i = 0; i < numOfOutput; i++ )
70:       printf("[%d]", output[i]);
71:    printf("\n剩下佇列的元素: ");  /* 取出剩下佇列元素 */
72:    while ( !isQueueEmpty() )
73:       printf("[%d]", dequeue());
74:    printf("\n");
75:    return 0;
76: }
```

程式說明

- 第4行：含括佇列標頭檔Ch5_4_2.h。
- 第6~9行：isQueueEmpty()函數檢查front指標是否是NULL，如果是，就表示佇列是空的。
- 第11~22行：enqueue()函數在第17~20行的if條件檢查是否是第1次插入，如果是，插入成為第1個節點，否則插入成為最後1個節點。

- 第24~37行：dequeue()函數在第28~29行的if條件檢查是否是最後1個節點，如果是，將rear設為NULL，第30~33行刪除第1個節點。
- 第46~64行：在主程式的while迴圈選擇存入或取出佇列元素，在第53行存入佇列，第58行取出元素。
- 第66~74行：顯示存入、取出和佇列剩下的元素。

5-5 環狀鏈結串列

單向鏈結串列的節點指標都是指向同一方向的下一個節點，直到最後1個節點指向NULL。如果將最後一個節點的指標改成指向單向鏈結串列開始的第1個節點，讓指標的方向成爲環狀，如下圖所示：

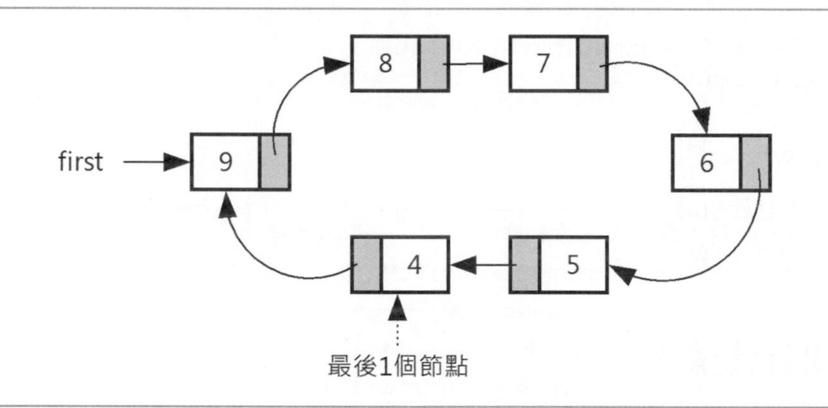

上述圖例鏈結串列的最後1個節點不再指向NULL，而是指向串列的第1個節點，這種串列稱爲「環狀鏈結串列」（circular lists）。

環狀鏈結串列的每一個節點都可以到達串列內的其他節點，此種特性可以解決許多計算機科學的實際問題，例如：電腦在處理程式的記憶體空間或輸出入緩衝區的記憶體管理，就是使用環狀串列來連接各節點，此時的每一個節點就是一塊佔用或閒置的記憶體空間。

本節環狀鏈結串列的完整程式範例是：Ch5_5.c，程式會依序測試搜尋、插入和刪除節點功能（輸入-1進入下一個功能測試）。因爲本節範例程式和單向鏈結串列的差異只是將本來最後1個節點從指向NULL，改爲指向第1個節點，所以筆者只有說明重要程式片段，並沒有列出完整程式碼。

5-5-1 環狀鏈結串列的建立與走訪

環狀鏈結串列的建立只需稍微修改單向鏈結串列的建立方法，在建立單向鏈結串列後，再將最後1個節點的last指標指向第1個節點，即可完成環狀鏈結串列的建立，如下所示：

```
last->next = first;
```

環狀鏈結串列的走訪也和單向連結串列的走訪十分相似，因爲最後1個節點是指向第1個節點，所以，我們檢查是否到串列結束的條件是current->next == first，而不是current->next == NULL，如下所示：

```
CList current = first;
do {
   ......
   current = current->next;
} while ( current != first );
```

上述do while迴圈的結束條件是回到串列的第1個節點，表示已經走訪完整個環狀串列，因爲do while迴圈是在執行完迴圈後，才測試結束條件，可以避免無法進入迴圈或重覆走訪兩次環狀串列的第1個節點。

5-5-2 環狀鏈結串列內節點的插入

環狀鏈結串列和單向鏈結串列的節點插入稍有差異，因爲環狀鏈結串列的每一個節點指標都是指向下一個節點，所以環狀鏈結串列的節點插入都是屬於單向鏈結串列的中間節點插入，也就是說，環狀鏈結串列的插入節點只有第1個節點是例外情況，其節點插入共分成兩種情況，如下所示：

✎ 將節點插入第1個節點之前成爲串列開始，可以分成三個步驟，如下所示：

Step 1　將新節點newnode的next指標指向串列的第1個節點。

```
newnode->next = first;
```

Step 2　然後找到最後1個節點previous且將其指標指向新節點。

```
previous = first;
while ( previous->next != first )
   previous = previous->next;
previous->next = newnode;
```

Step 3 將串列的開始指向新節點，新節點成為串列的第1個節點。

```
first = newnode;
```

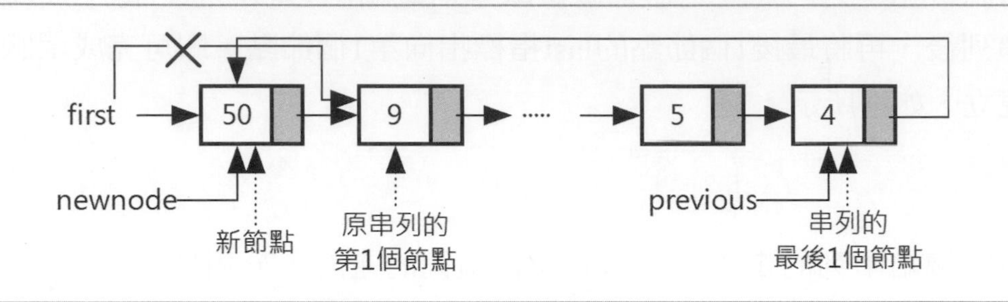

✎ 將節點插在串列中指定節點之後，例如：將節點插在節點ptr之後，如下圖所示：

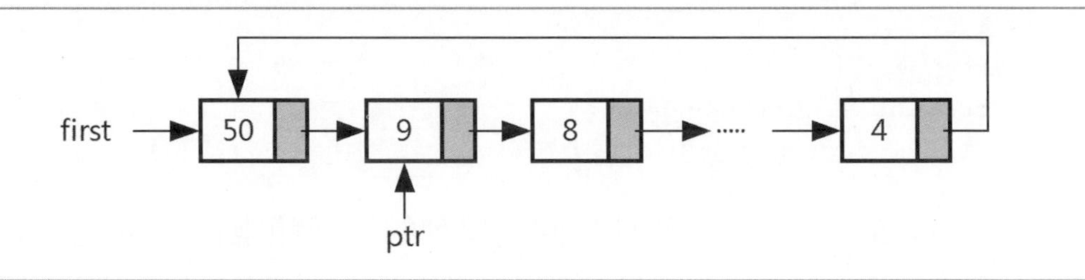

上述環狀串列節點插入的操作分成二個步驟，如下所示：

Step 1 將新節點newnode的next指標指向節點ptr的下一個節點。

```
newnode->next = ptr->next;
```

Step 2 將節點ptr的指標指向新節點newnode。

```
ptr->next = newnode;
```

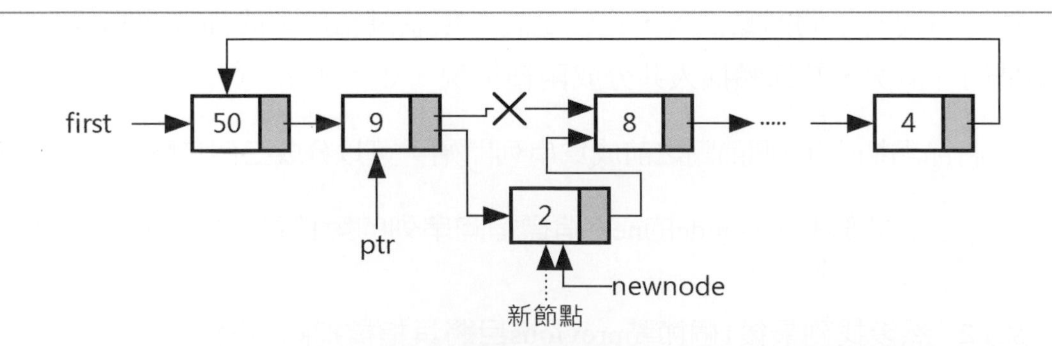

5-5-3 環狀鏈結串列內節點的刪除

環狀鏈結串列的節點刪除操作一樣分成兩種情況，如下所示：

✎ 刪除環狀串列的第1個節點可以分成二個步驟，如下所示：

Step 1 將串列開始的first指標移至第2個節點。

```
first = first->next;
```

Step 2 將最後1個節點的previous指標指向第2個節點。

```
previous->next = ptr->next;
```

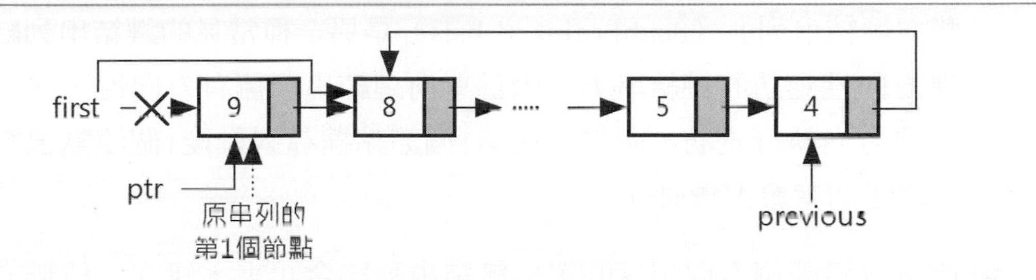

✎ 刪除環狀串列的中間節點，例如：刪除節點ptr，如下圖所示：

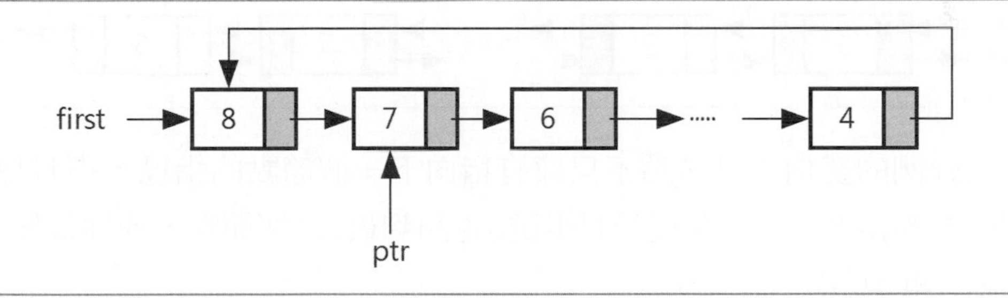

上述刪除節點ptr的操作分成二個步驟，如下所示：

Step 1 先找到節點ptr的前一個節點previous。

```
while ( previous->next != ptr )
   previous = previous->next;
```

Step 2 將前一個節點的指標指向節點ptr的下一個節點。

```
previous->next = ptr->next;
```

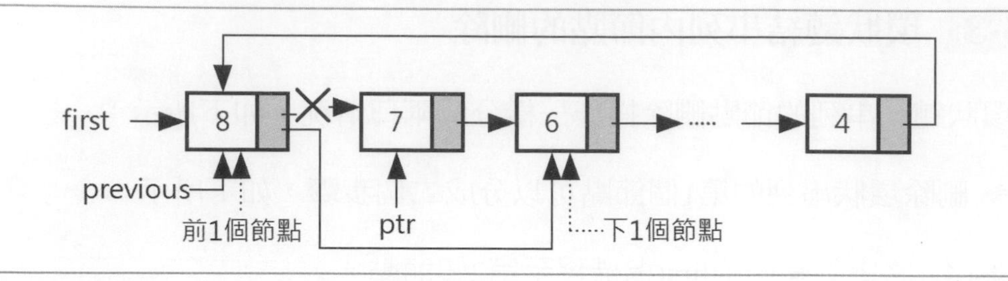

5-6 雙向鏈結串列

「雙向鏈結串列」（doubly linked lists）是另一種常見的鏈結串列結構，這是一種無方向性走訪的鏈結串列。因爲單向鏈結串列擁有方向性，在走訪串列時，只能單方向執行走訪，所以，從第1個節點搜尋到最後1個節點很容易，但是，反過來走訪就會大費周章。

我們可以將兩個方向相反的單向鏈結串列結合起來，建立一種無方向性的鏈結串列，這就是雙向鏈結串列，如下圖所示：

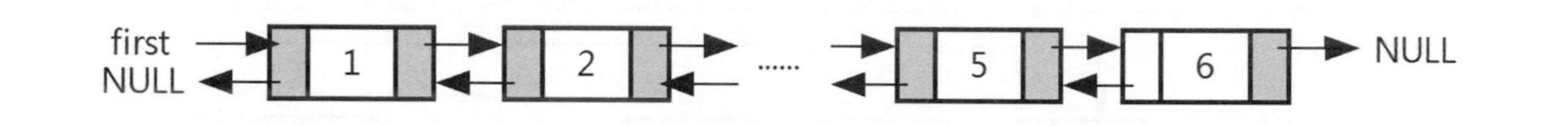

上述圖例的雙向串列節點不只擁有指向下一個節點的指標，而且擁有指向前一個節點的指標，不論是從第1個節點走訪到最後1個節點，或從最後1個節點走訪回第1個節點都十分容易。

雙向鏈結串列的標頭檔：Ch5_6.h

```
01: /* 程式範例: Ch5_6.h */
02: struct Node {                /* Node節點結構 */
03:    int data;                 /* 結構變數宣告 */
04:    struct Node *next;        /* 指向下一個節點 */
05:    struct Node *previous;    /* 指向前一個節點 */
06: };
07: typedef struct Node DNode;      /* 雙向串列節點的新型態 */
08: typedef DNode *DList;           /* 雙向串列的新型態 */
09: DList first = NULL;             /* 雙向串列的開頭指標 */
10: DList now = NULL;               /* 雙向串列目前節點指標 */
```

```
11: /* 抽象資料型態的操作函數宣告 */
12: extern void creatDList(int len, int *array);
13: extern void printDList();
14: extern void nextNode();
15: extern void previousNode();
16: extern void resetNode();
17: extern DList readNode();
18: extern void insertDNode(DList ptr, int d);
19: extern void deleteDNode(DList ptr);
```

上述第2~6行的Node結構是雙向鏈結串列的節點，擁有data成員變數儲存資料，next與previous指標變數分別指向前一個和下一個節點。在第7~8行建立雙向串列和節點的新型態，第9~10行的first是串列指標，指向串列的第1個節點，now指標是指向目前走訪到的節點。模組函數說明如下表所示：

模組函數	說明
void creatDList(int len, int *array)	使用參數的陣列建立雙向串列
void printDList()	走訪和顯示雙向串列的節點資料
void nextNode()	移動now指標到串列的下一個節點
void previousNode()	移動now指標到串列的前一個節點
void resetNode()	重設now指標指向串列的第1個節點
DList readNode()	傳回目前走訪節點的now指標
void insertDNode(DList ptr, int d)	在串列中第1個參數節點指標位置之後，插入第2個參數資料的節點
void deleteDNode(DList ptr)	在串列刪除參數節點指標的節點

5-6-1 雙向鏈結串列的建立與走訪

雙向鏈結串列比單向鏈結串列多一個指向前一個節點的指標，createDList()函數是使用一維陣列值來建立雙向鏈結串列，首先建立第1個節點，如下所示：

```
first = (DList) malloc(sizeof(DNode));
first->data = array[0];
first->previous = NULL;
```

接著使用for迴圈建立雙向鏈結串列的其他節點，其作法是將每一個新節點都插入在雙向鏈結串列的最後，如下所示：

```
for ( i = 1; i < len; i++ ) {
    newnode = (DList) malloc(sizeof(DNode));
    newnode->data = array[i];
    newnode->next = NULL;
    newnode->previous=before;
    before->next=newnode;
    before = newnode;
}
```

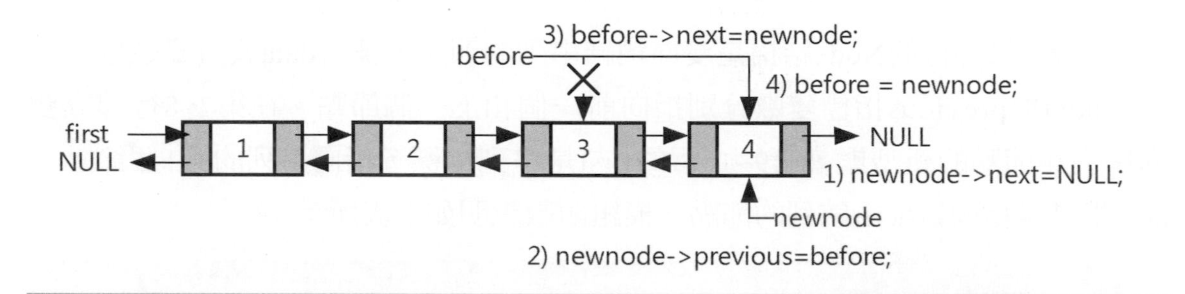

上述圖例是在雙向串列的最後插入節點4，before指標是指向串列的最後1個節點，for迴圈共有四個步驟將節點連接到雙向串列的最後，如下所示：

Step 1 將新節點的next指標指向NULL。

Step 2 將新節點的previous指標指向before指標。

Step 3 將before指向節點的next指標指向新節點。

Step 4 before指標指向串列的最後1個節點。

雙向鏈結串列走訪比單向鏈結串列靈活，因為我們可以分別使用next和previous指標從兩個方向進行走訪，模組函數nextNode()、previousNode()和resetNode()可以移動now指標來走訪雙向串列下一個或前一個節點。

如果讀者學過C++語言的STL（standard template library）或Java語言的Collections集合物件，雙向鏈結串列的相關走訪函數就是容器物件（Container）的「迭代器」（iterators）。

程式範例

createDList.c、Ch5_6_1.c

在C程式實作雙向鏈結串列標頭檔的模組函數：createDList()、nextNode()、previousNode()和resetNode()等，以便使用選項實際在雙向串列中往返移動節點指標、重設指標和取得節點值，如同在文書處理程式移動每一列的游標位置，其執行結果如下所示：

```
原來的串列: #1#[2][3][4][5][6]
[1]往下移動 [2]往前移動 [3]重設 [4]節點值 [5]離開 ==> 1 Enter
原來的串列: [1]#2#[3][4][5][6]
[1]往下移動 [2]往前移動 [3]重設 [4]節點值 [5]離開 ==> 1 Enter
原來的串列: [1][2]#3#[4][5][6]
[1]往下移動 [2]往前移動 [3]重設 [4]節點值 [5]離開 ==> 1 Enter
原來的串列: [1][2][3]#4#[5][6]
[1]往下移動 [2]往前移動 [3]重設 [4]節點值 [5]離開 ==> 2 Enter
原來的串列: [1][2]#3#[4][5][6]
[1]往下移動 [2]往前移動 [3]重設 [4]節點值 [5]離開 ==> 2 Enter
原來的串列: [1]#2#[3][4][5][6]
[1]往下移動 [2]往前移動 [3]重設 [4]節點值 [5]離開 ==> 4 Enter
節點值: 2
原來的串列: [1]#2#[3][4][5][6]
[1]往下移動 [2]往前移動 [3]重設 [4]節點值 [5]離開 ==> 3 Enter
原來的串列: #1#[2][3][4][5][6]
[1]往下移動 [2]往前移動 [3]重設 [4]節點值 [5]離開 ==> 5 Enter
```

程式內容：createDList.c

```
01: /* 程式範例: createDList.c */
02: /* 函數: 建立雙向串列 */
03: void createDList(int len, int *array) {
04:    int i;
05:    DList newnode, before;     /* 配置第1個節點 */
06:    first = (DList) malloc(sizeof(DNode));
07:    first->data = array[0];    /* 建立節點內容 */
08:    first->previous = NULL;    /* 前節點指標爲NULL */
09:    before = first;            /* 指向第一個節點 */
10:    now = first;               /* 重設目前節點指標 */
11:    for ( i = 1; i < len; i++ ) {
12:       /* 配置節點記憶體 */
13:       newnode = (DList) malloc(sizeof(DNode));
14:       newnode->data = array[i]; /* 建立節點內容 */
15:       newnode->next = NULL;      /* 下節點指標爲NULL */
```

```
16:          newnode->previous=before; /* 將新節點指向前節點 */
17:          before->next=newnode;      /* 將前節點指向新節點 */
18:          before = newnode;          /* 新節點成為前節點 */
19:      }
20: }
21: /* 函數: 顯示雙向串列的節點資料 */
22: void printDList() {
23:    DList current = first;          /* 目前的節點指標 */
24:    while ( current != NULL ) {    /* 顯示主迴圈 */
25:       if ( current == now )
26:          printf("#%d#", current->data);
27:       else
28:          printf("[%d]", current->data);
29:       current = current->next;    /* 下一個節點 */
30:    }
31:    printf("\n");
32: }
33: /* 函數: 移動節點指標到下一個節點 */
34: void nextNode() {
35:    if ( now->next != NULL )
36:       now = now->next;            /* 下一個節點 */
37: }
38: /* 函數: 移動節點指標到上一個節點 */
39: void previousNode() {
40:    if ( now->previous != NULL )
41:       now = now->previous;        /* 前一個節點 */
42: }
43: /* 函數: 重設節點指標 */
44: void resetNode() {  now = first; }
45: /* 函數: 取得節點指標 */
46: DList readNode() { return now; }
```

程式說明

- 第3~20行：createDList()函數是在第6~8行建立雙向串列的第1個節點，第11~19行的for迴圈建立串列的其他節點，可以將新節點插入在雙向串列的最後。
- 第22~32行：printDList()函數是使用next指標走訪顯示串列的節點值。
- 第34~46行：相關走訪函數是在維護now指標，以next和previous指標來移動now指標，if條件可以避免now指標走出串列的節點範圍。

程式內容：Ch5_6_1.c

```
01: /* 程式範例: Ch5_6_1.c */
02: #include <stdio.h>
03: #include <stdlib.h>
04: #include "Ch5_6.h"
05: #include "createDList.c"
06: /* 主程式 */
07: int main() {
08:    int temp = 1;  /* 宣告變數 */
09:    int data[6]={ 1, 2, 3, 4, 5, 6 };/* 建立串列的陣列 */
10:    /* 5-6-1: 建立與走訪雙向串列 */
11:    createDList(6, data);   /* 建立雙向串列 */
12:    while ( temp != 5 ) {
13:       printf("原來的串列: ");
14:       printDList();  /* 顯示雙向串列 */
15:       printf("[1]往下移動 [2]往前移動 ");
16:       printf("[3]重設 [4]節點值 [5]離開 ==> ");
17:       scanf("%d", &temp);          /* 讀入選項 */
18:       switch ( temp ) {
19:          case 1: nextNode();       /* 往下移動 */
20:             break;
21:          case 2: previousNode(); /* 往前移動 */
22:             break;
23:          case 3: resetNode();      /* 重設指標 */
24:             break;
25:          case 4: /* 讀取節點值 */
26:             printf("節點值: %d\n", readNode()->data);
27:             break;
28:       }
29:    }
30:    return 0;
31: }
```

程式說明

- 第4~5行：含括Ch5_6.h標頭檔和實作的createDList.c程式檔。
- 第11行：建立雙向鏈結串列。
- 第12~29行：while迴圈允許使用者輸入選擇來走訪雙向串列，呼叫相關走訪函數來移動now指標。

5-6-2 雙向鏈結串列內節點的插入

雙向串列的節點插入類似單向鏈結串列，也擁有三種不同情況，如下所示：

✎ **將節點插在串列中第1個節點之前**：新節點將成爲串列的第1個節點，其步驟如下所示：

Step 1 將新節點newnode的next指標指向雙向串列的第1個節點。

```
newnode->next = first;
```

Step 2 將原串列第1個節點的previous指標指向新節點。

```
first->previous = newnode;
```

Step 3 將原串列的first指標指向新節點，新節點成為雙向串列的開始。

```
first = newnode;
```

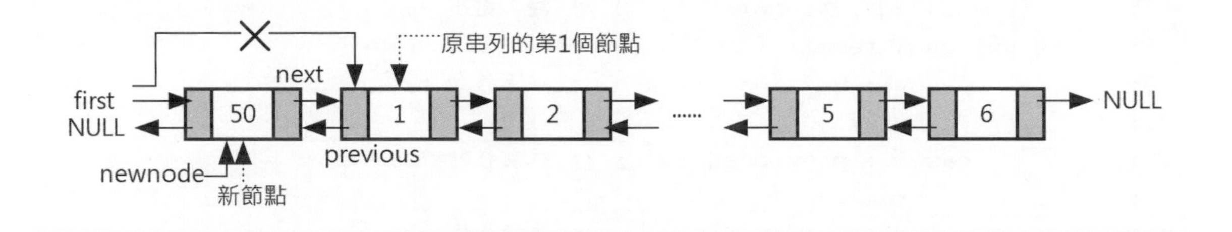

✎ **將節點插在串列的最後**：新節點是插入成爲串列的最後1個節點，其步驟如下所示：

Step 1 將最後1個節點ptr的next指標指向新節點newnode。

```
ptr->next = newnode;
```

Step 2 將新節點的previous指標指向原串列的最後1個節點。

```
newnode->previous=ptr;
```

Step 3 將新節點的next指標指向NULL。

```
newnode->next = NULL;
```

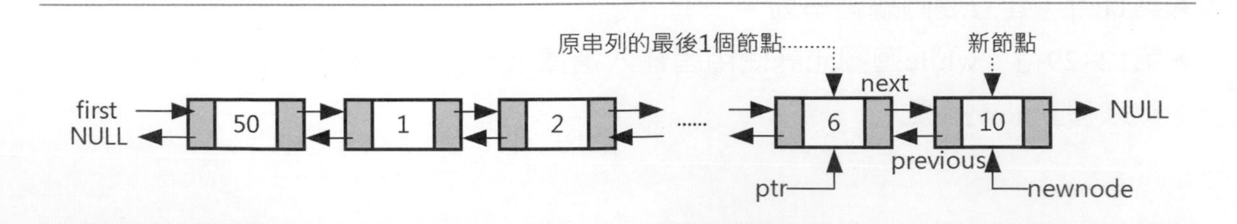

✎ **將節點插入成為串列的中間節點**：如果節點是插在ptr節點之後，如下圖所示：

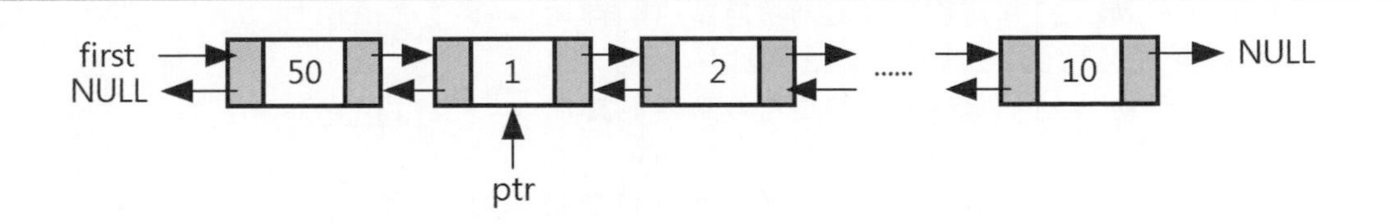

節點插入雙向串列的步驟，如下所示：

Step 1 將ptr節點next指向下一個節點的previous指標指向新節點。

```
ptr->next->previous = newnode;
```

Step 2 新節點的next指標指向ptr節點ncxt指標的下一個節點。

```
newnode->next = ptr->next;
```

Step 3 新節點的previous指標指向ptr節點。

```
newnode->previous = ptr;
```

Step 4 將ptr節點的next指標指向新節點。

```
ptr->next = newnode;
```

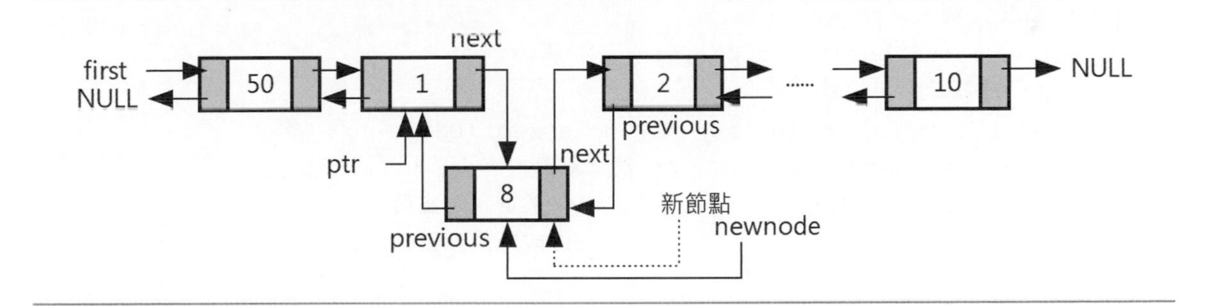

程式範例　insertDNode.c、Ch5_6_2.c

在C程式實作insertDNode()函數，然後輸入欲插入節點的位置和節點值，在串列測試三種情況的節點插入，其執行結果如下所示：

```
原來的串列: #1#[2][3][4][5][6]
原來的串列: [50]#1#[2][3][4][5][6]
[1]往下移動 [2]往前移動 [3]新增節點 [4]離開 ==> 3 Enter
請輸入新號碼(7~100) ==> 8 Enter
```

```
原來的串列: #50#[1][8][2][3][4][5][6]
[1]往下移動 [2]往前移動 [3]新增節點 [4]離開 ==> 1 Enter
原來的串列: [50]#1#[8][2][3][4][5][6]
[1]往下移動 [2]往前移動 [3]新增節點 [4]離開 ==> 1 Enter
原來的串列: [50][1]#8#[2][3][4][5][6]
[1]往下移動 [2]往前移動 [3]新增節點 [4]離開 ==> 1 Enter
原來的串列: [50][1][8]#2#[3][4][5][6]
[1]往下移動 [2]往前移動 [3]新增節點 [4]離開 ==> 1 Enter
原來的串列: [50][1][8][2]#3#[4][5][6]
[1]往下移動 [2]往前移動 [3]新增節點 [4]離開 ==> 1 Enter
原來的串列: [50][1][8][2][3]#4#[5][6]
[1]往下移動 [2]往前移動 [3]新增節點 [4]離開 ==> 1 Enter
原來的串列: [50][1][8][2][3][4]#5#[6]
[1]往下移動 [2]往前移動 [3]新增節點 [4]離開 ==> 1 Enter
原來的串列: [50][1][8][2][3][4][5]#6#
[1]往下移動 [2]往前移動 [3]新增節點 [4]離開 ==> 3 Enter
請輸入新號碼(7~100) ==> 10 Enter
原來的串列: #50#[1][8][2][3][4][5][6][10]
[1]往下移動 [2]往前移動 [3]新增節點 [4]離開 ==> 4 Enter
```

程式內容：insertDNode.c

```
01: /* 程式範例: insertDNode.c */
02: /* 函數: 插入節點 */
03: void insertDNode(DList ptr, int d) {
04:    /* 配置節點記憶體 */
05:    DList newnode = (DList) malloc(sizeof(DNode));
06:    newnode->data = d;         /* 建立節點內容 */
07:    if ( first == NULL )           /* 如果串列是空的 */
08:       first = newnode;            /* 傳回新節點指標 */
09:    if ( ptr == NULL ) {
10:       /* 情況1: 插在第一個節點之前, 成爲串列開始 */
11:       newnode->previous = NULL; /* 前指標爲NULL */
12:       newnode->next = first;    /* 新節點指向串列開始 */
13:       first->previous = newnode;/* 原節點指向新節點 */
14:       first = newnode;          /* 新節點成爲串列開始 */
15:    }
16:    else {
17:       if ( ptr->next == NULL ) {/* 是否是最後一個節點 */
18:          /* 情況2: 插在串列的最後 */
19:          ptr->next = newnode;    /* 最後節點指向新節點 */
20:          newnode->previous=ptr; /* 新節點指回最後節點 */
21:          newnode->next = NULL;   /* 後回指標爲NULL */
```

```
22:        }
23:        else {
24:           /* 情況3: 插入節點至串列的中間節點 */
25:           ptr->next->previous = newnode; /* 指回新節點 */
26:           newnode->next = ptr->next;  /* 指向下一節點 */
27:           newnode->previous=ptr; /* 新節點指回插入節點 */
28:           ptr->next = newnode;    /* 插入節點指向新節點 */
29:        }
30:     }
31: }
```

程式說明

- 第11~14行：插入成為雙向鏈結串列的第1個節點。
- 第19~21行：插入成為雙向鏈結串列的最後1個節點。
- 第25~28行：插入成為雙向鏈結串列的中間節點。

程式內容：Ch5_6_2.c

```
01: /* 程式範例: Ch5_6_2.c */
02: #include <stdio.h>
03: #include <stdlib.h>
04: #include "Ch5_6.h"
05: #include "createDList.c"
06: #include "insertDNode.c"
07: /* 主程式 */
08: int main() {
09:    int temp = 1;  /* 宣告變數 */
10:    int data[6]={ 1, 2, 3, 4, 5, 6 };/* 建立串列的陣列 */
11:    createDList(6, data);   /* 建立雙向串列 */
12:    printf("原來的串列: ");
13:    printDList();            /* 顯示串列 */
14:    /* 5-6-2: 雙向鏈結串列內節點的插入 */
15:    insertDNode(NULL, 50);  /* 插入成爲第1個節點 */
16:    while ( temp != 4 ) {
17:       printf("原來的串列: ");
18:       printDList();             /* 顯示串列 */
19:       printf("[1]往下移動 [2]往前移動 ");
20:       printf("[3]新增節點 [4]離開 ==> ");
21:       scanf("%d", &temp);         /* 讀入選項 */
22:       switch ( temp ) {
23:          case 1: nextNode();      /* 往下移動 */
24:             break;
```

```
25:          case 2: previousNode(); /* 往前移動 */
26:             break;
27:          case 3: /* 新增節點 */
28:             printf("請輸入新號碼(7~100) ==> ");
29:             scanf("%d", &temp);  /* 讀取新編號 */
30:             insertDNode(readNode(), temp);
31:             resetNode();         /* 重設目前指標 */
32:             break;
33:       }
34:    }
35:    return 0;
36: }
```

程式說明

- 第6行：含括實作insertDNode()函數的程式檔案insertDNode.c。
- 第15行：插入成為第1個節點。
- 第16~34行：while迴圈可以走訪雙向串列，當到達欲插入的節點位置後，即可輸入新節點值和在第30列插入節點，輸入-1結束執行。

5-6-3 雙向鏈結串列內節點的刪除

雙向鏈結串列內節點的刪除操作也一樣分成三種情況，如下所示：

✎ **刪除串列的第1個節點**：原串列的第2個節點就成爲第1個節點，其步驟如下所示：

Step 1 將first指標指向第2個節點。

```
first = first->next;
```

Step 2 將原串列第2個節點的previous指標指定成NULL。

```
first->previous = NULL;
```

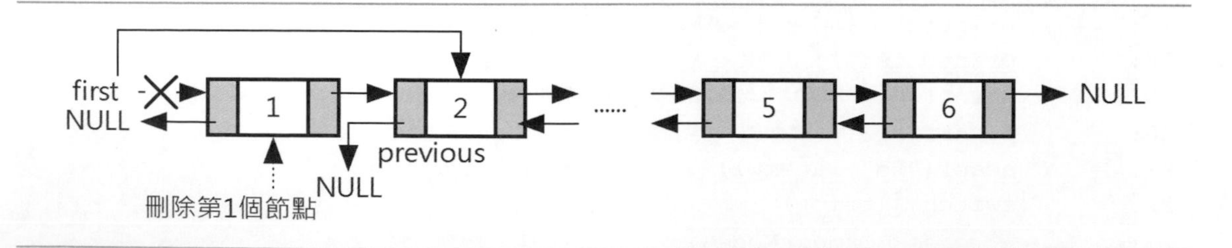

✎ **刪除最後1個節點**：原串列最後第2個節點就成爲最後1個節點，其步驟如下所示：

Step 1　將原串列的最後1個節點的前一個節點的next指標指定成NULL。

```
ptr->previous->next = NULL;
```

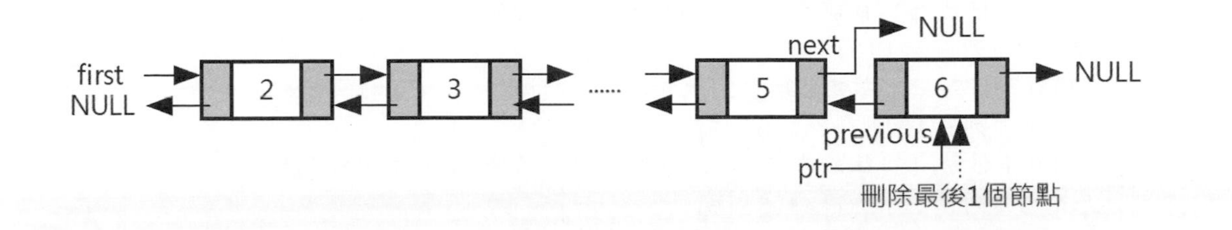

✎ **刪除串列內的中間節點**：若刪除的是串列中的ptr節點，如下圖所示：

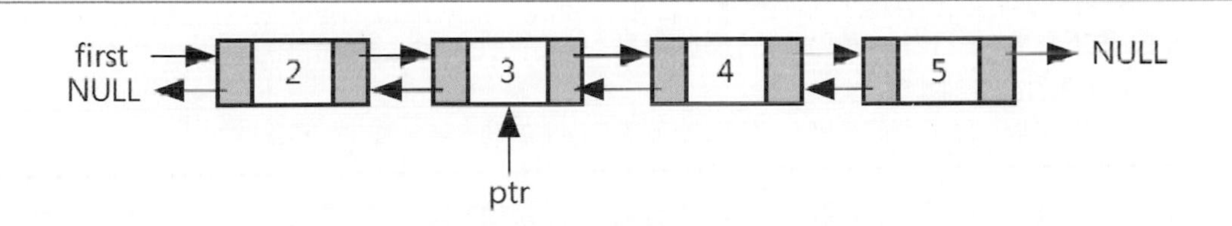

刪除節點操作的步驟，如下所示：

Step 1　將ptr節點previous指標指向的前一個節點的next指標指向ptr節點的下一個節點。

```
ptr->previous->next = ptr->next;
```

Step 2　將ptr節點next指標指向的後一個節點的previous指標指向ptr節點的前一個節點。

```
ptr->next->previous = ptr->previous;
```

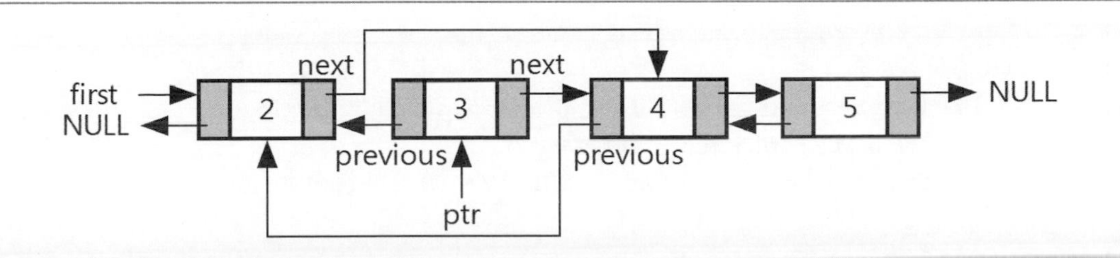

deleteDNode.c、Ch5_6_3.c

在C程式實作deleteDNode()函數，然後輸入欲刪除的節點值，在串列執行三種情況的節點刪除，其執行結果如下所示：

```
原來的串列: #1#[2][3][4][5][6]
[1]往下移動 [2]往前移動 [3]刪除節點 [4]離開 ==> 3 Enter
原來的串列: #2#[3][4][5][6]
[1]往下移動 [2]往前移動 [3]刪除節點 [4]離開 ==> 1 Enter
原來的串列: [2]#3#[4][5][6]
[1]往下移動 [2]往前移動 [3]刪除節點 [4]離開 ==> 1 Enter
原來的串列: [2][3]#4#[5][6]
[1]往下移動 [2]往前移動 [3]刪除節點 [4]離開 ==> 1 Enter
原來的串列: [2][3][4]#5#[6]
[1]往下移動 [2]往前移動 [3]刪除節點 [4]離開 ==> 1 Enter
原來的串列: [2][3][4][5]#6#
[1]往下移動 [2]往前移動 [3]刪除節點 [4]離開 ==> 3 Enter
原來的串列: #2#[3][4][5]
[1]往下移動 [2]往前移動 [3]刪除節點 [4]離開 ==> 1 Enter
原來的串列: [2]#3#[4][5]
[1]往下移動 [2]往前移動 [3]刪除節點 [4]離開 ==> 3 Enter
原來的串列: #2#[4][5]
[1]往下移動 [2]往前移動 [3]刪除節點 [4]離開 ==> 4 Enter
```

程式內容：deleteDNode.c

```
01: /* 程式範例: deleteDNode.c */
02: /* 函數: 刪除節點 */
03: void deleteDNode(DList ptr) {
04:    if ( ptr->previous == NULL ) { /* 是否有前一個節點 */
05:       /* 情況1: 刪除第一個節點 */
06:       first = first->next;       /* 指向下一個節點 */
07:       first->previous = NULL;    /* 設定指向前節點指標 */
08:    }
09:    else {
10:       if ( ptr->next == NULL ) {  /* 是否有下一個節點 */
11:          /* 情況2: 刪除最後一個節點 */
12:          ptr->previous->next = NULL;/* 前節點指向NULL */
13:       }
14:       else {
15:          /* 情況3: 刪除中間的節點 */
16:          /* 前節點指向下一節點 */
17:          ptr->previous->next = ptr->next;
```

```
18:         /* 下一節點指向前節點 */
19:         ptr->next->previous = ptr->previous;
20:      }
21:   }
22:   free(ptr);                    /* 釋回刪除節點記憶體 */
23: }
```

程式說明

- ▶第6~7行：刪除雙向鏈結串列的第1個節點。
- ▶第12行：刪除雙向鏈結串列的最後1個節點。
- ▶第17~19行：刪除雙向鏈結串列的中間節點。

程式內容：Ch5_6_3.c

```
01: /* 程式範例: Ch5_6_3.c */
02: #include <stdio.h>
03: #include <stdlib.h>
04: #include "Ch5_6.h"
05: #include "createDList.c"
06: #include "deleteDNode.c"
07: /* 主程式 */
08: int main() {
09:    int temp = 1;  /* 宣告變數 */
10:    int data[6]={ 1, 2, 3, 4, 5, 6 };/* 建立串列的陣列 */
11:    createDList(6, data);   /* 建立雙向串列 */
12:    while ( temp != 4 ) {
13:       printf("原來的串列: ");
14:       printDList();            /* 顯示串列 */
15:       printf("[1]往下移動 [2]往前移動 ");
16:       printf("[3]刪除節點 [4]離開 ==> ");
17:       scanf("%d", &temp);         /* 讀入選項 */
18:       switch ( temp ) {
19:          case 1: nextNode();      /* 往下移動 */
20:             break;
21:          case 2: previousNode(); /* 往前移動 */
22:             break;
23:          case 3: /* 5-6-3: 雙向鏈結串列內節點的刪除 */
24:             deleteDNode(readNode());
25:             resetNode();          /* 重設目前指標 */
26:             break;
27:       }
28:    }
29:    return 0;
30: }
```

程式說明

- 第6行：含括實作deleteDNode()函數的程式檔案deleteDNode.c。
- 第12~28行：while迴圈可以走訪雙向串列，當到欲刪除的節點位置後，在第24行刪除節點，輸入-1結束執行。

5-7 含開頭節點的環狀鏈結串列

開頭節點的觀念是指在串列的開頭新增一個虛節點，這個節點並沒有儲存任何資料，只是作爲串列的第1個節點，可以簡化串列插入和刪除操作的特殊情況。含開頭節點的環狀鏈結串列，如下圖所示：

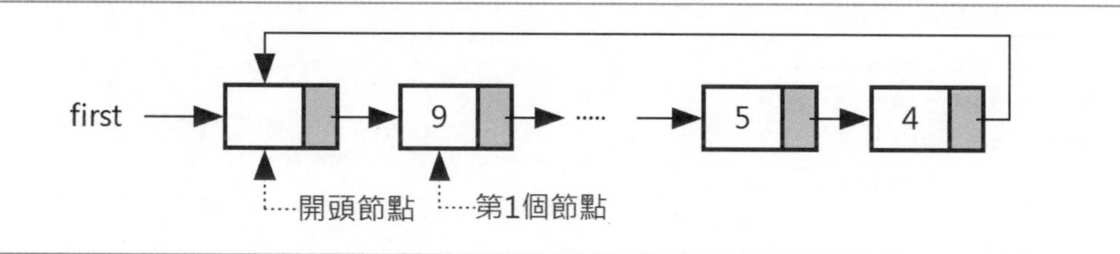

上述圖例是含開頭節點的環狀鏈結串列，因爲擁有開頭節點，所有環狀鏈結串列的所有節點都是中間節點，所以，刪除和插入操作就只剩下第5-5-2和5-5-3節的第二種情況。在本節的程式範例就是使用含開頭節點的環狀鏈結串列來儲存多項式。

多項式的標頭檔：Ch5_7.h

```
01: /* 程式範例: Ch5_7.h */
02: struct Node {                    /* Node節點結構 */
03:    float coef;  int exp;        /* 結構變數宣告 */
04:    struct Node *next;            /* 指向下一個節點 */
05: };
06: typedef struct Node PNode;   /* 多項式串列節點的新型態 */
07: typedef PNode *PList;          /* 多項式串列的新型態 */
08: /* 抽象資料型態的操作函數宣告 */
09: extern PList createPoly(int len, float *array);
10: extern void printPoly(PList first);
```

上述第2~5行的Node結構是含開頭節點環狀鏈結串列的節點，用來儲存多項式的項目，coef和exp成員變數儲存多項式各項的係數和指數，係數是浮點數，next指標變數指向下一個節點，第6~7行建立多項式串列和節點的新型態PNode。

在多項式的標頭檔並沒有宣告串列指標變數first，這是因爲串列指標已經改爲模組函數的參數，以便主程式可以宣告多個串列指標來建立多個多項式串列，使用同一組模組函數建立和顯示多項式。模組函數說明如下表所示：

模組函數	說明
PList createPoly(int len, float *array)	使用參數陣列建立多項式串列，陣列元素值是係數，索引值是指數，傳回值是串列的開頭指標
void printPoly(PList first)	顯示多項式，參數是串列開頭指標

多項式處理是鏈結串列最常應用的範例，我們可以使用前述單向或環狀串列來儲存多項式的各項目，在這一節筆者是使用含開頭節點的環狀鏈結串列來處理多項式，如下所示：

```
A(X)=7X^4+3X^2+4
B(X)=6X^5+5X^4+X^2+7X+9
```

上述多項式的每一個項目是PNode型態的節點。兩個多項式含開頭節點的環狀鏈結串列，如下圖所示：

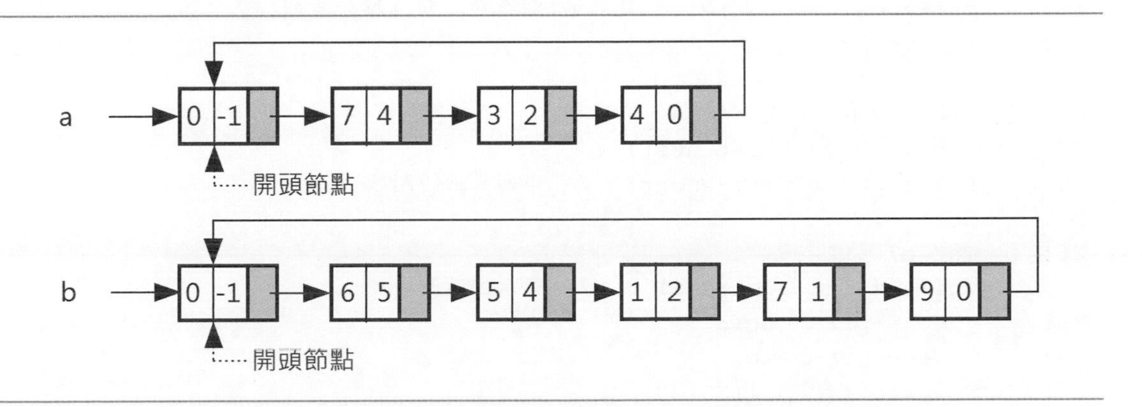

上述圖例以指標a和b指向兩個多項式串列，串列節點的第1個欄位是係數，第2個欄位是指數，在開頭節點的指數是-1表示它不屬於多項式項目，因爲指數應大於零。

程式範例

createPoly.c、Ch5_7.c

在C程式實作多項式標頭檔的createPoly()和printPoly()函數，然後使用陣列值建立多項式的鏈結串列，並且顯示多項式的內容，其執行結果如下所示：

```
7.0X^4+3.0X^2+4.0X^0
6.0X^5+5.0X^4+1.0X^2+7.0X^1+9.0X^0
```

程式內容：createPoly.c

```
01: /* 程式範例: createPoly.c */
02: /* 函數: 建立多項式的串列 */
03: PList createPoly(int len, float *array) {
04:    int i;
05:    PList first, ptr, newnode;   /* 建立開頭節點 */
06:    first = (PList) malloc(sizeof(PNode));
07:    first->coef = 0.0;     /* 建立開頭節點的內容 */
08:    first->exp = -1;
09:    ptr = first;           /* 前一個節點指標 */
10:    for ( i = len-1; i >= 0; i-- ) {
11:       if ( array[i] != 0.0 ) {     /* 配置節點記憶體 */
12:          newnode = (PList) malloc(sizeof(PNode));
13:          newnode->coef = array[i]; /* 建立節點的內容 */
14:          newnode->exp = i;
15:          ptr->next = newnode;      /* 連結新節點 */
16:          ptr = newnode;            /* 成爲前一個節點 */
17:       }
18:    }
19:    ptr->next = first;  /* 連結第1個節點, 建立環狀串列 */
20:    return first;
21: }
22: /* 函數: 顯示多項式 */
23: void printPoly(PList first) {
24:    PList ptr = first->next;  /* 串列眞正的開頭 */
25:    float c;
26:    int e;
27:    while ( ptr != first ) {  /* 顯示主迴圈 */
28:       c = ptr->coef;
29:       e = ptr->exp;
30:       printf("%3.1fX^%d", c, e);
31:       ptr = ptr->next;         /* 下一個節點 */
32:       if ( ptr != first ) printf("+");
33:    }
34:    printf("\n");
35: }
```

程式說明

- 第3~21行：createPoly()函數是在第6~8行建立串列的開頭節點後，第10~18行的for迴圈建立串列，if條件只建立係數大於0的多項式項目，第19行將最後1個節點的指標指向第1個節點，以便建立環狀鏈結串列。
- 第23~35行：printPoly()函數是使用走訪方式顯示節點資料，第24行取得參數串列的真正開始，即第2個節點。

程式內容：Ch5_7.c

```
01: /* 程式範例: Ch5_7.c */
02: #include <stdio.h>
03: #include <stdlib.h>
04: #include "Ch5_7.h"
05: #include "createPoly.c"
06: /* 主程式 */
07: int main() {
08:    PList a = NULL;     /* 多項式串列1的開頭指標 */
09:    PList b = NULL;     /* 多項式串列2的開頭指標 */
10:    /* 建立多項式物件所需的陣列 */
11:    float list1[6] = { 4, 0, 3, 0, 7, 0 };
12:    float list2[6] = { 9, 7, 1, 0, 5, 6 };
13:    a = createPoly(6, list1);  /* 建立多項式串列1 */
14:    b = createPoly(6, list2);  /* 建立多項式串列2 */
15:    printPoly(a);        /* 顯示多項式1 */
16:    printPoly(b);        /* 顯示多項式2 */
17:    return 0;
18: }
```

程式說明

- 第4~5行：含括Ch5_7.h標頭檔和實作的createPoly.c程式檔。
- 第8~9行：宣告兩個多項式串列的開頭指標a和b。
- 第11~12行：建立多項式串列所需的一維陣列，這是一種陣列的多項式表示法。
- 第13~14行：建立兩個多項式的鏈結串列。
- 第15~16行：顯示多項式的鏈結串列。

5-8 環狀雙向鏈結串列

在說明單向鏈結串列、環狀鏈結串列、雙向鏈結串列和含開頭節點的鏈結串列後，我們可以結合這些觀念建立出更多種不同的鏈結串列，例如：環狀雙向鏈結串列和含開頭節點的環狀雙向鏈結串列。

5-8-1 環狀雙向鏈結串列

我們只需結合第5-5節和5-6節的觀念，就可以建立出環狀雙向鏈結串列，如下圖所示：

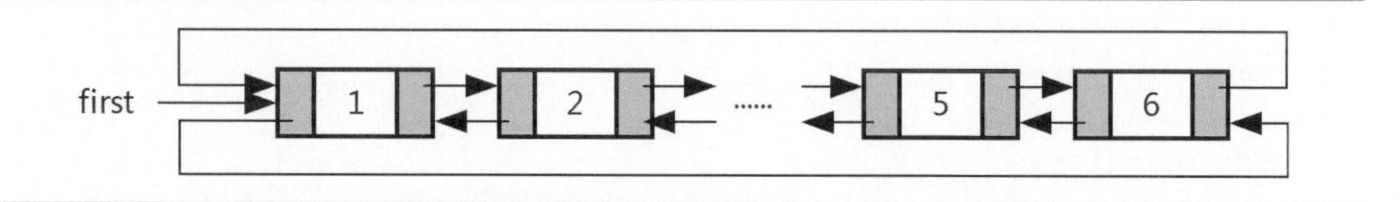

上述圖例的最後1個節點指標是指向第1個節點，第1個節點的指標同樣指向最後1個節點。這種環狀雙向串列結構繼承環狀串列優點，在處理插入和刪除的操作上只有二種情況，如下所示：

✎ 插入或刪除串列的第1個節點。

✎ 插入或刪除串列中間的節點。

程式範例Ch5_8_1.c是環狀雙向串列的基本操作，我們可以來回移動至指定節點來刪除此節點，或是插入成爲第1個節點和中間節點，因爲Ch5_8_1.c和第5-6節的程式範例十分相似，筆者就不多作說明。

5-8-2 含開頭節點的環狀雙向鏈結串列

更進一步，我們可以在環狀雙向串列加上開頭節點觀念，建立出含開頭節點的環狀雙向鏈結串列，如下圖所示：

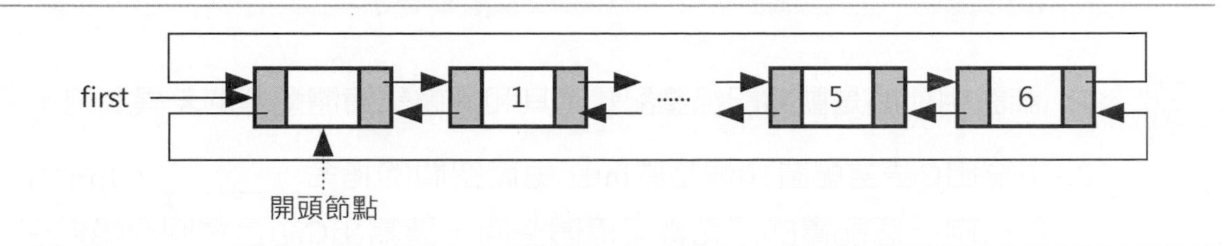

上述圖例因爲含有開頭節點，所以在串列插入和刪除節點的操作就只有一種情況，詳細作法就留給讀者自行研究。

說到這裡！在說明這麼多種串列後，讀者可能會問哪一種串列比較好？很抱歉！這需視欲解決的問題而定，現在，相信在遇到問題時，讀者可以從本章介紹的串列中思考是否有適用的串列。

不只如此，我們可能再將它們排列組合，此時可選擇的串列不是只有數種，而是數十種不同組合的串列。筆者再次強調，資料結構就是在堆積木，讀者可以自由發揮組合出最適合的資料結構來解決你的程式問題。

學習評量

1. 請說明什麼是動態記憶體配置？其和靜態記憶體配置的差異為何？
2. 請寫出C語言配置10個整數int記憶體空間的指令________。fp指標是指向一個配置的浮點數記憶體空間，請寫出C語言釋回記憶體空間的指令__________。
3. 請使用sizeof()運算子計算下列資料型態所需的記憶體空間，如下所示：

   (1) 字元char。

   (2) 浮點數float。

   (3) 結構，如下所示：

```
struct mode {
  int number;
  char name[10];
};
```

4. 陣列和串列結構都屬於一種有序的資料結構，請說明其間的差異為何？
5. 現在有一些單向鏈結串列的圖例，虛線是希望執行的指標操作，請使用C語言寫出下列各圖例ptr指標所需操作的指令，如下所示：

   (1)

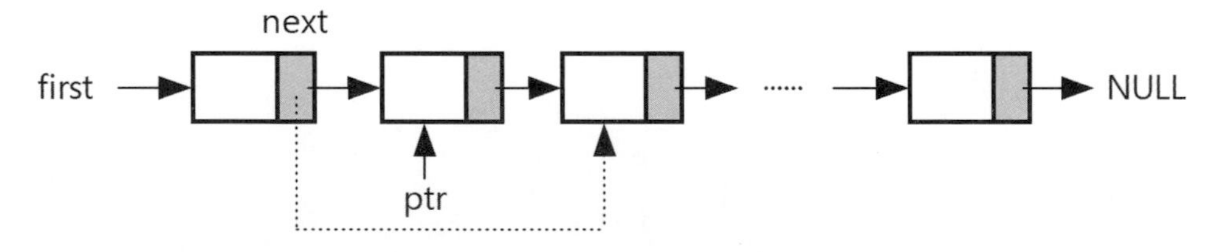

   (2)

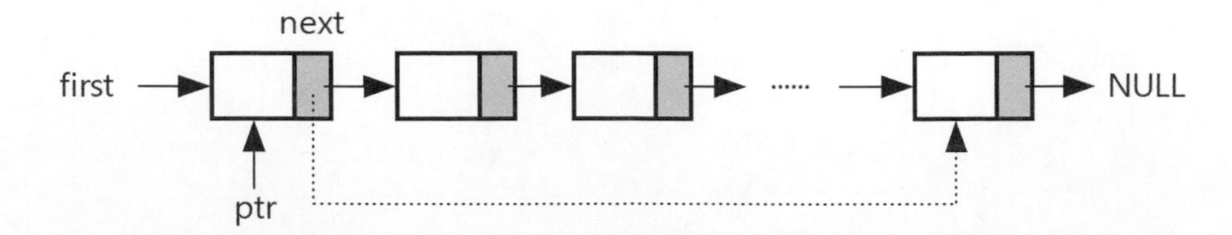

(3)

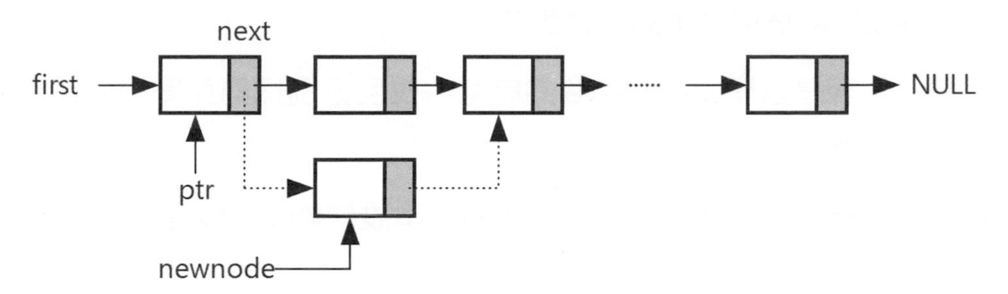

6. 請依照下列單向鏈結串列的圖例將指標指令的節點內容寫出。data是結構的資料欄位，next是指向下一節點之指標，如下圖所示：

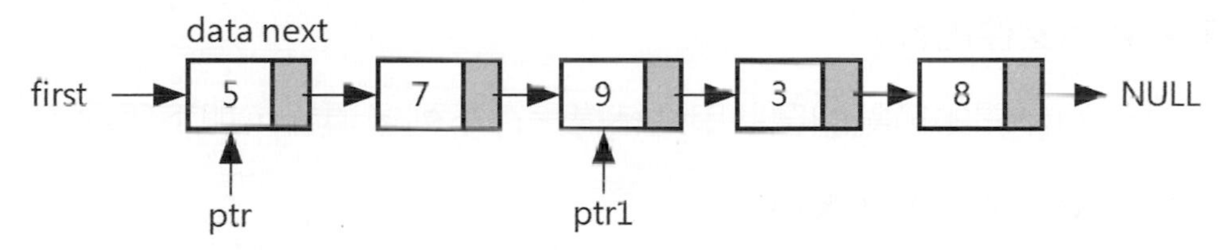

(1) ptr->data

(2) ptr1->next->data

(3) ptr->next->next->data

(4) ptr1->next->next->data

7. 請擴充第5-3節單向鏈結串列的標頭檔，使用C語言新增下列操作函數，如下所示：

- length()函數：傳回串列的節點數。
- copyList()函數：可以複製參數的串列。
- reverseList()函數：反轉串列函數，將最後1個節點變數第1個節點，最後第2個變數第2個，依此類推。
- showNode()：顯示參數節點指標的節點值。
- lastNode()：找出串列的最後1個節點，傳回節點指標。
- previousNode()：在串列中找出參數節點的前一個節點，傳回節點指標。
- deleteDupNode()：刪除重複值的節點，保留第1個出現的重複值節點。

學習評量

8. 請使用C語言新增環狀鏈結串列的三個操作函數：複製、反轉環狀串列和將兩個環狀串列連結起來。
9. 請問什麼是含開頭節點的雙向串列，並且分別探討節點插入和刪除操作的各種情況。
10. 請使用雙向鏈結串列配合C語言的字串設計簡單的文書處理程式，其功能如下所示：
    - 提供每一列的文字編輯功能。
    - 可以插入和刪除文字列。
    - 顯示文件內容。
11. 請使用含開頭節點的環狀串列結構儲存下列多項式，如下所示：

    (1) $f(x) = X^4+5X^3+4X+3$

    (2) $g(x) = 5X^2+2X+5$
12. 請擴充第5-7節多項式標頭檔的操作函數，新增多項式相加和相乘函數。
13. 請使用第5-3節的單向鏈結串列來重寫第4-4-1節和第4-4-2節雙佇列的程式範例。
14. 因為單向鏈結串列的最後一個節點是指向NULL，雖然第5-3-2節的節點刪除操作分成3種情況，但後兩個步驟的實作程式碼可以合併，請試著修改程式範例來合併這2個步驟的程式碼。
15. 同樣方式，請合併第5-3-3節節點插入後兩個步驟的程式碼。
16. 請使用雙向鏈結串列實作佇列的enqueue()和dequeue()函數。 [89暨南資管]
17. 請使用鏈結串列的觀念（不是含開頭節點）來描述如何表示一元（一個變數）多項式，再寫出可以處理兩個一元多項式相加的程式（提示：將同指數的係數相加）。 [94大葉資管]

18. 請寫一個C函數reverse()可以反轉鏈結串列，並使用圖示先說明使用的鏈結串列結構[94嘉大資管]（提示：程式需要使用3個指標來追蹤串列走訪，在使用head指標走訪時，mid指向head的前節點，last指向mid的前節點，然後就可以使用mid->next = last;來反轉串列）。

19. (　) 關於鏈結串列的敘述，下列哪些敘述是真的（複選）？

    (A) 鏈結串列需要額外空間來儲存指標　[93中央資管]

    (B) 鏈結串列可以共用某些記憶體空間，即可分享共同的子串列

    (C) 在鏈結串列加入或刪除一個節點都很容易，只需更改指標

    (D) 在鏈結串列結構可以隨意讀取第i個元素

20. 我們準備使用雙向鏈結串列來儲存學生的成績資料，請寫出C程式的節點資料結構後，建立insert()函數可以在指定節點前插入新節點。　[93中正資管]

Memo

Chapter 6

樹狀結構

學習重點

- 認識樹狀結構
- 二元樹
- 二元樹表示法
- 走訪二元樹
- 二元搜尋樹
- 樹的二元樹表示法
- 使用二元樹處理運算式

6-1 認識樹狀結構

「樹」（trees）是一種模擬現實生活中樹幹和樹枝的資料結構，屬於一種階層架構的非線性資料結構，例如：家族族譜，如下圖所示：

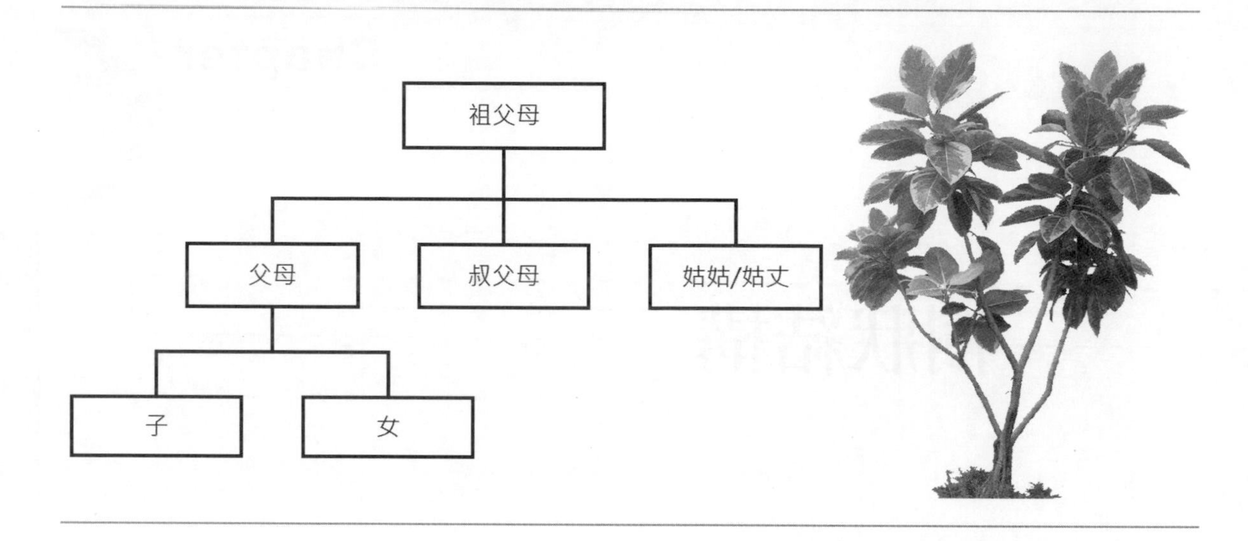

上述圖例的資料之間擁有階層關係，最上層資料如同樹的樹根，稱為「根節點」（root），在根節點之下是樹的樹枝，擁有0到n個「子節點」（children），即樹的「分支」（branch），如下圖所示：

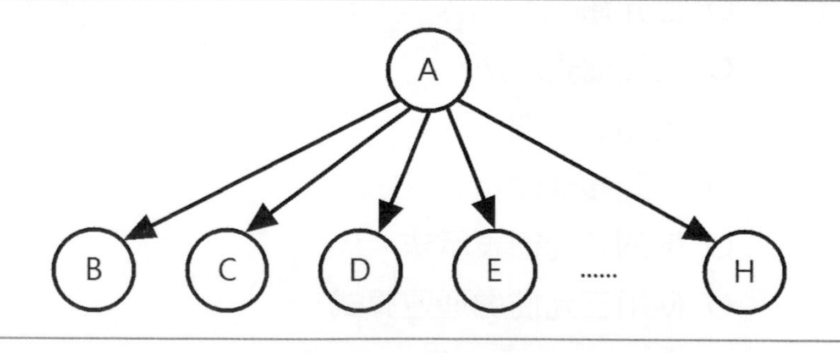

上述圖例的節點A是樹的根節點，B、C、D…和H是節點A的子節點，即樹枝，在樹枝之下還可以擁有下一層樹枝，再擁有其他子節點，如下圖所示：

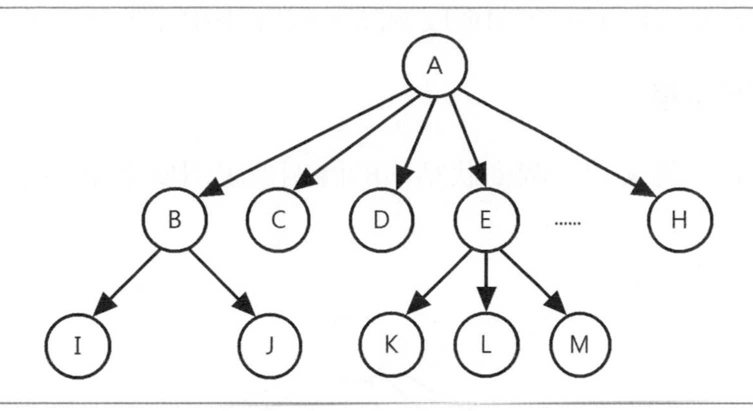

上述圖例的I和J是B的子節點，K、L和M是E的子節點，反過來說，節點B是I和J的「父節點」（parent），節點E是K、L和M的父節點，節點I和J擁有共同父節點，稱爲「兄弟節點」（siblings），K、L和M 是兄弟節點，B、C…和H節點也是兄弟節點。

樹的定義

資料結構「樹」（trees）的定義，如下所示：

> **定義 6.1**：樹的節點個數是一個或多個有限集合，且：
>
> (1) 存在一個節點稱為根節點。
>
> (2) 在根節點之下的節點分成n >= 0個沒有交集的多個子集合t_1、t_2…、t_n，每一個子集合也是一棵樹，而這些樹稱為根節點的「子樹」（subtree）。

從樹的定義可以看出在各節點之間不允許有迴圈，或不連接的左、右子樹，如下圖所示：

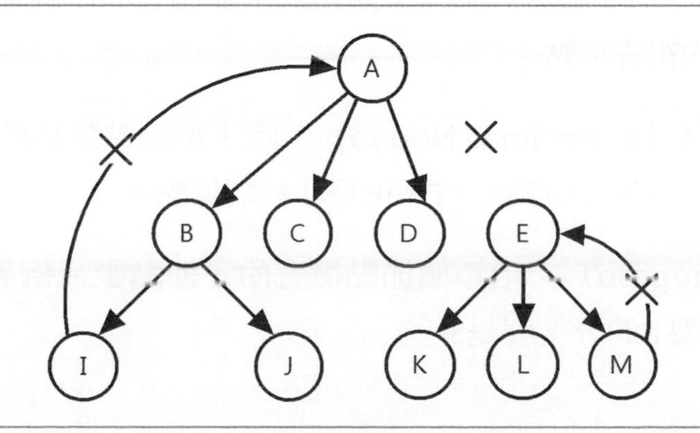

上述圖例的A、B、I和E、M造成迴圈，A和E不相連，所以並不是樹。

樹的常用相關術語

現在，筆者準備使用一個樹狀結構的圖例來說明樹常用的相關術語，如下圖所示：

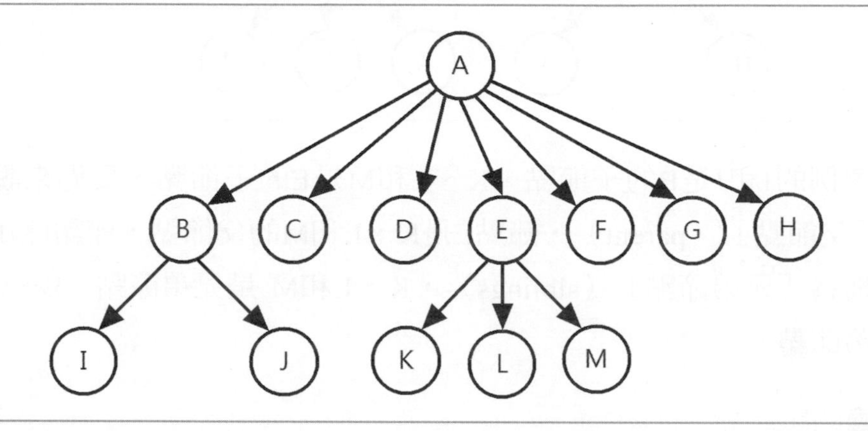

上述圖例是一棵樹，其相關術語的說明，如下所示：

- **n元樹**：樹的一個節點最多擁有n個子節點。
- **二元樹（binary trees）**：樹的節點最多只有兩個子節點，這也是我們最常使用的一種樹狀結構。
- **根節點（root）**：沒有父節點的節點是根節點。例如：節點A。
- **葉節點（leaf）**：節點沒有子節點的節點稱爲葉節點。例如：節點I、J、C、D、K、L、M、F、G和H。
- **祖先節點（ancestors）**：指某節點到根節點之間所經過的所有節點，都是此節點的祖先節點。
- **非終端節點（noterminal Nodes）**：除了葉節點之外的其它節點稱爲非終端節點。例如：節點A、B和E是非終端節點。
- **分支度（degree）**：指每個節點擁有的子節點數。例如：節點B的分支度是2，節點E的分支度是3。

✎ **階層（level）**：如果樹根是1，其子節點是2，依序可以計算出樹的階層數。例如：節點A階層是1；B、C到H是階層2；I、J到M是階層3。

✎ **樹高（height）**：樹高又稱爲樹深（depth），指樹的最大階層數。例如：上述圖例的樹高是3。

6-2 二元樹

樹依不同分支度可以區分成很多種，在資料結構中最廣泛使用的樹狀結構是「二元樹」（binary trees），二元樹是指樹中的每一個「節點」（nodes）最多只有2個子節點，即分支度小於或等於2。

二元樹的定義

二元樹的定義如下所示：

定義 6.2：二元樹的節點個數是一個有限集合，或沒有節點的空集合。二元樹的節點可以分成兩個沒有交集的子樹，稱為「左子樹」（left subtree）和「右子樹」（right subtree）。

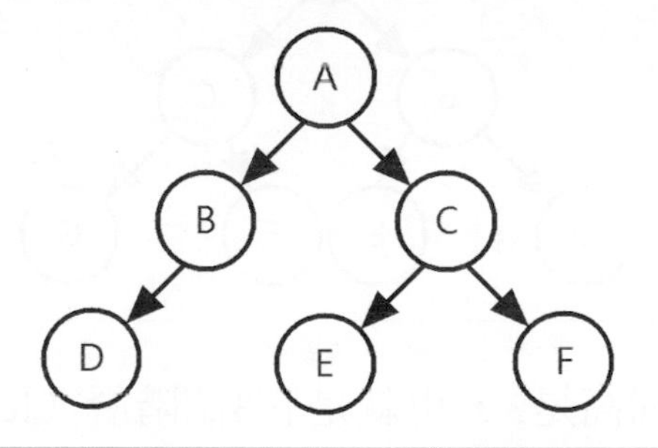

上述圖例是以節點A爲根節點的二元樹，包含以B爲根節點的左子樹和C爲根節點的右子樹，如下圖所示：

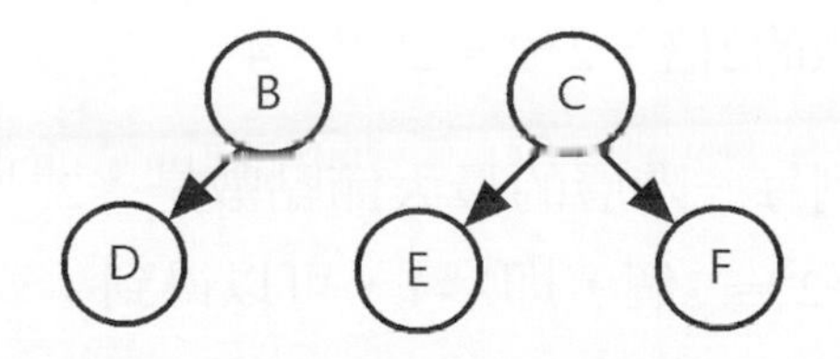

歪斜樹（skewed tree）

因為二元樹可以分成左子樹和右子樹，所以二棵樹就算擁有相同的節點數，但是仍有可能是二棵不同的二元樹，如下圖所示：

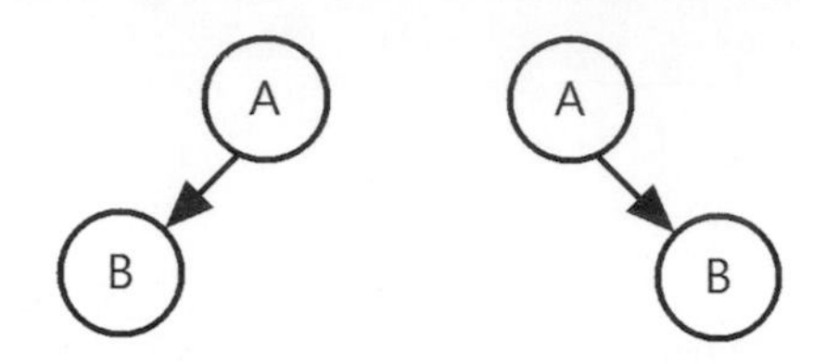

在上述圖例左邊這棵樹沒有右子樹；右邊這棵樹沒有左子樹，雖然擁有相同的節點數，但是，這是兩棵不同的二元樹，因為所有節點都是向左子樹或右子樹歪斜，稱為「歪斜樹」（skewed tree）。

完滿二元樹（full binary tree）

若二元樹的樹高是h且二元樹的節點數是2^h-1，滿足此條件的樹稱為「完滿二元樹」（full binary tree），如下圖所示：

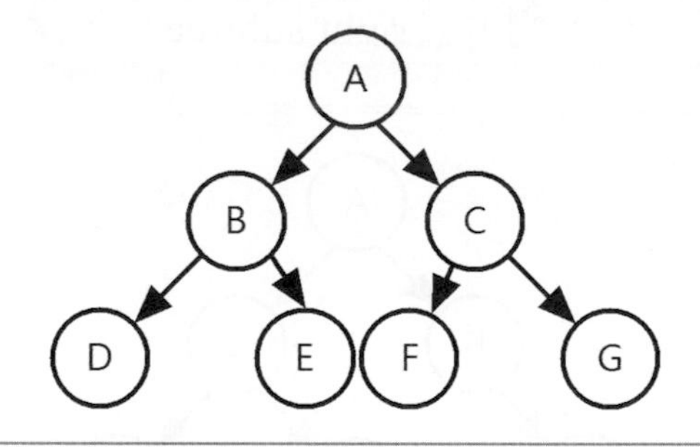

上述圖例的二元樹樹高是3，也就是有3個階層（level），因為二元樹的每一個節點有2個子節點，各階層的節點數，如下所示：

第1階：$1 = 2^{(1-1)} = 2^0 = 1$

第2階：第1階節點數的2倍，$1*2 = 2^{(2-1)} = 2$

第3階：第2階節點數的2倍，$2*2 = 2^{(3-1)} = 4$

以此類推，可以得到每一階層的最大節點數是：$2^{(l-1)}$，l是階層數，整棵二元樹的節點數共有：$2^0+2^1+2^2 = 7$個，即2^3-1，可以得到：

$2^0+2^1+2^2+\cdots+2^{(h-1)} = 2^h-1$，h是樹高

二元樹的節點數滿足上述條件，就是一棵完滿二元樹。

完整二元樹（complete binary tree）

若二元樹的節點不是葉節點，一定擁有兩個子節點，不過節點總數不足2^h-1，其中h是樹高，滿足此條件的二元樹稱為「完整二元樹」（complete binary tree），如下圖所示：

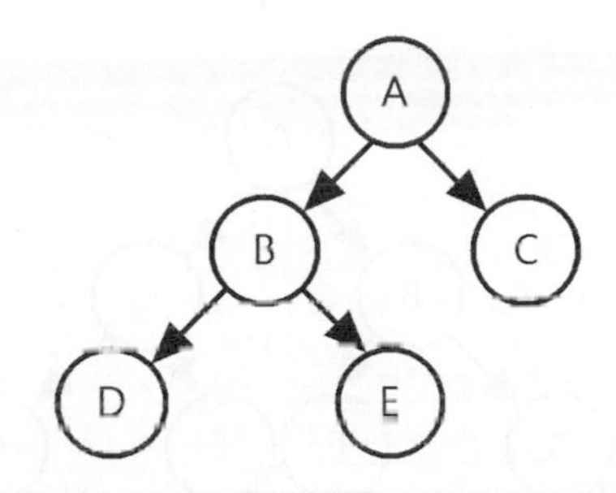

上述完整和完滿二元樹的差異只在節點C擁有子節點，和沒有子節點。

6-3 二元樹表示法

二元樹在實作上有多種方法可以建立二元樹，常用方法有三種，如下所示：

✎ 二元樹陣列表示法。

✎ 二元樹結構陣列表示法。

✎ 二元樹鏈結表示法。

上述前二種方法是使用靜態記憶體配置的陣列和結構陣列來實作二元樹，最後一種方法是使用類似單向鏈結串列的動態記憶體配置來建立二元樹。

6-3-1 二元樹陣列表示法

完滿二元樹是一棵樹高h擁有2^h-1個節點的二元樹，這是二元樹在此樹高h所能擁有的最大節點數，所以，我們只需配置2^h-1個元素的一維陣列，就可以儲存樹高h的二元樹。

筆者準備從一棵完滿二元樹的根節點編號1開始，依序給予樹高爲3二元樹的節點編號，如下圖所示：

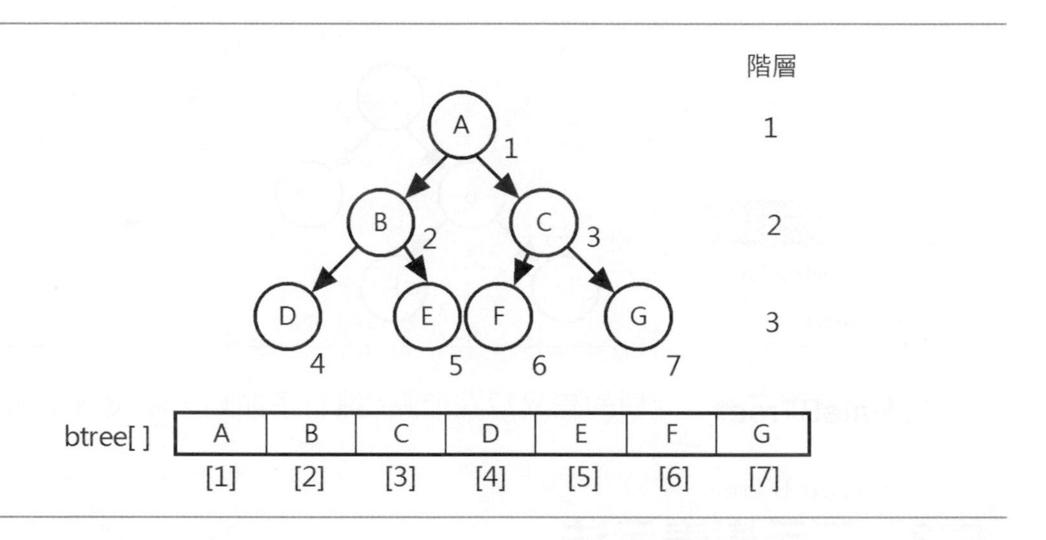

從上述圖例的節點編號可以發現二元樹的節點編號擁有循序性，根節點1的子節點是節點2和節點3，節點2是4和5，依此類推可以得到節點編號的規則，如下所示：

✎ 左子樹是父節點編號乘以2。

✎ 右子樹是父節點編號乘以2加1。

所以，節點2是根節點1乘2，節點5是父節點乘2加1，在C語言只需使用一維陣列btree[]就可以儲存二元樹的節點資料，節點編號是陣列索引值，其大小爲2^{MAX}-1，MAX是二元樹最大可能的階層數，即樹高。

二元樹陣列表示法的標頭檔：Ch6_3_1.h

```
01: /* 程式範例: Ch6_3_1.h */
02: #define MAX_LENGTH   16      /* 最大陣列尺寸 */
03: int btree[MAX_LENGTH];       /* 二元樹的陣列宣告 */
04: /* 抽象資料型態的操作函數宣告 */
05: extern void createBTree(int len, int *array);
06: extern void printBTree();
```

上述第3行的btree[]陣列是儲存二元樹的節點資料，大小是16，元素值-1表示沒有使用，陣列索引值從1開始，所以，btree[1]是二元樹的根節點，共有15個元素可以儲存二元樹的節點資料，即儲存樹高爲4的二元樹。模組函數說明如下表所示：

模組函數	說明
void createBTree(int len, int *array)	使用參數的陣列值建立二元樹的陣列表示法
void printBTree()	顯示陣列表示法的二元樹

函數createBTree()：建立二元樹

函數createBTree()讀取一維陣列的元素來建立二元樹，共建立規則，如下所示：

- ✎ 將第1個陣列元素插入成爲二元樹的根節點。
- ✎ 將陣列元素值與二元樹的節點值比較，如果元素值大於節點值，將元素值插入成爲節點的右子節點，如果右子節點不是空的，重覆比較節點值，直到找到插入位置後，將元素值插入二元樹。
- ✎ 如果元素值小於節點值，將元素值插入成爲節點的左子節點，如果左子節點不是空的，繼續重覆比較，以便將元素值插入二元樹。

例如：二元樹節點值讀取的一維陣列值依序爲：5、6、4、8、2、3、7、1和9，依據上述規則建立的二元樹，如下圖所示：

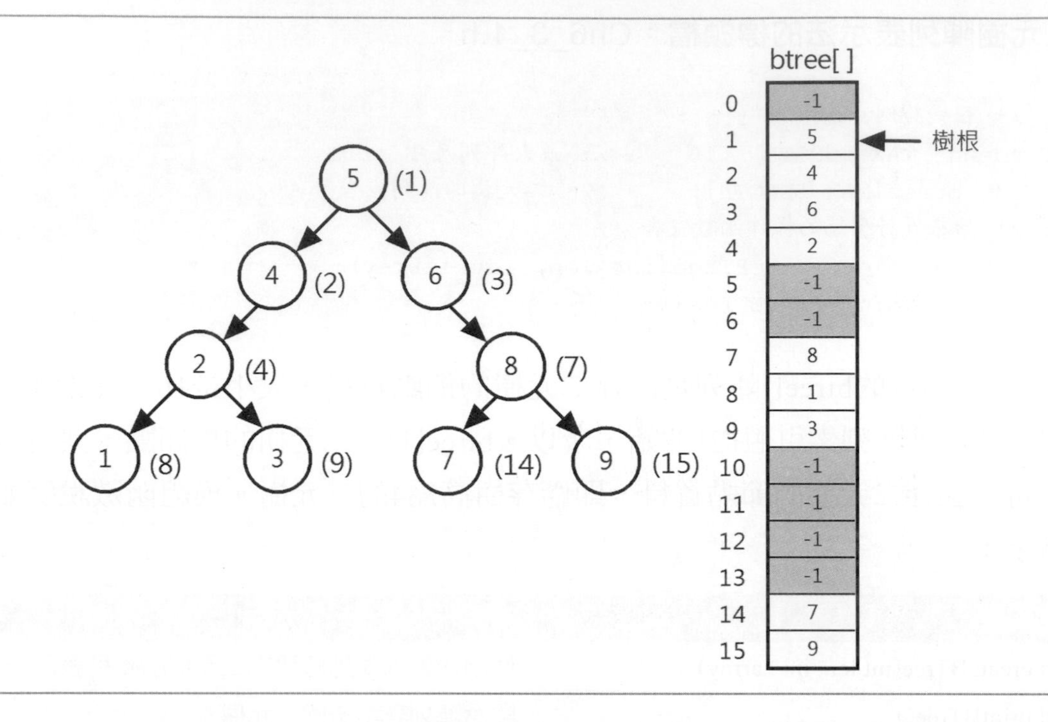

上述二元樹陣列表示法圖例的索引值0並沒有使用，整個二元樹在16個陣列元素中使用的元素共有9個，括號內是陣列的索引值。

函數createBTree()建立的二元樹事實上是一棵「二元搜尋樹」（binary search tree），二元搜尋樹屬於一種搜尋結構的二元樹，在第6-5節有進一步的說明。

函數printBTree()：顯示二元樹

函數printBTree()走訪btree[]陣列，將元素值不是-1的元素都顯示出來。

程式範例 Ch6_3_1.c

在C程式實作二元樹陣列表示法的標頭檔，使用一維陣列讀入二元樹的節點資料建立二元樹，在完成後將節點內容顯示出來，其執行結果如下所示：

```
[1:5][2:4][3:6][4:2][7:8][8:1][9:3][14:7][15:9]
```

程式內容

```
01: /* 程式範例: Ch6_3_1.c */
02: #include <stdio.h>
03: #include <stdlib.h>
04: #include "Ch6_3_1.h"
05: /* 函數: 使用陣列建立二元樹 */
06: void createBTree(int len, int *array) {
07:    int level, i;                /* 樹的階層 */
08:    /* 清除陣列元素 */
09:    for ( i = 0; i < MAX_LENGTH; i++ ) btree[i] = -1;
10:    btree[1] = array[1];        /* 建立根節點 */
11:    /* 使用迴圈新增二元樹的其它節點 */
12:    for ( i = 2; i < len; i++ ) {
13:       level = 1;                      /* 從階層1開始 */
14:       while ( btree[level] != -1 ) { /* 是否有子樹 */
15:          if (array[i] > btree[level])/* 是左或右子樹 */
16:             level = level * 2 + 1;   /* 右子樹 */
17:          else
18:             level = level * 2;        /* 左子樹 */
19:       }
20:       btree[level] = array[i];        /* 儲存節點資料 */
21:    }
22: }
23: /* 函數: 顯示二元樹 */
24: void printBTree() {
25:    int i;
26:    /* 使用迴圈顯示二元樹的節點資料 */
27:    for ( i = 1; i < MAX_LENGTH; i++ )
28:       if ( btree[i] != -1 )
29:          printf("[%d:%d]", i, btree[i]);
30:    printf("\n");
31: }
32: /* 主程式 */
33: int main() {
34:    /* 二元樹的節點資料 */
35:    int data[10] = { 0, 5, 6, 4, 8, 2, 3, 7, 1, 9 };
36:    /* 建立二元樹 */
37:    createBTree(10, data);
38:    printBTree();  /* 顯示二元樹的節點資料 */
39:    return 0;
40: }
```

程式說明

- 第4行：含括二元樹標頭檔Ch6_3_1.h。
- 第6~22行：createBTree()函數使用陣列元素建立二元樹，在第9行的for迴圈將陣列值初始為-1，第10行建立根節點，索引值是從1開始，然後在第12~21行的for迴圈插入其它節點，第14~19行的while迴圈找尋插入的陣列索引值。
- 第15~18行：if條件比較陣列元素值和節點資料，如果比較大，位在右子樹，運算式為：2*level+1，level是父節點的陣列索引值。如果比較小是位在左子樹，運算式為：2*level。
- 第24~31行：printBTree()函數使用for迴圈顯示陣列表示法的二元樹節點資料，在「:」符號前是索引值，後是節點值。
- 第37~38行：在主程式依序建立和顯示二元樹的節點資料。

二元樹的陣列表示法可以使用在任何的二元樹，以上述二元樹爲例，元素的使用效率爲：9/16，已經相當不錯，如果是一棵向左斜的歪斜樹，如下圖所示：

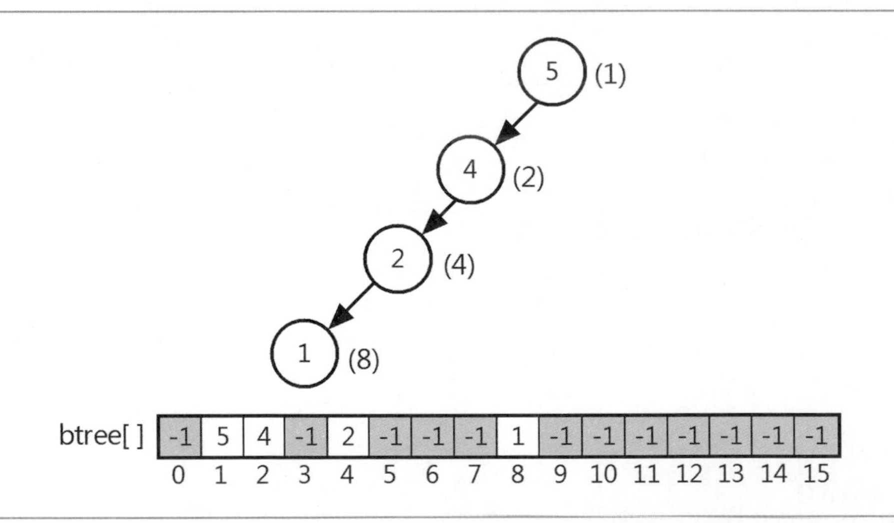

上述二元樹陣列表示法只使用不到三分之一的陣列元素4/16，因爲二元樹的節點是以循序方式儲存在陣列中，如果需要插入或刪除節點，都需要在陣列搬移大量元素。

6-3-2 二元樹結構陣列表示法

在二元樹的每一個節點可以使用C語言的結構來儲存，整棵二元樹使用一個結構陣列，結構擁有兩個成員變數分別指向左子樹和右子樹的陣列索引值，如下圖所示：

left	data	right

上述圖例是二元樹的節點結構，每一個結構是一個節點，使用結構陣列儲存整棵二元樹，data是節點資料，使用left和right成員變數的索引值指向子節點的索引值，如爲-1表示沒有子節點。

二元樹結構陣列表示法的標頭檔：Ch6_3_2.h

```
01: /* 程式範例: Ch6_3_2.h */
02: #define MAX_LENGTH   16          /* 最大陣列尺寸 */
03: struct Node {                    /* 二元樹的結構宣告 */
04:    int data;                     /* 節點資料 */
05:    int left;                     /* 指向左子樹的位置 */
06:    int right;                    /* 指向右子樹的位置 */
07: };
08: typedef struct Node TreeNode;    /* 樹的節點新型態 */
09: TreeNode btree[MAX_LENGTH];      /* 二元樹結構陣列宣告 */
10: /* 抽象資料型態的操作函數宣告 */
11: extern void createBTree(int len, int *array);
12: extern void printBTree();
```

上述第3~7行是Node結構宣告，data成員變數儲存節點資料，left和right分別指向左和右子樹的索引值，-1表示沒有子節點，在第9行宣告結構陣列btree[]儲存二元樹，根節點是索引值0。模組函數和第6-3-1節相同，筆者就不重複說明。

例如：一棵二元樹和其結構陣列表示法，如下圖所示：

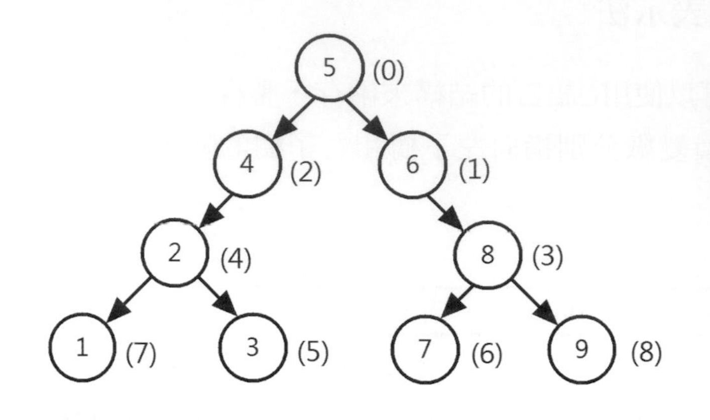

	left	data	right
0	2	5	1
1	-1	6	3
2	4	4	-1
3	6	8	8
4	7	2	5
5	-1	3	-1
6	-1	7	-1
7	-1	1	-1
8	-1	9	-1

上述圖例的根節點5是結構陣列索引值0，先從根節點的左子樹開始，left是2，表示陣列索引值2的元素是左子節點，right是1即陣列索引值1的元素是右子節點。

接著是索引值1的節點6，其left是-1表示沒有左子節點，right是3表示陣列索引值3是其右子節點，依此類推，可以追蹤二元樹的節點，直到葉節點，即left和right都是-1。

程式範例

Ch6_3_2.c

在C程式實作二元樹結構陣列表示法的標頭檔，使用一維陣列讀入二元樹的節點資料建立二元樹，在完成後將節點內容顯示出來，其執行結果如下所示：

```
    左   資料   右
0:[ 2] [ 5] [ 1]
1:[-1] [ 6] [ 3]
2:[ 4] [ 4] [-1]
3:[ 6] [ 8] [ 8]
4:[ 7] [ 2] [ 5]
5:[-1] [ 3] [-1]
6:[-1] [ 7] [-1]
7:[-1] [ 1] [-1]
8:[-1] [ 9] [-1]
```

程式內容

```
01: /* 程式範例: Ch6_3_2.c */
02: #include <stdio.h>
03: #include <stdlib.h>
04: #include "Ch6_3_2.h"
05: /* 函數: 使用陣列建立二元樹 */
06: void createBTree(int len, int *data) {
07:    int level;                        /* 樹的階層 */
08:    int i, pos;                       /* -1是左樹,1是右樹 */
09:    for ( i = 0; i < MAX_LENGTH; i++ ) {
10:       /* 清除結構陣列    */
11:       btree[i].data=0; btree[i].left=btree[i].right=-1;
12:    }
13:    btree[0].data = data[0];          /* 建立樹根節點 */
14:    for ( i = 1; i < len; i++ ) { /* 建立節點的迴圈 */
15:       btree[i].data = data[i];       /* 建立節點內容 */
16:       level = 0; pos = 0;
17:       while ( pos == 0 ) {/* 使用迴圈比較是左或右子樹 */
18:          if ( data[i] > btree[level].data )
19:             /* 右樹是否有下一階層 */
20:             if ( btree[level].right != -1 )
21:                level = btree[level].right;
22:             else pos = -1;            /* 是右樹 */
23:          else /* 左樹是否有下一階層 */
24:             if ( btree[level].left != -1 )
25:                level = btree[level].left;
26:             else pos = 1;             /* 是左樹 */
27:       }
28:       if (pos==1) btree[level].left = i;/* 鏈結左子樹 */
29:       else        btree[level].right= i;/* 鏈結右子樹 */
30:    }
31: }
32: /* 函數: 顯示二元樹 */
33: void printBTree() {
34:    int i;
35:    printf("     左   資料   右\n");
36:    for ( i = 0; i < MAX_LENGTH; i++ )
37:       if ( btree[i].data != 0 )      /* 是否是樹的節點 */
38:          printf("%2d:[%2d]  [%2d]  [%2d]\n",i,
39:          btree[i].left,btree[i].data,btree[i].right);
40: }
41: /* 主程式 */
```

```
42: int main() {
43:     /* 二元樹的節點資料 */
44:     int data[9] = { 5, 6, 4, 8, 2, 3, 7, 1, 9 };
45:     /* 建立二元樹 */
46:     createBTree(9, data);
47:     printBTree();  /* 顯示二元樹的節點資料 */
48:     return 0;
49: }
```

程式說明

- 第6~31行：createBTree()函數在第9~12行初始結構陣列的內容，第13行建立樹的根節點，接著第14~30行的for迴圈建立其它節點。
- 第17~27行：while迴圈比較陣列元素和樹節點的內容以尋找節點插入二元樹的位置，然後建立left和right變數值。變數pos決定是否已經找到插入位置，如果連接到右子樹pos值是-1；反之則是1。
- 第33~40行：printBTree()函數使用for迴圈走訪結構陣列顯示每一個陣列元素。

二元樹結構陣列表示法可以解決陣列表示法插入或刪除節點時的大量資料搬移問題，因為二元樹是依據left和right變數來連接子節點，我們只需更改索引值就可以插入和刪除節點，其唯一問題是二元樹的節點數有可能超過結構陣列的尺寸。

6-3-3 二元樹鏈結表示法

二元樹鏈結表示法是使用動態記憶體配置來建立二元樹，類似結構陣列表示法的節點結構，只是成員變數改成指向左和右子樹的兩個指標，如下圖所示：

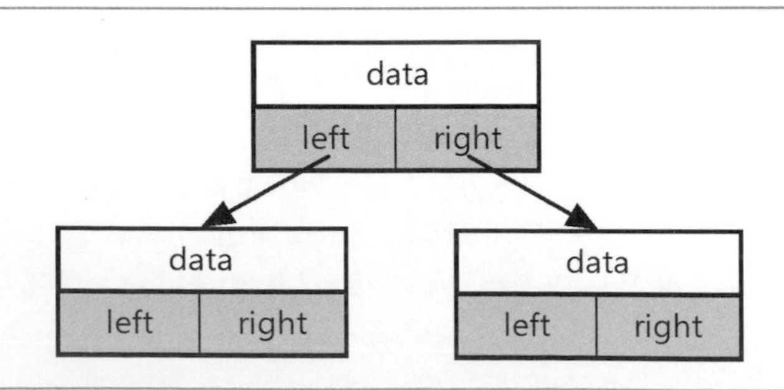

互動模擬動畫

點選【第6-3-3,6-4-1,6-5-1,6-5-2節：二元樹(二元搜尋樹)】項目，讀者可以自行輸入節點值，按【插入】鈕來模擬建立一棵二元樹的實際過程，如下圖所示：

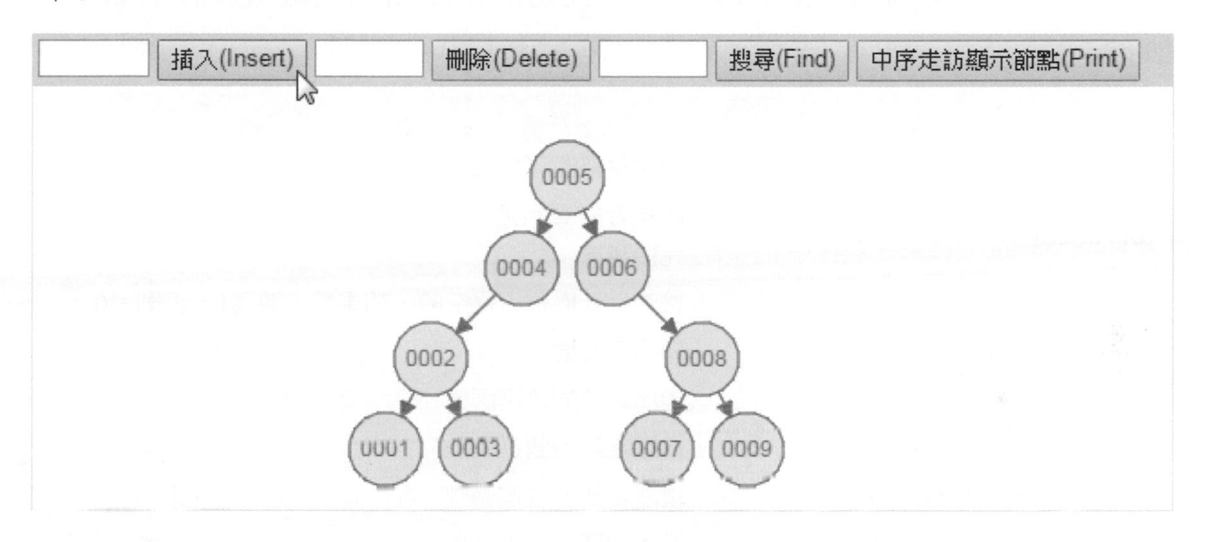

二元樹鏈結表示法的標頭檔：Ch6_3_3.h

```
01: /* 程式範例: Ch6_3_3.h */
02: struct Node {                  /* 二元樹的節點宣告 */
03:    int data;                   /* 儲存節點資料 */
04:    struct Node *left;          /* 指向左子樹的指標 */
05:    struct Node *right;         /* 指向右子樹的指標 */
06: };
07: typedef struct Node TNode;   /* 二元樹節點的新型態 */
08: typedef TNode *BTree;        /* 二元樹鏈結的新型態 */
09: BTree head = NULL;           /* 二元樹根節點的指標 */
10: /* 抽象資料型態的操作函數宣告 */
11: extern void createBTree(int len, int *array);
12: extern void insertBTreeNode(int d);
13: extern int isBTreeEmpty();
14: extern void printBTree();
15: extern void inOrder(BTree ptr);
16: extern void printInOrder();
17: extern void preOrder(BTree ptr);
18: extern void printPreOrder();
19: extern void postOrder(BTree ptr);
20: extern void printPostOrder();
```

上述第2~6行的Node結構是二元樹的節點，擁有data成員變數儲存資料和left與right指標變數指向左子樹和右子樹，如果是NULL，表示沒有子節點，在第7~8行建立二元樹節點的新型態。

在第9行的指標變數head是指向二元樹的根節點。模組函數說明如下表所示：

模組函數	說明
void createBTree(int len, int *array)	使用參數的陣列值建立二元樹
void insertBTreeNode(int d)	將參數的資料插入二元樹，插入規則就是建立一棵二元搜尋樹
int isBTreeEmpty()	檢查二元樹是否是空的，如果是，傳回1，否則為0
void printBTree()	顯示二元樹
void inOrder(BTree ptr)	中序走訪的遞迴函數
void preOrder(BTree ptr)	前序走訪的遞迴函數
void postOrder(BTree ptr)	後序走訪的遞迴函數
void printInOrder()	顯示中序走訪的結果
void printPreOrder()	顯示前序走訪的結果
void printPostOrder()	顯示後序走訪的結果

在上表的後6個函數屬於第6-4節二元樹走訪的相關函數宣告，在第6-4節有進一步的說明。

函數createBTree()和insertBTreeNode()：建立二元樹

函數createBTree()是使用for迴圈走訪參數的陣列元素，依序呼叫insertBTreeNode()函數將一個一個陣列元素的節點插入二元樹。首先是二元樹的根節點5，left和right指標指向NULL，如下圖所示：

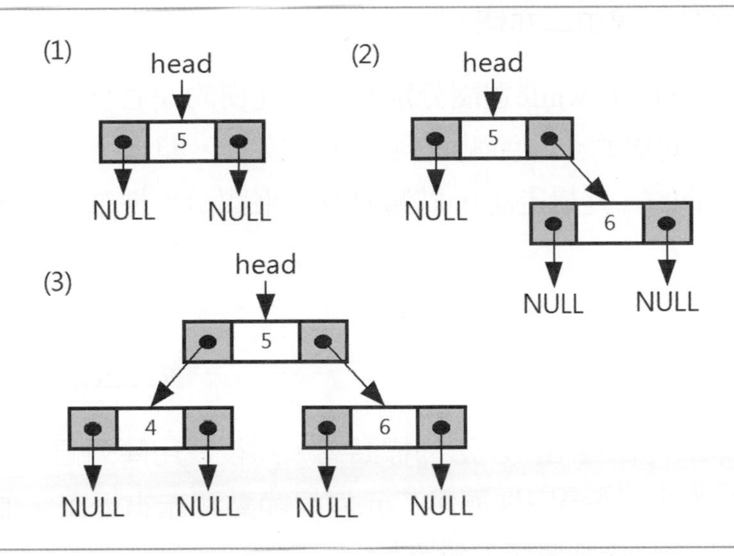

上述圖例在建立二元樹的根節點5後，第二次呼叫insertBTreeNode()函數插入元素6，在比較二元樹根節點值5後，結果比較大，所以連接至右子樹。第三次呼叫插入元素4，經比較插入成爲根節點的左子樹。等到執行完createBTree()函數的for迴圈後，建立的二元樹，如下圖所示：

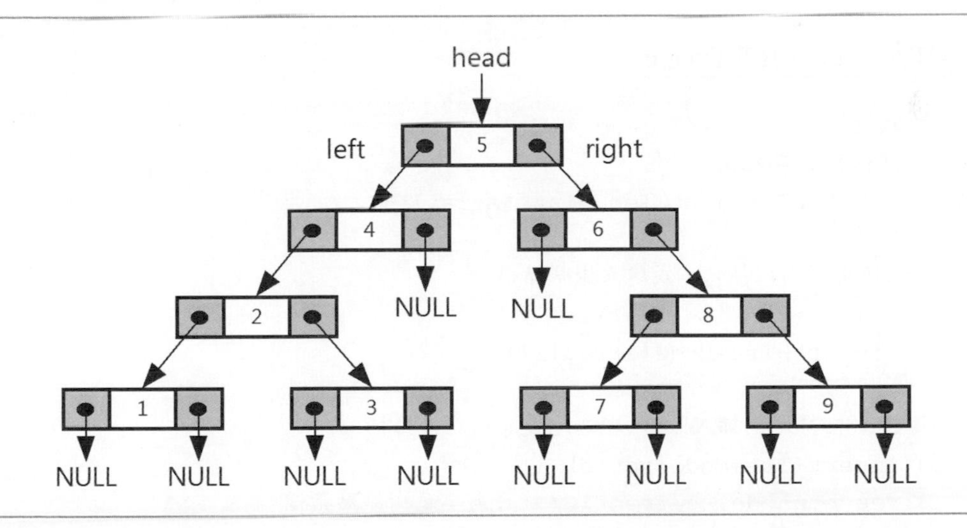

函數insertBTreeNode()就是第6-5節二元搜尋樹節點插入函數，在第6-5節有進一步的說明。

函數printBTree()：顯示二元樹

函數printBTree()使用while迴圈分別走訪二元樹的左右分支，不過這個函數並沒有辦法顯示二元樹的全部節點資料。在實務上，顯示全部的二元樹節點資料需要使用第6-4節的二元樹走訪，以遞迴方式來顯示整棵二元樹，詳細說明請參閱第6-4節。

程式範例 createBTree.c、Ch6_3_3.c

在C程式實作二元樹鏈結表示法的標頭檔，然後使用陣列值建立二元樹和顯示二元樹的節點資料，不過只能顯示二元樹根節點和左右分支，並不是二元樹的全部節點資料，其執行結果如下所示：

```
二元樹是空的: 0
二元樹的節點內容:
根節點: [5]
左子樹: [4][2][1]
右子樹: [6][8][9]
```

程式內容：createBTree.c

```
01: /* 程式範例: createBTree.c */
02: /* 函數: 建立二元樹 */
03: void createBTree(int len, int *array) {
04:    int i;
05:    /* 使用迴圈以插入方式建立樹狀結構 */
06:    for ( i = 0; i < len; i++ )
07:       insertBTreeNode(array[i]);
08: }
09: /* 函數: 在二元樹插入節點(即二元搜尋樹的節點插入) */
10: void insertBTreeNode(int d) {
11:    BTree newnode, current; /* 目前二元樹節點指標 */
12:    int inserted = 0; /* 是否插入新節點 */
13:    /* 配置新節點的記憶體 */
14:    newnode = (BTree) malloc(sizeof(TNode));
15:    newnode->data = d;        /* 建立節點內容 */
16:    newnode->left = NULL;
17:    newnode->right = NULL;
18:    if ( isBTreeEmpty() )     /* 是否空二元樹 */
19:       head = newnode;        /* 建立根節點 */
```

```
20:    else {  /* 保留目前二元樹指標 */
21:       current = head;
22:       while( !inserted )     /* 比較節點值 */
23:          if ( current->data > newnode->data ) {
24:             /* 是否是最左的子節點 */
25:             if ( current->left == NULL ) {
26:                current->left = newnode; /* 建立鏈結 */
27:                inserted = 1;
28:             } else current = current->left;/* 左子樹 */
29:          }
30:          else {  /* 是否是最右的子節點 */
31:             if ( current->right == NULL ) {
32:                current->right = newnode; /* 建立鏈結 */
33:                inserted = 1;
34:             } else current = current->right;/* 右子樹 */
35:          }
36:    }
37: }
38: /* 函數: 檢查二元樹是否是空的 */
39: int isBTreeEmpty() {
40:    if ( head == NULL ) return 1;
41:    else                return 0;
42: }
43: /* 函數: 顯示二元樹 */
44: void printBTree() {
45:    BTree ptr;
46:    printf("根節點: [%d]\n", head->data);
47:    ptr = head->left;       /* 左子樹的指標 */
48:    printf("左子樹: ");
49:    while ( ptr != NULL ) {
50:       printf("[%d]", ptr->data); /* 顯示節點 */
51:       ptr = ptr->left;     /* 左子節點 */
52:    }
53:    printf("\n右子樹: ");
54:    ptr = head->right;      /* 右子樹的指標 */
55:    while ( ptr != NULL ) {
56:       printf("[%d]", ptr->data); /* 顯示節點 */
57:       ptr = ptr->right;    /* 右子節點 */
58:    }
59:    printf("\n");
60: }
```

程式說明

▶第3~8行：createBTree()函數是使用參數陣列，在第6~7行的for迴圈呼叫insertBTreeNode()函數以插入節點方式建立二元樹。

▶第10~37行：insertBTreeNode()函數是在第14~17行配置節點的記憶體空間，第19行建立根節點，在第22~35行的while迴圈將元素插入二元樹，第23~35行的if條件判斷是插入左子樹或右子樹，在第26行插入成為左子節點，第32行插入成為右子節點。

▶第39~42行：isBTreeEmpty()函數是檢查head指標是否是NULL，以判斷二元樹是否是空的。

▶第44~60行：printBTree()函數使用2個while迴圈分別使用left和right指標走訪二元樹的左右分支，不過只能顯示部分的節點資料。

程式內容：Ch6_3_3.c

```
01: /* 程式範例: Ch6_3_3.c */
02: #include <stdio.h>
03: #include <stdlib.h>
04: #include "Ch6_3_3.h"
05: #include "createBTree.c"
06: /* 主程式 */
07: int main() {
08:     /* 二元樹的節點資料 */
09:     int data[9] = { 5, 6, 4, 8, 2, 3, 7, 1, 9 };
10:     createBTree(9, data);      /* 建立二元樹 */
11:     printf("二元樹是空的: %d\n", isBTreeEmpty());
12:     printf("二元樹的節點內容: \n");
13:     printBTree();
14:     return 0;
15: }
```

程式說明

▶第4~5行：含括Ch6_3_3.h標頭檔和實作的createBTree.c程式檔。

▶第10行：使用data[]陣列建立二元樹鏈結表示法。

▶第11~13行：檢查二元樹是否是空的和顯示二元樹。

6-4 走訪二元樹

陣列和單向鏈結串列都只能從頭至尾或從尾至頭執行單向「走訪」（traverse），不過二元樹的每一個節點都擁有指向左和右2個子節點的指標，所以走訪可以有兩條路徑。例如：一棵二元樹，如下圖所示：

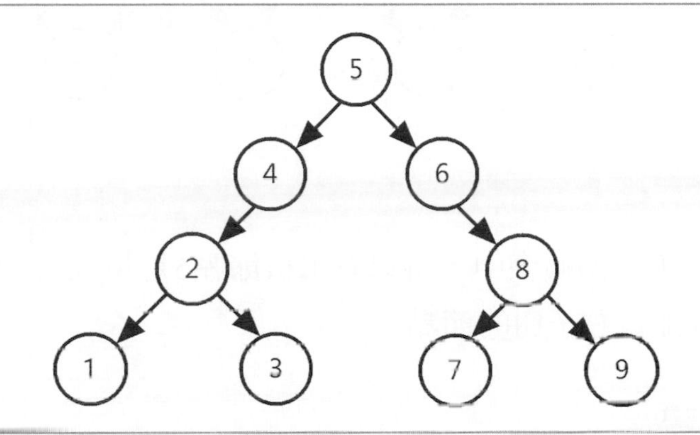

在上述圖例的二元樹中，每一個節點都可以分為左和右兩個分支。如果將它視為一張公路的路線圖，每一個節點是一個叉路，可以選擇往左或往右走，如果節點沒有左子節點或右子節點，就表示走入死胡同。

現在，我們把問題縮小，無論在哪一個節點面對的都是往左或往右的選擇，所以，二元樹的走訪過程是持續決定向左或向右走，直到沒路可走。很明顯的！二元樹的走訪是一種遞迴走訪，依照遞迴函數中呼叫的排列順序不同，分為三種走訪方式，如下所示：

- ✎ 中序走訪方式（inorder traversal）。
- ✎ 前序走訪方式（preorder traversal）。
- ✎ 後序走訪方式（postorder traversal）。

6-4-1 中序走訪方式

中序走訪是沿著二元樹的左方往下走，直到無法繼續前進後，顯示節點，退回到父節點顯示父節點，然後繼續往右走，如果右方都無法前進，顯示節點，再退回到上一層。依照中序走訪第6-4節的二元樹，其顯示的節點順序，如下圖所示：

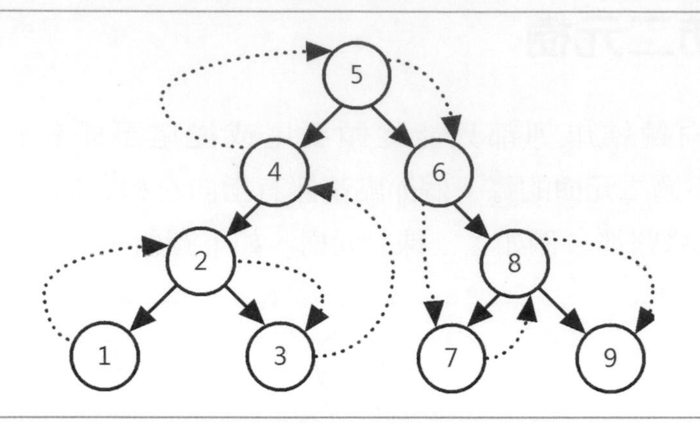


```
1,2,3,4,5,6,7,8,9
```

在上述中序走訪節點順序中，可以看出根節點5是位在正中間，之前都是左子樹的節點，之後都是右子樹的節點。

互動模擬動畫

點選【第6-3-3,6-4-1,6-5-1,6-5-2節：二元樹(二元搜尋樹)】項目，讀者可以自行輸入節點值，按【插入】鈕建立二元樹後，就可以按【中序走訪顯示節點】鈕，來輸出中序走訪的節點順序，如下圖所示：

0001	0002	0003	0004	0005	0006	0007	0008	0009

中序走訪的遞迴函數inOrder()是使用二元樹指標ptr進行走訪，其演算法步驟如下所示：

Step 1 檢查是否可以繼續前進，即指標ptr不等於NULL。

Step 2 如果可以前進，其處理方式如下所示：

(1) 遞迴呼叫inOrder(ptr->left)向左走。

(2) 處理目前的節點，顯示節點資料。

(3) 遞迴呼叫inOrder(ptr->right)向右走。

函數inOrder()的完整遞迴呼叫（不含最後一層），如下圖所示：

```
                                                               輸出
                                          ┌─inOrder(1)         →1
                          ┌─inOrder(2)────┼─printf(2)          →2
                          │               └─inOrder(3)         →3
          ┌─inOrder(4) ───┼─printf(4)                          →4
          │               └─inOrder(NULL)
inOrder(5) ─┼─printf(5)                                        →5
          │               ┌─inOrder(NULL)
          └─inOrder(6) ───┼─printf(6)                          →6
                          │               ┌─inOrder(7)         →7
                          └─inOrder(8)────┼─printf(8)          →8
                                          └─inOrder(9)         →9
```

程式範例

Ch6_4_1.c

在C程式實作inOrder()和printInOrder()函數，然後使用一維陣列值建立二元樹，以中序走訪將節點順序顯示出來，其執行結果如下所示：

```
中序走訪的節點內容:
[1][2][3][4][5][6][7][8][9]
```

程式內容

```
01: /* 程式範例: Ch6_4_1.c */
02: #include <stdio.h>
03: #include <stdlib.h>
04: #include "Ch6_3_3.h"
05: #include "createBTree.c"
06: /* 函數: 二元樹的中序走訪 */
07: void inOrder(BTree ptr) {
08:    if ( ptr != NULL ) {      /* 終止條件 */
09:       inOrder(ptr->left);    /* 左子樹 */
10:       /* 顯示節點內容 */
11:       printf("[%d]", ptr->data);
12:       inOrder(ptr->right);   /* 右子樹 */
13:    }
14: }
15: /* 函數: 中序走訪顯示二元樹 */
16: void printInOrder() {
17:    inOrder(head);   /* 呼叫中序走訪函數 */
```

```
18:     printf("\n");
19: }
20: /* 主程式 */
21: int main() {
22:     /* 二元樹的節點資料 */
23:     int data[9] = { 5, 6, 4, 8, 2, 3, 7, 1, 9 };
24:     createBTree(9, data);       /* 建立二元樹 */
25:     printf("中序走訪的節點內容: \n");
26:     printInOrder();
27:     return 0;
28: }
```

程式說明

- 第4~5行：含括Ch6_3_3.h標頭檔和實作的createBTree.c程式檔。
- 第7~14行：inOrder()是中序走訪遞迴函數，在第8行是終止條件走到無路可走，第9行遞迴呼叫自已向左走，在第11行顯示節點資料，第12行遞迴呼叫自已向右走。
- 第16~19行：在printInOrder()函數呼叫中序走訪遞迴函數inOrder()顯示二元樹的節點資料。
- 第26行：呼叫printInOrder()函數顯示二元樹。

6-4-2 前序走訪方式

前序走訪方式是走訪到的二元樹節點，就立刻顯示節點資料，走訪的順序是先向樹的左方走直到無法前進後，才轉往右方走。依照前序走訪第6-4節的二元樹，其顯示的節點順序，如下圖所示：

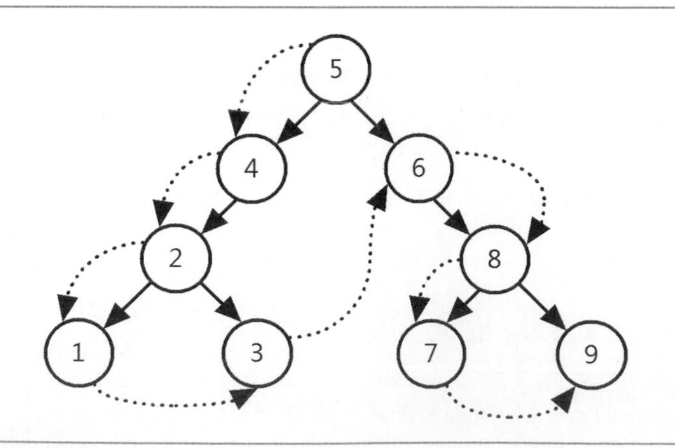

```
5,4,2,1,3,6,8,7,9
```

在上述前序走訪節點順序中，可以看出根節點5一定是第1個，左右子樹的根節點一定在其它節點之前。前序走訪的遞迴函數preOrder()使用二元樹指標ptr進行走訪，其演算法的步驟如下所示：

Step 1 先檢查是否已經到達葉節點，也就是指標ptr等於NULL。

Step 2 如果不是葉節點表示可以繼續走，其處理方式如下所示：

(1) 處理目前的節點，顯示節點資料。

(2) 遞迴呼叫preOrder(ptr->left)向左走。

(3) 遞迴呼叫preOrder(ptr->right)向右走。

上述步驟和中序走訪只在處理節點和遞迴呼叫的順序不同。函數preOrder()的完整遞迴呼叫（不含最後一層），如下圖所示：

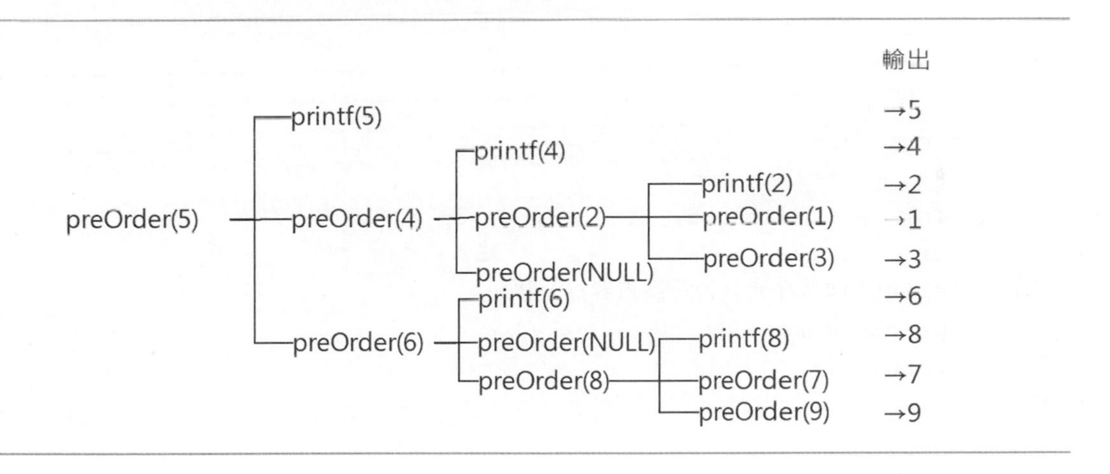

程式範例　Ch6_4_2.c

在C程式實作preOrder()和printPreOrder()函數，然後使用一維陣列值建立二元樹，以前序走訪將節點順序顯示出來，其執行結果如下所示：

```
前序走訪的節點內容:
[5][4][2][1][3][6][8][7][9]
```

程式內容

```
01: /* 程式範例: Ch6_4_2.c */
02: #include <stdio.h>
03: #include <stdlib.h>
04: #include "Ch6_3_3.h"
05: #include "createBTree.c"
06: /* 函數: 二元樹的前序走訪 */
07: void preOrder(BTree ptr) {
08:    if ( ptr != NULL ) {       /* 終止條件 */
09:       /* 顯示節點內容 */
10:       printf("[%d]", ptr->data);
11:       preOrder(ptr->left);    /* 左子樹 */
12:       preOrder(ptr->right);   /* 右子樹 */
13:    }
14: }
15: /* 函數: 前序走訪顯示二元樹 */
16: void printPreOrder() {
17:    preOrder(head);  /* 呼叫前序走訪函數 */
18:    printf("\n");
19: }
20: /* 主程式 */
21: int main() {
22:    /* 二元樹的節點資料 */
23:    int data[9] = { 5, 6, 4, 8, 2, 3, 7, 1, 9 };
24:    createBTree(9, data);      /* 建立二元樹 */
25:    printf("前序走訪的節點內容: \n");
26:    printPreOrder();
27:    return 0;
28: }
```

程式說明

- 第7~14行：preOrder()是前序走訪遞迴函數，在第8行是終止條件走到無路可走，第10行顯示節點資料，第11行遞迴呼叫自已向左走，在第12行遞迴呼叫自已向右走。
- 第16~19行：在printPreOrder()函數呼叫前序走訪遞迴函數preOrder()顯示二元樹的節點資料。

6-4-3 後序走訪方式

後序走訪方式剛好和前序走訪相反，它是等到節點的2個子節點都走訪過後才執行處理，顯示節點資料。依照後序走訪第6-4節的二元樹，其顯示的節點順序，如下圖所示：

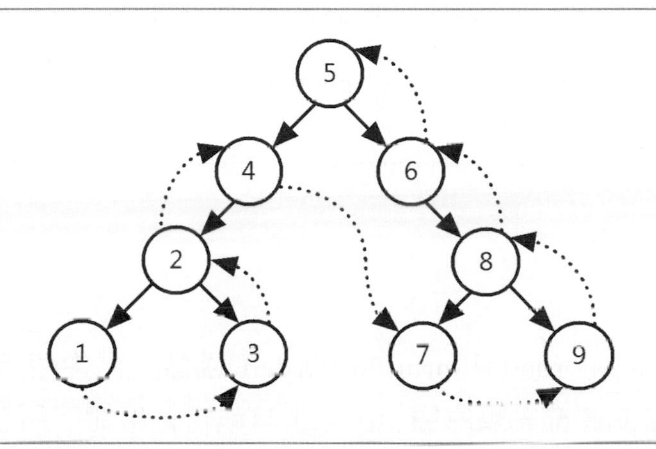


```
1,3,2,4,7,9,8,6,5
```

在上述後序走訪節點順序中，可以看出根節點5是最後1個，而且左右子樹的根節點一定在其他節點之後。後序走訪的遞迴函數postOrder()使用二元樹指標ptr進行走訪，其演算法步驟如下所示：

Step 1 先檢查是否已經到達葉節點，就是指標ptr等於NULL。

Step 2 如果不是葉節點表示可以繼續走，其處理方式如下所示：

(1) 遞迴呼叫postOrder(ptr->left)向左走。

(2) 遞迴呼叫postOrder(ptr->right)向右走。

(3) 處理目前的節點，顯示節點資料。

函數postOrder()的完整遞迴呼叫（不含最後一層），如下圖所示：

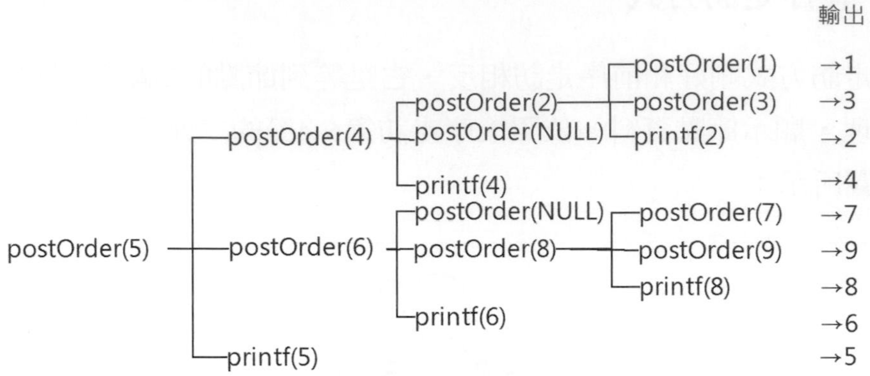

```
                                                          輸出
                                        ┌postOrder(1)     →1
                           ┌postOrder(2)┼postOrder(3)     →3
             ┌postOrder(4) ┼postOrder(NULL)└printf(2)     →2
             │             └printf(4)                     →4
             │             ┌postOrder(NULL) ┌postOrder(7) →7
postOrder(5) ┼postOrder(6) ┼postOrder(8)────┼postOrder(9) →9
             │             │                └printf(8)    →8
             │             └printf(6)                     →6
             └printf(5)                                   →5
```

程式範例 Ch6_4_3.c

在C程式實作postOrder()和printPostOrder()函數，然後使用一維陣列值建立二元樹，以後序走訪將節點順序顯示出來，其執行結果如下所示：

```
後序走訪的節點內容:
[1][3][2][4][7][9][8][6][5]
```

程式內容

```
01: /* 程式範例: Ch6_4_3.c */
02: #include <stdio.h>
03: #include <stdlib.h>
04: #include "Ch6_3_3.h"
05: #include "createBTree.c"
06: /* 函數: 二元樹的後序走訪 */
07: void postOrder(BTree ptr) {
08:    if ( ptr != NULL ) {       /* 終止條件 */
09:       postOrder(ptr->left);    /* 左子樹 */
10:       postOrder(ptr->right);   /* 右子樹 */
11:       /* 顯示節點內容 */
12:       printf("[%d]", ptr->data);
13:    }
14: }
15: /* 函數: 後序走訪顯示二元樹 */
16: void printPostOrder() {
17:    postOrder(head);  /* 呼叫後序走訪函數 */
18:    printf("\n");
19: }
```

```
20: /* 主程式 */
21: int main() {
22:     /* 二元樹的節點資料 */
23:     int data[9] = { 5, 6, 4, 8, 2, 3, 7, 1, 9 };
24:     createBTree(9, data);      /* 建立二元樹 */
25:     printf("後序走訪的節點內容: \n");
26:     printPostOrder();
27:     system("PAUSE");
28:     return 0;
29: }
```

程式說明

- 第7~14行：postOrder()是後序走訪遞迴函數，在第8行是終止條件走到無路可走，第9行遞迴呼叫自已向左走，在第10行遞迴呼叫自已向右走，第12行顯示節點資料。
- 第16~19行：在printPostOrder()函數呼叫後序走訪遞迴函數postOrder()顯示二元樹的節點資料。

6-5 二元搜尋樹

「二元搜尋樹」（binary search trees）是一種二元樹，其節點資料的排列擁有一些特性，如下所示：

- 二元樹的每一個節點值都不相同，在整棵二元樹中的每一個節點都擁有不同值。
- 每一個節點的資料大於左子節點（如果有的話）的資料，但是小於右子節點（如果有的話）的資料。
- 節點的左、右子樹也是一棵二元搜尋樹。

例如：在第6-3節建立的二元樹就是一棵二元搜尋樹，如下圖所示：

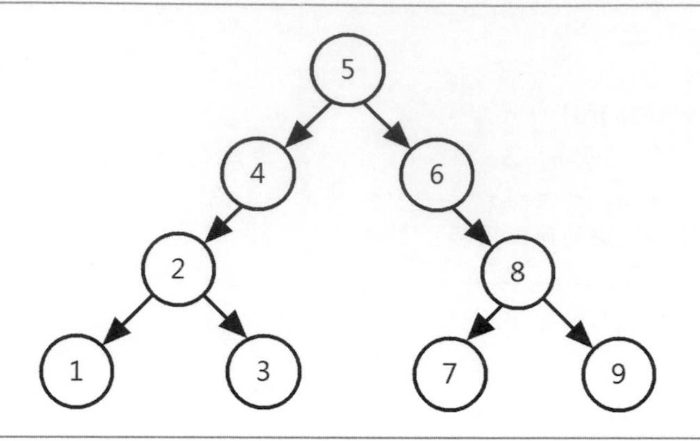

上述二元樹的節點資料符合前述規則的排列，所以這是一棵二元搜尋樹，如果使用中序走訪二元搜尋樹，可以發現節點資料是從小到大排列，如下所示：

```
1,2,3,4,5,6,7,8,9
```

上述輸出結果就是在排序節點資料。基本上，二元搜尋樹的運算有：建立、插入、刪除和搜尋，其中建立和插入運算在第6-3-3節已經說明過，筆者已經將相關程式碼修改成Ch6_5.h的二元搜尋樹和實作的createBSTree.c程式檔案。

二元搜尋樹的標頭檔：Ch6_5.h

```
01: /* 程式範例: Ch6_5.h */
02: struct Node {              /* 二元搜尋樹的節點宣告 */
03:    int data;               /* 儲存節點資料 */
04:    struct Node *left;      /* 指向左子樹的指標 */
05:    struct Node *right;     /* 指向右子樹的指標 */
06: };
07: typedef struct Node TNode;/* 二元搜尋樹節點的新型態 */
08: typedef TNode *BSTree;     /* 二元搜尋樹的新型態 */
09: BSTree head = NULL;        /* 二元搜尋樹根節點的指標 */
10: /* 抽象資料型態的操作函數宣告 */
11: extern void createBSTree(int len, int *array);
12: /* 二元搜尋樹的操作 */
13: extern void insertBSTreeNode(int d);
14: extern BSTree searchBSTreeNode(int d);
15: extern void deleteBSTreeNode(int d);
16: extern int isBSTreeEmpty();
17: extern void printBSTree();
18: extern void inOrder(BSTree ptr, char *f); /* 三種走訪 */
19: extern void preOrder(BSTree ptr, char *f);
20: extern void postOrder(BSTree ptr, char *f);
```

上述第2~6行的Node結構是二元搜尋樹的節點，擁有data成員變數儲存資料和left與right指標變數指向左右子樹，在第7~8行建立二元搜尋樹節點的新型態BSTree。

在第9行的指標變數head是指向二元搜尋樹的根節點。模組函數可以建立、插入和走訪二元搜尋樹，如下表所示：

模組函數	說明
void createBSTree(int len, int *array)	使用參數的陣列值建立二元搜尋樹
void insertBSTreeNode(int d)	將參數的資料插入二元搜尋樹
BSTree searchBSTreeNode(int d)	在二元搜尋樹搜尋參數的節點資料，找到，傳回該節點的指標
void deleteBSTreeNode(int d);	在二元搜尋樹刪除參數的節點資料
int isBSTreeEmpty()	檢查二元搜尋樹是否是空的，如果是，傳回1，否則為0
void printBSTree()	顯示二元搜尋樹
void inOrder(BSTree ptr)	中序走訪的遞迴函數
void preOrder(BSTree ptr)	前序走訪的遞迴函數
void postOrder(BSTree ptr)	後序走訪的遞迴函數

實作的createBSTree.c程式檔案

程式檔案createBSTree.c的大部分模組函數是修改自本節前的相關程式檔案，searchBSTreeNode()和deleteBSTreeNode()函數的節點搜尋和刪除將在下面兩小節說明。

6-5-1 二元搜尋樹的節點搜尋

二元搜尋樹的節點搜尋十分簡單，因為右子節點的值一定大於左子節點，所以只需從根節點開始比較，就知道搜尋值是位在右子樹或左子樹，繼續往子節點進行比較，就可以找出是否擁有指定的節點值。

例如：在第6-5節的二元搜尋樹找尋節點資料8，第一步與樹根5比較，因為比較大，所以節點在右子樹，接著和右子樹的節點6比較，還是比較大，所以繼續向右子樹走，然後是節點8，只需三次比較就可以找到搜尋值。

互動模擬動畫

點選【第6-3-3,6-4-1,6-5-1,6-5-2節：二元樹(二元搜尋樹)】項目，讀者可以自行輸入節點值，按【插入】鈕建立二元樹後，輸入搜尋值，按【搜尋】鈕來搜尋二元樹是否有此節點值。

在C程式是使用while迴圈配合ptr指標（指向根節點head）進行各子節點資料的比較，就可以執行二元搜尋樹的搜尋，如下所示：

```
while ( ptr != NULL ) {
   if ( ptr->data == d )
      return ptr;
   else
      if ( ptr->data > d ) ptr = ptr->left;
      else                 ptr = ptr->right;
}
```

上述while迴圈的if條件判斷是否找到，如果節點值比搜尋值大，ptr = ptr->left向左子樹找，否則，ptr = ptr->right向右子樹找。

程式範例 Ch6_5_1.c

在C程式建立二元搜尋樹，然後輸入搜尋值使用二元搜尋樹執行搜尋，最後將結果顯示出來，其執行結果如下所示：

```
二元樹的節點內容: [1][2][3][4][5][6][7][8][9]
請輸入搜尋的節點資料1~9(-1結束) ==> 8 Enter
二元搜尋樹包含節點[8]
請輸入搜尋的節點資料1~9(-1結束) ==> 10 Enter
二元搜尋樹不含節點[10]
請輸入搜尋的節點資料1~9(-1結束) ==> -1 Enter
```

程式內容

```
01: /* 程式範例: Ch6_5_1.c */
02: #include <stdio.h>
03: #include <stdlib.h>
04: #include "Ch6_5.h"
05: #include "createBSTree.c"
```

```
06: /* 函數: 二元搜尋樹的搜尋 */
07: BSTree searchBSTreeNode(int d) {
08:    BSTree ptr = head;
09:    while ( ptr != NULL ) {      /* 主迴圈 */
10:       if ( ptr->data == d )    /* 找到了 */
11:          return ptr;           /* 傳回節點指標 */
12:       else
13:          if ( ptr->data > d ) /* 比較資料 */
14:             ptr = ptr->left;  /* 左子樹 */
15:          else
16:             ptr = ptr->right; /* 右子樹 */
17:    }
18:    return NULL;                /* 沒有找到 */
19: }
20: /* 主程式 */
21: int main() {
22:    int temp = 0;
23:    /* 二元搜尋樹的節點資料 */
24:    int data[9] = { 5, 6, 4, 8, 2, 3, 7, 1, 9 };
25:    createBSTree(9, data);      /* 建立二元搜尋樹 */
26:    printf("二元樹的節點內容: ");
27:    printBSTree();              /* 顯示二元搜尋樹 */
28:    while ( temp != -1 ) {
29:       printf("請輸入搜尋的節點資料1~9(-1結束) ==> ");
30:       scanf("%d", &temp);  /* 讀取節點值 */
31:       if ( temp != -1 )     /* 搜尋節點資料 */
32:          if ( searchBSTreeNode(temp) != NULL )
33:             printf("二元搜尋樹包含節點[%d]\n", temp);
34:          else
35:             printf("二元搜尋樹不含節點[%d]\n", temp);
36:    }
37:    return 0;
38: }
```

程式說明

- 第4~5行：含括Ch6_5.h標頭檔和實作的createBSTree.c程式檔。
- 第7~19行：searchBSTreeNode()函數是在第9~17行使用while迴圈搜尋資料，第10~16行的if條件比較資料，在第14行從左子樹繼續搜尋，第16行從右子樹繼續搜尋。。
- 第25~27行：建立和顯示二元搜尋樹的節點資料。
- 第28~36行：在while迴圈輸入搜尋值後，第32行呼叫searchBSTreeNode()函數搜尋二元搜尋樹。

6-5-2 二元搜尋樹的節點刪除

二元搜尋樹的節點刪除可以分成多種情況，因爲二元搜尋樹在刪除節點後，仍然需要滿足二元搜尋樹的特性。

互動模擬動畫

點選【第6-3-3,6-4-1,6-5-1,6-5-2節：二元樹(二元搜尋樹)】項目，讀者可以自行輸入節點值，按【插入】鈕建立二元樹後，輸入節點值，按【刪除】鈕，就可以刪除找到的節點值。

二元搜尋樹的節點刪除分成四種情況，如下所示：

情況1：刪除葉節點

葉節點是指沒有左和右子節點的節點，例如：刪除二元搜尋樹的葉節點1和9，因爲節點9是父節點8的右子節點，所以只需將其父節點的右指標right指向NULL即可，節點1是父節點2的左子節點，所以是將left指標設爲NULL，如下圖所示：

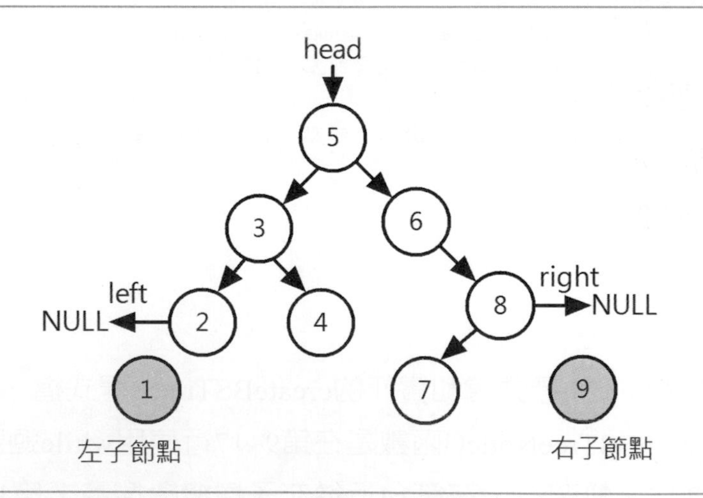


```
if ( parent->left == ptr )
   parent->left = NULL;
else
   parent->right = NULL;
```

上述parent是指向刪除節點ptr的父節點，if條件判斷是父節點的左子節點或右子節點，以便將父節點的left和right指標設爲NULL。

情況2：刪除節點沒有左子樹

如果刪除的節點並沒有左子樹，在此情況刪除節點，依節點位置可以分成二種，如下所示：

✎ **根節點**：刪除根節點5，只需將根節點指標指向其右子樹節點，如下圖所示：

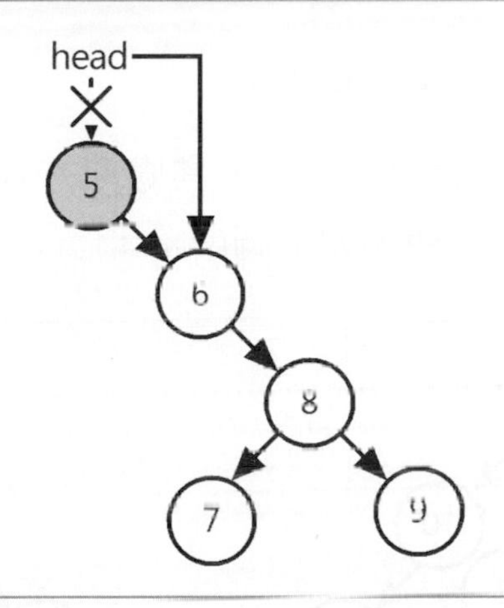


```
head = head->right;
```

✎ **中間節點**：如果刪除的是中間節點2和6，這兩個節點都沒有左子樹，此時是將刪除節點的父節點指向其右子節點即可，如下圖所示：

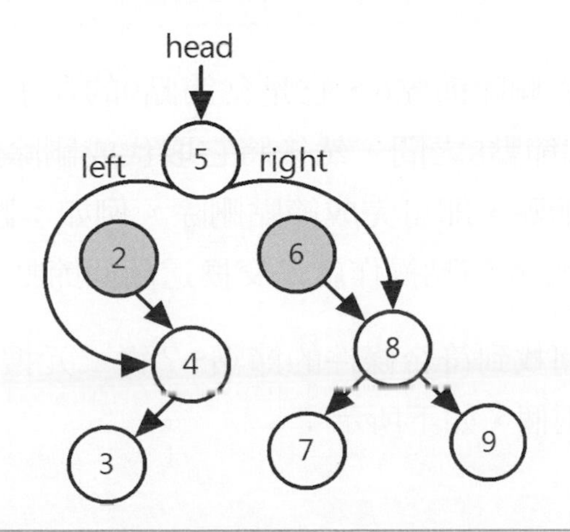

```
if ( parent->left == ptr )
     parent->left = ptr->right;
else parent->right = ptr->right;
```

上述parent是指向刪除節點ptr的父節點，if條件判斷是父節點的左子節點或右子節點，以便將父節點的left和right指標指向刪除節點的right指標。

情況3：刪除節點沒有右子樹

如果節點沒有右子樹，在此情況刪除節點，依節點的位置一樣可以分成二種：根節點和中間節點，節點刪除和情況2相似，只是左指標和右指標的交換。

情況4：刪除節點擁有左子樹和右子樹

刪除節點如果擁有左子樹和右子樹，其處理方式並不會因刪除節點的位置而不同。例如：一棵二元搜尋樹，如下圖所示：

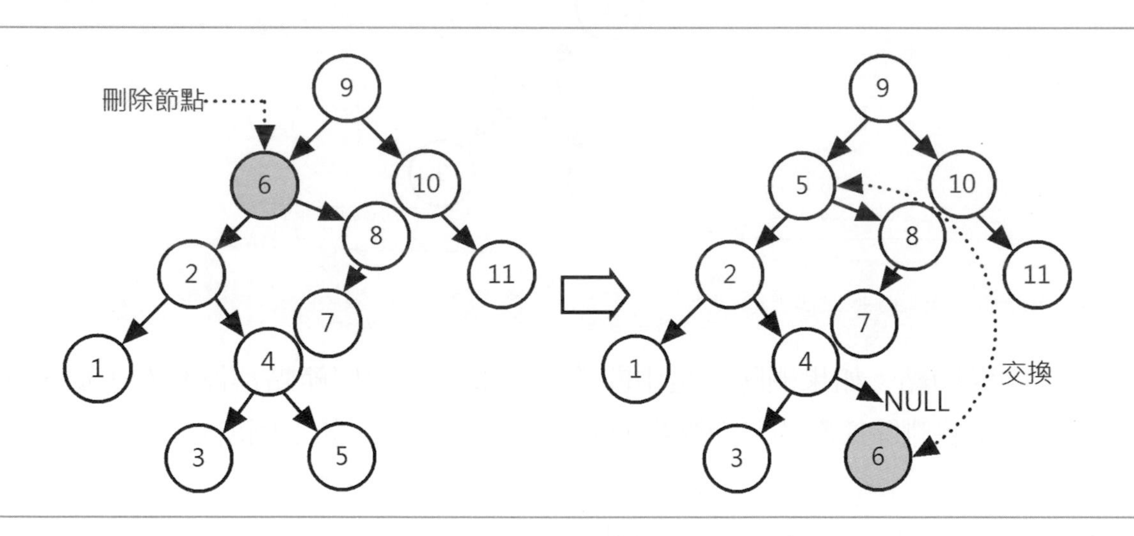

在上述二元搜尋樹刪除節點6，它是父節點9的左子樹，如果我們可以找到一個節點位在節點2和節點8之間，然後將它取代成刪除節點的位置，二元搜尋樹就不需要搬移太多節點，即可完成節點刪除。例如：刪除節點6事實上是刪除原來的葉節點5，因為刪除節點操作就是交換這兩個節點。

現在的問題是如何找到符合條件的節點5？從二元搜尋樹的特性可以看出符合條件的交換節點有兩個，如下所示：

✎ **節點5**：從節點6的左子節點2一直從右子樹走到的葉節點

✎ **節點7**：從節點6的右子節點8一直往左子樹走到的葉節點。

筆者是使用第一種方式找出符合條件的節點，即節點5，如下所示：

```
parent = ptr;
child = ptr->left;
while ( child->right!=NULL ) {
   parent = child;
   child = child->right;
}
```

上述parent是父節點，ptr是刪除節點，child是子節點，在先走到左子節點後，使用while迴圈往右子節點走，直到葉節點。

程式範例　Ch6_5_2.c

在C程式建立二元搜尋樹後，輸入節點值呼叫deleteBSTreeNode()函數將節點刪除，最後顯示刪除後的二元樹，其執行結果如下所示：

```
刪除前的節點內容: [1][2][3][4][5][6][7][8][9]
請輸入刪除的節點資料1~9(-1結束) ==> 1 Enter
刪除後的節點內容: [2][3][4][5][6][7][8][9]
請輸入刪除的節點資料1~9(-1結束) ==> 6 Enter
刪除後的節點內容: [2][3][4][5][7][8][9]
請輸入刪除的節點資料1~9(-1結束) ==> 3 Enter
刪除後的節點內容: [2][4][5][7][8][9]
請輸入刪除的節點資料1~9(-1結束) ==> -1 Enter
```

程式內容

```
01: /* 程式範例: Ch6_5_2.c */
02: #include <stdio.h>
03: #include <stdlib.h>
04: #include "Ch6_5.h"
05: #include "createBSTree.c"
06: /* 函數: 二元搜尋樹的節點刪除 */
07: void deleteBSTreeNode(int d) {
08:    BSTree parent;        /* 父節點指標 */
09:    BSTree ptr;           /* 刪除節點指標 */
```

```
10:     BSTree child;         /* 子節點指標 */
11:     int isfound = 0;      /* 是否找到刪除節點 */
12:     /* 找尋刪除節點和其父節點指標 */
13:     parent = ptr = head;
14:     while ( ptr != NULL && !isfound ) { /* 主迴圈 */
15:        if ( ptr->data == d )
16:           isfound = 1;            /* 找到刪除節點 */
17:        else {
18:           parent = ptr;           /* 保留父節點指標 */
19:           if ( ptr->data > d ) /* 比較資料 */
20:              ptr = ptr->left; /* 左子樹 */
21:           else
22:              ptr = ptr->right;/* 右子樹 */
23:        }
24:     }
25:     if ( ptr == NULL ) return;  /* 沒有找到刪除節點 */
26:     /* 刪除二元搜尋樹的節點, 情況1: 葉節點 */
27:     if ( ptr->left == NULL && ptr->right == NULL ) {
28:        if ( parent->left == ptr )
29:           parent->left = NULL; /* 左子節點 */
30:        else
31:           parent->right = NULL; /* 右子節點 */
32:        free(ptr);                 /* 釋回節點記憶體      */
33:        return;
34:     }
35:     /* 情況2: 沒有左子樹 */
36:     if ( ptr->left == NULL ) {
37:        if ( parent != ptr )       /* 相等是根節點 */
38:           if ( parent->left == ptr )
39:              parent->left = ptr->right; /* 左子節點 */
40:           else parent->right = ptr->right; /* 右子節點 */
41:        else head = head->right;/* 根節點指向右子節點 */
42:        free(ptr);                 /* 釋回節點記憶體      */
43:        return;
44:     } /* 情況3: 沒有右子樹 */
45:     if ( ptr->right == NULL ) {
46:        if ( parent != ptr )       /* 相等是根節點 */
47:           if ( parent->right == ptr )
48:              parent->right = ptr->left;/* 右子節點 */
49:           else parent->left = ptr->left;/* 左子節點 */
50:        else head = head->left;  /* 根節點指向左子節點 */
51:        free(ptr);                 /* 釋回節點記憶體      */
52:        return;
```

```
53:    } /* 情況4: 有左子樹和右子樹 */
54:    parent = ptr;                       /* 父節點指向刪除節點 */
55:    child = ptr->left;                    /* 設定成左子節點 */
56:    while ( child->right!=NULL ) { /* 找到最右的葉節點 */
57:       parent = child;                   /* 保留父節點指標 */
58:       child = child->right;             /* 往右子樹走 */
59:    }
60:    ptr->data = child->data;             /* 設定成葉節點資料 */
61:    if ( parent->left == child )         /* 子節點沒有右子樹 */
62:       parent->left = NULL;
63:    else parent->right = child->left;/* 連結左邊葉節點 */
64:    free(child);                         /* 釋回節點記憶體 */
65:    return;
66: }
67: /* 主程式 */
68: int main() {
69:    int temp = 0;
70:    /* 二元搜尋樹的節點資料 */
71:    int data[9] = { 5, 6, 4, 8, 2, 3, 7, 1, 9 };
72:    createBSTree(9, data);        /* 建立二元搜尋樹 */
73:    printf("刪除前的節點內容: ");
74:    printBSTree();                /* 顯示二元搜尋樹 */
75:    while ( temp != -1 ) {
76:       printf("請輸入刪除的節點資料1~9(-1結束) ==> ");
77:       scanf("%d", &temp);   /* 讀取節點值 */
78:       if ( temp != -1 ) {   /* 刪除節點資料 */
79:          deleteBSTreeNode(temp); /* 刪除節點 */
80:          printf("刪除後的節點內容: ");
81:          printBSTree();            /* 顯示二元搜尋樹 */
82:       }
83:    }
84:    return 0;
85: }
```

程式說明

- 第7~66行：deleteBSTreeNode()函數是在第14~24行找出刪除節點的父節點指標，第27~34行是情況1刪除葉節點。
- 第36~44行：情況2沒有左子樹，在第37~41行的if條件判斷是否是根節點。
- 第45~53行：情況3沒有右子樹，在第46~50行的if條件判斷是否是根節點。
- 第54~65行：情況4，在第56~59行的while迴圈找出左子節點最右的葉節點，第60行交換刪除的節點值，在第61~63行連接節點。

6-6 樹的二元樹表示法

在實務上，二元樹在樹狀結構之中佔有十分重要的地位，因爲所有樹都可以經過轉換，輕鬆轉換成二元樹。例如：n元樹狀結構的每個節點擁有n個分支，處理不同數分支的節點都需要設計不同表示方法的程式碼，例如：二元樹需要2個指標；三個分支需要3個指標，以此類推。

不只如此，n元樹的NULL指標問題比二元樹更加嚴重，因爲葉節點將擁有分支數個數的NULL指標，所以我們可以將樹先轉換成二元樹，直接使用二元樹表示法來建立樹狀結構。例如：一棵樹，如下圖所示：

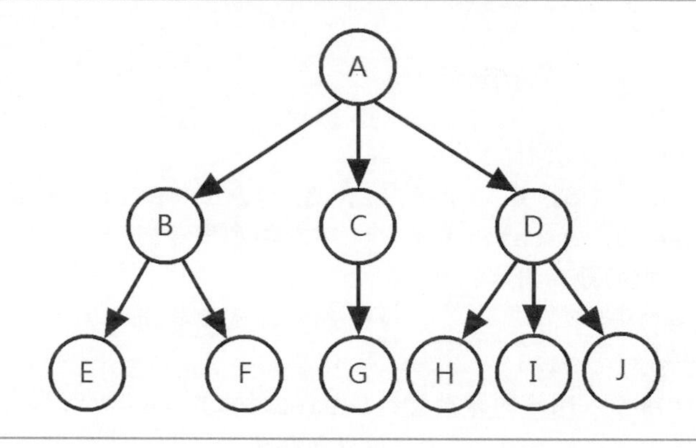

如果將上述樹轉換成二元樹，也就是將n個分支變成2個分支，只需把每個擁有同一個父節點的兄弟節點，將這些兄弟節點連接起來，保留最左邊的父子連接，將其它父子連接都打斷，就可以產生一棵二元樹，如下圖所示：

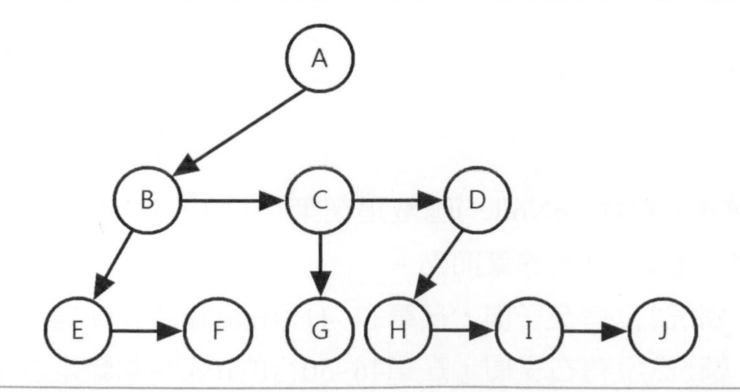

接著將連接方向調整一下，就可以得到一棵二元樹，如下圖所示：

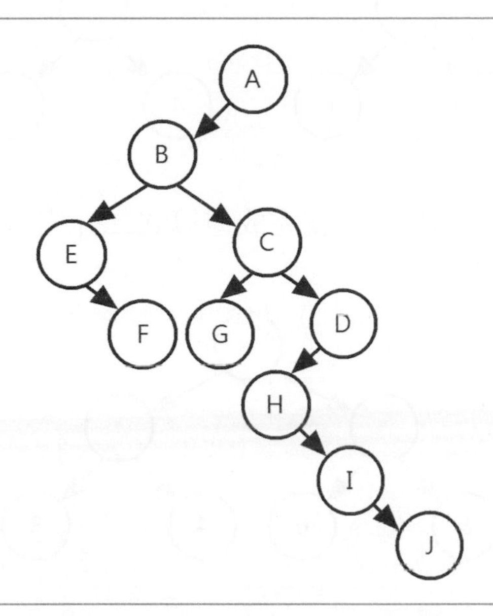

6-7 使用二元樹處理運算式

資料結構的樹可以處理各種階層關係的問題，例如：賽程表和家族族譜等，如果將資料建立成二元搜尋樹，就成為一種很好的搜尋方法，關於搜尋的說明在第9章有進一步的說明。這一節筆者準備說明二元樹應用在運算式的處理。

建立運算式二元樹

在第4章的運算式處理是使用堆疊執行轉換和求值，我們可以改為二元樹來處理運算式。例如：將中序運算式轉換成二元樹，如下所示：

```
5*6+4*3
```

上述中序運算式的運算元是二元樹的葉節點，運算子是非終端節點，因為考量運算子的優先順序，乘號大於加號，所以前後兩個乘號運算子先處理，可以建立成二棵二元樹，如下圖所示：

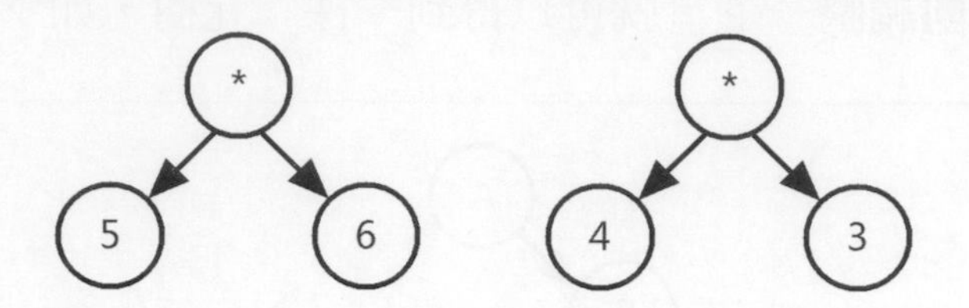

接著處理低優先順序的加號，就完成運算式二元樹，如下圖所示：

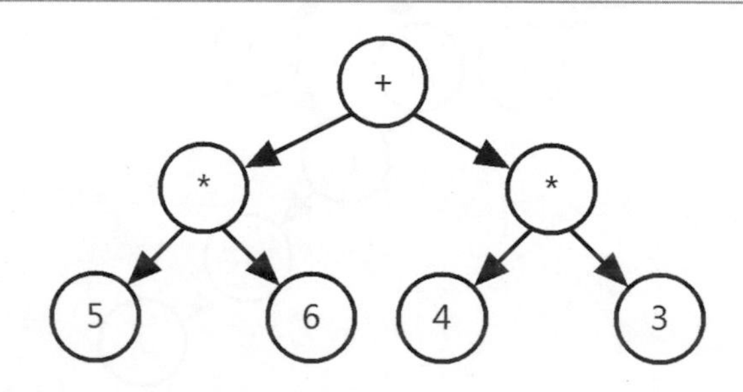

上述圖例是依據運算子優先順序建立的二元樹。一棵沒有依據算子優先順序建立的運算式二元樹，如下圖所示：

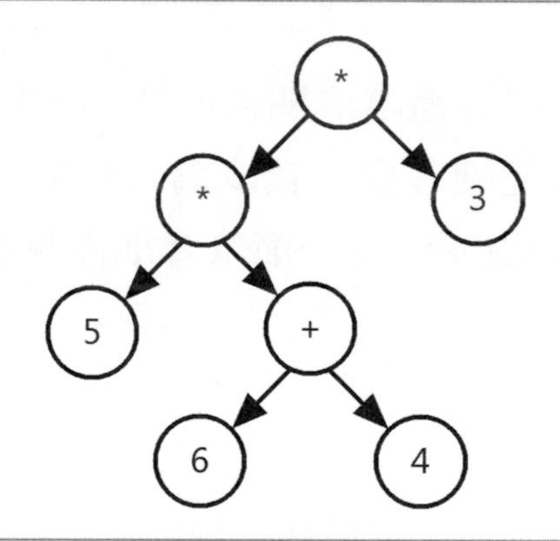

運算式二元樹的計算

運算式二元樹只需從葉節點開始計算各子節點的值，然後依序往上就可以計算出整棵運算式二元樹的值，如下所示：

✎ **有優先順序的二元樹**：42

```
5*6 = 30
4*3 = 12
30+12 = 42
```

✎ **不考慮優先順序的二元樹**：150

```
6+4 = 10
5*10 = 50
50*3 = 150
```

運算式二元樹的建立與優先順序有關，如果有考量運算子的優先順序，就有可能建立出不同的運算式二元樹，產生不同的計算結果。

運算式二元樹的走訪

運算式二元樹的走訪一樣可以使用中序、前序和後序走訪。使用中序走訪運算式二元樹，可以得到中序運算式，如下所示：

✎ **有優先順序的二元樹**：5*6+4*3

✎ **不考慮優先順序的二元樹**：5*6+4*3

上述走訪結果的運算式相同，這是因爲運算式沒有使用括號。繼續使用前序走訪這兩棵二元樹，可以得到前序運算式，如下所示：

✎ **有優先順序的二元樹**：+*56*43

✎ **不考慮優先順序的二元樹**：**5+643

此時兩個前序運算式就不相同。最後是後序走訪的結果，如下所示：

✎ **有優先順序的二元樹**：56*43*+

✎ **不考慮優先順序的二元樹**：564+*3*

所以，我們只需走訪運算式二元樹就可以顯示前序、中序或後序運算式，所以將運算式建立成運算式二元樹後，就可以輕易解決運算式的轉換和計算。

程式範例

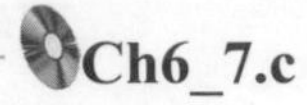

在C程式將前述運算式二元樹存入陣列，然後使用遞迴將它轉換成二元樹鏈結表示法，接著顯示三種走訪結果，最後將運算式結果計算出來，其執行結果如下所示：

```
中序運算式(中序走訪): 5*6+4*3
前序運算式(前序走訪): +*56*43
後序運算式(後序走訪): 56*43*+
運算式值= 42
```

程式內容

```
01: /* 程式範例: Ch6_7.c */
02: #include <stdio.h>
03: #include <stdlib.h>
04: #include "Ch6_5.h"
05: #include "createBSTree.c"
06: /* 二元樹的陣列表示法轉換成鏈結表示法 */
07: BSTree transformBSTree(int len, int *array, int pos) {
08:    BSTree newnode;                /* 新節點指標 */
09:    if ( array[pos] == 0 || pos >= len )  /* 終止條件 */
10:       return NULL;
11:    else  {/* 建立新節點記憶體 */
12:       newnode = ( BSTree )malloc(sizeof(TNode));
13:       newnode->data = array[pos]; /* 建立節點內容 */
14:       /* 建立左子樹的遞迴呼叫 */
15:       newnode->left=transformBSTree(len,array, 2*pos);
16:       /* 建立右子樹的遞迴呼叫 */
17:       newnode->right=transformBSTree(len,array,2*pos+1);
18:       return newnode;
19:    }
20: }
21: /* 計算二元運算式的結果 */
22: int cal(int op,int operand1,int operand2) {
23:    switch ( (char) op ) {
24:       case '*': return ( operand2 * operand1 ); /* 乘 */
25:       case '/': return ( operand2 / operand1 ); /* 除 */
26:       case '+': return ( operand2 + operand1 ); /* 加 */
27:       case '-': return ( operand2 - operand1 ); /* 減 */
28:    }
29: }
```

```
30: /* 計算二元樹運算式的值 */
31: int eval(BSTree ptr) {
32:    int operand1 = 0;         /* 第1個運算元變數 */
33:    int operand2 = 0;         /* 第2個運算元變數 */
34:    /* 終止條件 */
35:    if ( ptr->left == NULL && ptr->right == NULL )
36:       return ptr->data-48; /* 傳回葉節點的值 */
37:    else {
38:       operand1 = eval(ptr->left);  /* 左子樹 */
39:       operand2 = eval(ptr->right); /* 右子樹 */
40:       return cal(ptr->data, operand1, operand2);
41:    }
42: }
43: /* 主程式 */
44: int main() {
45:    /* 運算式二元樹節點資料 */
46:    int data[8] = {' ','+','*','*','5','6','4','3' };
47:    head = transformBSTree(8, data, 1);/* 轉換二元樹 */
48:    printf("中序運算式(中序走訪): ");
49:    inOrder(head, "%c");              /* 中序顯示二元樹 */
50:    printf("\n前序運算式(前序走訪): ");
51:    preOrder(head, "%c");             /* 前序顯示二元樹 */
52:    printf("\n後序運算式(後序走訪): ");
53:    postOrder(head, "%c");            /* 後序顯示二元樹 */
54:    printf("\n運算式值= %d\n", eval(head));/* 計算結果 */
55:    return 0;
56: }
```

程式說明

- 第4~5行：含括Ch6_5.h標頭檔和實作的createBSTree.c程式檔。
- 第7~20行：transformBSTree()遞迴函數可以將二元樹陣列表示法轉換成鏈結表示法，在第9~10行是終止條件，第12~13行配置節點的記憶體空間，第15行遞迴呼叫自已建立左子樹，在17行遞迴呼叫自已建立右子樹。
- 第22~29行：cal()函數計算參數二元運算式的值。
- 第31~42行：eval()函數使用後序走訪方式計算運算式二元樹的值。
- 第47~54行：在轉換成二元樹鏈結表示法後，分別執行中序、前序和後序走訪來顯示運算式，最後是在第54行計算運算式的運算結果。

學習評量

1. 請說明什麼是樹？二元樹？然後以圖例說明歪斜樹？完滿二元樹？完整二元樹？
2. 現在有一棵二元樹，如下圖所示：

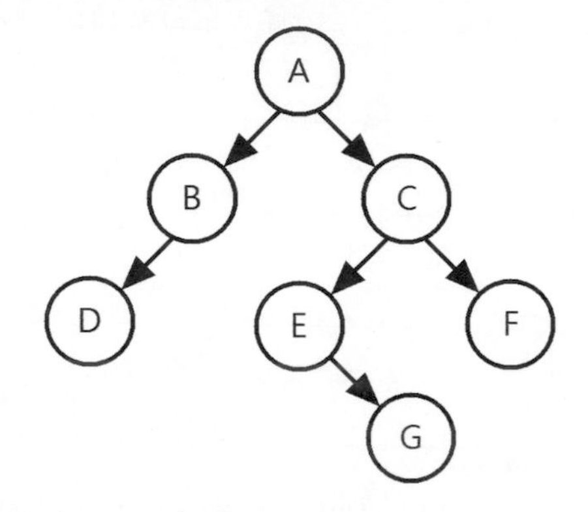

請回答下列關於樹的一些問題，如下所示：

- 二元樹的樹高為____。
- 二元樹的根節點：______，葉節點：______、_____和_______。
- 節點G的祖先節點：________________________。
- 節點E的兄弟節點：________。

3. 二元樹的樹高為h，則此二元樹最多有__________個節點（完滿二元樹），最少有______個節點。
4. 二元樹的擁有n個節點，則此二元樹最大樹高為______（歪斜樹），最小樹高為______（完滿二元樹）。
5. 請設計C程式以陣列表示法建立節點是小寫字元的二元樹，二元樹左子樹的ASCII值小於根節點的ASCII值，右子樹的值都大於或等於根節點的值，如下圖所示：

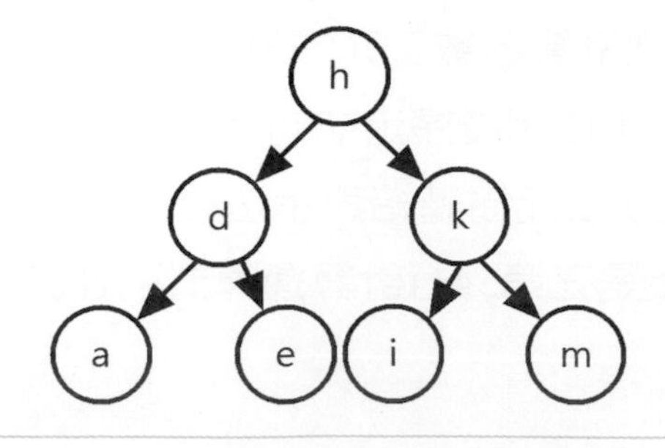

6. 請分別使用陣列表示法和結構陣列表示法繪出習題2.和5.的二元樹。

7. 請分別將習題2.和5.的二元樹寫出中序、前序和後序走訪過程。

8. 假設二元樹的前序走訪順序：ABDGECF，中序走訪順序：GDBEACF，在前序走訪的第1個是根節點，中序走訪的兩端是左右子樹，如下圖所示：

根節點
前序走訪順序：A B D G E C F

中序走訪順序：G D B E A C F
左子樹　右子樹

上述圖例左右子樹在前序走訪最先出現的節點是此子樹的根節點，請依此規則繪出這棵二元樹？然後寫出前序走訪順序？

9. 請試著寫出下列二元樹的相關函數，如下所示：
   - countBTree()：計算二元樹的節點個數。
   - hightBTree()：計算二元樹的樹高。
   - leafBTree()：顯示二元樹所有的葉節點。

10. 請說明什麼是二元搜尋樹？並且舉例說明二元搜尋樹的節點刪除？

11. 如果陣列輸入的資料依序是：40,23,45,12,5,2,67,89,13，請使用第1個輸入值為根節點建立二元搜尋樹。

12. 請將下列樹轉換成二元樹，如下圖所示：

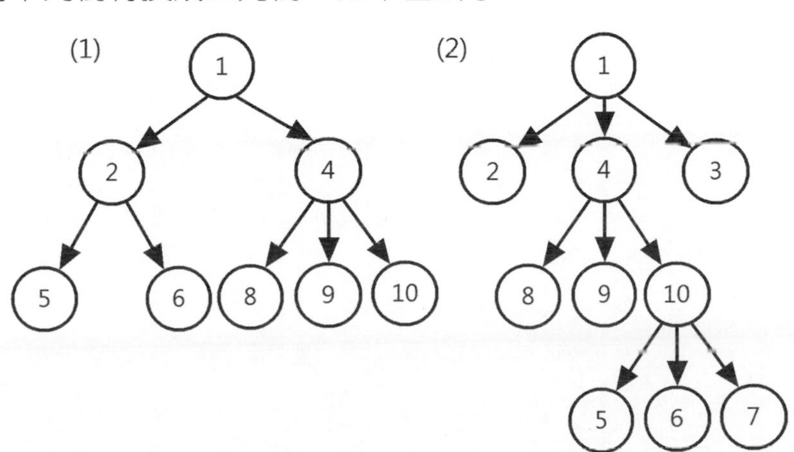

學習評量

13. 請修改第6-7節的範例程式，程式可以直接輸入中序運算式，然後建立運算式二元樹。
14. 請考慮優先順序繪出下列各運算式的運算式二元樹，如果是前序和後序運算式，請先轉換成中序運算式後再行建立，如下所示：
    - AB+CD*E-+
    - (A-B)*C+D/E
    - +-AB*CD
15. 請繪出依序插入：3,1,4,6,9,2,5,7至一棵空的二元搜尋樹的最後結果。 [95中山資管]
16. (　) 一棵完整二元樹有21個節點，請問這棵二元樹的樹高為：
    (A) 3　(B) 4　(C) 5　(D) 6 [95東華資工]

Chapter 7

圖形結構

學習重點

- 認識圖形
- 圖形表示法
- 走訪圖形
- 最低成本擴張樹
- 圖形的最短路徑
- 拓樸排序

7-1 圖形的基本觀念

在日常生活中，我們常常將複雜觀念或問題使用圖形來表達，例如：在進行系統分析、電路分析、電話佈線和企劃分析等。因爲圖形化可以讓人更容易了解，所以「圖形」（graph）是資料結構一種十分重要的結構。例如：城市之間的公路圖和電腦網路配置圖，如下圖所示：

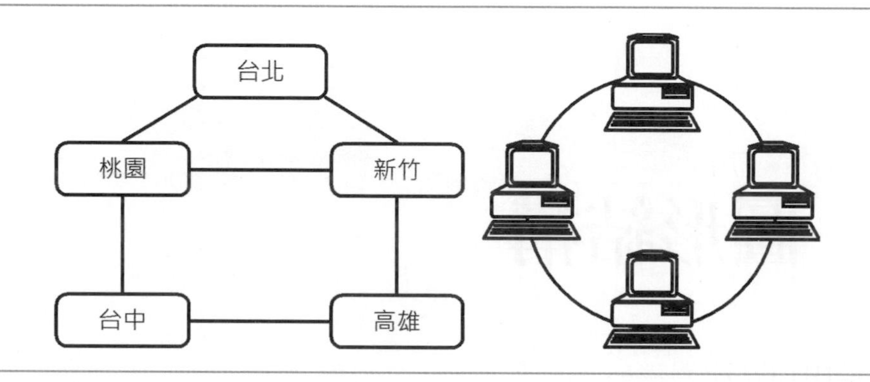

圖形的定義

圖形是由有限的頂點和邊線集合所組成，其定義如下所示：

> **定義 7.1**：圖形G是由V和E兩個集合組成，寫成：
>
> G = (V, E)
>
> V：「頂點」（vertices）組成的有限非空集合。
>
> E：「邊線」（edges）組成的有限集合，這是成對的頂點集合。

圖形通常使用圓圈代表頂點，頂點之間的連線是邊線。例如：上述公路圖繪成的圖形G1和另一個樹狀圖形G2，如下圖所示：

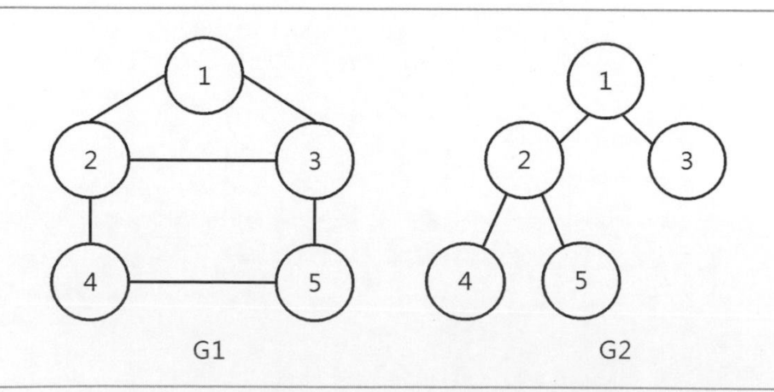

上述圖例的圓圈代表頂點，圖形共擁有5個頂點V1、V2、…、V5，V(G1)是圖形G1的頂點集合，V(G2)是圖形G2，如下所示：

```
V(G1) = { V1, V2, V3, V4, V5 }
V(G2) = { V1, V2, V3, V4, V5 }
```

圖形G1頂點和頂點之間的邊線有6條，G2有4條，E(G1)是圖形G1的邊線集合，E(G2)是圖形G2，如下所示：

```
E(G1) = { (V1,V2),(V1,V3),(V2,V3),(V2,V4),(V3,V5),(V4,V5) }
E(G2) = { (V1,V2),(V1,V3),(V2,V4),(V2,V5) }
```

上述邊線是使用括號括起的兩個頂點，例如：(V1,V2)表示從頂點V1到V2存在一條邊線。

圖形種類

圖形是由頂點和邊線所組成，依邊線集合E(G)中頂點是否擁有順序性，可以分為兩種，如下所示：

- **無方向性圖形（undirected graph）**：圖形的邊線沒有標示方向的箭頭，邊線只代表頂點之間是相連的。例如：圖形G1和G2是無方向性圖形，所以(V1,V2)和(V2,V1)代表同一條邊線。
- **方向性圖形（directed graph）**：在圖形的邊線加上箭號標示頂點之間的循序性。例如：圖形G3，如下圖所示：

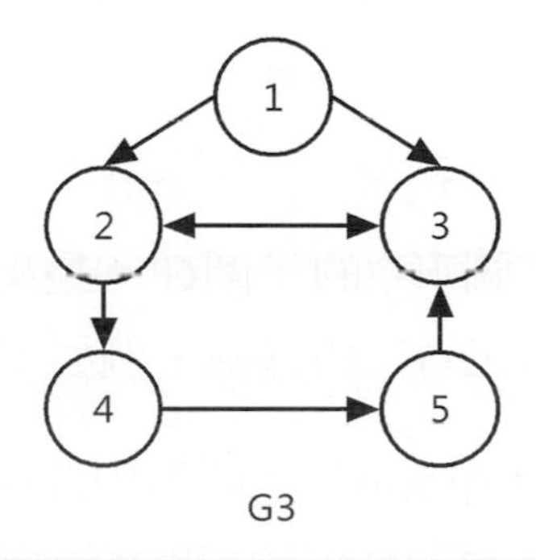

G3

上述圖形G3是方向性圖形，G3圖形的頂點和邊線集合V(G3)、E(G3)，如下所示：

```
V(G3) = { V1, V2, V3, V4, V5 }
E(G3) = { <V1,V2>,<V1,V3>,<V2,V3>,<V3,V2>,<V2,V4>,<V4,V5>,<V5,V3> }
```

上述方向性圖形的邊線是使用角括號表示，即<V1,V2>，因爲擁有循序性，<V1,V2>不等於<V2,V1>，也就是說，頂點1和頂點2的關係是從頂點1到頂點2，而不是從頂點2到頂點1。

在圖形中各頂點之間相連的邊線稱爲「路徑」（path），例如：圖形G3的頂點2到頂點1沒有路徑相連，若頂點1到頂點5需要經過n個邊線，n就是頂點1到頂點5的「路徑長度」（length）。

常用的圖形術語

常用的圖形術語，筆者整理如下所示：

- **完整圖形（complete graph）**：一個n頂點的無方向性圖形擁有n(n-1)/2條邊線，例如：4頂點的完整圖形G4擁有6條邊線，如下圖所示：

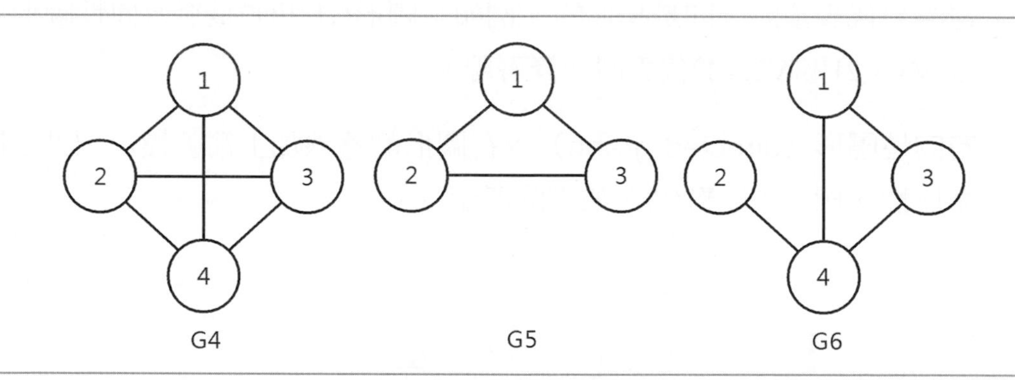

- **子圖（subgraph）**：圖形G的子圖G'，是指G的頂點包含或等於G'的頂點，G的邊線包含或等於G’的邊線，例如：G5和G6是G4的子圖。
- **相連圖形（connected graph）**：圖形內任何兩個頂點都有路徑相連接。例如：圖形G1、G2、G3、G4、G5和G6是相連圖形。
- **不相連圖形（disconnected graph）**：圖形內至少有兩個頂點之間是沒有路徑相連的。例如：圖形G7的頂點3，如下圖所示：

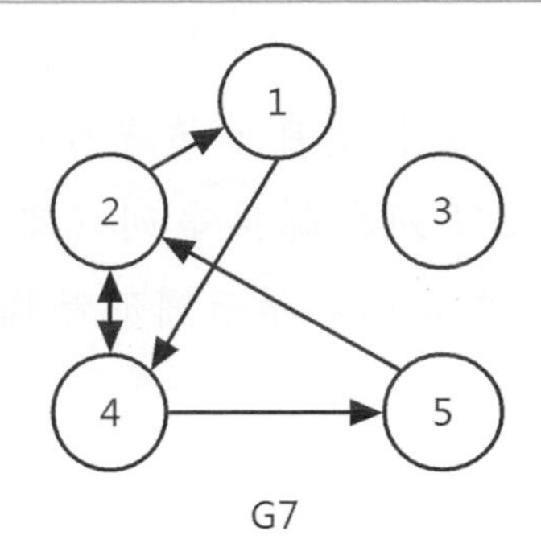

G7

✎ **簡單路徑（simple directed path）**：除了第1個和最後1個頂點可以相同外，其他位在路徑上的頂點都不相同。例如：圖形G7的路徑<V5,V2>、<V2,V1>，寫成：5,2,1是簡單路徑，路徑5,2,1,4,2,1就不是簡單路徑。

✎ **循環（cycle）**：簡單路徑的一種特例，也就是第1個和最後1個頂點是同一個頂點的路徑。例如：圖形G7的路徑5,2,4,5，第1個和最後1個頂點都是5。

✎ **鄰接（adjacent）**：如果兩個頂點之間擁有一條邊線連接，則這兩個頂點稱爲鄰接。

✎ **內分支度（in-degree）**：指某頂點擁有箭頭的邊線數。例如：圖形G7頂點1的內分支度是1；頂點2的內分支度是2。

✎ **外分支度（out-degree）**：與內分支度相反，指某頂點擁有尾端（非箭頭端）的邊線數。例如：圖形G7頂點1和5的外分支度都是1。

7-2 圖形表示法

圖形結構可以使用多種方法來實作，常用的方法有二種，如下所示：

✎ 鄰接矩陣表示法（adjacency matrix）。

✎ 鄰接串列表示法（adjacency lists）。

互動模擬動畫

點選【第7-2節：圖形表示法】項目，讀者可以自行選擇顯示有方向或無方向；小或大圖形；邏輯、鄰接陣列或鄰接串列（串列節點有2個值欄位，第1個是頂點；第2個是第7-4-2節的權值）來顯示圖形結構。按【更換圖形】鈕可以更換顯示圖形，如下圖所示：

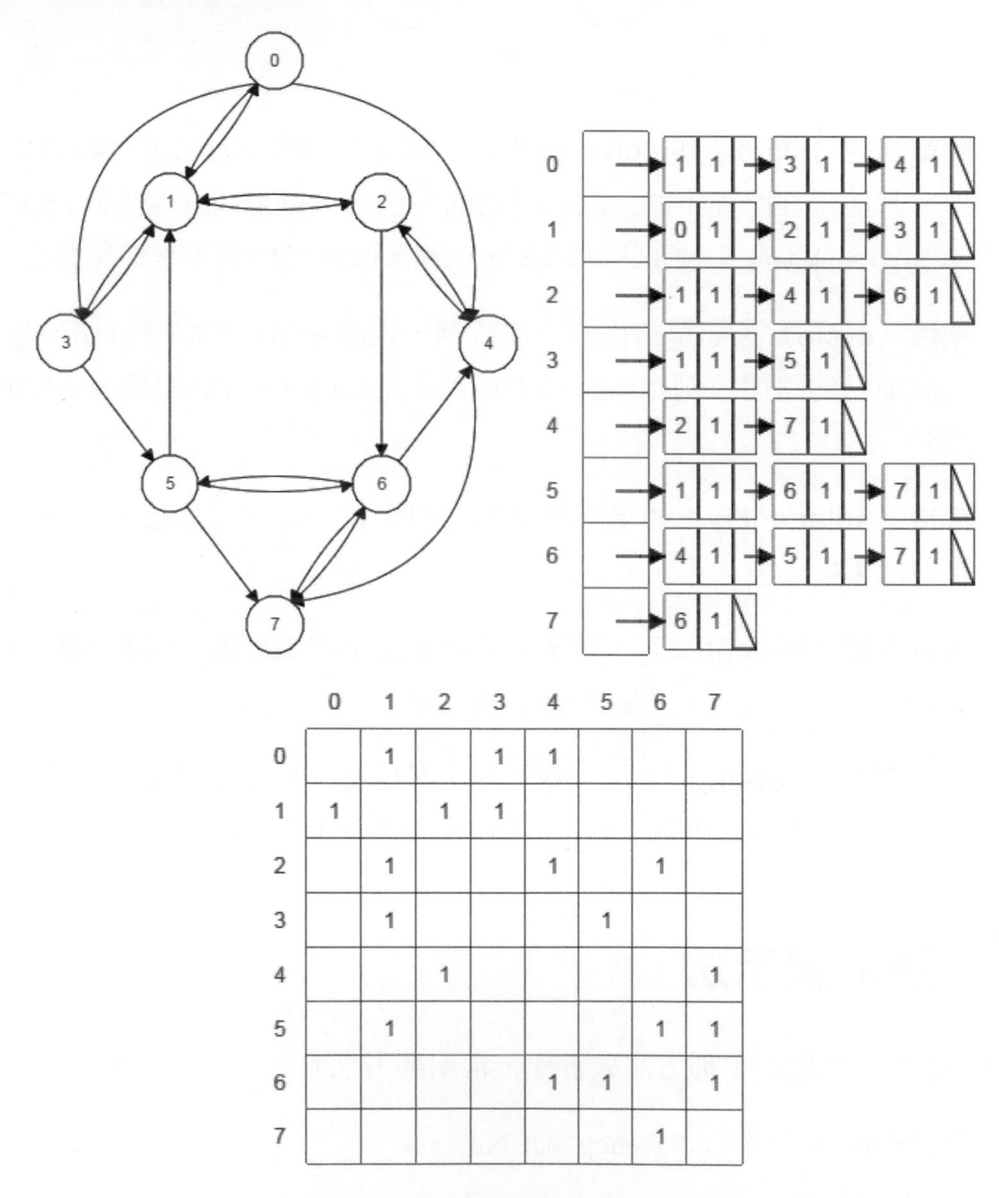

	0	1	2	3	4	5	6	7
0		1		1	1			
1	1		1	1				
2		1			1		1	
3		1				1		
4			1					1
5		1					1	1
6					1	1		1
7							1	

7-2-1 鄰接矩陣表示法

圖形G = (V, E)是一個包含n個頂點的圖形，可以使用一個n X n矩陣來儲存圖形，在C語言是宣告n X n的二維陣列，索引值代表頂點，陣列元素值0表示沒有邊線；1表示有邊線。例如：無方向圖形G1的鄰接矩陣表示法，如下圖所示：

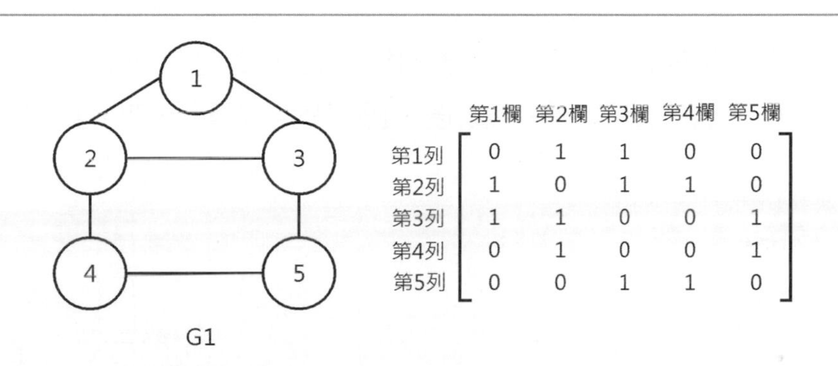

上述圖例的左邊是5個頂點的無方向圖形G1，右邊使用大小5 X 5的二維陣列儲存此矩陣，邊線是元素值，如果頂點V1和V2鄰接，陣列元素(V1,V2)和(V2,V1)的值是1，表示圖形包含頂點V1到V2和頂點V2到V1的路徑。

因爲圖形頂點並不允許擁有連接自己的邊線，所以鄰接矩陣表示法對角線上的元素值都是0，矩陣內容是以對角線分割成右上和左下兩個對稱的三角形，因爲圖形G1是無方向性圖形，如果是方向性圖形就不一定對稱，因爲路徑V1到V2存在；不保證路徑V2到V1也存在。

圖形鄰接矩陣表示法的標頭檔：Ch7_2_1.h

```
01: /* 程式範例: Ch7_2_1.h */
02: #define MAX_VERTICES   6              /* 最大頂點數加一 */
03: int graph[MAX_VERTICES][MAX_VERTICES];/* 圖形陣列 */
04: /* 抽象資料型態的操作函數宣告 */
05: extern void createGraph(int len, int *edge);
06: extern void printGraph();
```

上述第3行的二維陣列graph[][]是用來儲存圖形的陣列，陣列索引值是從1開始，所以尺寸是頂點數加一。模組函數說明如下表所示：

模組函數	說明
void createGraph(int len, int *edge)	使用參數邊線的二維陣列值建立圖形的鄰接矩陣表示法
void printGraph()	顯示圖形的二維陣列內容

程式範例

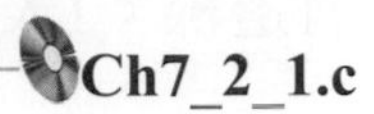

在C程式實作圖形鄰接矩陣表示法的標頭檔，使用參數陣列值讀入邊線來建立鄰接矩陣表示法的圖形，在完成後將圖形內容顯示出來，其執行結果如下所示：

```
圖形G的鄰接矩陣內容:
 0  1  1  0  0
 1  0  1  1  0
 1  1  0  0  1
 0  1  0  0  1
 0  0  1  1  0
```

程式內容

```
01: /* 程式範例: Ch7_2_1.c */
02: #include <stdio.h>
03: #include <stdlib.h>
04: #include "Ch7_2_1.h"
05: /* 函數: 使用邊線陣列建立圖形 */
06: void createGraph(int len, int *edge) {
07:    int from, to;                     /* 邊線的起點和終點 */
08:    int i, j;
09:    for ( i = 1; i < MAX_VERTICES; i++ )
10:       for ( j = 1; j < MAX_VERTICES; j++ )
11:          graph[i][j] = 0;            /* 清除鄰接矩陣 */
12:    for ( i = 0; i < len; i++ ) {     /* 讀取邊線的迴圈 */
13:       from = edge[i*2];              /* 邊線的起點 */
14:       to = edge[i*2+1];              /* 邊線的終點 */
15:       graph[from][to] = 1;           /* 存入圖形的邊線 */
16:    }
17: }
18: /* 函數: 顯示圖形 */
19: void printGraph() {
20:    int i, j;
21:    /* 使用迴圈顯示圖形 */
```

```
22:    for ( i = 1; i < MAX_VERTICES; i++ ) {
23:       for ( j = 1; j < MAX_VERTICES; j++ )
24:          printf(" %d ", graph[i][j]);
25:       printf("\n");
26:    }
27: }
28: /* 主程式 */
29: int main() {
30:    int edge[12][2] = { {1, 2}, {2, 1},   /* 邊線陣列 */
31:                        {1, 3}, {3, 1},
32:                        {2, 3}, {3, 2},
33:                        {2, 4}, {4, 2},
34:                        {3, 5}, {5, 3},
35:                        {4, 5}, {5, 4} };
36:    createGraph(12, &edge[0][0]);   /* 建立圖形 */
37:    printf("圖形G的鄰接矩陣內容:\n");
38:    printGraph();  /* 顯示圖形 */
39:    return 0;
40: }
```

程式說明

- 第4行：含括圖形標頭檔Ch7_2_1.h。
- 第6~17行：createGraph()函數使用參數的邊線陣列元素建立圖形，在第9~11行的二層for迴圈將陣列值初始為0，第12~16行的for迴圈將邊線的頂點存入graph[][]二維陣列。
- 第19~27行：printGraph()函數是使用二層for迴圈顯示圖形的二維陣列。
- 第30~35行：圖形邊線資料的二維陣列edge[][]。
- 第36~38行：在主程式依序建立和顯示圖形內容。

7-2-2 鄰接串列表示法

鄰接串列表示法的圖形是使用單向串列來鏈結每個頂點的鄰接頂點，使用一個頂點的結構陣列指標指向各頂點的鄰接頂點串列。例如：無方向圖形G1的鄰接串列表示法，如下圖所示：

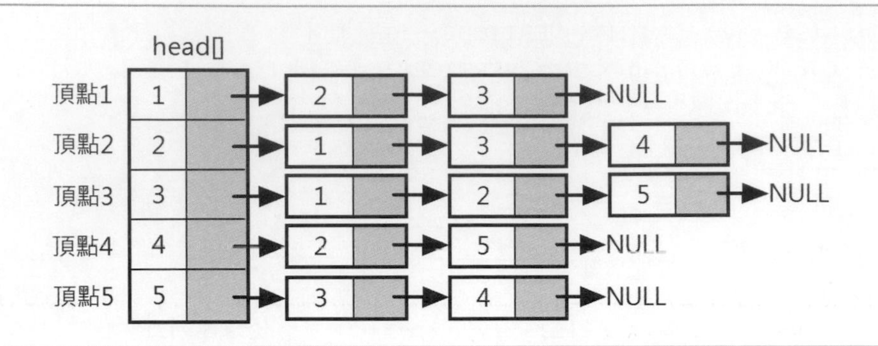

上述鄰接串列表示法可以看出頂點1的鄰接頂點有串列的頂點2和3。頂點2的鄰接頂點有頂點1,3,4，同理，可以得到其他頂點的鄰接頂點。

圖形鄰接串列表示法的標頭檔：Ch7_2_2.h

```
01: /* 程式範例: Ch7_2_2.h */
02: #define MAX_VERTICES   10        /* 圖形的最大頂點數 */
03: struct Vertex {                   /* 圖形頂點結構宣告 */
04:    int data;                      /* 頂點資料 */
05:    struct Vertex *next;           /* 指下一個頂點的指標 */
06: };
07: typedef struct Vertex *Graph;     /* 圖形的新型態 */
08: struct Vertex head[MAX_VERTICES];/* 圖形頂點結構陣列 */
09: /* 抽象資料型態的操作函數宣告 */
10: extern void createGraph(int len, int *edge);
11: extern void printGraph();
12: extern void dfs(int vertex);
13: extern void bfs(int vertex);
```

上述第3~6行的Vertex結構是圖形的頂點，擁有data成員變數儲存資料和next指標變數指向下一個頂點，如果是NULL，表示沒有下一個鄰接頂點，在第7行建立圖形節點的新型態。

在第8行宣告頂點的結構陣列head[]，索引值是從1開始，所以鄰接串列表示法的陣列尺寸是頂點數加1。模組函數說明如下表所示：

模組函數	說明
void createGraph(int len, int *edge)	使用參數邊線的二維陣列值建立圖形的鄰接串列表示法
void printGraph()	顯示圖形的鄰接串列表示法
void dfs(int vertex)	深度優先搜尋法的函數
void bfs(int vertex)	寬度優先搜尋法的函數

上表的最後2個函數是第7-3節圖形走訪的相關函數宣告，在第7-3節有進一步的說明。

函數createGraph()：建立圖形

函數createGraph()首先使用for迴圈初始頂點結構陣列head[]，next指標都是指向NULL，如下圖所示：

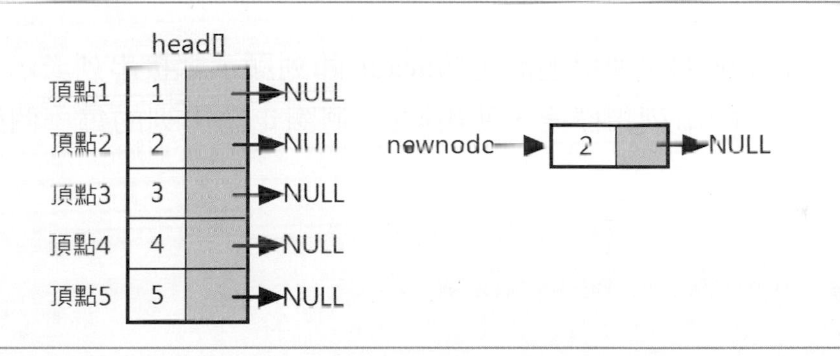

函數createGraph()讀入的第一條邊線是(1, 2)，從頂點1連到頂點2，所以建立結尾頂點2的節點指標newnode，然後將節點插入結構陣列head[]索引1（即頂點1）的串列最後，如下圖所示：

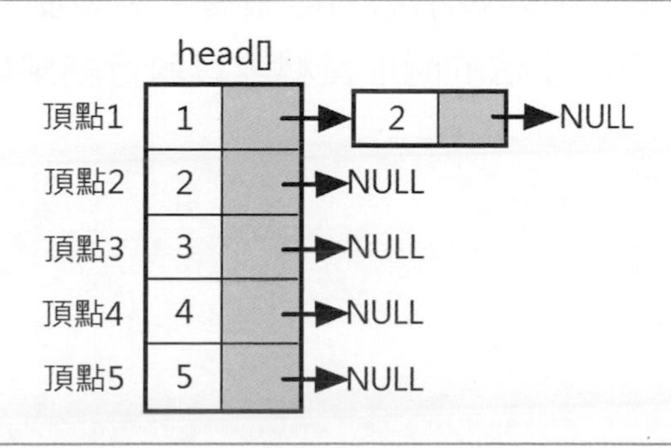

繼續讀入邊線(2, 1)，從頂點2連到頂點1，插入的是結構陣列head[]索引值2的串列最後，如下圖所示：

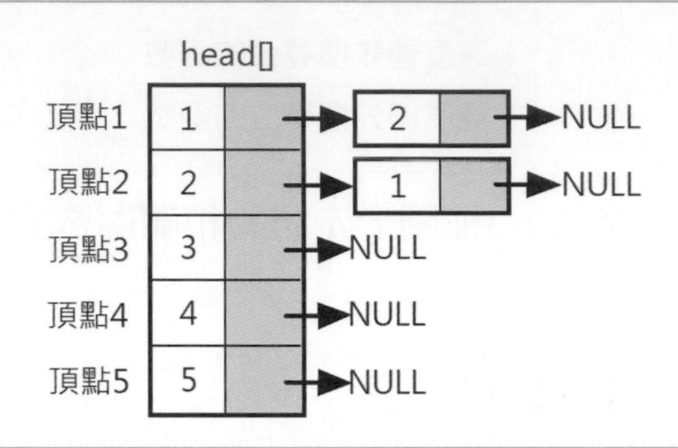

等到讀完所有邊線，即可完成圖形G1的鄰接串列表示法。

函數printGraph()：顯示圖形

函數printGraph()是使用迴圈走訪head[]陣列顯示鄰接串列表示法，在取得每一個頂點串列的串列指標後，使用while迴圈走訪串列的每一個節點，如下所示：

```
while ( ptr != NULL ) {
   printf("V%d ", ptr->data);
   ptr = ptr->next;
}
```

程式範例

在C程式實作圖形鄰接串列表示法的標頭檔，然後使用二維陣列值的邊線建立圖形後，顯示鄰接串列表示法的圖形資料，其執行結果如下所示：

```
圖形G的鄰接串列內容:
頂點V1 =>V2 V3
頂點V2 =>V1 V3 V4
頂點V3 =>V1 V2 V5
頂點V4 =>V2 V5
頂點V5 =>V3 V4
```

程式內容：createGraph.c

```
01: /* 程式範例: createGraph.c */
02: /* 函數: 使用邊線陣列建立圖形 */
03: void createGraph(int len, int *edge) {
04:    Graph newnode, ptr;              /* 頂點指標 */
05:    int from, to;                    /* 邊線的起點和終點 */
06:    int i;
07:    for ( i = 1; i < MAX_VERTICES; i++ ) {
08:       head[i].data = i;             /* 設定頂點值 */
09:       head[i].next = NULL;          /* 清除圖形指標 */
10:    }
11:    for ( i = 0; i < len; i++ ) {  /* 讀取邊線的迴圈 */
12:       from = edge[i*2];             /* 邊線的起點 */
13:       to = edge[i*2+1];             /* 邊線的終點 */
14:       /* 配置新頂點的記憶體 */
15:       newnode = (Graph)malloc(sizeof(struct Vertex));
16:       newnode->data = to;          /* 建立頂點內容 */
17:       newnode->next = NULL;        /* 設定指標初值 */
18:       ptr = &(head[from]);         /* 指標陣列的頂點指標 */
19:       while ( ptr->next != NULL ) /* 走訪至串列尾 */
20:          ptr = ptr->next;           /* 下一個頂點 */
21:       ptr->next = newnode;          /* 插入結尾 */
22:    }
23: }
24: /* 函數: 顯示圖形 */
25: void printGraph() {
26:    Graph ptr;
27:    int i;
28:    /* 使用迴圈顯示圖形 */
29:    for ( i = 1; i < MAX_VERTICES; i++ ) {
30:       ptr = head[i].next;                  /* 頂點指標 */
31:       if ( ptr != NULL ) {   /* 有使用的節點 */
32:          printf("頂點V%d =>", head[i].data);/* 頂點值 */
33:          while ( ptr != NULL ) {           /* 走訪顯示 */
34:             printf("V%d ", ptr->data);    /* 頂點內容 */
35:             ptr = ptr->next;               /* 下一個頂點 */
36:          }
37:          printf("\n");
38:       }
39:    }
40: }
```

程式說明

- ▶第3~23行：createGraph()函數是使用參數陣列值，在第7~10行的for迴圈初始結構陣列head[]的內容。
- ▶第11~22行：for迴圈讀取邊線陣列，在第15~17行配置節點的記憶體空間，第18行取得結構陣列的頂點指標，在第19~20行的while迴圈走訪到此頂點的串列最後，第21行插入節點到串列的最後。
- ▶第25~40行：printGraph()函數是使用for和while迴圈分別走訪結構陣列和各頂點串列，以便顯示節點資料。

程式內容：Ch7_2_2.c

```
01: /* 程式範例: Ch7_2_2.c */
02: #include <stdio.h>
03: #include <stdlib.h>
04: #include "Ch7_2_2.h"
05: #include "createGraph.c"
06: /* 主程式 */
07: int main() {
08:    int edge[12][2] = { {1, 2}, {2, 1},  /* 邊線陣列 */
09:                        {1, 3}, {3, 1},
10:                        {2, 3}, {3, 2},
11:                        {2, 4}, {4, 2},
12:                        {3, 5}, {5, 3},
13:                        {4, 5}, {5, 4} };
14:    createGraph(12, &edge[0][0]);    /* 建立圖形 */
15:    printf("圖形G的鄰接串列內容:\n");
16:    printGraph();  /* 顯示圖形 */
17:    return 0;
18: }
```

程式說明

- ▶第4~5行：含括Ch7_2_2.h標頭檔和實作的createGraph.c程式檔。
- ▶第14行：使用edge[][]邊線陣列建立圖形的鄰接串列表示法。
- ▶第15~16行：顯示圖形內容。

7-3 走訪圖形

圖形結構與之前的二元樹和鏈結串列一樣，都擁有特定走訪方式。例如：一個無方向圖形G8，如下圖所示：

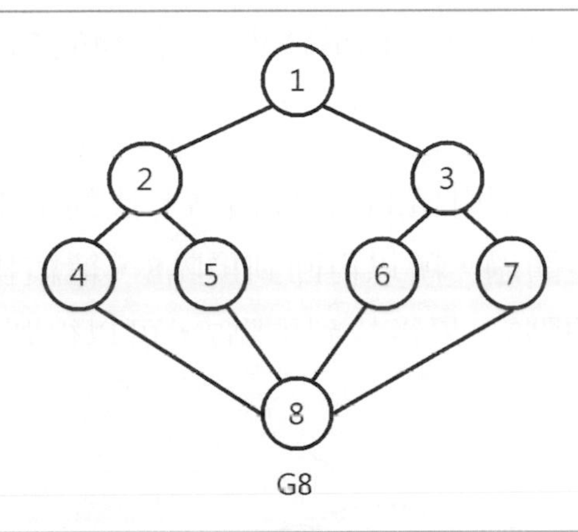

上述圖形G8的鄰接串列表示法，如下圖所示：

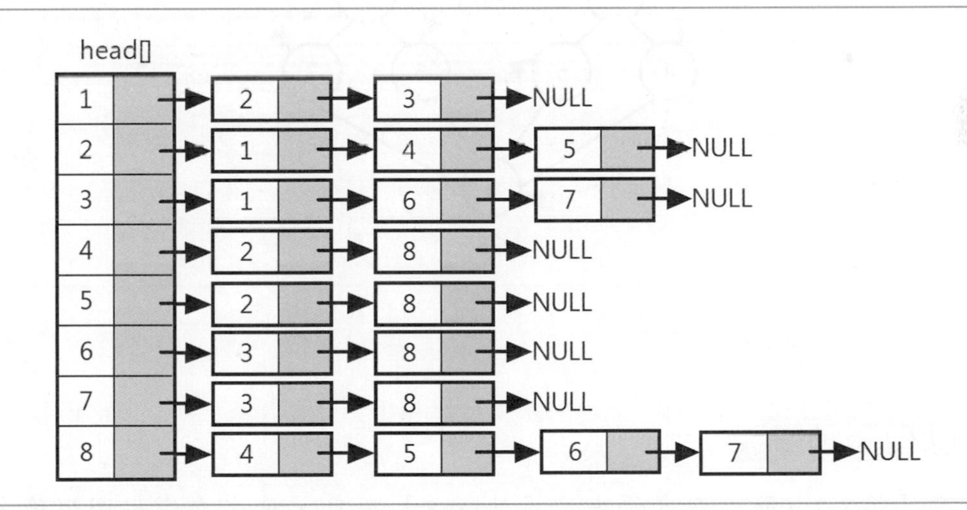

圖形G8的走訪分為偏向直的深度（結構陣列索引）或橫的寬度（頂點串列）兩種搜尋法，如下所示：

✎ **深度優先搜尋法（depth-first search，DFS）**：當在鄰接串列表示法走訪某 頂點後，優先找尋頂點在結構陣列中的鄰接頂點。

✎ **寬度優先搜尋法（breadth-first search，BFS）**：當在鄰接串列表示法走訪某一頂點後，優先找尋頂點串列的所有鄰接頂點。

7-3-1 深度優先搜尋法DFS

第7-3節圖形G8的深度優先搜尋法是從頂點1開始以深度優先方式來走訪圖形，首先走訪頂點1，找尋結構陣列索引值1的鄰接頂點，結果找到未走訪的頂點2，頂點2從深度方向往下走訪，即走訪結構陣列索引值2的鄰接頂點，找到未走訪過的頂點4，繼續再往下搜尋結構陣列索引值4的鄰接頂點，可以找到未走訪過的頂點8。

從頂點8走訪結構陣列索引值8的鄰接頂點，找到未走訪的頂點5，因爲頂點5的鄰接頂點2和8已經走訪過，所以再回到頂點8，繼續找到頂點6，接著從結構陣列索引值6找到鄰接頂點3，最後找到頂點7，可以得圖形走訪的頂點順序，如下圖所示：

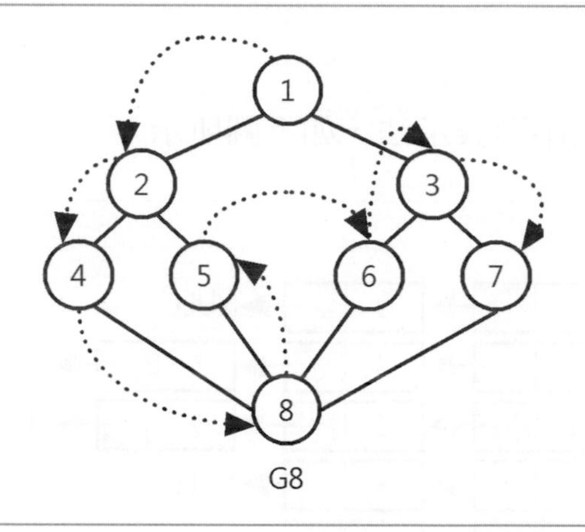

G8

```
1→2→4→8→5→6→3→7
```

互動模擬動畫

點選【第7-3-1節：深度優先搜尋法DFS】項目，讀者在選好圖形後，輸入開始頂點，按【執行深度優先DFS】鈕，就可以使用深度優先搜尋法將各頂點走訪順序顯示出來。

從上述操作過程，我們可以歸納出深度優先搜尋法的遞迴函數dfs(V)的演算法步驟，如下所示：

Step 1　設定頂點V已走訪過，1為走訪過。

```
visited[vertex] = 1;
```

Step 2　如果頂點V存在有鄰接頂點W未被走訪過，遞迴呼叫函數dfs(W)。

```
while ( ptr != NULL ) {
   if ( visited[ptr->data] == 0 )
      dfs(ptr->data);
   ptr = ptr->next;
}
```

程式範例

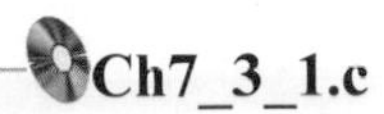

Ch7_3_1.c

在C程式使用鄰接串列表示法建立圖形，然後使用深度優先搜尋法將各頂點的走訪順序顯示出來，其執行結果如下所示：

```
圖形G的鄰接矩陣內容:
頂點V1 =>V2 V3
頂點V2 =>V1 V4 V5
頂點V3 =>V1 V6 V7
頂點V4 =>V2 V8
頂點V5 =>V2 V8
頂點V6 =>V3 V8
頂點V7 =>V3 V8
頂點V8 =>V4 V5 V6 V7
圖形的深度優先走訪:
[V1] [V2] [V4] [V8] [V5] [V6] [V3] [V7]
```

程式內容

```
01: /* 程式範例: Ch7_3_1.c */
02: #include <stdio.h>
03: #include <stdlib.h>
04: #include "Ch7_2_2.h"
05: #include "createGraph.c"
06: int visited[MAX_VERTICES];          /* 走訪記錄陣列 */
07: /* 函數: 圖形的深度優先搜尋法 */
08: void dfs(int vertex) {
09:    Graph ptr;
10:    visited[vertex] = 1;             /* 記錄已走訪過 */
11:    printf("[V%d] ", vertex);        /* 顯示走訪的頂點值 */
12:    ptr = head[vertex].next;         /* 頂點指標 */
13:    while ( ptr != NULL ) {          /* 走訪至串列尾 */
```

```
14:         if ( visited[ptr->data] == 0 ) /* 是否走訪過 */
15:            dfs(ptr->data);             /* 遞迴走訪呼叫 */
16:         ptr = ptr->next;               /* 下一個頂點 */
17:      }
18: }
19: /* 主程式 */
20: int main() {
21:     int edge[20][2] = { {1, 2}, {2, 1},   /* 邊線陣列 */
22:                         {1, 3}, {3, 1},
23:                         {2, 4}, {4, 2},
24:                         {2, 5}, {5, 2},
25:                         {3, 6}, {6, 3},
26:                         {3, 7}, {7, 3},
27:                         {4, 8}, {8, 4},
28:                         {5, 8}, {8, 5},
29:                         {6, 8}, {8, 6},
30:                         {7, 8}, {8, 7} };
31:     int i;  /* 設定走訪初值 */
32:     for ( i = 1; i < MAX_VERTICES; i++ ) visited[i] = 0;
33:     createGraph(20, &edge[0][0]);   /* 建立圖形 */
34:     printf("圖形G的鄰接矩陣內容:\n");
35:     printGraph();  /* 顯示圖形 */
36:     printf("圖形的深度優先走訪:\n");
37:     dfs(1);         /* 顯示走訪過程 */
38:     printf("\n");
39:     return 0;
40: }
```

程式說明

- 第4~5行：含括Ch7_2_2.h標頭檔和實作的createGraph.c程式檔。
- 第6行：宣告visited[]陣列記錄頂點是否已經走訪過，1是走訪過；0為沒有走訪過。
- 第8~18行：dfs()深度優先搜尋法遞迴函數，在第13~17行while迴圈遞迴呼叫尚未走訪過的鄰接頂點。
- 第32行：初始visited[]陣列。
- 第36~37行：呼叫dfs()函數顯示深度優先搜尋法的走訪結果。

7-3-2 寬度優先搜尋法BFS

第7-3節圖形G8的寬度優先搜尋法與深度優先搜尋法走訪圖形的差別是在走訪頂點1後，接著走訪頂點1的所有鄰接頂點，即頂點2和3，然後才從頂點2和3開始走訪所有鄰接且未走訪過的頂點，頂點2走訪頂點4和5，頂點3走訪頂點6和7，最後走訪頂點8。整個寬度優先搜尋法走訪圖形的順序，如下圖所示：

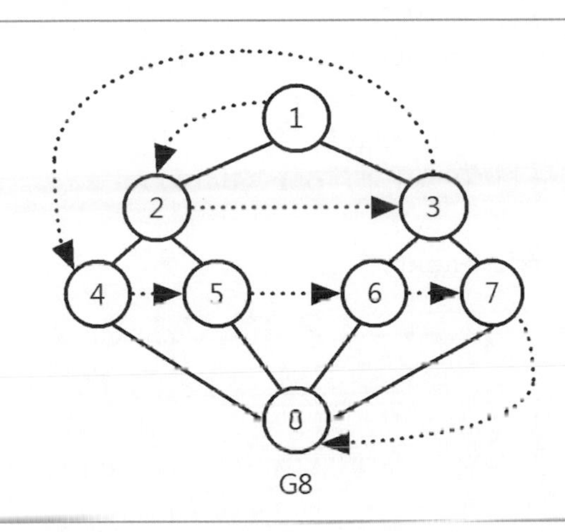

1→2→3→4→5→6→7→8

寬度優先搜尋法是使用佇列儲存每個頂點的所有鄰接頂點，首先將圖形開始頂點存入佇列，接著取出佇列元素將所有走訪過的鄰接頂點都存入佇列，繼續取出元素直到佇列空了爲止。

互動模擬動畫

點選【第7-3-2節：寬度優先搜尋法BFS】項目，讀者在選好圖形後，輸入開始頂點，按【執行寬度優先DFS】鈕，就可以使用寬度優先搜尋法將各頂點走訪順序顯示出來。

寬度優先搜尋法的函數bfs(V)的演算法步驟，如下所示：

Step 1 設定頂點V已經走訪過，1為走訪過。

```
visited[vertex] = 1;
```

Step 2 將頂點V存入佇列。

```
enqueue(vertex);
```

Step 3 執行迴圈直到佇列空了為止，如下：

```
while ( !isQueueEmpty() ) {
```

(1) 取出佇列的頂點V。

```
vertice = dequeue();
ptr = head[vertex].next;
```

(2) 將頂點V所有鄰接且未走訪的頂點W存入佇列，且設定已走訪。

```
   while ( ptr != NULL ) {
      if ( visited[ptr->data]==0 ) {
        enqueue(ptr->data);
        visited[ptr->data] = 1;
        printf("[V%d] ", ptr->data);
      }
      ptr = ptr->next;
   }
}
```

程式範例

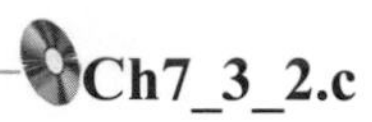

在C程式使用鄰接串列表示法建立圖形，然後使用寬度優先搜尋法將各頂點的走訪順序顯示出來，其執行結果如下所示：

```
圖形G的鄰接矩陣內容:
頂點V1 =>V2 V3
頂點V2 =>V1 V4 V5
頂點V3 =>V1 V6 V7
頂點V4 =>V2 V8
頂點V5 =>V2 V8
頂點V6 =>V3 V8
頂點V7 =>V3 V8
頂點V8 =>V4 V5 V6 V7
圖形的寬度優先走訪:
[V1] [V2] [V3] [V4] [V5] [V6] [V7] [V8]
```

程式內容

```
01: /* 程式範例: Ch7_3_2.c */
02: #include <stdio.h>
03: #include <stdlib.h>
04: #include "queue.c"
05: #include "Ch7_2_2.h"
```

```
06: #include "createGraph.c"
07: int visited[MAX_VERTICES];            /* 走訪記錄陣列 */
08: /* 函數: 圖形的寬度優先搜尋法 */
09: void bfs(int vertex) {
10:    Graph ptr;
11:    /* 處理第一個頂點 */
12:    enqueue(vertex);                   /* 將頂點存入佇列 */
13:    visited[vertex] = 1;               /* 記錄已走訪過 */
14:    printf("[V%d] ", vertex);          /* 顯示走訪的頂點值 */
15:    while ( !isQueueEmpty() ) {        /* 佇列是否已空 */
16:      vertex = dequeue();              /* 將頂點從佇列取出 */
17:      ptr = head[vertex].next;         /* 頂點指標 */
18:      while ( ptr != NULL ) {          /* 走訪至串列尾 */
19:         if ( visited[ptr->data]==0 ) {/* 是否走訪過 */
20:            enqueue(ptr->data);        /* 存入佇列 */
21:            visited[ptr->data] = 1; /* 記錄已走訪過 */
22:            /* 顯示走訪的頂點值 */
23:            printf("[V%d] ", ptr->data);
24:         }
25:         ptr = ptr->next;              /* 下一個頂點 */
26:      }
27:    }
28: }
29: /* 主程式 */
30: int main() {
31:    int edge[20][2] = { {1, 2}, {2, 1},   /* 邊線陣列 */
32:                        {1, 3}, {3, 1},
33:                        {2, 4}, {4, 2},
34:                        {2, 5}, {5, 2},
35:                        {3, 6}, {6, 3},
36:                        {3, 7}, {7, 3},
37:                        {4, 8}, {8, 4},
38:                        {5, 8}, {8, 5},
39:                        {6, 8}, {8, 6},
40:                        {7, 8}, {8, 7} };
41:    int i;  /* 設定走訪初值 */
42:    for ( i = 1; i < MAX_VERTICES; i++ ) visited[i] = 0;
43:    createGraph(20, &edge[0][0]);      /* 建立圖形 */
44:    printf("圖形G的鄰接矩陣內容:\n");
45:    printGraph();  /* 顯示圖形 */
46:    printf("圖形的寬度優先走訪:\n");
47:    bfs(1);           /* 顯示走訪過程 */
48:    printf("\n");
49:    return 0;
50: }
```

程式說明

- 第4行：含括第5章鏈結串列實作的佇列程式檔案queue.c。
- 第5~6行：含括Ch7_2_2.h標頭檔和實作的createGraph.c程式檔。
- 第7行：宣告visited[]陣列記錄頂點是否已經走訪過，1是走訪過；0為沒有走訪過。
- 第9~28行：bfs()寬度優先搜尋法函數，在第12行將第1個頂點存入佇列，第13行設定已走訪過，在第15~27行while迴圈依序取出佇列的所有元素。
- 第16~26行：取出佇列元素後，在第18~26行使用while迴圈將沒有走訪過的鄰接頂點都存入佇列。
- 第42行：初始visited[]陣列。
- 第46~47行：呼叫bfs()函數顯示寬度優先搜尋法的走訪結果。

7-4 最低成本擴張樹

「擴張樹」（spanning trees）是將無方向性圖形的所有頂點使用邊線連接起來，而且，邊線並不會形成迴圈，所以，擴張樹的邊線數將比頂點少1，因爲再多一條邊線，圖形就會形成迴圈。例如：一個無方向性圖形，如下圖所示：

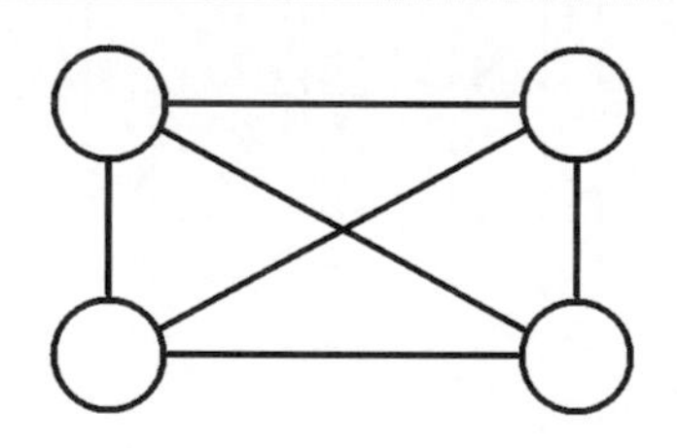

上述圖例是一個擁有四個頂點六條邊線的圖形，依擴張樹的定義，可以得三棵不同的擴張樹，如下圖所示：

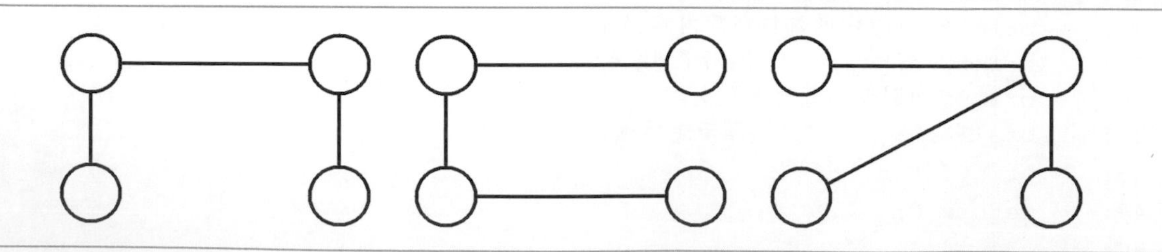

上述三棵擴張樹都符合擴張樹的定義，所有頂點都有邊線連接，而且在頂點之間並沒有形成迴圈。

7-4-1 走訪圖形建立擴張樹

擴張樹可以使用第7-3節走訪的搜尋法來建立，因為只需將圖形走訪過的頂點順序，使用邊線一一連接起來，就可以建立成擴張樹，依照搜尋法的不同，分成二種擴張樹，如下所示：

✎ 深度優先擴張樹（DFS spanning trees）。

✎ 寬度優先擴張樹（BFS spanning trees）。

上述兩種擴張樹是由圖形走訪方式來產生。例如：沒有方向性圖形G8，如下圖所示：

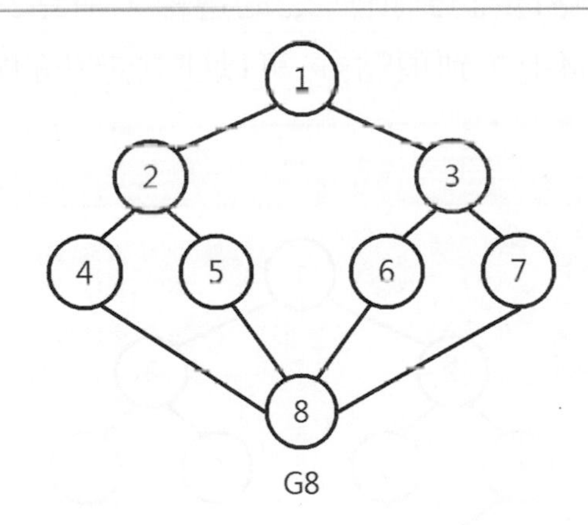

G8

深度優先擴張樹（DFS spanning trees）

深度優先搜尋的走訪圖形G8的頂點順序，如下所示：

```
1,2,4,8,5,6,3,7
```

現在，我們只需將走訪經過的邊線保留下來，頂點1走訪到頂點2，頂點2走訪頂點4，頂點4走訪頂點8，從頂點8走訪頂點5和頂點6，頂點6走訪頂點3和頂點3走訪頂點7，刪除其它邊線就可以建立深度優先擴張樹，如下圖所示：

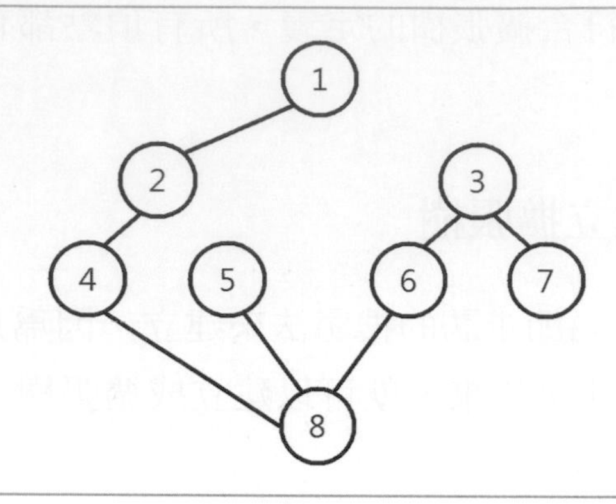

寬度優先擴張樹（BFS spanning trees）

寬度優先搜尋走訪圖形G8的頂點順序，如下所示：

```
1,2,3,4,5,6,7,8
```

同樣方式，保留頂點1走訪到頂點2,3的邊線，頂點2是走訪到4,5，頂點3走訪頂點6,7，最後是頂點4走訪到頂點8，可以建立走訪的寬度優先擴張樹，如下圖所示：

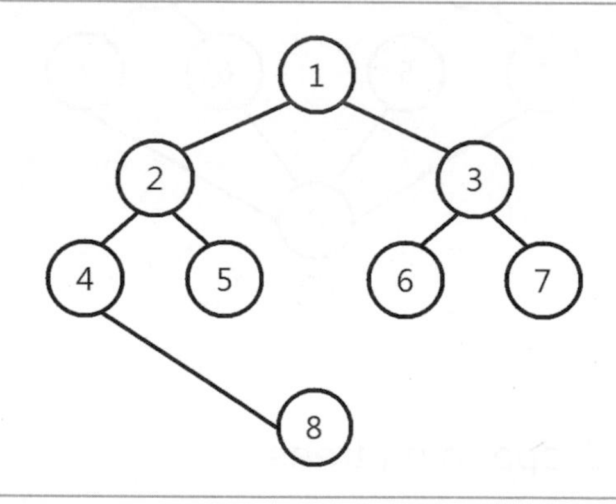

7-4-2 加權圖形表示法

圖形在解決問題時通常需要替邊線加上一個數值，這個數值稱爲「權值」（weights），常見權值有：時間、成本（第7-4-3節找出最低成本）或長度（第7-5節計算最短路徑），擁有權值的圖形稱爲加權圖形，我們一樣可以分別使用鄰接矩陣和鄰接串列來表示。例如：一個方向性圖形G9，如下圖所示：

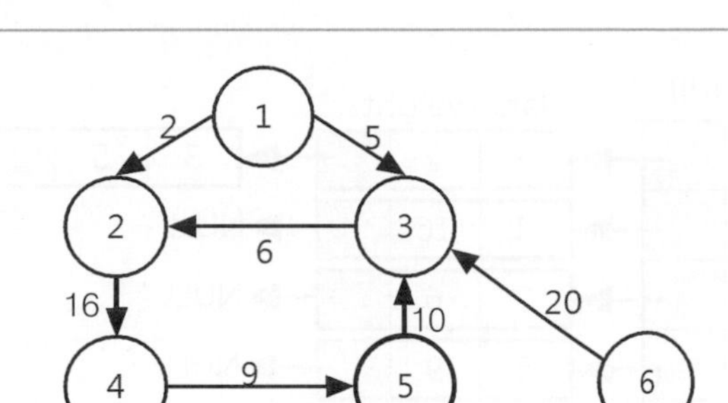

上述圖形是方向性圖形，在邊線上的數值是權值。

鄰接矩列表示法的加權圖形

以鄰接矩陣的加權圖形來說，只需將原來儲存1和0的陣列元素換成各頂點之間邊線的權值。如果在頂點之間無邊線連接，就使用無窮大∞來表示。所以，圖形G9的加權鄰接矩陣表示法，如下圖所示：

	第1欄	第2欄	第3欄	第4欄	第5欄	第6欄
第1列	0	2	5	∞	∞	∞
第2列	∞	0	∞	16	∞	∞
第3列	∞	6	0	∞	∞	∞
第4列	∞	∞	∞	0	9	∞
第5列	∞	∞	10	∞	0	∞
第6列	∞	∞	20	∞	∞	0

上述圖形的鄰接矩陣表示法的對角線爲0，如果頂點之間沒有邊線就是無窮大∞，在實作上，我們是將值設爲最大值MAX常數，完整程式範例爲：adjacencyMatrix.c，測試的C程式範例：Ch7_4_2m.c。

鄰接串列表示法的加權圖形

鄰接串列表示法的加權圖形只是在頂點結構新增成員變數weight儲存權值，圖形G9的加權鄰接串列表示法，如下圖所示：

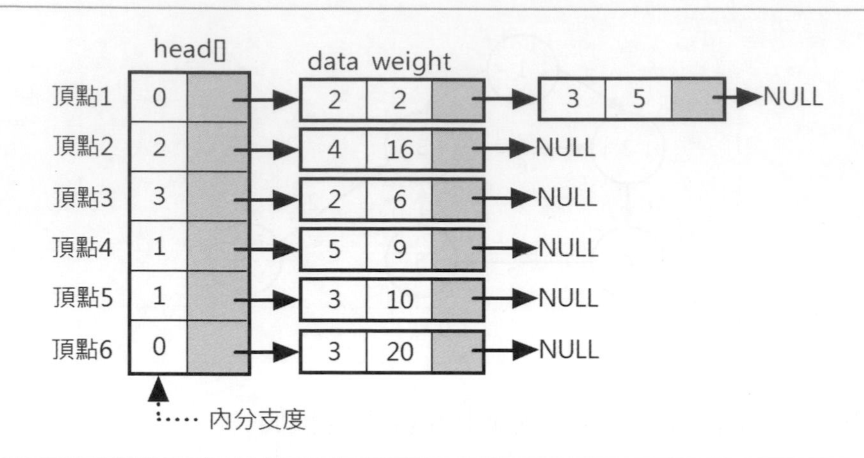

上述頂點串列的節點新增weight成員變數的權值，在結構陣列head[]的data值儲存的是各頂點的內分支度，以便第7-6節用來建立拓樸排序所需的圖形。

加權圖形的鄰接串列表示法相關模組函數是使用圖形結構陣列為參數，所以主程式main()可以同時建立多個圖形，完整程式範例為：adjacencyList.c，測試的C程式範例：Ch7_4_2l.c。

7-4-3 最低成本擴張樹

從加權圖形建立的擴張樹因為邊線擁有權值，所以可以計算邊線的權值和，也就是說，我們建立的擴張樹可能擁有不同的成本。例如：一個擁有權值的無方向性加權圖形G10，如下圖所示：

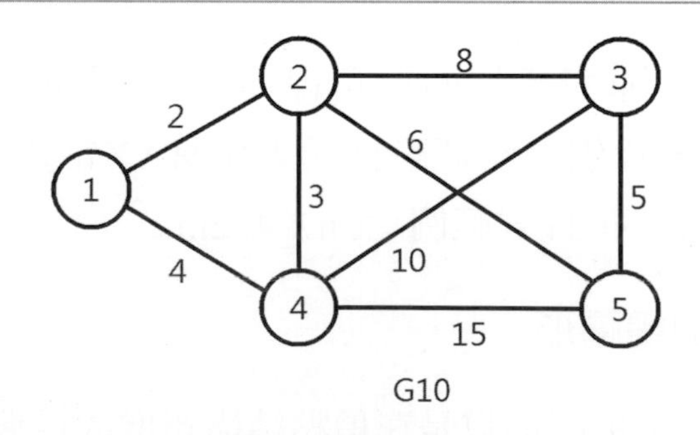

G10

上述圖形G10建立的擴張樹會因連接的邊線權值不同，而建立出不同成本的擴張樹，因為各種建立方法會產生不同成本，如何找出「最低成本擴張樹」（minimum-cost spanning trees）就成為一個重要的問題。

互動模擬動畫

點選【第7-4-3節：最低成本擴張樹】項目，讀者在選好圖形後，按【最低成本擴張樹】鈕，可以建立最低成本擴張樹，並且將過程都顯示出來，如下圖所示：

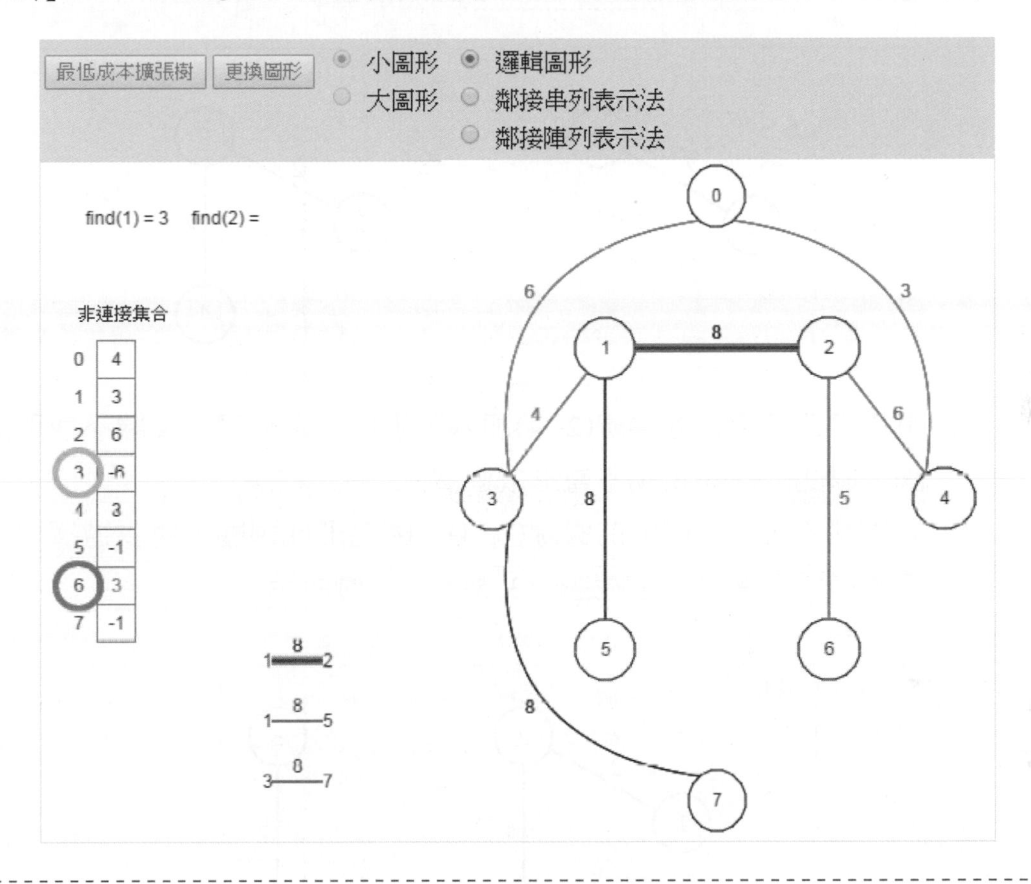

克魯斯卡（Kruskal）提出建立最低成本擴張樹的演算法，首先將各邊線依權值從小到大排列，如下表所示：

邊線	權值
(1,2)	2
(2,4)	3
(1,4)	4
(3,5)	5
(2,5)	6
(2,3)	8
(3,4)	10
(4,5)	15

接著從上表權值最低的一條邊線開始建立最低成本擴張樹，其步驟如下所示：

Step 1 選擇第一條最低權值的邊線(1, 2)加入擴張樹，如下圖所示：

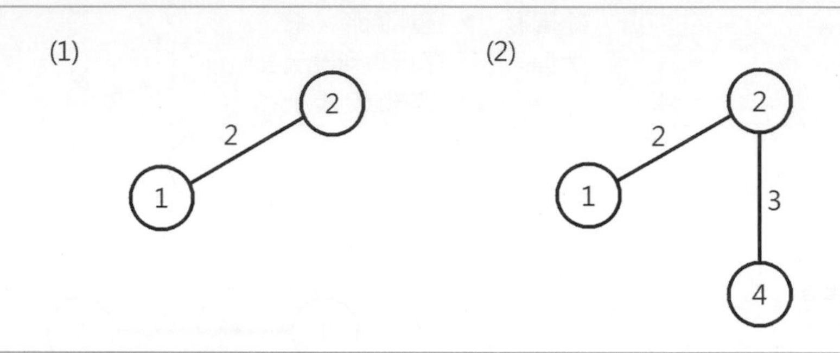

Step 2 選擇第二低權值的邊線(2, 4)加入擴張樹，只需加入邊線不會形成迴圈，以此例邊線(2, 4)不會形成迴圈。

Step 3 如果加入第三低權值的邊線(1, 4)，因為形成迴圈，所以選擇下一條不會形成迴圈的低權值邊線(3, 5)，如下圖所示：

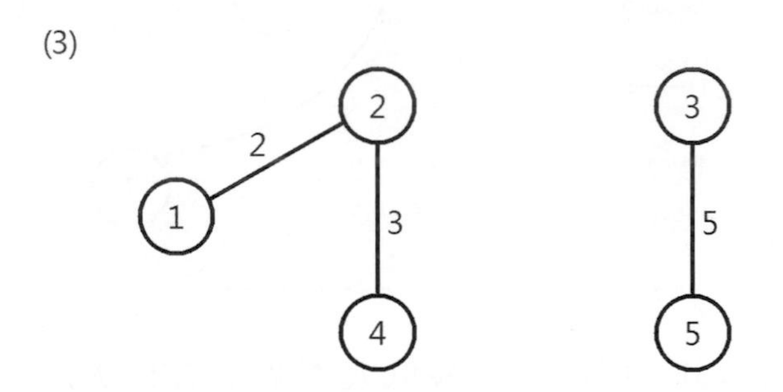

Step 4 邊線(2, 5)也不會形成迴圈，將邊線(2, 5)加入擴張樹，現在所有頂點都已經連接，我們建立的就是一棵最低成本擴張樹，如下圖所示：

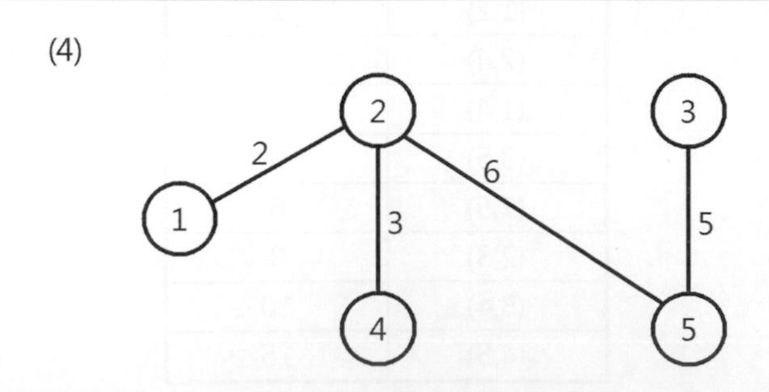

上述擴張樹的總成本是2+3+6+5 = 16。最低成本擴張樹的實作是以權值從小到大使用單向鏈結串列儲存圖形的邊線頂點和權值，如下圖所示：

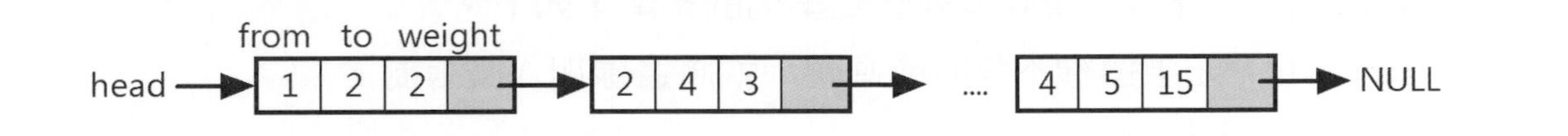

圖形邊線串列的標頭檔：Ch7_4_3.h

```
01: /* 程式範例: Ch7_4_3.h */
02: #define MAX_VERTICES    6                 /* 最大頂點數加一 */
03: struct Edge {                              /* 圖形邊線結構宣告 */
04:    int from;                               /* 開始頂點 */
05:    int to;                                 /* 終點頂點 */
06:    int weight;                             /* 權值 */
07:    struct Edge *next;                      /* 指下一條邊線 */
08: };
09: typedef struct Edge *EdgeList;             /* 邊線的結構新型態 */
10: EdgeList first = NULL;                    /* 邊線串列開始指標 */
11: int vertex[MAX_VERTICES];                  /* 檢查迴圈的頂點陣列 */
12: /* 抽象資料型態的操作函數宣告 */
13: extern void createEdge(int len, int *edge);
14: extern void minSpanTree();
15: extern void addSet(int from, int to);
16: extern int isSameSet(int from, int to);
```

上述第3~8行的Edge結構是鏈結串列的節點，擁有from開始頂點至to終點頂點、weight是成本的權值和next指標變數指向下一個節點。

在第9行建立新型態，第10行的first是串列指標，指向串列的第1個節點，第11行的vertex[]頂點陣列是用來檢查是否產生迴圈。模組函數說明如下表所示：

模組函數	說明
void createEdge(int len, int *edge)	使用參數的陣列值建立邊線串列，每一個元素插入成為最後一個節點
void minSpanTree()	找出和顯示最低成本擴張樹
void addSet(int from, int to)	將擴張樹的頂點視為集合，陣列值-1的索引值是集合的第1個頂點，函數可以將參數的頂點加入集合
int isSameSet(int from, int to)	檢查參數的兩個頂點是否擁有同一個第1個頂點，表示屬於同一集合

函數minSpanTree()使用邊線的單向鏈結串列找出最低成本擴張樹，其演算法步驟如下所示：

Step 1 走訪邊線的單向串列直到串列的結尾，如下：

(1) 如果邊線不會形成迴圈，就將邊線加入擴張樹。

```
if ( !isSameSet(ptr->from,ptr->to) )
   addSet(ptr->from,ptr->to);
```

(2) 移動指標到串列的下一條邊線節點。

```
ptr = ptr->next;
```

函數minSpanTree()的關鍵是檢查加入邊線是否會讓擴張樹形成迴圈，其作法是檢查邊線的開始和結尾頂點是否都已經包含在擴張樹的頂點，程式是使用一維陣列vertex[]記錄擴張樹的頂點集合，陣列的初始值都是-1，如下圖所示：

	1	2	3	4	5	頂點集合:
vertice[]	-1	-1	-1	-1	-1	{1}, {2}, {3}, {4}, {5}

上述陣列的每一個頂點都是獨立集合，因爲值爲-1。當選擇第一條邊線(1, 2)加入擴張樹，頂點1和2就會結合成同一集合，我們只需將結尾頂點2連接至開始頂點1中，即vertex[2] = 1，如下圖所示：

	1	2	3	4	5	頂點集合:
vertice[]	-1	1	-1	-1	-1	{1, 2}, {3}, {4}, {5}

接著檢查邊線(2, 4)是否可以加入擴張樹，因爲頂點2和4分屬不同集合，所以不會產生迴圈，邊線(2, 4)可以加入擴張樹，即vertex[4] = 2，如下圖所示：

	1	2	3	4	5	頂點集合:
vertice[]	-1	1	-1	2	-1	{1, 2, 4}, {3}, {5}

繼續檢查邊線(1, 4)，因爲頂點1,4同屬集合{1,2,4}會形成迴圈，所以此邊線不能加入擴張樹。詳細過程是先檢查邊線的開始頂點1，vertex[1] = -1，表示集合的第一個頂點是1。接著檢查結尾頂點4，vertex[4] = 2，然後檢查頂點2，

vertex[2] = 1，最後發現頂點4所在集合的第1個元素也是頂點1，這兩個頂點屬於同一集合。

最後加入邊線(3, 5)和(2, 5)，此時vertex[]陣列的內容，如下圖所示：

	1	2	3	4	5	頂點集合:
vertice[]	-1	1	2	2	3	{1, 2, 3, 4, 5}

程式範例

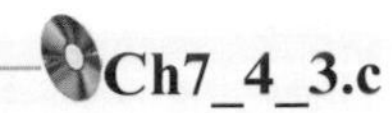
Ch7_4_3.c

在C程式使用單向鏈結串列儲存圖形邊線，然後讀入邊線陣列值建立依權值由小而大排列的邊線串列，接著檢查邊線是否可以加入擴張樹，如果可以，就將邊線內容顯示出來，這些邊線組成的樹就是最低成本擴張樹，其執行結果如下所示：

```
圖形的最低成本擴張樹:
頂點 V1 -> V2 成本: 2
頂點 V2 -> V4 成本: 3
頂點 V3 -> V5 成本: 5
頂點 V2 -> V5 成本: 6
最低成本擴張樹的成本: 16
頂點陣列內容: [-1][1][2][2][3]
```

程式內容

```
01: /* 程式範例: Ch7_4_3.c */
02: #include <stdio.h>
03: #include <stdlib.h>
04: #include "Ch7_4_3.h"
05: /* 函數: 建立圖形的邊線串列 */
06: void createEdge(int len, int *edge) {
07:   EdgeList newnode;              /* 新邊線節點指標 */
08:   EdgeList last;                 /* 最後邊線節點指標 */
09:   int i;
10:   for (i = 0; i < len; i++) { /* 建立邊線串列主迴圈 */
11:      /* 建立新邊線記憶體 */
12:      newnode = (EdgeList)malloc(sizeof(struct Edge));
13:      newnode->from = edge[3*i];  /* 邊線的起點 */
```

```
14:       newnode->to = edge[3*i+1];   /* 邊線的終點 */
15:       newnode->weight = edge[3*i+2]; /* 建立成本內容 */
16:       newnode->next = NULL;        /* 設定指標初值 */
17:       if ( first == NULL ) {      /* 串列的第一個節點 */
18:          first = newnode;         /* 建立串列開始指標 */
19:          last = first;            /* 保留最後節點指標 */
20:       } else {
21:          last->next = newnode;     /* 鏈結至最後節點 */
22:          last = newnode;           /* 保留最後節點指標 */
23:       }
24:    }
25: }
26: /* 函數: 新增到同一個集合 */
27: void addSet(int from, int to) {
28:    int to_root = to;               /* 從終點頂點找 */
29:    while ( vertex[to_root] > 0 )
30:       to_root = vertex[to_root];
31:    vertex[to_root] = from;         /* 結合兩個頂點 */
32: }
33: /* 函數: 兩個頂點是否是同一個集合, 擁有同一個根頂點 */
34: int isSameSet(int from, int to) {
35:    int from_root = from;           /* 從開始頂點找 */
36:    int to_root = to;               /* 從終點頂點找 */
37:    while ( vertex[from_root] > 0 ) /* 找尋根頂點 */
38:       from_root = vertex[from_root];
39:    while ( vertex[to_root] > 0 )   /* 找尋根頂點 */
40:       to_root = vertex[to_root];
41:    if ( from_root == to_root )     /* 是否是同一根頂點 */
42:          return 1;                 /* 同一集合 */
43:    else  return 0;                 /* 不同集合 */
44: }
45: /* 函數: 最低成本擴張樹 */
46: void minSpanTree() {
47:    EdgeList ptr = first;           /* 指向串列的開始 */
48:    int i, total = 0;
49:    for ( i=1; i < MAX_VERTICES;i++ )/* 初始頂點陣列 */
50:       vertex[i] = -1;
51:    while ( ptr != NULL ) {
52:       /* 是否是同一個集合, 相同會產生迴圈 */
53:       if ( !isSameSet(ptr->from,ptr->to) ) {
54:          /* 加入最低成本擴張樹的邊線 */
55:          printf("頂點 V%d -> V%d 成本: %d\n",ptr->from,
56:                      ptr->to,ptr->weight);
```

```
57:            total += ptr->weight;          /* 計算成本 */
58:            addSet(ptr->from,ptr->to);     /* 新增至集合 */
59:         }
60:       ptr = ptr->next;              /* 下一條邊線 */
61:    }
62:    printf("最低成本擴張樹的成本: %d\n", total);
63: }
64: /* 主程式 */
65: int main() {
66:    int edge[8][3] = { { 1, 2, 2 }, /* 成本邊線陣列 */
67:                       { 2, 4, 3 },
68:                       { 1, 4, 4 },
69:                       { 3, 5, 5 },
70:                       { 2, 5, 6 },
71:                       { 2, 3, 8 },
72:                       { 3, 4, 10 },
73:                       { 4, 5, 15 } };
74:    int i;
75:    createEdge(8, &edge[0][0]);  /* 建立邊線串列 */
76:    printf("圖形的最低成本擴張樹:\n");
77:    minSpanTree();                  /* 建立最小成本擴張樹 */
78:    printf("頂點陣列內容: ");
79:    for ( i = 1; i < MAX_VERTICES; i++ )
80:       printf("[%d]", vertex[i]);/* 顯示頂點陣列 */
81:    printf("\n");
82:    return 0;
83: }
```

程式說明

- 第4行：含括Ch7_4_3.h圖形邊線串列的標頭檔。
- 第6~25行：createEdge()函數在讀入參數的邊線陣列值後，將元素一一插入到單向串列的最後。
- 第27~32行：addSet()函數是在第29~30行while迴圈找到-1的陣列元素，然後將頂點加入集合。
- 第34~44行：isSameSet()函數是在第37~40行使用2個while迴圈分別找到頂點集合的第1個頂點，然後第41~43行的if條件判斷是否是同一集合，也就是擁有相同的第1個頂點。
- 第46~63行：minSpanTree()函數可以找出最低成本擴張樹，在第51~61行的while迴圈走訪串列，一一檢查每一個節點的邊線是否可以加入擴張樹，如果可以，顯示邊線和成本。

7-5 圖形的最短路徑

圖形在計算機科學的應用十分廣泛，最常應用的問題是計算某一個頂點至其他頂點之間的「最短路徑」（shortest paths）。

最短路徑問題（shortest paths problems）是指一個加權圖形G = (V, E)，邊線的權值不是負值且擁有一個頂點爲來源（source），問題是找出來源頂點到其他頂點的各條路徑中，各邊線權值的總和是最低的路徑，也就是最短路徑。最短路徑求法的常用方法有二種，如下所示：

✎ 一個頂點到多頂點的求法（Dijkstra演算法）。

✎ 各頂點至其他頂點的求法（Floyd演算法）。

7-5-1 一個頂點到多頂點的最短路徑

從一個頂點到多頂點最短路徑的求法中，最著名的是Dijkstra演算法。例如：從基隆到高雄，中間經過台北、新竹、台中或桃園，各城市之間的距離，如下圖所示：

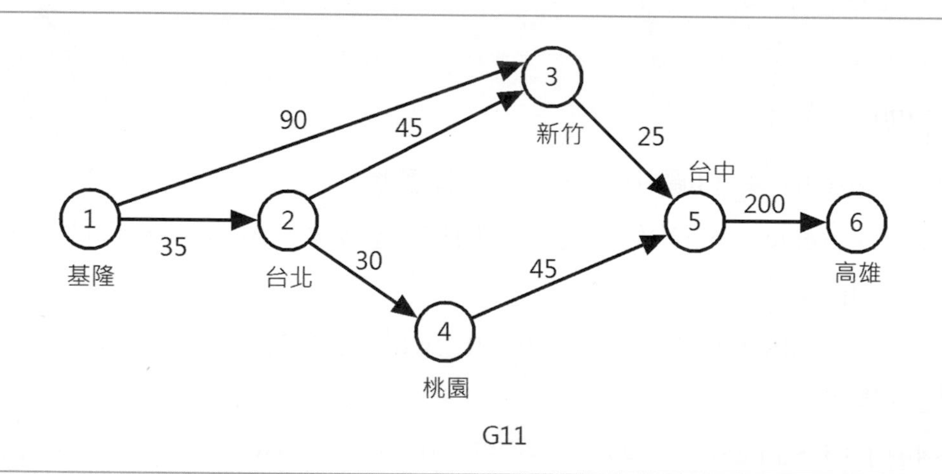

G11

上述方向性圖形G11在邊線加上路徑長度的權值（weights），所以我們可以討論兩個城市之間是否可以到達？如果兩個城市之間擁有多條路徑，哪一條路徑最短？首先列出頂點1基隆到各頂點城市之間的距離，如下表所示：

開始頂點	結束頂點	路徑	距離
基隆-V1	台北-V2	1, 2	35
基隆-V1	新竹-V3	1, 3	90
基隆-V1	新竹-V3	1, 2, 3	35+45 = 80
基隆-V1	桃園-V4	1, 2, 4	35+30 = 65
基隆-V1	台中-V5	1, 3, 5	90+25 = 115
基隆-V1	台中-V5	1, 2, 3, 5	35+45+25 = 105
基隆-V1	台中-V5	1, 2, 4, 5	35+30+45 = 110
基隆-V1	高雄-V6	1, 2, 3, 5, 6	35+45+25+200 = 305
基隆-V1	高雄-V6	1, 2, 4, 5, 6	35+30+45+200 = 310

上述表格顯示各城市之間不同路徑的距離，我們可以發現基隆到新竹的最短路徑，也是基隆到台中或高雄最短路徑的一部分，也就是說，已知的最短路徑頂點，就是其他頂點最短路徑上經過的頂點。

互動模擬動畫

點選【第7-5-1節：一個頂點到多頂點的最短路徑】項目，讀者在選好圖形後，輸入開始頂點，按【執行Dijkstra最短路徑】鈕，可以使用Dijkstra方法求取最短路徑，並且將計算過程顯示出來，如下圖所示：

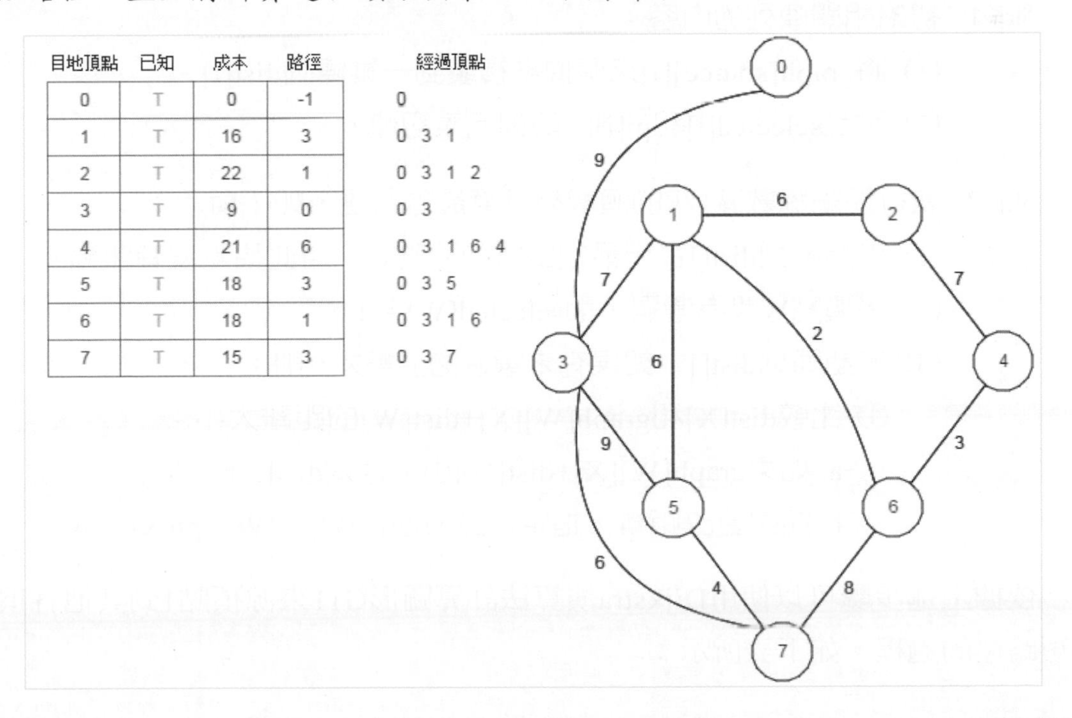

目地頂點	已知	成本	路徑
0	T	0	-1
1	T	16	3
2	T	22	1
3	T	9	0
4	T	21	6
5	T	18	3
6	T	18	1
7	T	15	3

Dijkstra演算法是依據上述最短路徑的特性，提出解決「單來源最短路徑的問題」（single-source shortest paths）的演算法，Dijkstra演算法使用鄰接矩陣表示法建立圖形。例如：圖形G11的鄰接矩陣表示法，如下圖所示：

	第1欄	第2欄	第3欄	第4欄	第5欄	第6欄
第1列	0	35	90	∞	∞	∞
第2列	∞	0	45	30	∞	∞
第3列	∞	∞	0	∞	25	∞
第4列	∞	∞	∞	0	45	∞
第5列	∞	∞	∞	∞	0	200
第6列	∞	∞	∞	∞	∞	0

上述表示法使用graph[][]二維陣列來儲存，演算法使用一個一維陣列dist[]儲存從某一頂點到各頂點之間的最短距離，陣列尺寸是頂點數，pi[]陣列儲存頂點的前一個頂點，以便追蹤來源到各頂點最短路徑所經過的頂點。

Dijkstra演算法的完整演算法步驟，來源頂點是source，selected[]陣列檢查頂點是否已經選擇過，如下所示：

Step 1 初始相關陣列的內容：

(1) 將graph[source][i]來源頂點複製到一維陣列dist[i]。

(2) 設定selected[i]和pi[i]的陣列元素初值。

Step 2 執行頂點總數減1次的迴圈來計算最短路徑，如下所示：

(1) 走訪陣列dist[]找出最短距離的頂點W，且此頂點沒有選過。

(2) 將頂點W設為選過，即selected[W] = 1。

(3) 走訪陣列dist[]，如果有未選過的頂點X，則：

① 比較dist[X]和graph[W][X]+dist[W]的距離大小：

a. 如果graph[W][X]+dist[W]小，存入dist[X]。

b. 如果更改距離，指定頂點X的前頂點為W，pi[X] = W。

依據上述步驟可以使用Dijkstra演算法計算圖形G11來源頂點1到其他各頂點最短路徑的過程，如下表所示：

迴圈	選擇頂點	dist[]						pi[]						selected[]					
		1	2	3	4	5	6	1	2	3	4	5	6	1	2	3	4	5	6
初值	V1	0	35	90	∞	∞	∞	0	0	0	0	0	0	1	0	0	0	0	0
1	V2	0	35	80	65	∞	∞	0	1	2	2	0	0	1	1	0	0	0	0
2	V4	0	35	80	65	110	∞	0	1	2	2	4	0	1	1	0	1	0	0
3	V3	0	35	80	65	105	∞	0	1	2	2	3	0	1	1	1	1	0	0
4	V5	0	35	80	65	105	305	0	1	2	2	3	5	1	1	1	1	1	0
5	V6	0	35	80	65	105	305	0	1	2	2	3	5	1	1	1	1	1	1

在上表指定dist[]、pi[]和selected[]陣列的初值後，將來源頂點1設為選取，第一次迴圈搜尋陣列dist[]的最短距離頂點W是頂點2的35，然後走訪陣列dist[]，將未選過的頂點X：3、4、5、6，依序計算下列公式，如下所示：

```
MIN (dist(X),dist(W)+鄰接矩陣(W,X))
```

上述MIN()函數可以傳回兩個參數距離的最短距離。如果dist(W)+鄰接矩陣(W,X)比較短，例如：頂點1到頂點3的距離是dist[3] = 90，透過頂點2到頂點3的距離，如下所示：

```
dist(2) + 鄰接矩陣(2, 3) = dist[2] + graph[2][3] = 35 + 45 = 80
```

上述距離80小於dist[3] = 90，所以更新dist[3] = 80，同時，將pi[3]更新為2，表示頂點3最短路徑的前一個頂點是2。同理，頂點4更新為65。

第2次迴圈搜尋陣列dist[]的最短距離頂點W是頂點4的65，然後走訪陣列dist[]，將未選過的頂點X：3、5、6，其中頂點5可由頂點4到達，其距離為：

```
dist[4] + graph[4, 5] = 65 + 45 = 110
```

更新dist[5] = 110，同時，將pi[5]更新為4，表示頂點5最短路徑的前一個頂點是4。

重複上述操作，共執行頂點數減一次迴圈，就可以完成頂點1到其他頂點之間的最短路徑計算，至於如何知道最短路徑經過哪些頂點？可以從pi[]陣列得知，例如：頂點1到頂點6的路徑，從pi[6]開始，前一個頂點是5，pi[5] = 3，表示頂點5的前一個頂點是3，頂點3的前一個頂點是2，可以得到路徑：1,2,3,5,6。

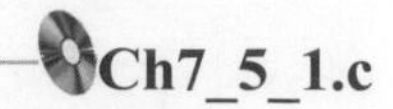

在C程式使用鄰接矩陣表示法儲存加權圖形，∞使用常數LEN代表，然後使用Dijkstra方法求取頂點1到達其他頂點的最短路徑，最後將鄰接矩陣和計算過程都顯示出來，其執行結果如下所示：

```
圖形G的鄰接矩陣內容:
  0  35  90   ∞   ∞   ∞
  ∞   0  45  30   ∞   ∞
  ∞   ∞   0   ∞  25   ∞
  ∞   ∞   ∞   0  45   ∞
  ∞   ∞   ∞   ∞   0 200
  ∞   ∞   ∞   ∞   ∞   0
從頂點1到各頂點最近距離的Dijkstra計算過程:
V   1   2   3   4   5   6
1   0  35  90   ∞   ∞   ∞
2   0  35  80  65   ∞   ∞
4   0  35  80  65 110   ∞
3   0  35  80  65 105   ∞
5   0  35  80  65 105 305
6   0  35  80  65 105 305
前一頂點陣列:
V  1   2   3   4   5   6
   0   1   2   2   3   5
```

上述執行結果的V之下是每次迴圈選取的頂點，依序選取：頂點1、2、4、3、5和6。

程式內容

```
01: /* 程式範例: Ch7_5_1.c */
02: #include <stdio.h>
03: #include <stdlib.h>
04: #include "adjacencyMatrix.c"
05: int dist[MAX_VERTICES];              /* 路徑長度陣列 */
06: int pi[MAX_VERTICES];                /* 前一頂點陣列 */
07: /* 函數: 找尋某一頂點至各頂點的最短距離 */
08: void shortestPath(int source, int num) {
09:    int selected[MAX_VERTICES];       /* 選擇的頂點陣列 */
10:    int min_len;                      /* 最短距離 */
11:    int min_vertex = 1;               /* 最短距離的頂點 */
12:    int i,j;
```

```
13:     for ( i = 1; i <= num; i++ ) { /* 初始陣列迴圈 */
14:        selected[i] = 0;              /* 清除陣列內容 */
15:        pi[i] = 0;                    /* 清除陣列內容 */
16:        dist[i] = graph[source][i]; /* 初始距離 */
17:     }
18:     selected[source] = 1;            /* 開始頂點加入集合 */
19:     dist[source] = 0;                /* 設定開始頂點距離 */
20:     printf("V   1   2   3   4   5   6\n");
21:     for ( j = 1; j <= num; j++ ) { /* 顯示dist[]陣列內容 */
22:        if ( j == 1 ) printf("%d", source); /* 選擇頂點 */
23:        if ( dist[j] == MAX ) printf("  ∞");
24:        else printf("%4d", dist[j]);  /* 顯示距離 */
25:     }
26:     printf("\n");
27:     /* 一共執行頂點數-1次的迴圈 */
28:     for ( i = 1; i <= num-1; i++ ) {
29:        min_len = MAX;                /* 先設爲無窮大 */
30:        /* 找出最短距離頂點的迴圈 */
31:        for ( j = 1; j <= num; j++ )
32:           /* 從不屬於集合的頂點陣列找尋最近距離頂點 s */
33:           if ( min_len > dist[j] && selected[j] == 0 ) {
34:              min_vertex = j;         /* 目前最短的頂點 */
35:              min_len = dist[j];      /* 記錄最短距離 */
36:           }
37:        selected[min_vertex] = 1;     /* 將頂點加入集合 */
38:        printf("%d", min_vertex);     /* 顯示選擇的的頂點 */
39:        if ( i == 1 ) pi[min_vertex] = 1;/* 前頂點 */
40:        /* 計算開始頂點到各頂點最短距離陣列的迴圈 */
41:        for ( j = 1; j <= num; j++ ) {
42:          if ( selected[j] == 0 &&   /* 是否距離比較短 */
43:          dist[min_vertex]+graph[min_vertex][j]<dist[j]) {
44:            /* 指定成較短的距離 */
45:            dist[j]=dist[min_vertex]+graph[min_vertex][j];
46:            pi[j] = min_vertex;       /* 記錄前一個頂點 */
47:          }
48:          if ( dist[j] == MAX ) printf("  ∞");
49:          else printf("%4d", dist[j]);/* 顯示最短距離 */
50:        }
51:        printf("\n");
52:     }
53:     printf("前一頂點陣列: \n");
54:     printf("V  1   2   3   4   5   6\n");
55:     for ( j = 1; j <= num; j++ ) {
```

```
56:         printf("%4d", pi[j]);          /* 顯示前一個頂點 */
57:     }
58:     printf("\n");
59: }
60: /* 主程式 */
61: int main() {
62:     int edge[7][3] = { {1, 2, 35},  /* 加權邊線陣列 */
63:                        {1, 3, 90},
64:                        {2, 3, 45},
65:                        {2, 4, 30},
66:                        {3, 5, 25},
67:                        {4, 5, 45},
68:                        {5, 6, 200} };
69:     createGraph(7, &edge[0][0]);    /* 建立圖形 */
70:     printf("圖形G的鄰接矩陣內容:\n");
71:     printGraph();  /* 顯示圖形 */
72:     printf("從頂點1到各頂點最近距離的Dijkstra計算過程:\n");
73:     shortestPath(1,6);                /* 找尋最短路徑 */
74:     return 0;
75: }
```

程式說明

- 第4行：含括實作鄰接矩陣表示法的adjacencyMatrix.c程式檔。
- 第5~6行：宣告dist[]和pi[]一維陣列儲存計算結果的最短距離和前一個頂點。
- 第8~59行：shortestPath()函數是使用陣列selected[]記錄頂點是否選過，在第13~17行的for迴圈清除陣列selected[]、pi[]和初設陣列dist[]的距離。
- 第28~52行：頂點數減一次的主迴圈，在第31~36行找尋陣列dist[]的最短距離頂點且設為選過，然後在第41~50行的迴圈將陣列dist[]設為MIN(dis[j],dist[min_vertex]+cost[min_vertex][j])。
- 第55~57行：使用for迴圈顯示pi[]陣列內容的前一個頂點。
- 第69~73行：在呼叫createGrpah()函數建立圖形後，第73行呼叫shortestPath()函數計算和顯示最短路徑。

7-5-2 各頂點至其他頂點的最短路徑

Dijkstra演算法只能求得單一來源頂點到其他頂點的最短路徑。如果需要計算圖形中任意兩頂點之間的最短路徑，我們需要再加一層迴圈替每一個頂點執行一次Dijkstra演算法。

除了Dijkstra演算法外，對於各頂點至其他頂點最短路徑的求法，可以使R. W. Floyd教授的演算法，此演算法可以計算出各頂點至其他頂點之間的最短路徑。

互動模擬動畫

點選【第7-5-2節：各頂點至其他頂點的最短路徑】項目，讀者在選好圖形後，按【執行Floyd最短路徑】鈕，可以使用Floyd方法計算各頂點至其它頂點的最短距離，並且將計算過程顯示出來，如下圖所示：

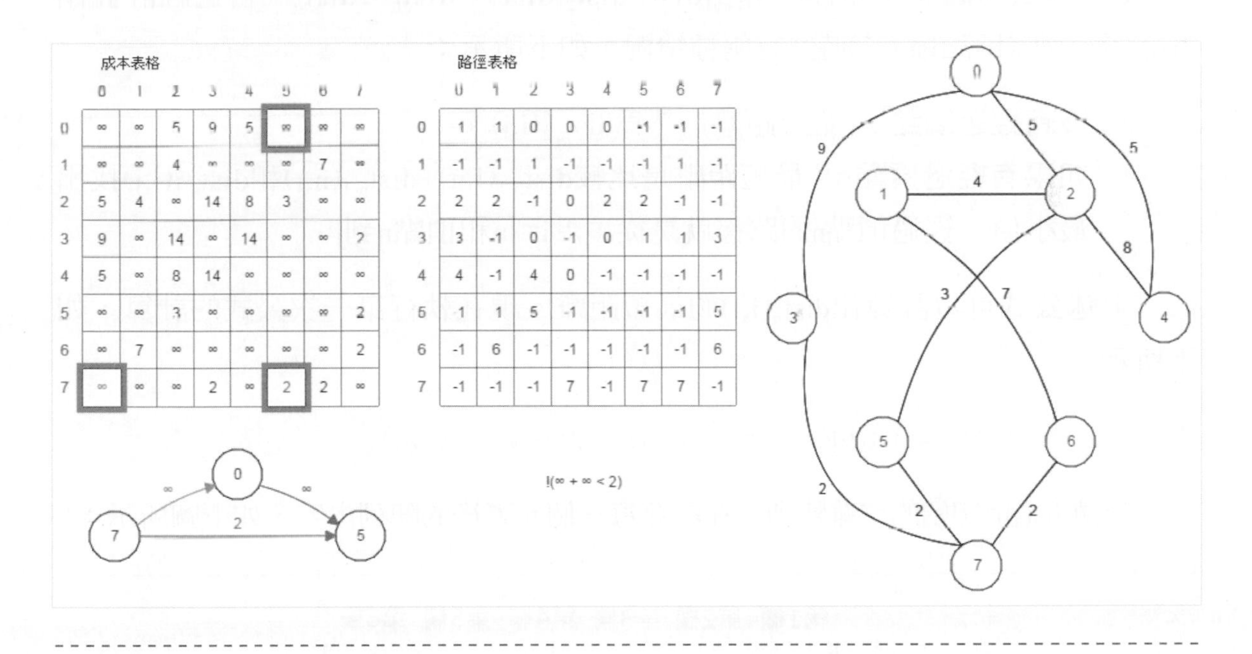

例如：以上一節加權圖形G11為例，Floyd演算法是將鄰接矩陣表示法的內容複製到二維陣列dist[][]，如下圖所示：

	第1欄	第2欄	第3欄	第4欄	第5欄	第6欄
第1列	0	35	90	∞	∞	∞
第2列	∞	0	45	30	∞	∞
第3列	∞	∞	0	∞	25	∞
第4列	∞	∞	∞	0	45	∞
第5列	∞	∞	∞	∞	0	200
第6列	∞	∞	∞	∞	∞	0

Floyd演算法使用迴圈重覆執行n次的頂點數，(i, j)是矩陣座標，我們還需要一個二層巢狀迴圈走訪二維陣列的每一個元素來計算下列公式，如下所示：

```
distₙ(i,j) = MIN(distₙ₋₁(i,j),distₙ₋₁(i,n)+distₙ₋₁(n,j))
```

上述n值是第n次執行迴圈MIN()函數，函數可以找出兩個參數的最小值。Floyd演算法的觀念是依序計算出$dist_1$,$dist_2$,$dist_3$…$dist_n$…$dist_6$，當已經計算出$dist_{n-1}$後，在計算$dist_n(i,j)$時共有兩種情況，如下所示：

- **沒有經過頂點n**：最短距離仍然為$dist_{n-1}(i,j)$。
- **如果有經過頂點n**：最短距離是比較$dist_{n-1}(i,n)+dist_{n-1}(n,j)$和$dist_{n-1}(i,j)$找出最小值，經過頂點n的路徑就是從頂點i到n和頂點n到j。

上述公式可以計算出$dist_n(i,j)$的最短距離。現在執行第一次公式的計算，如下所示：

```
dist₁(i,j) = MIN(dist₀(i,j),dist₀(i,1)+dist₀(1,j))
```

上述$dist_0$是初始的二維陣列。在計算每一個元素後的陣列內容，如下圖所示：

	第1欄	第2欄	第3欄	第4欄	第5欄	第6欄
第1列	0	35	90	∞	∞	∞
第2列	35	0	45	30	∞	∞
第3列	90	45	0	∞	25	∞
第4列	∞	30	∞	0	45	∞
第5列	∞	∞	25	45	0	200
第6列	∞	∞	∞	∞	200	0

繼續第二次公式的計算，如下所示：

```
dist₂(i,j) = MIN(dist₁(i,j),dist₁(i,2)+dist₁(2,j))
```

計算後的陣列內容，如下圖所示：

	第1欄	第2欄	第3欄	第4欄	第5欄	第6欄
第1列	0	35	80	65	∞	∞
第2列	35	0	45	30	∞	∞
第3列	80	45	0	75	25	∞
第4列	65	30	75	0	45	∞
第5列	∞	∞	25	45	0	200
第6列	∞	∞	∞	∞	200	0

等到執行完全部迴圈一共是頂點數6次後，可以得到最後的二維陣列內容，如下圖所示：

	第1欄	第2欄	第3欄	第4欄	第5欄	第6欄
第1列	0	35	80	65	105	305
第2列	35	0	45	30	70	270
第3列	80	45	0	70	25	225
第4列	65	30	70	0	45	245
第5列	105	70	25	45	0	200
第6列	305	270	225	245	200	0

上述陣列內容是各頂點到各頂點之間的最短路徑，第1列是從頂點1到其他頂點，第2列是頂點2到其他頂點最短路徑的距離。

程式範例

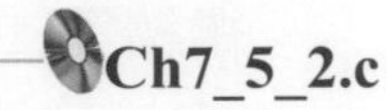

Ch7_5_2.c

在C程式使用鄰接矩陣表示法儲存加權圖形，∞使用常數LEN代表，然後使用Floyd方法計算各頂點至其他頂點的最短路徑，最後將鄰接矩陣和結果陣列內容都顯示出來，其執行結果如下所示：

```
圖形G的鄰接矩陣內容:
  0  35  90  ∞  ∞  ∞
 ∞   0  45  30  ∞  ∞
 ∞  ∞   0  ∞  25  ∞
 ∞  ∞  ∞   0  45  ∞
 ∞  ∞  ∞  ∞   0 200
 ∞  ∞  ∞  ∞  ∞   0
從各頂點到各頂點最近距離的Floyd計算過程:
V     1     2     3     4     5     6
1     0    35    80    65   105   305
2    35     0    45    30    70   270
3    80    45     0    70    25   225
4    65    30    70     0    45   245
5   105    70    25    45     0   200
6   305   270   225   245   200     0
```

程式內容

```
01: /* 程式範例: Ch7_5_2.c */
02: #include <stdio.h>
03: #include <stdlib.h>
04: #include "adjacencyMatrix.c"
05: int dist[MAX_VERTICES][MAX_VERTICES];/* 路徑長度陣列 */
06: /* 函數: 找尋各頂點到各頂點的最短距離 */
07: void shortestPath(int num) {
08:    int i, j, k;
09:    /* 初始陣列的巢狀迴圈 */
10:    for ( i = 1; i <= num; i++ )
11:       for ( j = i; j <= num; j++ )
12:          dist[i][j] = dist[j][i] = graph[i][j];
13:    /* 找出最短距離的巢狀迴圈 */
14:    for ( k = 1; k <= num; k++ )
15:       /* 走訪二維陣列計算最短路徑 */
16:       for ( i = 1; i <= num; i++ )
17:          for ( j = 1; j <= num; j++ )
18:             if ( dist[i][k] + dist[k][j] < dist[i][j] )
```

```
19:                /* 指定成為較短的距離 */
20:                dist[i][j] = dist[i][k] + dist[k][j];
21:    printf("V      1      2      3      4      5      6\n");
22:    for ( i = 1; i <= num; i++ ) {
23:       printf("%d ", i);
24:       for ( j = 1; j <= num; j++ )
25:          printf(" %4d ", dist[i][j]); /* 顯示距離陣列 */
26:       printf("\n");
27:    }
28: }
29: /* 主程式 */
30: int main() {
31:    int edge[7][3] = { {1, 2, 35},  /* 加權邊線陣列 */
32:                       {1, 3, 90},
33:                       {2, 3, 45},
34:                       {2, 4, 30},
35:                       {3, 5, 25},
36:                       {4, 5, 45},
37:                       {5, 6, 200} };
38:    createGraph(7, &edge[0][0]);    /* 建立圖形 */
39:    printf("圖形G的鄰接矩陣內容:\n");
40:    printGraph();  /* 顯示圖形 */
41:    printf("從各頂點到各頂點最近距離的Floyd計算過程:\n");
42:    shortestPath(6);                /* 找尋最短路徑 */
43:    return 0;
44: }
```

程式說明

- ▶第4行：含括實作鄰接矩陣表示法的adjacencyMatrix.c程式檔。
- ▶第5行：宣告dist[][]二維陣列儲存計算結果的最短路徑。
- ▶第7~28行：shortestPath()最短路徑函數是在第10~12行複製鄰接矩陣表示法的內容到dist[][]二維陣列。
- ▶第14~20行：執行頂點數的迴圈以公式計算各頂點的最短路徑。
- ▶第22~27行：使用for巢狀迴圈顯示dist[][]陣列最短路徑的距離。
- ▶第38~42行：在呼叫createGrpah()函數建立圖形後，第42行呼叫shortestPath()函數計算和顯示最短路徑的距離。

7-6 拓樸排序

在實務上，工作或作業計劃都需要分割成數個小計劃，如果使用方向性圖形來表示各小計劃之間的前後關聯，這種圖形稱爲「頂點工作網路」（activity on vertex network），簡稱AOV網路。

因爲每個小計劃或工作之間都擁有關聯性，所以準備進行某個小計劃前，我們需要等到其他小計劃先行完成。例如：主修資訊科學的學生，在選修資料結構這門課前，需要先修過C語言課程，如果沒有修過C語言，就不能選修資料結構。例如：一個方向性圖形G12表示課程之間的先後關聯，如下圖所示：

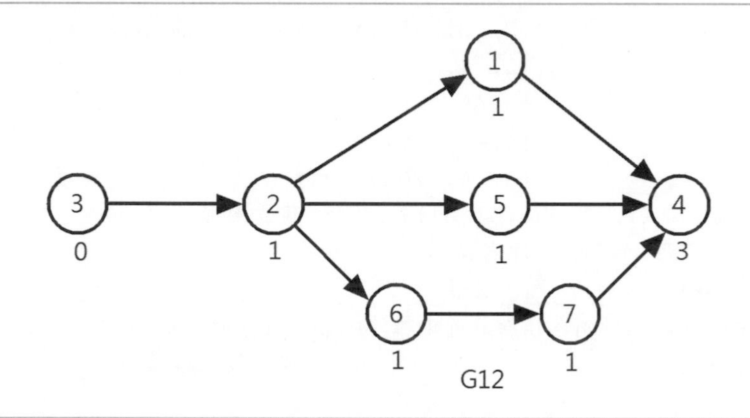

G12

上述圖形G12是一個AOV網路，其頂點代表課程，頂點1需要等到讀完頂點3和2的課程後，才可以選修，頂點3是其它頂點的「先行者」（predecessor），頂點2是頂點1、5和6的「立即先行者」（immediate predecessor）。

頂點4的課程需要等到頂點1,5,7的課程都讀完，它是圖形其他頂點的「後繼者」（successor），頂點1、5和7的「立即後繼者」（immediate successor）。因爲課程有先後順序，所以如何找出修課的先後順序，而且不會造成先修課程尚未修過的擋修問題，就是本節討論的主題「拓樸排序」（topological sort）。

互動模擬動畫

點選【第7-6節：拓樸排序】項目，讀者在選好圖形後，按【圖形的拓樸排序】鈕，可以顯示拓樸排序的結果，並且將過程都顯示出來（動畫是將內分支度0的頂點存入堆疊；本節程式是使用佇列來儲存），如下圖所示：

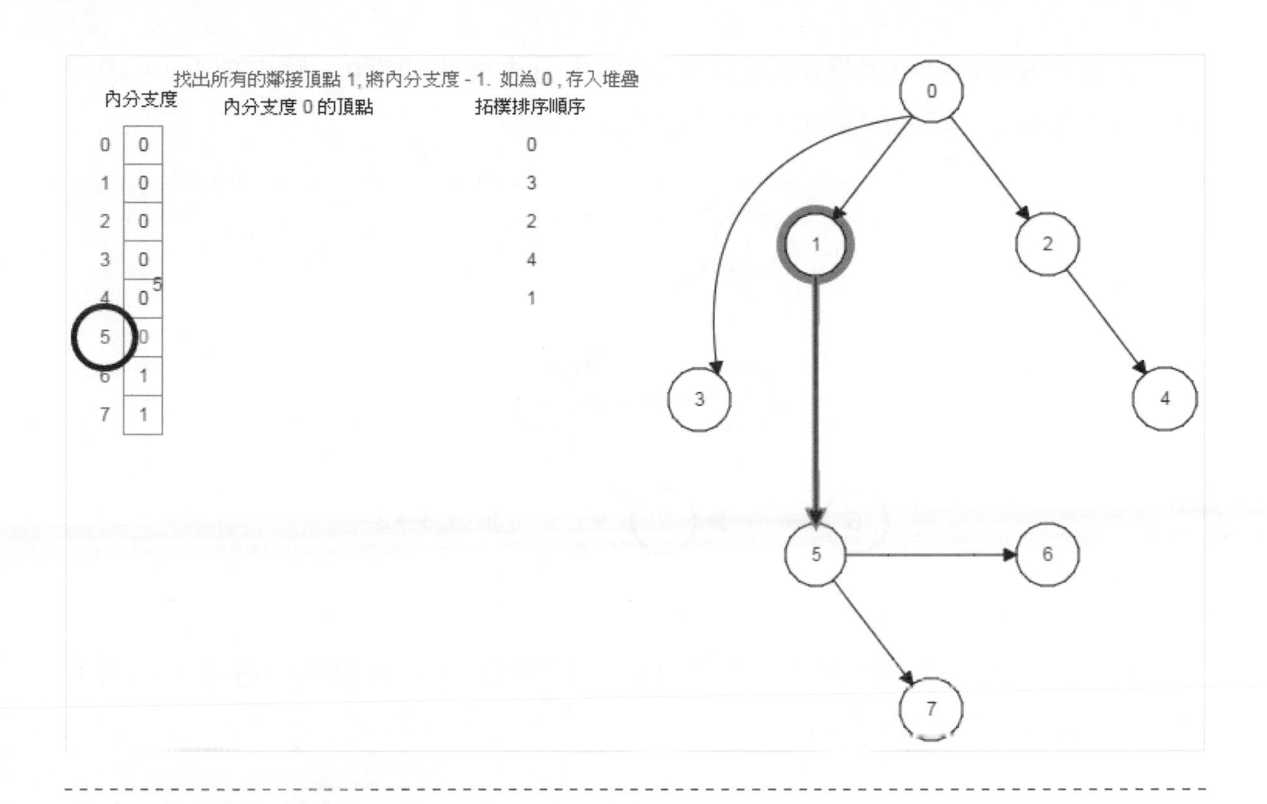

拓樸排序演算法

拓樸排序的圖形需要計算頂點的內分支度，在圖形G12各頂點下方標示的是內分支度，內分支度爲0的頂點表示沒有先修課程，所以是課程的開始。

拓樸排序是從內分支度爲0的頂點開始處理，先輸出此頂點，接著將頂點相連接的邊線刪除，如下圖所示：

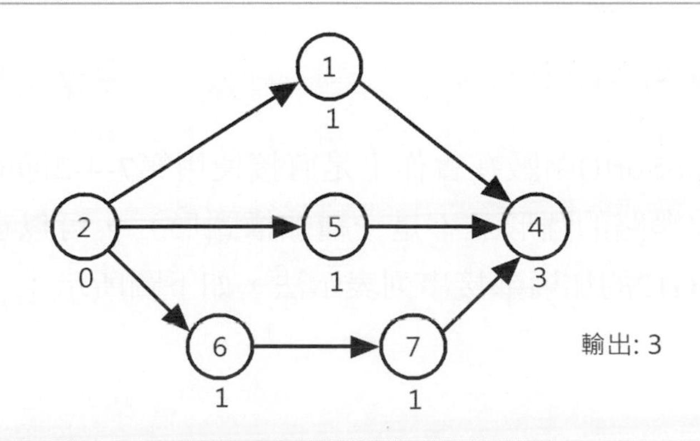

上述圖例的頂點2因爲邊線已經刪除，內分支度也成爲0，輸出頂點2。繼續將頂點2連接的三條邊線刪除，如下圖所示：

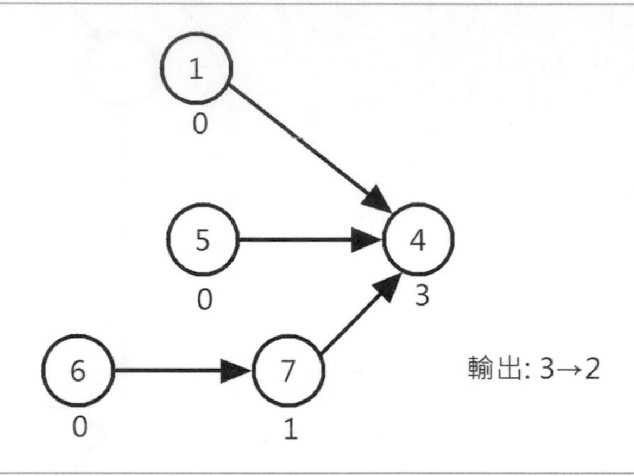

現在頂點1、5和6的內分支度都是0，只需刪除這三個頂點和邊線，輸出頂點1、5和6後，如下圖所示：

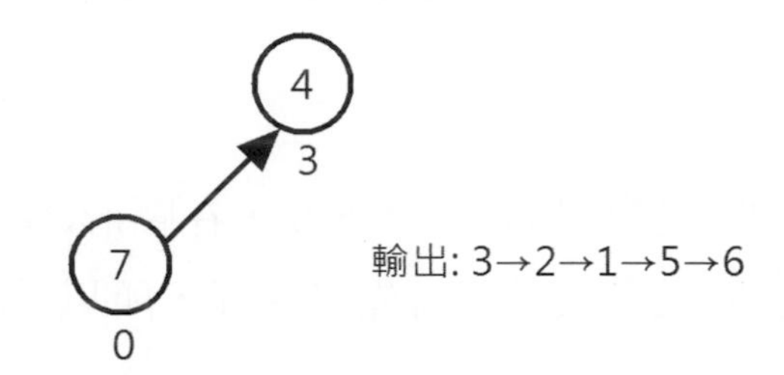

繼續上述操作，刪除頂點7，最後輸出頂點7和4，可以得到拓樸排序的結果，如下所示：

```
3→2→1→5→6→7→4
```

拓樸排序的topoSort()函數在實作上是直接使用第7-4-2節的加權鄰接串列表示法（注意！AOV網路的圖形並不是一種加權圖形），可以在頂點結構陣列儲存內分支度，圖形G12的加權鄰接串列表示法，如下圖所示：

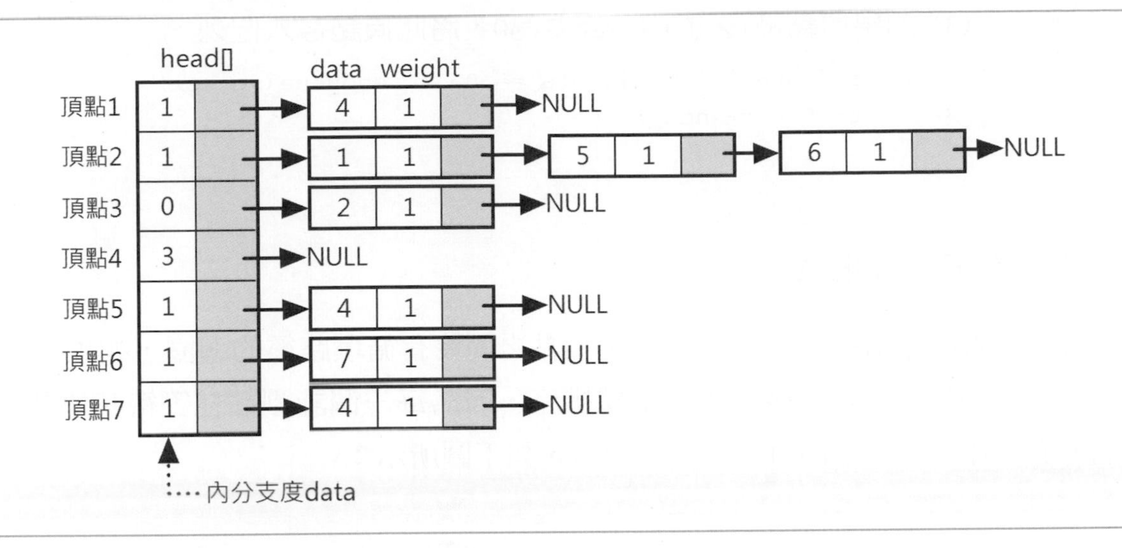

上述鄰接串列head[]陣列儲存頂點的內分支度，因為AOV網路的圖形不是一種加權圖形，所以權值欄位並沒有使用，值都是1。拓樸排序刪除頂點和邊線操作是將刪除頂點的鄰接頂點由鄰接串列中刪除，然後在串列開始位置，將開頭節點陣列的欄位data的內分支度減一。

例如：頂點2的鄰接頂點有頂點1、5和6，刪除操作是將開頭節點陣列索引值1,5和6內的欄位data減1。儲存內分支度為0的頂點是使用一個佇列。其完整演算法步驟如下所示：

Step 1 走訪head[]陣列將內分支度為0的頂點存入佇列。

```
for ( i = 1; i <= num; i++ )
   if ( head[i].data == 0 )  enqueue(i);
```

Step 2 從佇列取出頂點，直到佇列空了為止，如下：

```
while ( !isQueueEmpty() ) {
```

(1) 取出佇列元素，輸出拓樸排序的頂點。

```
   vertex = dequeue();
   printf(" %d ", vertex);
```

(2) 走訪頂點的鄰接串列，將所有鄰接頂點的內分支度減1。

```
   ptr = head[vertex].next;
   while ( ptr != NULL ) {
      vertex = ptr->data;
      head[vertex].data--;
```

(3) 如果頂點減1後的內分支度為0，將此頂點存入佇列。

```
        if ( head[vertex].data == 0  )  enqueue(vertex);
        ptr = ptr->next;
    }
}
```

擁有迴圈的AOV網路

AOV網路輸出拓樸排序的條件是頂點之間沒有循環路徑的迴圈，如果AOV網路擁有迴圈，就沒有辦法找出拓樸排序，因為每一個計劃都在等待其他計劃的執行。例如：在圖形G12加上2條邊線，如下圖所示：\

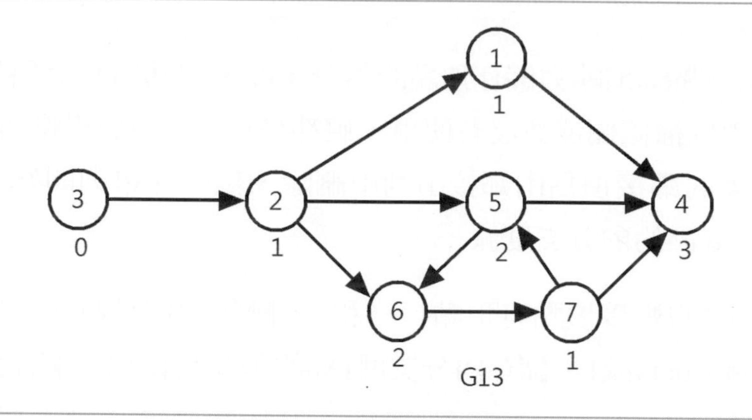

上述圖例擁有迴圈5→6→7→5，拓樸排序無法輸出圖形的所有節點，在輸出3→2→1後留下的圖形，如下圖所示：

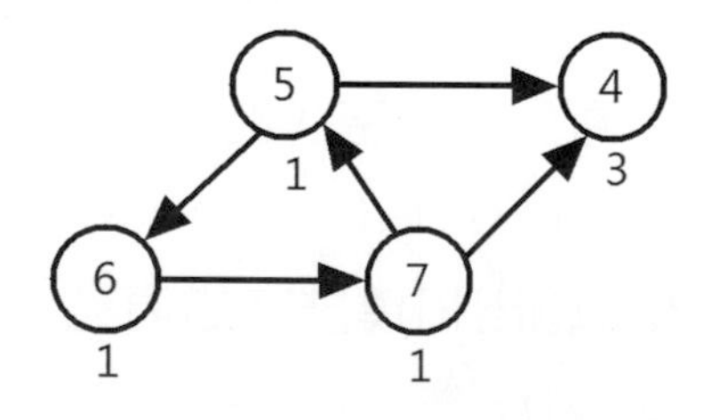

上述圖形的頂點6等待頂點5，頂點7等待頂點6，頂點5等待頂點7，循環等待其他計劃的完成，如同是一個死結，所以這個計劃根本無法完成。

程式範例

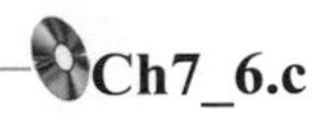

Ch7_6.c

在C程式使用鄰接串列表示法建立圖形，然後分別讀入一個包含迴圈和不包含迴圈的圖形，最後將拓樸排序的內容顯示出來，其執行結果如下所示：

```
圖形1的鄰接串列內容===================
V1(1) =>V4[1]
V2(1) =>V1[1] V5[1] V6[1]
V3(0) =>V2[1]
V5(1) =>V4[1]
V6(1) =>V7[1]
V7(1) =>V4[1]
圖形1拓樸排序的內容:
 3  2  1  5  6  7  4
圖形1沒有迴圈
圖形2的鄰接串列內容===================
V1(1) =>V4[1]
V2(1) =>V1[1] V5[1] V6[1]
V3(0) =>V2[1]
V5(2) =>V4[1] V6[1]
V6(2) =>V7[1]
V7(1) =>V4[1] V5[1]
圖形2拓樸排序的內容:
 3  2  1
圖形2有迴圈
```

在上述加權圖形的鄰接串列表示法中，頂點結構陣列的括號是內分支度，各鄰接頂點的方括號是權值，不過拓樸排序的圖形沒有權值，所以值都是1。

程式內容

```
01: /* 程式範例: Ch7_6.c */
02: #include <stdio.h>
03: #include <stdlib.h>
04: #include "queue.c"
05: #include "adjacencyList.c"
06: /* 函數: 圖形的拓樸排序 */
07: int topoSort(Graph head, int num) {
08:    Graph ptr;
09:    int i, vertex;
10:    /* 將內分支度爲零頁的頂點存入佇列的迴圈 */
11:    for ( i = 1; i <= num; i++ )
```

```
12:       if ( head[i].data == 0 )   /* 如果分支度是零 */
13:          enqueue(i);             /* 將頂點存入佇列 */
14:    while ( !isQueueEmpty() ) {   /* 佇列是否已空 */
15:       vertex = dequeue();        /* 將頂點從佇列取出 */
16:       printf(" %d ", vertex);    /* 顯示拓樸排序的頂點 */
17:       ptr = head[vertex].next;   /* 頂點指標 */
18:       while ( ptr != NULL ) {    /* 走訪至串列尾 */
19:          vertex = ptr->data;     /* 取得頂點值 */
20:          head[vertex].data--;    /* 頂點內分支度減一 */
21:          /* 如果內分支度是零 */
22:          if ( head[vertex].data == 0  )
23:             enqueue(vertex);     /* 將頂點存入佇列 */
24:          ptr = ptr->next;        /* 下一個頂點 */
25:       }
26:    }
27:    printf("\n");
28:    for ( i = 1; i <= num; i++ ) /* 檢查是否有迴圈 */
29:       if ( head[i].data != 0 )  /* 內分支度不是零 */
30:          return 1;              /* 有迴圈 */
31:    return 0;                    /* 沒有迴圈 */
32: }
33: /* 主程式 */
34: int main() {
35:    struct Vertex head1[MAX_VERTICES]; /* 頂點結構陣列 */
36:    struct Vertex head2[MAX_VERTICES]; /* 頂點結構陣列 */
37:    int edge[10][3] = { {3, 2, 1},      /* 邊線陣列 */
38:                        {2, 1, 1},
39:                        {2, 5, 1},
40:                        {2, 6, 1},
41:                        {1, 4, 1},
42:                        {5, 4, 1},
43:                        {7, 4, 1},
44:                        {6, 7, 1},
45:                        {5, 6, 1},
46:                        {7, 5, 1} };
47:    createGraph(head1,8,&edge[0][0]);  /* 建立圖形1 */
48:    printf("圖形1的鄰接串列內容================== \n");
49:    printGraph(head1);  /* 顯示圖形1 */
50:    printf("圖形1拓樸排序的內容:\n");
51:    if ( topoSort(head1, 7) )           /* 拓樸排序 */
52:       printf("圖形1有迴圈\n");
53:    else
54:       printf("圖形1沒有迴圈\n");
```

```
55:    front = rear = NULL;                   /* 清除佇列 */
56:    createGraph(head2,10,&edge[0][0]); /* 建立圖形2 */
57:    printf("圖形2的鄰接串列內容================== \n");
58:    printGraph(head2);  /* 顯示圖形2 */
59:    printf("圖形2拓樸排序的內容:\n");
60:    if ( topoSort(head2, 7) )              /* 拓樸排序 */
61:       printf("圖形2有迴圈\n");
62:    else
63:       printf("圖形2沒有迴圈\n");
64:    return 0;
65: }
```

程式說明

- 第4~5行：含括第5章鏈結串列實作的佇列queue.c和第7-4-2節的加權鄰接串列表示法。
- 第7~32行：topoSort()函數在第11~13行將內分支度為0的頂點存入佇列，第14~26行while迴圈取出佇列的所有元素。
- 第15~25行：取出佇列元素依序輸出拓樸排序的元素後，在第18~25行使用while迴圈走訪鄰接頂點，將內分支都減一，第22~23行檢查內分支度是否為0，如果是，將頂點存入佇列。
- 第28~30行：使用for迴圈判斷是否有迴圈。
- 第51~54和60~63行：呼叫topoSort()函數顯示拓樸排序的結果。

學習評量

1. 請說明什麼是圖形？加權圖形？方向性和無方向性圖形有何差異？常用的圖形表示法有哪幾種？

2. 請繪出下列兩個圖形的鄰接矩陣表示法和鄰接串列表示法，如下圖所示：

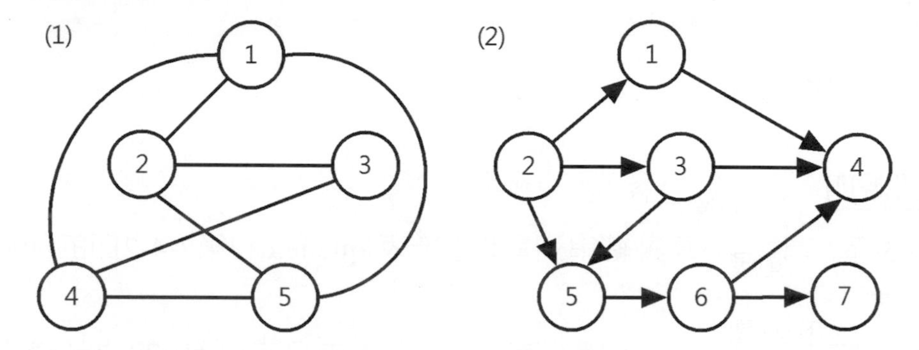

3. 無方向性圖形G = (V, E)擁有5個頂點A、B、⋯、E，頂點和頂點之間的邊線有7條，如下所示：

```
V(G) = { A, B, C, D, E }
E(G) = { (A,B),(A,C),(B,C),(B,D),(C,D),(C,E),(D,E) }
```

請繪出上述圖形G、圖形的鄰接矩陣表示法和鄰接串列表示法，頂點1~5對應A~B。

4. 請根據下列兩個圖形，不考慮邊線的權值，從頂點A開始分別寫出深度優先和寬度優先搜尋法的頂點走訪順序，如下圖所示：

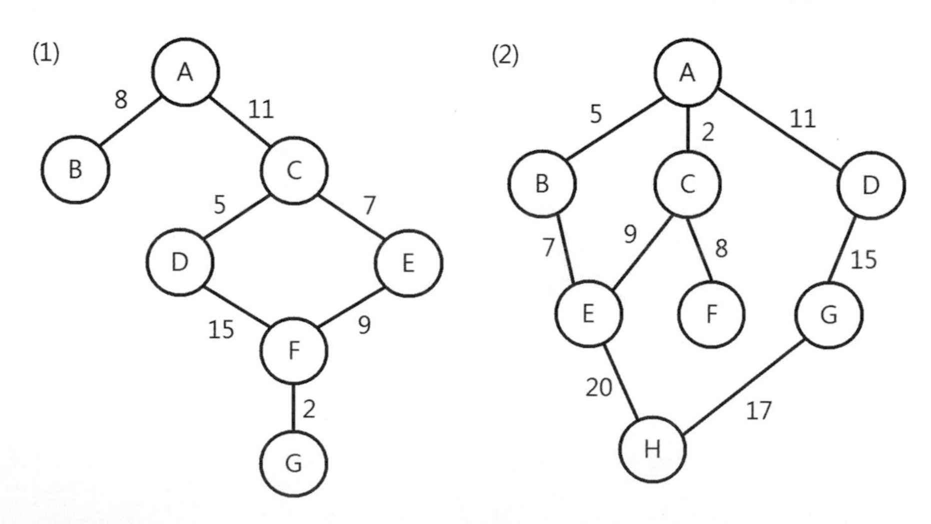

5. 請說明什麼是擴張樹和最低成本擴張樹？繪出第7-4節圖形的所有擴張樹。

6. 請根據習題4.的加權圖形，分別繪出加權圖形的鄰接矩陣表示法和鄰接串列表示法。

7. 請根據習題4.的加權圖形分別寫出深度優先、寬度優先擴張樹，然後使用Kruskal演算法請求出最低成本擴張樹，寫出詳細的建立步驟。

8. 請修改第7-3節深度優先和寬度優先搜尋法的程式，以便顯示出圖形擴張樹的邊線。

9. 請根據下列圖形，使用Dijkstra演算法寫出從頂點1到各頂點的最短路徑，並且參閱第7-5-1節寫出詳細的步驟，如下圖所示：

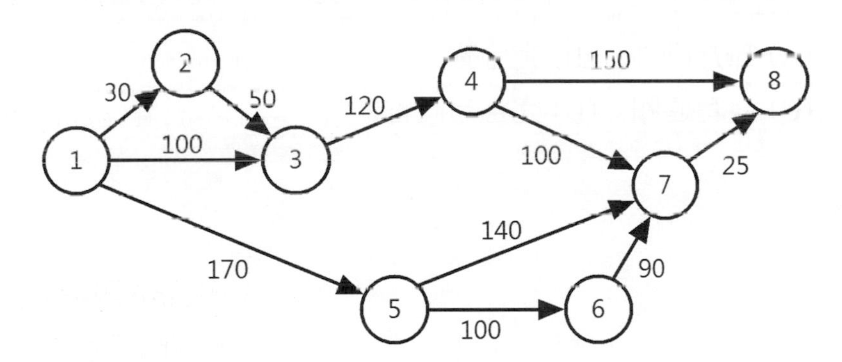

10. 請根據習題9.的圖形，使用Floyd演算法計算出各頂點至其它頂點的最短路徑，最後dist[][]二維陣列的內容。

11. 請修改Dijkstra演算法的最短路徑程式，可以顯示經過頂點的完整頂點順序和顯示出輸入的距離n可以到達的頂點有哪些？

12. 請說明什麼是AOV網路？什麼是拓樸排序？

13. 請根據習題9.的圖形，不考慮權值，寫出各頂點的內分支度和拓樸排序的頂點順序。

學習評量

14. 請根據下列圖形寫出拓樸排序的頂點順序和其詳細的步驟，如下圖所示：

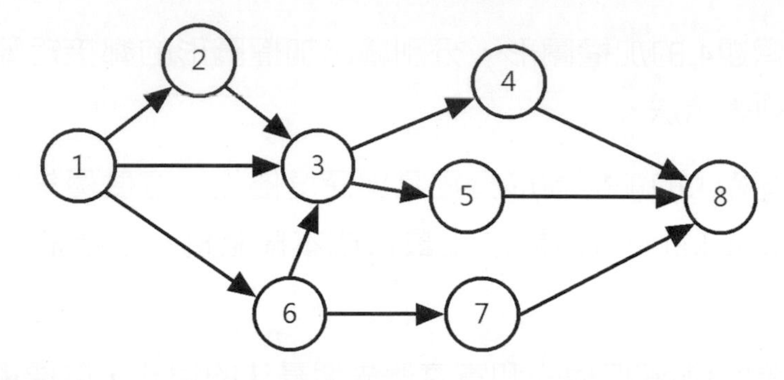

15. 請說明兩種圖形走訪的搜尋方法：深度優先搜尋法DFS和寬度優先搜尋法BFS。 [95宜大資工]

16. ( ) 針對圖形的頂點進行拓樸排序，請問該圖形需要擁有下列哪種特性？
(A) 無方向性 (B) 完全圖
(C) 沒有迴圈 (D) 完全方向性 [93高考]

Chapter

排序

學習重點

- 認識排序
- 基本排序法
- 分割資料排序法
- 基數排序法
- 堆積排序法
- 二元搜尋樹排序法

8-1 認識排序

在計算機科學沒有任何工作比「排序」（sorting）和「搜尋」（searching）更加重要，經估計大部分CPU處理的時間都是在執行排序和搜尋工作，排序和搜尋實際應用在各種資料庫、編譯器和作業系統等應用程式。

資料的基礎

「資料」（data）是指收集但是沒有經過整理和分析的原始數值、文字或符號，它是資訊的原始型態。電腦將資料儲存成檔案，檔案是一種有組織的資料，各種不同層次的資料組織稱爲「資料階層」（data hierarchy）。

資料階層一共分成六個階層：位元、位元組、欄位、記錄、檔案和資料庫，如下圖所示：

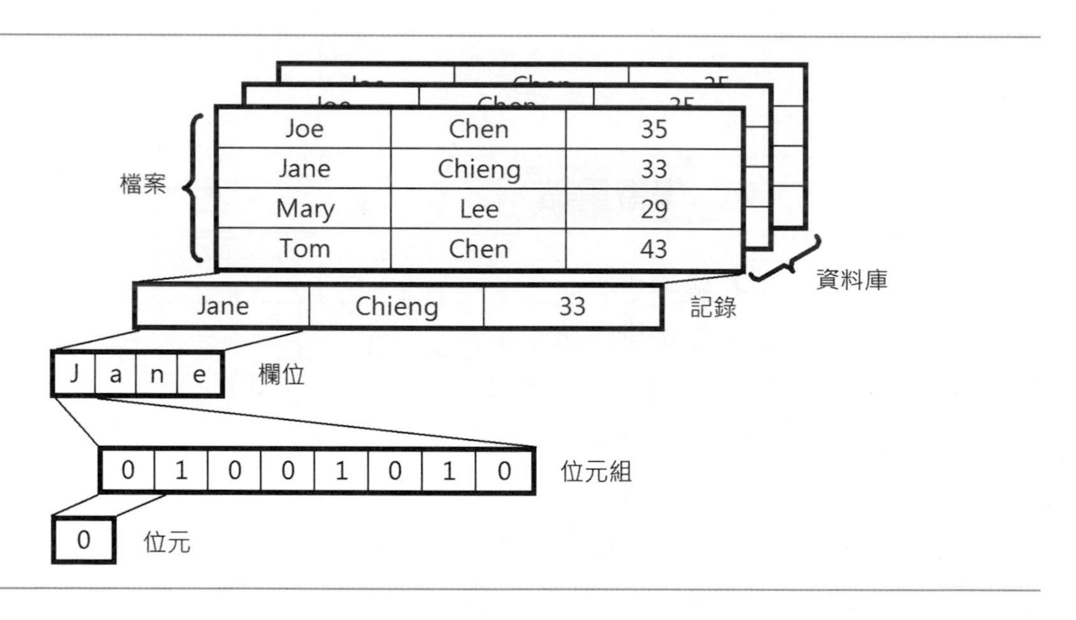

上述圖例可以看出最小儲存單位是位元，8個位元組成位元組，也就是ASCII碼的字元，數個位元組結合成一個欄位，多個欄位組成記錄，最後將一組記錄儲存成檔案，資料庫是一組相關檔案的集合。

排序的方法

排序處理的資料主要是針對資料階層檔案中的記錄，依記錄的某些欄位，稱爲「鍵值」（Key），以特定規則排列成遞增或遞減順序。例如：學生聯絡與成績記錄的資料，如下圖所示：

學生

編號	姓名	地址	成績	生日
S001	江小魚	新北市中和區景平路10號	85	1978/2/2
S002	劉得華	桃園市三民路1000號	77	1982/3/3
S003	郭富成	台中市中港路三段500號	90	1978/5/5
S004	張學有	高雄市四維路1000號	65	1979/6/6

上述學生記錄可以依指定欄位的比較來重新排列記錄順序，例如：使用【成績】欄位重新排列找出成績最高的學生，如下圖所示：

學生

編號	姓名	地址	成績	生日
S003	郭富成	台中市中港路三段500號	90	1978/5/5
S001	江小魚	新北市中和區景平路10號	85	1978/2/2
S002	劉得華	桃園市三民路1000號	77	1982/3/3
S004	張學有	高雄市四維路1000號	65	1979/6/6

上述記錄依成績欄位值從大到小排列，可以得到最高成績90分，這種比較和重新排列記錄的工作稱爲排序，成績欄位值是鍵值。所以，排序工作就是執行鍵值的比較和交換，以便將重新排列鍵值的順序。

實作上，C語言可以使用結構陣列來儲存學生資料，筆者僅以整數陣列data[]儲存學生成績的鍵值爲例，如下所示：

```
data[0]=85 data[1]=77 data[2]=90 data[3]=65
```

上述陣列data[]可以使用整數值比較大小來將陣列元素依遞減順序排序，排序結果如下所示：

```
data[0]=90 data[1]=85 data[2]=77 data[3]=65
```

上述陣列data[]已經排序，其大小順序如下所示：

```
data[0] > data[1] > data[2] > data[3]
```

排序的種類

排序方法依儲存媒體可以分為兩種，如下所示：

- **內部排序法（internal sorting）**：將鍵值儲存在電腦記憶體之中來執行排序。
- **外部排序法（external sorting）**：因為鍵值的資料量太大無法全部存入記憶體，其排序的過程是使用外部儲存裝置，例如：硬碟或磁帶機來儲存排序的鍵值。

一般來說，在計算機科學使用的排序演算法，其分類標準有三項，如下所示：

- **執行效率（computational complexity）**：使用Big Oh評估的執行效率，以資料量n來說，其範圍從O(n Log n)到$O(n^2)$。
- **記憶體的使用（memory usage）**：排序演算法需使用的電腦資源，主要是指額外記憶體空間的使用。
- **具穩定性（stability）**：如果排序演算法是一種具穩定性演算法，表示排序後，重複鍵值的順序並不會改變，仍然保持原來順序。以C語言的結構陣列來說，如果students[5]是陳會安，students[6]是江小魚，其鍵值成績都是77，在排序後，並不會交換陣列元素，陣列索引值5仍是學生陳會安；6是江小魚。

8-2 基本排序法

計算機科學使用的排序演算法有相當多種，一些常見的基本排序法有：泡沫、選擇、插入和謝耳排序法。

8-2-1 泡沫排序法

在常見的排序法中，最出名的排序法是「泡沫排序法」（bubble sort），因為這種排序法名稱好記且簡單，將較小鍵值逐漸移到陣列開始，較大鍵值慢慢浮向陣列最後，鍵值如同水缸中的泡沫，慢慢往上浮，所以稱為泡沫排序法。

泡沫排序法是使用交換方式進行排序。例如：使用泡沫排序法排列樸克牌，就是將牌攤開放在桌上排成一列，將鄰接兩張牌的點數鍵值進行比較，如果兩張牌沒有照順序排列就交換，直到牌都排到正確位置爲止。

互動模擬動畫

點選【第8章：排序方法的比較】項目，按【泡沫排序法】鈕，就可以顯示模擬動畫的排序過程。

筆者準備使用字元陣列data[]說明排序過程，比較方式是以英文字母大小順序爲鍵值，其排序過程如下表所示：

執行過程	data[0]	data[1]	data[2]	data[3]	data[4]	data[5]	比較	交換
初始狀態	k	l	j	o	a	b		
1	k	l	j	o	a	b	0和1	不交換
2	k	j	l	o	a	b	1和2	交換1和2
3	k	j	l	o	a	b	2和3	不交換
4	k	j	l	a	o	b	3和4	交換3和4
5	k	j	l	a	b	o	4和5	交換4和5

在上表是走訪一次一維陣列data[]的過程，依序比較陣列索引值0和1，1和2，2和3，3和4，最後比較4和5，在陣列中的最大字元會一步步往陣列尾移動，第一次走訪後的陣列索引5就是最大字元'o'。

接著縮小一個元素，只走訪陣列data[0]到data[4]進行比較和交換，就可以找到第二大字元，依序處理，即可完成整個字元陣列的排序。

程式範例

Ch8_2_1.c

在C程式輸入字串後，使用泡沫排序法來排序字元陣列，和顯示外層迴圈的處理過程，其執行結果如下所示：

```
輸入欲排序的字串 ==> kljoab Enter
1: [kjlabo]
2: [jkablo]
```

```
3: [jabklo]
4: [abjklo]
5: [abjklo]

輸出排序結果: [abjklo]
```

✍程式內容

```
01: /* 程式範例: Ch8_2_1.c */
02: #include <stdio.h>
03: #include <stdlib.h>
04: #define MAX_LEN       20              /* 最大字串長度 */
05: /* 函數: 泡沫排序法 */
06: void bubbleSort(char *data, int count) {
07:    int i,j;                           /* 變數宣告 */
08:    int temp;
09:    for ( j = count; j > 1; j-- ) { /* 第一層迴圈 */
10:       for ( i = 0; i < j - 1; i++ )/* 第二層迴圈 */
11:          /* 比較相鄰的陣列元素 */
12:          if ( data[i+1] < data[i] ) {
13:             temp = data[i+1];         /* 交換陣列元素 */
14:             data[i+1] = data[i];
15:             data[i] = temp;
16:          }
17:       /* 顯示第一層迴圈執行後交換的字串 */
18:       printf("%d: [%s]\n", count-j+1, data);
19:    }
20: }
21: /* 主程式 */
22: int main() {
23:    char data[MAX_LEN];               /* 字串陣列 */
24:    int len;                          /* 字串長度 */
25:    printf("輸入欲排序的字串 ==> ");
26:    gets(data);                       /* 讀取字串 */
27:    len = strlen(data);               /* 計算字串長度 */
28:    bubbleSort(data, len);            /* 執行泡沫排序法 */
29:    /* 顯示排序後字串 */
30:    printf("\n輸出排序結果: [%s]\n", data);
31:    return 0;
32: }
```

程式說明

- ▶第6~20行：函數bubbleSort()使用二層for迴圈執行排序，第一層迴圈的範圍每次縮小一個元素，第二層迴圈只排序0~j-1個元素，每執行一次第一層迴圈，陣列最後一個元素就是最大值，所以下一次迴圈不用再排序最後一個元素。
- ▶第12~16行：if條件判斷陣列元素大小，如果下一個元素比較小，在第13~15行交換2個陣列元素。
- ▶第26~27行：輸入字元陣列data[]且計算陣列尺寸。
- ▶第28行：呼叫bubbleSort()函數執行字元陣列的排序。

泡沫排序法執行效率的最差情況是陣列元素以相反順序排列，若鍵值個數是n，共需要n-1次的外層迴圈，內層迴圈依外層迴圈遞減，次數依序為：(n-1)、(n-2)、(n-3)、……2、1，總和為n(n-1)/2次的比較和交換，可以得到泡沫排序法的執行效率為$O(n^2)$。

泡沫排序法不需要額外的記憶體空間，屬於一種穩定性的排序法，因為元素比較時，相等元素並不會交換。

8-2-2 選擇排序法

「選擇排序法」（selection sort）是從排序的鍵值中選出最小的一個鍵值，然後和第一個鍵值交換，接著從剩下鍵值中選出第二小的鍵值和第二個鍵值交換，重覆操作直到最後一個鍵值為止。

如果使用樸克牌來說明，就是將每張牌攤開放在桌子上，然後從這些牌中選出最小點數的牌放在手上，接著從桌子上剩下的牌中選擇最小的牌，將它放在手上樸克牌的最後，直到所有樸克牌都放在手上，這時手中的牌就完成排序。

互動模擬動畫

點選【第8章：排序方法的比較】項目，按【選擇排序法】鈕，就可以顯示模擬動畫的排序過程。

例如：字元陣列data[]的排序過程，如下表所示：

執行過程	data[0]	data[1]	data[2]	data[3]	data[4]	data[5]	最小	交換
初始狀態	l	k	j	o	a	b		
1	a	k	j	o	l	b	4	交換0和4
2	a	b	j	o	l	k	5	交換1和5
3	a	b	j	o	l	k	2	交換2和2
4	a	b	j	k	l	o	5	交換3和5
5	a	b	j	k	l	o	4	交換4和4

選擇排序法的函數需要兩層迴圈，在外層迴圈執行元素交換，也就是上表的每一列，共需要執行元素個數n-1次，以此例是6-1 = 5次，內層迴圈的目的是找出最小鍵值，依序找出：a、b、j、k和l。

程式範例 Ch8_2_2.c

在C程式輸入字串後，使用選擇排序法來排序字元陣列，和顯示外層迴圈的處理過程，其執行結果如下所示：

```
輸入欲排序的字串 ==> lkjoab Enter
1: [akjolb]
2: [abjolk]
3: [abjolk]
4: [abjklo]
5: [abjklo]

輸出排序結果: [abjklo]
```

程式內容

```
01: /* 程式範例: Ch8_2_2.c */
02: #include <stdio.h>
03: #include <stdlib.h>
04: #define MAX_LEN      20              /* 最大字串長度 */
05: /* 函數: 選擇排序法 */
06: void selectSort(char *data, int count) {
07:    int i, j, pos;                    /* pos最小字元索引 */
08:    char temp;
09:    for ( i = 0; i < count - 1; i++ ) { /* 第一層迴圈 */
```

```
10:         pos = i;
11:         temp = data[pos];
12:         /* 找尋最小的字元 */
13:         for ( j = i + 1; j < count; j++ )/* 第二層迴圈 */
14:            if ( data[j] < temp ) {       /* 是否更小 */
15:               pos = j;                   /* 找到最小字元 */
16:               temp = data[j];
17:            }
18:         data[pos] = data[i];             /* 交換兩個字元 */
19:         data[i] = temp;
20:         /* 顯示第一層迴圈執行後交換的字串 */
21:         printf("%d: [%s]\n", i+1, data);
22:      }
23: }
24: /* 主程式 */
25: int main() {
26:    char data[MAX_LEN];                   /* 字串陣列 */
27:    int len;                              /* 字串長度 */
28:    printf("輸入欲排序的字串 ==> ");
29:    gets(data);                           /* 讀取字串 */
30:    len = strlen(data);                   /* 計算字串長度 */
31:    selectSort(data, len);                /* 執行選擇排序法 */
32:    /* 顯示排序後字串 */
33:    printf("\n輸出排序結果: [%s]\n", data);
34:    return 0;
35: }
```

程式說明

- 第6~23行：函數selectSort()使用二層for迴圈執行排序，第一層迴圈的次數是元素數減一，第二層迴圈找出最小元素。
- 第14~19行：if條件判斷陣列元素大小，找出最小元素，在第18~19行交換2個陣列元素。
- 第29~30行：輸入字元陣列data[]且計算陣列尺寸。
- 第31行：呼叫selectSort()函數執行字元陣列的排序。

選擇排序法和泡沫排序法一樣，在第一層迴圈需要執行n-1次，n是全部排序鍵值的個數，第二層迴圈依序為n-1、n-2、….2、1、0，總計為n(n-1)/2次的比較，可以得到執行效率為$O(n^2)$。

選擇排序法不需要額外的記憶體空間，這是一種不具穩定性的排序法，因爲元素在交換時，有可能交換相同鍵值的元素。

8-2-3 插入排序法

「插入排序法」（insertion sort）是將排序鍵值的前2個鍵值排序，然後將第3個鍵值插入已經排序好的兩個鍵值中，這三個鍵值依然保持從小到大排序，接著將第四個鍵值插入，重覆操作直到所有鍵值都排序好。

如果使用樸克牌說明插入排序法，就是將所有牌都置於手中，第一次取出一張牌放在桌上，接著取出一張牌插入桌上的牌且依序排列，繼續操作直到手中的牌取完，此時桌上的樸克牌就完成排序。

互動模擬動畫

點選【第8章：排序方法的比較】項目，按【插入排序法】鈕，就可以顯示模擬動畫的排序過程。

例如：字元陣列data[]的排序過程，如下表所示：

執行過程	data[0]	data[1]	data[2]	data[3]	data[4]	data[5]	插入/索引	處理
初始狀態	l	k	j	o	a	b		
1	k	l	j	o	a	b	k/1	0,1
2	j	k	l	o	a	b	j/2	0,1,2
3	j	k	l	o	a	b	o/3	0,1,2,3
4	a	j	k	l	o	b	a/4	0,1,2,3,4
5	a	b	j	k	l	o	b/5	0,1,2,3,4,5

插入排序法的函數也需要兩層迴圈，外層迴圈是上表的每一列，一共需要執行元素個數n-1次，以此例是6-1 = 5次，每次增加處理一個元素。

內層迴圈是將元素插入排序的位置，所以需要搬移元素，以便將元素插入指定位置。例如：在第4次迴圈插入元素'a'，需要將元素data[0]~data[3]往後搬移一個索引值，以便空出位置插入元素'a'。

程式範例

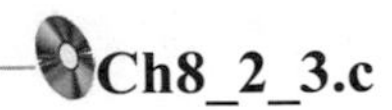

在C程式輸入字串後，使用插入排序法來排序字元陣列，和顯示外層迴圈的處理過程，其執行結果如下所示：

```
輸入欲排序的字串 ==> lkjoab Enter
1: [kljoab]
2: [jkloab]
3: [jkloab]
4: [ajklob]
5: [abjklo]

輸出排序結果: [abjklo]
```

程式內容

```
01: /* 程式範例: Ch8_2_3.c */
02: #include <stdio.h>
03: #include <stdlib.h>
04: #define MAX_LEN     20              /* 最大字串長度 */
05: /* 函數: 插入排序法 */
06: void insertSort(char *data, int count) {
07:    int i,j;
08:    char temp;
09:    for ( i = 1; i < count; i++ ) { /* 第一層迴圈 */
10:       temp = data[i];               /* 建立初值 */
11:       j = i - 1;                    /* 開始索引 */
12:       /* 空出一個插入位置 */
13:       while ( j >= 0 && temp < data[j] ) {
14:          data[j+1] = data[j];
15:          j--;
16:       }
17:       data[j+1] = temp;             /* 插入字元 */
18:       /* 顯示第一層迴圈執行後交換的字串 */
19:       printf("%d: [%s]\n", i, data);
20:    }
21: }
22: /* 主程式 */
23: int main() {
24:    char data[MAX_LEN];             /* 字串陣列 */
25:    int len;                        /* 字串長度 */
26:    printf("輸入欲排序的字串 ==> ");
27:    gets(data);                     /* 讀取字串 */
```

```
28:     len = strlen(data);                /* 計算字串長度 */
29:     insertSort(data, len);             /* 執行插入排序法 */
30:     /* 顯示排序後字串 */
31:     printf("\n輸出排序結果: [%s]\n", data);
32:     return 0;
33: }
```

程式說明

- 第6~21行：函數insertSort()使用二層迴圈執行排序，第一層for迴圈的次數是元素數減一，第二層while迴圈找出插入位置且搬移之後的元素，以便空出一個位置。
- 第17行：將元素插入空出的位置。
- 第27~28行：輸入字元陣列data[]且計算陣列尺寸。
- 第29行：呼叫insertSort()函數執行字元陣列的排序。

插入排序法的執行效率是當排序鍵值有n個時，第一層迴圈需要執行n-1次插入n-1個鍵值，第二層迴圈在最差的情況執行1、2、3、…n-2、n-1次的比較，合計爲n(n-1)/2次的比較，其執行效率爲$O(n^2)$。

插入排序法也不需要額外的記憶體空間，這是一種具穩定性的排序法，因爲元素在搬移時，一定會比插入的元素大，才會往後移，所以並不會交換相同鍵值的元素。

如果排序字串已經幾乎排序好時，插入排序法的執行效率將會顯著提昇到最佳執行效率O(n)。例如：第2和3次都是jkloab，因爲插入'o'時，前面3個元素已經排序好，所以迴圈並沒有任何搬移動作，只有外層迴圈的n-1次，可以節省排序時間到O(n)。

反過來說，如果字串的排列與排序順序剛好相反，插入排序法就會花費最差的執行效率$O(n^2)$。

8-2-4 謝耳排序法

「謝耳排序法」（shell sort）是1959年7月由Donald L. Shell提出的排序演算法。謝耳排序法是源於插入排序法，以插入排序法的優點來提昇排序效率，因爲插入排序法的優點是對於接近排序完成的鍵值進行排序將十分有效率。

不過插入排序法的問題是每次只搬移一個鍵值，所以平均執行效率並無法大幅改善，謝耳排序法將排序鍵值依間隔值分割成數個集合，然後在每個集合執行插入排序法執行排序，集合的鍵值因分割而減少，幾乎都是已經接近排序好的集合，所以使用插入排序法排序將會十分有效率。

謝耳排序法接著逐漸減少間隔量，即增加集合的鍵值數，因爲在集合鍵值少時已經排序過，所以放大後也大多是接近排序好的集合，直到最後是1時，此時元素已接近排序完成，所以排序將十分有效率。

互動模擬動畫

點選【第8章：排序方法的比較】項目，按【謝耳排序法】鈕，就可以顯示模擬動畫的排序過程。

例如：字元陣列data[]，如下圖所示：

0	1	2	3	4	5	6	7
a	g	d	f	s	h	c	k

上述字元陣列分割集合的方法是使用一序列的數值，稱爲h序列（h-sequence）。例如：使用4、2、1序列作爲間隔量，間隔量依序縮小到1爲止，也就是全部元素。第一次分割的間隔是4，陣列索引值以間隔4方式分割成多個集合，如下圖所示：

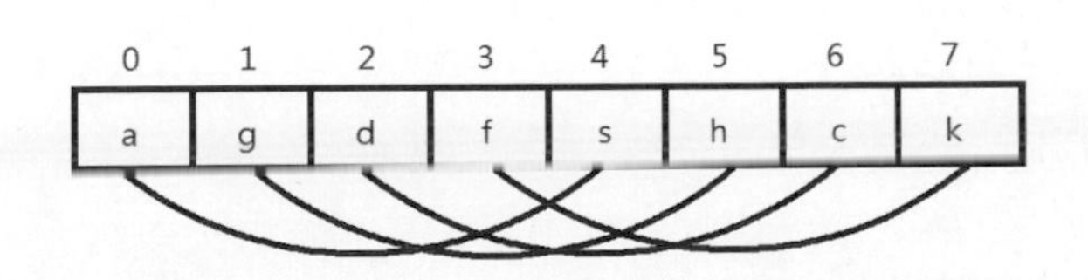

上述圖例可以得到四個集合：(0,4)、(1,5)、(2,6)和(3,7)，每個集合有2個元素。接著在各集合使用插入排序法進行排序，如下所示：

```
(0,4)→(a,s)
(1,5)→(g,h)
(2,6)→(d,c)      ➔    因d>c 交換 (c,d)
(3,7)→(f,k)
```

在第一次處理完字元陣列data[]後，如下圖所示：

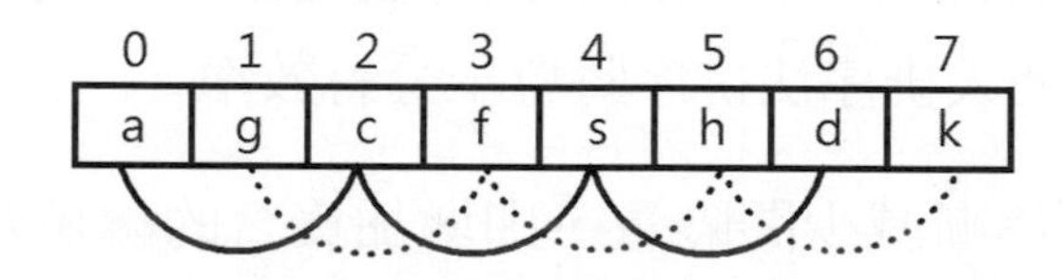

接著執行第二次分割，使用間隔量2分割字元陣列，可以得到兩個集合：(0, 2, 4, 6)和(1, 3, 5, 7)，每個集合有4個元素，使用插入排序排序這兩個集合，如下所示：

```
(0, 2, 4, 6)→(a, c, s, d)  ➔ 因s>d 交換(a, c, d, s)
(1, 3, 5, 7)→(g, f, h, k)  ➔ 因g>f 交換(f, g, h, k)
```

在第二次處理完後的字元陣列data[]，如下圖所示：

0	1	2	3	4	5	6	7
a	f	c	g	d	h	s	k

第三次分割的間隔量是使用間隔1進行分割，即全部元素(0,1,2,3,4,5,6,7)，可以得到謝耳排序法的排序結果，如下圖所示：

0	1	2	3	4	5	6	7
a	c	d	f	g	h	k	s

程式範例

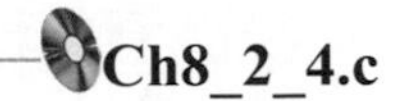
Ch8_2_4.c

在C程式輸入字串後，使用謝耳排序法來排序字元陣列，和顯示外層迴圈每一次分割排序的過程，其執行結果如下所示：

```
輸入欲排序的字串 ==> agdfshck Enter
h序列4: [agcfshdk]
h序列2: [afcgdhsk]
h序列1: [acdfghks]

輸出排序結果: [acdfghks]
```

程式內容

```
01: /* 程式範例: Ch8_2_4.c */
02: #include <stdio.h>
03: #include <stdlib.h>
04: #define MAX_LEN      20              /* 最大字串長度 */
05: #define H_LEN         3              /* h序列的最大數 */
06: /* 函數: 謝耳排序法 */
07: void shellSort(char *data, int count) {
08:    int incs[H_LEN]={ 4, 2, 1 };    /* 設定h序列的增量 */
09:    int pos;                         /* 處理的目前索引 */
10:    int h;                           /* h序列的位移量 */
11:    int i,j;
12:    char temp;
13:    for ( i = 0; i < H_LEN ; i++ ) {/* 處理h序列的迴圈 */
14:       h = incs[i];                  /* 取得h位移量 */
15:       for ( j = h; j < count; j++ ) { /* 交換迴圈 */
16:          temp = data[j];            /* 保留值 */
17:          pos = j - h;               /* 計算索引 */
18:          while ( temp < data[pos] &&    /* 比較 */
19:                 pos >= 0 && j <= count) {
20:             data[pos + h] = data[pos];  /* 交換 */
21:             pos = pos - h;          /* 下一個處理索引 */
22:          }
23:          data[pos + h] = temp;      /* 與最後元素交換 */
24:       }
25:       /* 顯示處理後的字串 */
26:       printf("h序列%d: [%s]\n", h, data);
27:    }
28: }
29: /* 主程式 */
```

```
30: int main() {
31:     char data[MAX_LEN];              /* 字串陣列 */
32:     int len;                         /* 字串長度 */
33:     printf("輸入欲排序的字串 ==> ");
34:     gets(data);                      /* 讀取字串 */
35:     len = strlen(data);              /* 計算字串長度 */
36:     shellSort(data, len);            /* 執行謝耳排序法 */
37:     /* 顯示排序後字串 */
38:     printf("\n輸出排序結果: [%s]\n", data);
39:     return 0;
40: }
```

程式說明

- ▶第7~28行：函數shellSort()使用三層迴圈執行排序，在第一層for迴圈以incs[]陣列的h序列執行分割，第二層的for迴圈是插入排序法。
- ▶第18~23行：while迴圈找出插入位置且搬移之後的元素，以便空出一個位置，在第23行將元素插入空出的位置。
- ▶第34~35行：輸入字元陣列data[]且計算陣列尺寸。
- ▶第36行：呼叫shellSort()函數執行字元陣列的排序。

謝耳排序法的執行效率需視使用的h序列而定，程式範例的謝耳排序法是使用2次方作為間隔的遞減數列，這樣的間隔量會降低排序的執行效率，因為偶數和奇數的元素沒有機會進行比較，常用的h序列，如下所示：

✎ 1,3,7,15,31,63,127, …, 2^k-1：排序鍵值個數n的執行效率是$O(n^{3/2})$。

✎ 1,4,7,10,13,16, …, 3h+1：排序鍵值個數n的執行效率是$O(n(\text{Log } n)^2)$。

上述執行效率的推導遠超過本書範圍，在此筆者只列出執行效率，詳細推導請讀者自行查閱相關資料結構與演算法書籍。

謝耳排序法不需要額外的記憶體空間，這是一種不具穩定性的排序法，因為排序元素會進行分割，然後分別執行插入排序法，所以有可能交換相同鍵值的元素。

8-3　分割資料排序法

分割資料排序法是使用「各個擊破」（divide and conquer）演算法，這種演算法是將排序問題分割成多個小問題，使用遞迴方式解決各子問題後，就可以完成整個資料排序。

8-3-1　合併排序法

「合併排序法」（merge sort）演算法可以重新安排線性串列（linear list）資料成爲指定順序的資料，這是一種外部儲存裝置最常使用的外部排序方法，因爲儲存在磁帶或循序檔案上資料的就是一種線性串列。

合併排序最主要的操作是將兩個已排序的子集合合併成一個排序的集合，例如：集合A是{1,4,5,6}，集合B是{2,3,7,8}，並且有一個集合C足以儲存集合A和B的所有元素，如下圖所示：

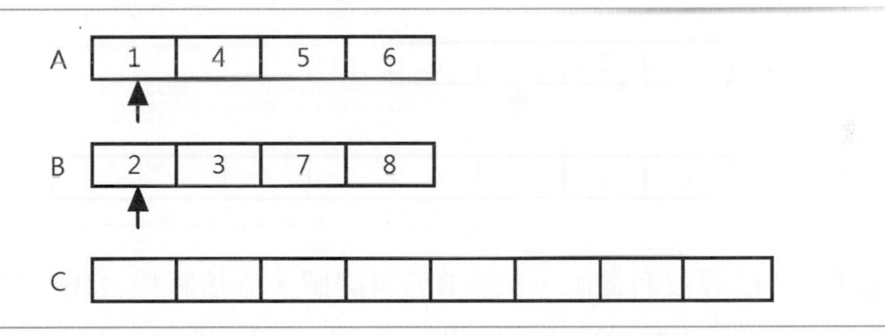

上述圖例的集合A和B分別擁有指標指向目前處理的鍵值，合併鍵值是儲存在集合C。其作法是比較指標指向的兩個鍵值，將較小鍵值存入合併的集合，首先比較集合A的鍵值1和集合B的鍵值2，如下圖所示：

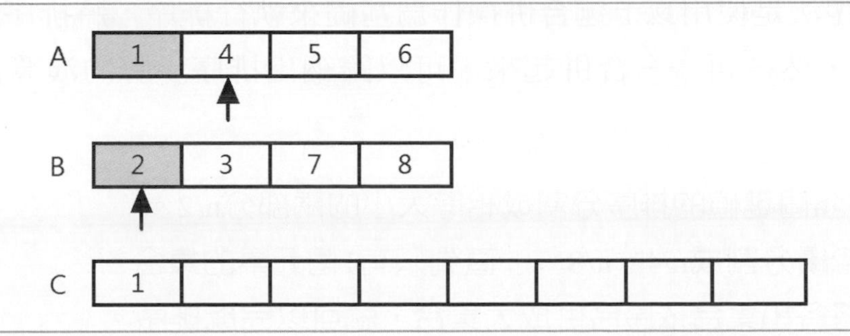

上述集合A的鍵值1比集合B的鍵值2小，所以將鍵值1存入合併的集合C，並且將集合A的指標移到第2個鍵值4。接著比較鍵值2和4，因為鍵值2較小所以再次存入合併的集合C，如下圖所示：

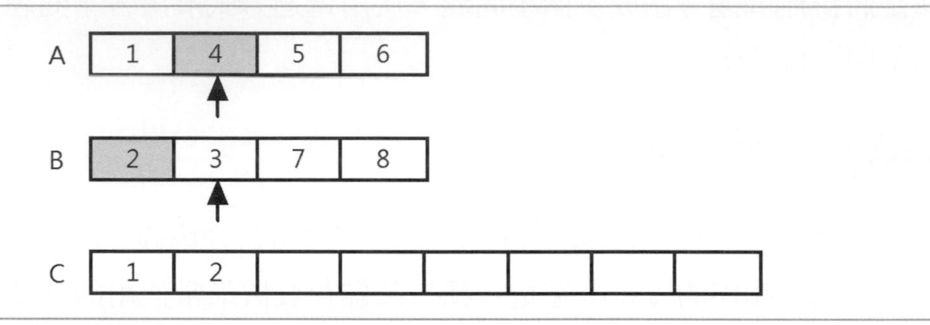

繼續比較鍵值3和4，將鍵值3存入合併集合C，接著是鍵值4和7、5和7、6和7，鍵值3、4、5、6依序存入合併的集合C，如下圖所示：

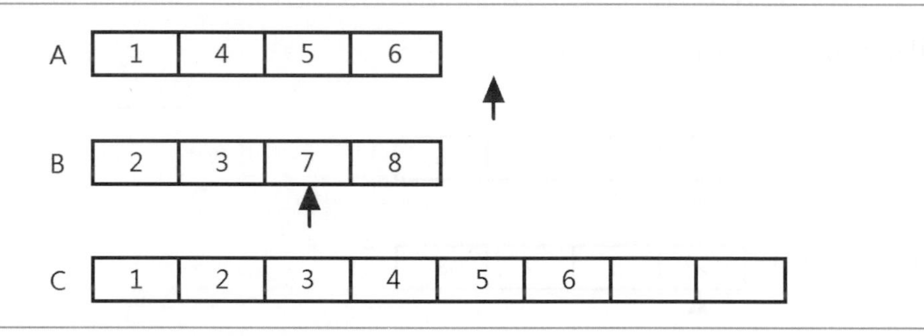

上述集合A已經沒有鍵值，集合B仍有鍵值，直接將集合B剩下的鍵值存入合併的集合C，可以得到最後排序結果的集合C，如下圖所示：

C	1	2	3	4	5	6	7	8

合併排序法是使用以上述合併操作為基礎來執行排序，將排序鍵值持續分割成小集合，然後再一一合併起來，可以歸納出排序步驟的演算法，如下所示：

Step 1 將n個鍵值的排序分割成相等大小的兩部分n/2。

Step 2 繼續分割成n/4、n/8……直到只有1個元素的集合。

Step 3 將各小集合依序合併成大集合，就可以完成排序。

上述合併排序法的操作步驟滿足遞迴條件，因爲每次分割都是將排序的集合分成兩半，直到無法繼續分割爲止。

程式範例

Ch8_3_1.c

在C程式輸入字串後，使用遞迴的合併排序法來排序字元陣列，和顯示每一次分割1/2的排序過程，其執行結果如下所示：

```
輸入欲排序的字串 ==> 51647238 Enter
0-0-1: [15]
2-2-3: [46]
0-1-3: [1456]
4-4-5: [27]
6-6-7: [38]
4-5-7: [2378]
0-3-7: [12345678]

輸出排序結果: [12345678]
```

上述[1456]和[2378]集合的合併操作就是本節前的合併說明，這是合併排序的最後一步，之前的集合是重複執行分割和合併的排序過程，依序分割成4、2、1個元素，然後合併成2、4、8個元素。

程式內容

```
01: /* 程式範例: Ch8_3_1.c */
02: #include <stdio.h>
03: #include <stdlib.h>
04: #define MAX_LEN      20            /* 最大字串長度 */
05: /* 函數: 合併陣列 */
06: void merge(char *data,int start,int mid,int end) {
07:     int left = start;               /* 左半部的索引 */
08:     int right = mid + 1;            /* 右半部的索引 */
09:     int i;
10:     char *finalData;
11:     /* 配置合併區段所需的記憶體空間 */
12:     finalData = (char*) malloc(sizeof(char)*(end-start+2));
13:     /* 合併左右兩半部分區段的迴圈 */
14:     for (i = 0; i < (end-start+1); i++) {
15:         if ( left > mid ) {
16:             finalData[i] = data[right];
```

```
17:             right++;
18:         } else if ( right > end ) {
19:             finalData[i] = data[left];
20:             left++;
21:         } else if (data[left] < data[right]) {
22:             finalData[i] = data[left];
23:             left++;
24:         } else {
25:             finalData[i] = data[right];
26:             right++;
27:         }
28:     }
29:     finalData[i] = '\0';    /* 字串結尾 */
30:     /* 複製到原始陣列的區段 */
31:     for (i = 0; i < (end - start + 1); i++) {
32:         data[start + i] = finalData[i];
33:     } /* 顯示合併後的字串 */
34:     printf("%d-%d-%d: [%s]\n",start,mid,end,finalData);
35: }
36: /* 函數: 合併排序法 */
37: void mergeSort(char *data, int start, int end) {
38:     int mid;
39:     if ( end <= start ) return;      /* 終止條件 */
40:     mid = (start + end) / 2;         /* 中間索引 */
41:     mergeSort(data, start, mid);     /* 遞迴排序左半邊 */
42:     mergeSort(data, mid+1, end);     /* 遞迴排序右半邊 */
43:     merge(data, start, mid, end);    /* 合併陣列 */
44: }
45: /* 主程式 */
46: int main() {
47:    char data[MAX_LEN];               /* 字串陣列 */
48:    int len;                          /* 字串長度 */
49:    printf("輸入欲排序的字串 ==> ");
50:    gets(data);                       /* 讀取字串 */
51:    len = strlen(data);               /* 計算字串長度 */
52:    mergeSort(data, 0, len-1);        /* 執行合併排序法 */
53:    /* 顯示排序後字串 */
54:    printf("\n輸出排序結果: [%s]\n", data);
55:    return 0;
56: }
```

✍程式說明

▶第6~35行：merge()函數合併兩個集合，在第12行配置合併資料所需的記憶體空間，第14~28行的for迴圈合併兩個集合，在第15~20行的if條件將兩集合剩下的元素存入，第21~27行的if條件存入較小的元素，在第31~33行的for迴圈複製回到排序的陣列。

▶第37~44行：mergeSort()函數是一個遞迴函數，第39行是遞迴的中止條件，在第40行計算中間索引值分割成兩半，第41行是遞迴呼叫排序左半部分，在第42行是遞迴呼叫排序右半部分，最後第43行呼叫merge()函數合併分割的兩半。

▶第50~51行：輸入字元陣列data[]且計算陣列尺寸。

▶第52行：呼叫mergeSort()函數執行字元陣列的排序。

合併排序函數是一個遞迴函數，其完整的集合分割和合併過程，如下表所示：

步驟	集合的分割過程	元素數	說明
1	{5, 1, 6, 4, 7, 2, 3, 8}	8	最初排序的集合
2	{5, 1, 6, 4}{7, 2, 3, 8}	4,4	分割成1/2
3	{5, 1}{6, 4}{7, 2, 3, 8}	2,2,4	將左邊集合分割1/2
4	{5}{1}{6, 4}{7, 2, 3, 8}	1,1,2,4	將最左邊再分割1/2
5	{1, 5}{6, 4}{7, 2, 3, 8}	2,2,4	合併最左的2集合
6	{1, 5}{6}{4}{7, 2, 3, 8}	2,1,1,4	將左中集合分割1/2
7	{1, 5}{4, 6}{7, 2, 3, 8}	2,2,4	合併左中的2集合
8	{1, 4, 5, 6}{7, 2, 3, 8}	4,4	合併最左的2集合
9	{1, 4, 5, 6}{7, 2}{3, 8}	4,2,2	將右邊集合分割1/2
10	{1, 4, 5, 6}{7}{2}{3, 8}	4,1,1,2	將右中集合分割1/2
11	{1, 4, 5, 6}{2, 7}{3, 8}	4,2,2	合併右中的2集合
12	{1, 4, 5, 6}{2, 7}{3}{8}	4,2,1,1	將最右集合分割1/2
13	{1, 4, 5, 6}{2, 7}{3, 8}	4,2,2	合併最右的2集合
14	{1, 4, 5, 6}{2, 3, 7, 8}	4,4	合併最右的2集合
15	{1, 2, 3, 4, 5, 6, 7, 8}	8	合併2集合

合併排序法的執行效率分成兩個部分，在合併部分和排序鍵值數成正比，其執行效率是O(n)，分割部分每次分割1/2，其處理次數大約為Log n次完成排序，可以得到執行效率為O(n Log n)。

因為合併排序法是遞迴函數，所以需要額外記憶體空間的堆疊來處理遞迴呼叫和配置記憶體空間儲存合併的集合，這是一種具有穩定性的排序法，因為只有合併時才會交換元素，並不會交換相同鍵值的元素。

8-3-2 快速排序法

C.A.R. Hoare提出的「快速排序法」（quick sort）是目前公認最佳的排序演算法，雖然快速排序法和泡沫排序法一樣是使用交換方式進行排序，但是透過分割技巧，快速排序法的執行效率顯著提昇，遠遠超越泡沫排序法。

快速排序法和合併排序法一樣是分割資料，其分割的方式是選擇一個鍵值作為分割標準，將鍵值分成兩半的兩個集合，一半是比標準值大的鍵值集合，另一半是比較小或相等的集合。

接著每一半的鍵值使用相同方法分割，直到分割的部分無法再分割為止，此時所有鍵值就完成排序。

互動模擬動畫

點選【第8章：排序方法的比較】項目，按【快速排序法】鈕，就可以顯示模擬動畫的排序過程。

例如：字元陣列data[]，如下圖所示：

0	1	2	3	4	5	6	7
d	e	a	c	f	b	h	g

從上述字元陣列選擇分割的標準元素，最佳方法是找出中間值將陣列分割成兩個大小相近的集合，但是選出中間值並不容易，取而代之的是兩種方式，如下所示：

- ✎ 選取分割陣列元素的第1個，即索引值0。
- ✎ 選取分割陣列最中間的元素，類似合併排序法。

筆者準備使用第一種方法決定分割的標準元素，以此例是'd'。接著以標準元素'd'分割字元陣列，分割方法是從左至右和從右至左走訪陣列元素，當從左至右找到一個比標準元素'd'大的元素，如下圖所示：

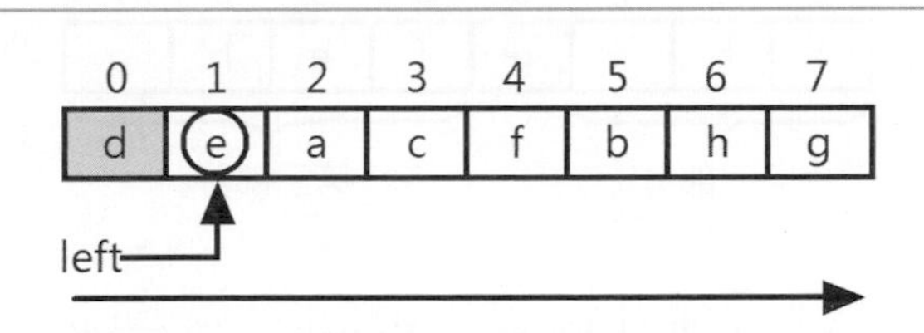

上述圖例找到一個元素'e'比標準元素'd'大，左指標left指向此元素。接著從右向左找，找一個元素比'd'小的'b'，如下圖所示：

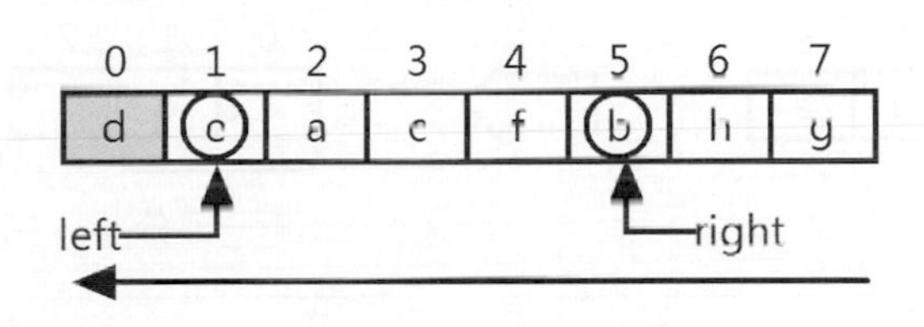

然後交換這兩元素'e'和'b'，可以得到下面結果，如下圖所示：

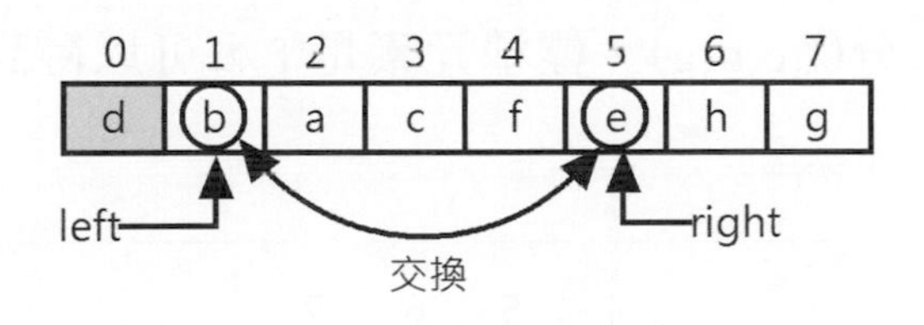

繼續上述操作找尋可交換的元素，直到從左向右和右向左走訪的左指標left大於右指標right，此時，陣列中已經沒有可交換的元素，如下圖所示：

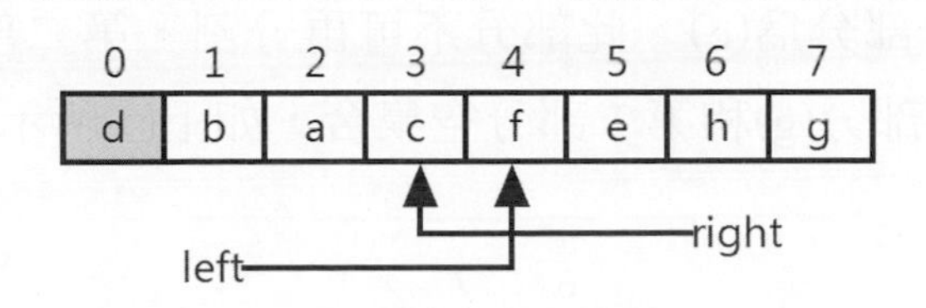

最後將選擇的標準分割元素'd'和右指標指向的元素3交換，就完成第一次分割，其分割結果如下圖所示：

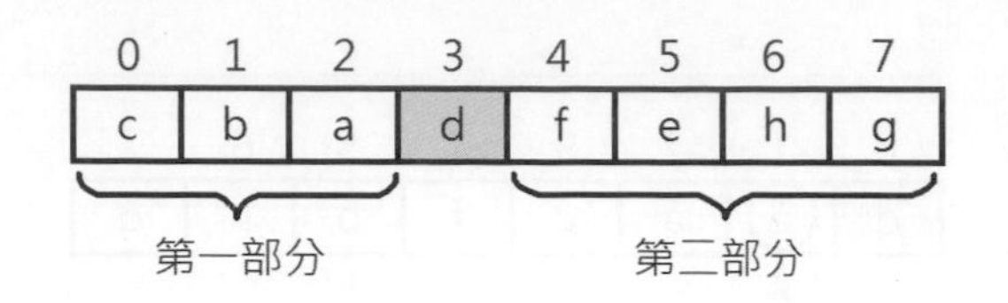

上述圖例的第一部分元素都比標準元素'd'小，第二部分的元素都比標準元素'd'大。然後再分別對這兩個部分繼續分割，先看第一部分，選擇標準元素'c'，其分割結果如下圖所示：

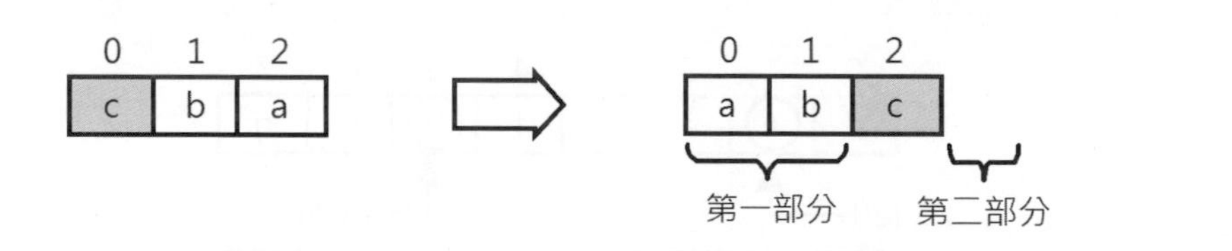

上述圖例分割的兩部分爲：第一部分(a,b)和第二部分的空集合。繼續分割(a,b)，可以得到第一部分爲空集合和第二部分爲(b)。

接著處理第二部分(f,e,h,g)，標準元素是'f'，可以得到分割結果，如下圖所示：

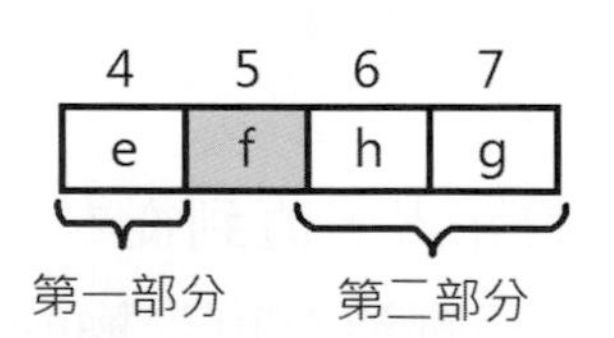

上述圖例的第一部分爲(e)，此部分不可再分割，第二部分爲(h,g)可以繼續分割，其結果是第一部分(g)和第二部分空集合，如下圖所示：

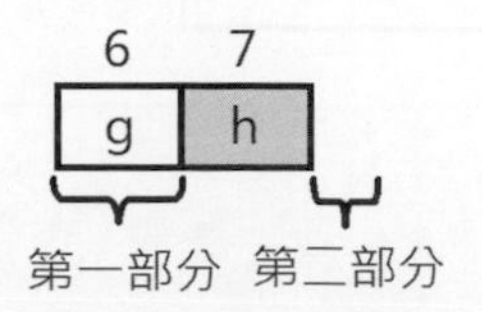

最後將分割部分組合起來，就可以得到快速排序法的排序結果，如下圖所示：

0	1	2	3	4	5	6	7
a	b	c	d	e	f	g	h

上述快速排序法的操作步驟滿足遞迴條件，因爲每一次分割都會逐漸縮小排序的集合個數，直到無法繼續分割爲止。

程式範例 Ch8_3_2.c

在C程式輸入字串後，使用遞迴的快速排序法來排序字元陣列，和顯示外層迴圈每一次分割排序的過程，其執行結果如下所示：

```
輸入欲排序的字串 --> deacfbhg Enter
輸出結果: cbadfehg
輸出結果: abc
輸出結果: ab
輸出結果: efhg
輸出結果: gh

輸出排序結果: [abcdefgh]
```

程式內容

```
01: /* 程式範例: Ch8_3_2.c */
02: #include <stdio.h>
03: #include <stdlib.h>
04: #define MAX_LEN       20             /* 最大字串長度 */
05: /* 函數: 快速排序法的遞迴函數 */
06: void q_sort(char *data, int begin, int end) {
07:    char partition;                   /* 分割的字元 */
08:    char temp;
09:    int left, right, k;
10:    if ( begin < end ) {/* 遞迴中止條件, 是否繼續分割 */
11:       left = begin;                  /* 分割的最左索引 */
12:       right = end + 1;               /* 分割的最右索引 */
13:       partition = data[left];        /* 取第一個元素 */
14:       do {  /* 主迴圈分別從兩個方向找尋交換元素 */
15:          do {                        /* 從左往右找 */
```

```
16:             left++;
17:          } while( data[left] < partition );
18:          do {                        /* 從右往左找 */
19:             right--;
20:          } while( data[right] > partition );
21:          if ( left < right ) {
22:             temp = data[left];     /* 交換資料 */
23:             data[left] = data[right];
24:             data[right] = temp;
25:          }
26:       } while( left < right );
27:       temp = data[begin];             /* 交換資料 */
28:       data[begin] = data[right];
29:       data[right] = temp;
30:       printf("輸出結果: ");  /* 顯示處理中的字串 */
31:       for ( k = begin; k <= end; k++)
32:          printf("%c", data[k]);
33:       printf("\n");                  /* 換行 */
34:       q_sort(data, begin,right-1);/* 快速排序遞迴呼叫 */
35:       q_sort(data, right+1, end); /* 快速排序遞迴呼叫 */
36:    }
37: }
38: /* 函數: 快速排序法 */
39: void quickSort(char *data, int count) {
40:    q_sort(data, 0, count-1);
41: }
42: /* 主程式 */
43: int main() {
44:    char data[MAX_LEN];               /* 字串陣列 */
45:    int len;                          /* 字串長度 */
46:    printf("輸入欲排序的字串 ==> ");
47:    gets(data);                       /* 讀取字串 */
48:    len = strlen(data);               /* 計算字串長度 */
49:    quickSort(data, len);             /* 執行快速排序法 */
50:    /* 顯示排序後字串 */
51:    printf("\n輸出排序結果: [%s]\n", data);
52:    return 0;
53: }
```

程式說明

- 第6~37行：q_sort()遞迴函數在第10~36行的if條件是遞迴函數的終止條件，表示不能再次分割。

▶第13~26行：分別從左和從右尋找陣列中可交換的元素，在13行選擇第1個元素為標準元素，第15~20行的兩個do/while迴圈分別從左向右和從右向左找尋陣列中，是否有需要在第22~24行交換的元素。

▶第27~29行：交換標準元素至右指標right走訪到最後的索引值，begin指標是集合最左邊的元素。

▶第34~35行：將分割的兩個元素集合，繼續遞迴呼叫q_sort()函數直到無法分割為止。

▶第39~41行：quickSort()函數就是呼叫遞迴函數q_sort()。

▶第47~48行：輸入字元陣列data[]且計算陣列尺寸。

▶第49行：呼叫quickSort()函數執行字元陣列的排序。

快速排序法的完整排序過程，如下表所示：

執行過程	標準元素	data[0]	data[1]	data[2]	data[3]	data[4]	data[5]	data[6]	data[7]
初始狀態		d	e	a	c	f	b	h	g
1	d	{c	b	a}	d	{f	e	h	g}
2	c	{a	b}	c	d	{f	e	h	g}
3	a	a	{b}	c	d	{f	e	h	g}
4	f	a	{b}	c	d	{e}	f	{h	g}
5	h	a	{b}	c	d	{e}	f	{g}	h

上表可以看到程式範例執行結果的5個輸出是如何得到，停止分割的條件是分割到只剩單一元素的情況，例如：b、e和g。

快速排序法的執行效率是當字元陣列擁有n個元素時，在理想情況下，每次分割成大小相同的兩個子集合，其處理次數大約爲Log n次，比較次數在第一次處理時需要n次比較，第二次因爲有兩個分割部分，如果每一部分爲n/2，比較次數約爲2*n/2。同理第三次有四個分割，最後可以得到執行效率爲O(n Log n)。

快速排序法在最差情況下每次處理需要n^2次比較，此時的執行效率爲$O(n^2)$。因爲快速排序法是遞迴函數，所以需要額外記憶體空間的堆疊來處理遞迴呼叫，這是一種不具穩定性的排序法，因爲排序元素會進行分割且交換，有可能會交換相同鍵值的元素。

8-4 基數排序法

基數排序法的操作是將二位數值寫在一堆卡片上，先依十位數排成十堆卡片，然後在每一堆卡片依照個位數進行排序，最後將十堆卡片依序堆好來完成排序。依位數的優先方式可以分爲二種，如下所示：

✎ **MSD最高位優先**（most significant digit first）：分別依序從百位、然後十位，最後到個位數進行排序的基數排序法。

✎ **LSD最低位優先**（least significant digit first）：反過來先從個位、然後十位，最後百位數進行的基數排序法。

上述操作的每一堆卡片是用來儲存相同位數的儲存槽（slots），因爲十進位的每一位數是從0~9，共需要準備10個儲存槽來存放各位數的鍵值，在實作上是以佇列來建立這些儲存槽。

一般來說，最低位優先的基數排序比較簡單，因爲不用在每一個儲存槽單獨進行排序，只需依序分配後再合併，就可以完成排序，所以在這一節筆者準備使用最低位優先爲例來說明基數排序法。例如：一些鍵值清單，如下所示：

```
13,219,532,55,422,164,98,422,334
```

上述鍵值依序使用個位、十位和百位進行基數排序，其步驟如下所示：

Step 1 首先是個位數排序，請將各鍵值以個位數分配到各位數的儲存槽，共有十個佇列，如下圖所示：

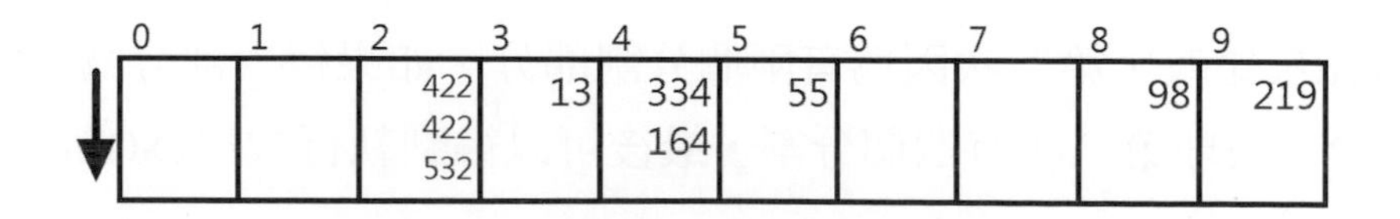

Step 2 然後從編號0的佇列開始從0到9，依序將佇列的鍵值取出，就可以得到個位數排序的結果，如下所示：

```
532,422,422,13,164,334,55,98,219
```

Step 3 接著是十位數排序，請將個位數排序後的鍵值以十位數分配到各位數的儲存槽，如下圖所示：

0	1	2	3	4	5	6	7	8	9
	219 13	422 422	334 532		55	164			98

Step 4 再次從編號0的佇列開始，依序將佇列的鍵值取出，就可以得到十位數排序的結果，如下所示：

```
13,219,422,422,532,334,55,164,98
```

Step 5 最後是百位數排序，請將十位數排序後的鍵值以百位數分配到各位數的儲存槽，如下圖所示：

0	1	2	3	4	5	6	7	8	9
98 55 13	164	219	334	422 422	532				

Step 6 從編號0的佇列開始，依序將各佇列的鍵值取出，就可以得到百位數排序的結果，這也是最後的排序結果，如下所示：

```
13,55,98,164,219,334,422,422,532
```

程式範例

Ch8_4.c

在C程式讀入一維陣列的排序資料，然後建立10個佇列，使用基數排序法進行排序，同時將每一位數的排序過程顯示出來，其執行結果如下所示：

```
排序前內容: [ 13][219][532][ 55][422][164][ 98][422][334]
  1 位數: [532][422][422][ 13][164][334][ 55][ 98][219]
 10 位數: [ 13][219][422][422][532][334][ 55][164][ 98]
100 位數: [ 13][ 55][ 98][164][219][334][422][422][532]
排序後結果: [ 13][ 55][ 98][164][219][334][422][422][532]
```

程式內容

```
01: /* 程式範例: Ch8_4.c */
02: #include <stdio.h>
03: #include <stdlib.h>
04: #include <math.h>
05: #include "radixQueue.c"
06: /* 函數: 顯示排序陣列的內容 */
07: void showList(int *data) {
08:    int i;
09:    for ( i = 0; i < MAX_LEN; i++ )
10:       printf("[%3d]", data[i]);    /* 顯示陣列元素 */
11:    printf("\n");
12: }
13: /* 函數: 取出佇列內容回存到排序陣列 */
14: void refillList(int *data, RQueue head[]) {
15:    int i, j = 0;
16:    /* 走訪佇列開始指標的陣列 */
17:    for ( i = 0; i < DIGIT_SIZE; i++ )
18:       while ( head[i] != NULL ) {
19:          /* 取出佇列資料存回陣列 */
20:          data[j] = dequeue(head, i);
21:          j++;
22:       }
23: }
24: /* 函數: 基數排序法 */
25: void radixSort(int *data, RQueue head[]) {
26:    int i, j, max, nth_d;
27:    int exp = 0;
28:    int max_d = 0;
29:    max = data[0];      /* 找出陣列中的最大值 */
30:    for( i = 0; i < MAX_LEN; i++ )
31:       if ( data[i] > max ) max = data[i];
32:    while ( max > 0 ) {/* 找出最大值的位數 */
33:       max_d++;
34:       max = max / 10;
35:    }
36:    for ( i = 0; i < max_d; i++ ) {/* 執行各位數的排序 */
37:       exp++;                      /* 目前的位數 */
38:       for ( j = 0; j < MAX_LEN; j++) {/* 走訪排序陣列 */
39:         /* 計算排序值指定位數的值 */
40:         nth_d =  data[j] % (int)pow(10, exp);
41:         nth_d = nth_d / (int)pow(10,exp-1);
42:         /* 存入各位數的佇列 */
```

```
43:            enqueue(head, nth_d, data[j]);
44:         }
45:         refillList(data, head);
46:         printf("%3d 位數: ", (int)pow(10,exp-1));
47:         showList(data);
48:      }
49: }
50: /* 主程式 */
51: int main() {
52:      /* 排序的整數陣列 */
53:      int data[MAX_LEN]={13,219,532,55,422,164,98,422,334};
54:      RQueue head[DIGIT_SIZE];      /* 佇列開始指標的陣列 */
55:      int i;
56:      for( i = 0; i < DIGIT_SIZE; i++)
57:         head[i] = NULL;             /* 初始開始指標陣列 */
58:      printf("排序前內容: ");        /* 排序前陣列內容 */
59:      showList(data);
60:      radixSort(data, head);          /* 執行基數排序法 */
61:      printf("排序後結果: ");        /* 排序後陣列內容 */
62:      showList(data);
63:      return 0;
64: }
```

程式說明

- 第5行：含括第5章鏈結串列實作的佇列程式檔案radixQueue.c，這是類似圖形鄰接串列表示法的多重序列，enqueue()和dequeue()函數擁有多個參數，第1個參數是結構陣列的指標，共有10個元素指向10個佇列，第2個參數是從0~9的佇列編號，enqueue()函數的最後1個參數是存入佇列的值。
- 第7~12行：showList()函數使用迴圈顯示參數陣列的排序資料。
- 第14~23行：refillList()函數是將佇列資料取出存回排序陣列，在17~22行使用for迴圈依序走訪結構陣列的指標，然後使用while迴圈在第20行取出佇列元素回存到排序陣列。
- 第25~49行：radixSort()函數是基數排序法在第30~35行找出鍵值的最大值和最大位數，以決定執行幾次不同位數的排序。
- 第36~48行：使用二層for迴圈執行基數排序法各位數的排序，在第38~44行的for迴圈將鍵值存入指定的佇列，第40~41行計算出各鍵值指定位數的值。

▶第53~57行：排序的整數陣列data[]和多重佇列的head[]結構陣列，在第56~57行初始結構陣列。

▶第60行：呼叫radixSort()函數執行整數陣列的排序。

基數排序法的執行效率和快速排序法相同，以n個鍵值來說，在二層巢狀迴圈的內層是O(n)，外層最多執行Log n位數次，所以執行效率是O(n Log n)。

基數排序法需要佇列的額外記憶體空間作爲儲存槽，這是一種穩定性的排序法，因爲元素是存入佇列，佇列先進先出的特性，並不會交換相同鍵值的元素。

8-5 堆積排序法

「堆積排序法」（heap sort）也是一種樹狀結構的排序法，其最主要的工作就是建立「堆積」（heap），堆積是一棵二元樹，這棵二元樹必須滿足一些條件，如下所示：

✎ 堆積是一棵完整二元樹。

✎ 在堆積的每個父節點都比其左右子節點的資料大或相等。

例如：一個滿足條件的堆積，如下圖所示：

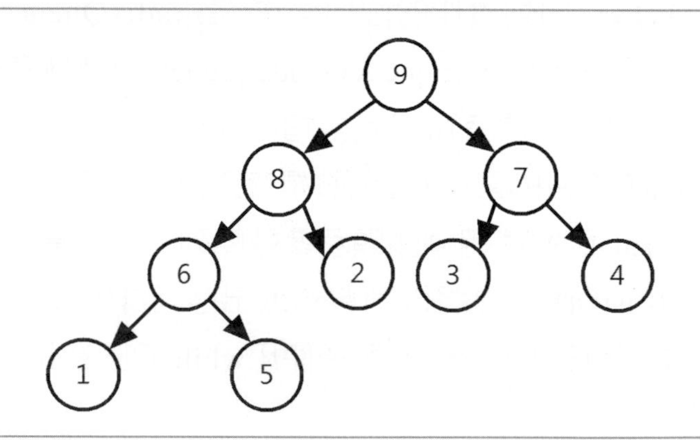

在上述堆積的節點中，最大值是根節點9，因爲堆積擁有此特性，所以當我們將堆積的根節點移去，把剩下的節點重建堆積，此時第2大節點就成爲堆積的根節點，只需重覆上述操作，等到輸出所有節點資料後，就是已經排序好的資料，這就是堆積排序法。

互動模擬動畫

點選【第8-5節：堆積排序法】項目，按【堆積排序法】鈕，就可以顯示模擬動畫的排序過程，如下圖所示：

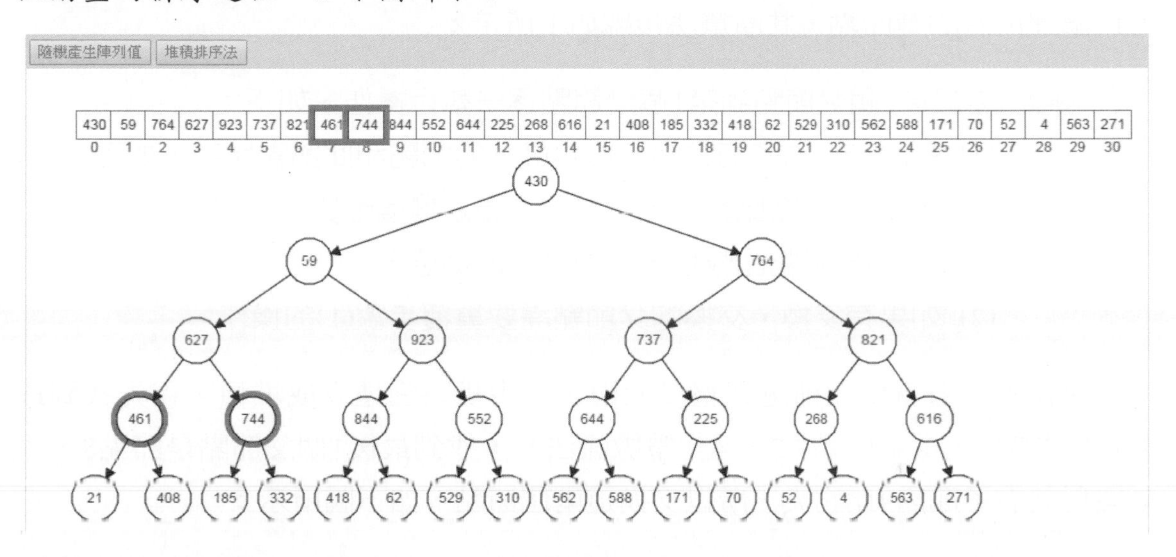

將二元樹建立成堆積

接下來的問題是如何將一棵二元樹建立成堆積，以二元樹陣列表示法為例的一棵二元樹，如下圖所示：

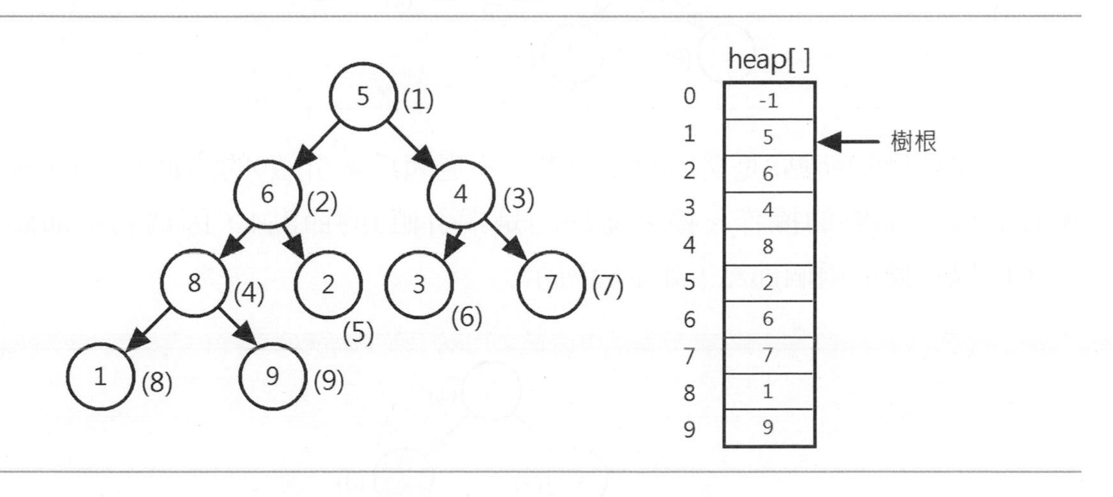

上述圖例的二元樹是使用陣列表示法，括號是陣列索引值，陣列heap[]的索引值是從1開始，節點n的左子節點索引為2*n，右子節點索引是2*n+1。

將二元樹的陣列表示法建立成堆積，我們是從二元樹陣列heap[]的中間索引值往回調整，如果陣列擁有n個元素，其中間位置的索引值是n/2，在此位置的節點是葉節點的上一層節點，也就是最後一個父節點，依序往回調整的過程中，可以處理所有的葉節點，其演算法步驟如下所示：

Step 1 從最後1個父節點到第1個父節點逐一執行操作，如下：

(1) 找出左、右子節點中，資料最大的節點和此節點比較，如下：

① 如果節點比較大，沒有問題滿足堆積性質。

② 如果節點比較小，交換父子節點值，。

(2) 如果有交換，交換的父節點需要重覆步驟(1)的操作。

現在，筆者就使用前述完整二元樹，一步步將它建立成堆積，首先找到最後1個父節點，即索引值9/2 = 4（整數除法），找到最後1個父節點是節點8，可以發現其右子節點9比它大，所以交換這兩個節點，如下圖所示：

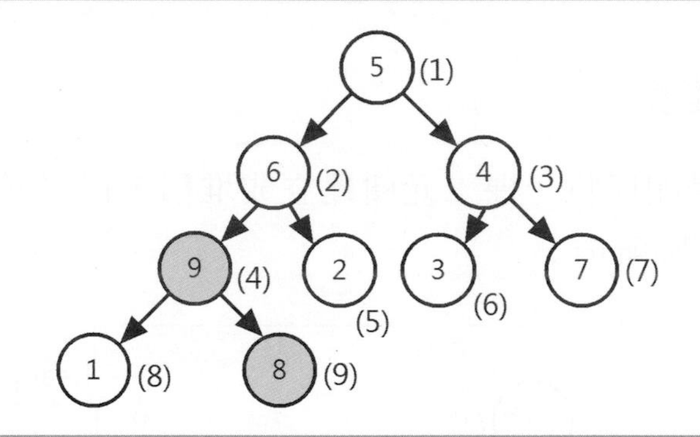

上述圖例的節點8是交換的父節點，不過因為索引值9的節點8沒有子節點，所以結束此節點的操作。接著處理的是索引值3的節點4，因為右子節點比較大，所以交換這兩個節點，如下圖所示：

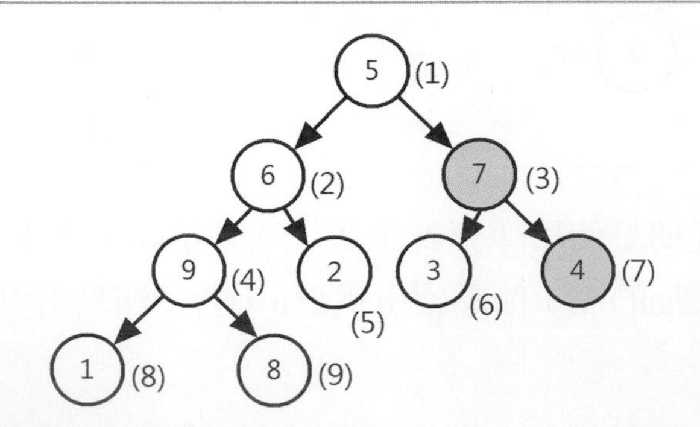

因爲交換的是父節點4，即目前索引值7的節點並沒有子節點，結束處理。然後是索引值2的節點6，此時是左子節點比較大，交換這兩個節點，如下圖所示：

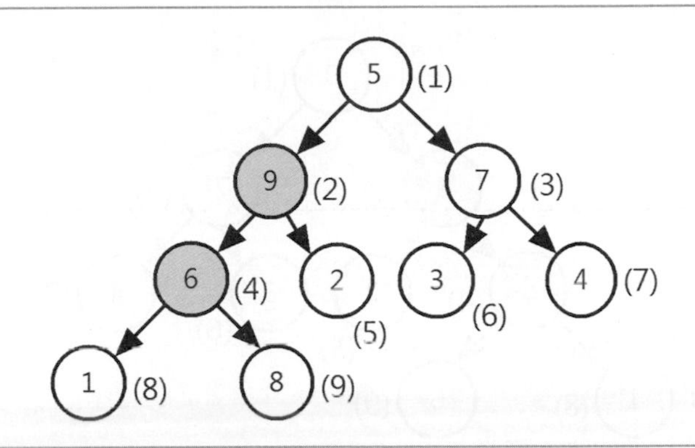

因爲交換索引值4的節點6尙有子節點，繼續比較其左、右子節點，結果左子節點8比較大，所以再次交換這兩個節點，如下圖所示：

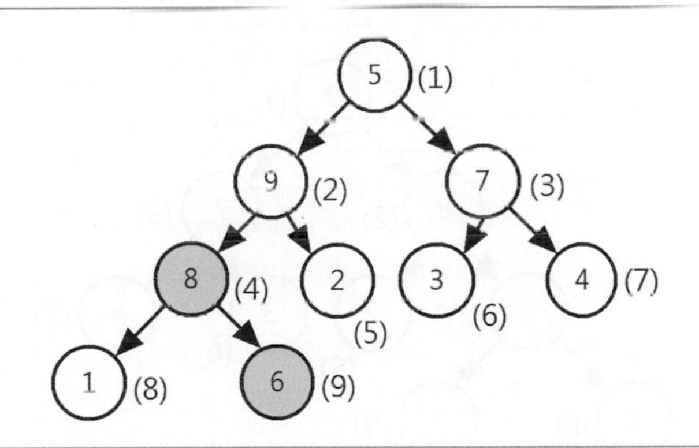

現在，索引值9的節點6已經沒有子節點，結束此節點的調整。最後調整的是索引值1的根節點，可以發現其左子節點9比較大，所以交換根節點和其左子節點，如下圖所示：

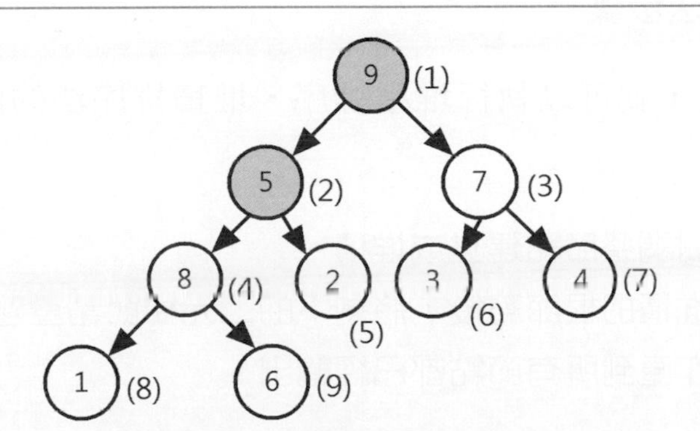

上述索引值2的節點5尚有子節點，繼續比較其左右子節點，結果是左子節點8比較大，再次交換這兩個節點，如下圖所示：

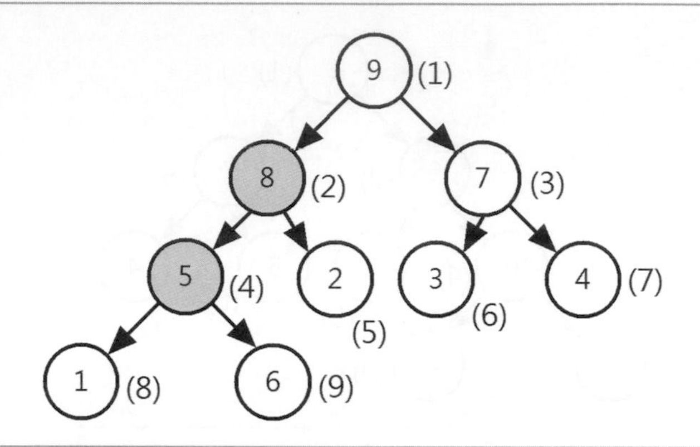

接著索引值4的節點5仍然有子節點，比較結果是右子節點6比較大，繼續交換這兩個節點，如下圖所示：

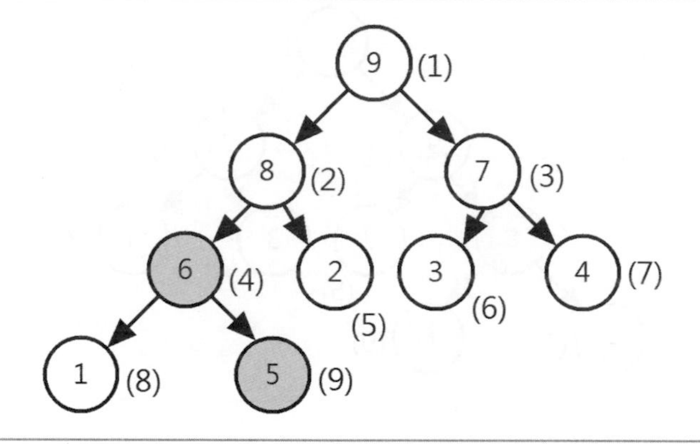

最後索引值9的節點5已經沒有子節點，結束二元樹的調整，建立的二元樹就是堆積。

堆積排序的演算法步驟

在建立堆積後，就可以執行堆積排序，堆積排序法的演算法步驟，如下所示：

Step 1　從二元樹調整節點建立成堆積。

Step 2　在輸出堆積的根節點後，將剩下的二元樹節點重建成堆積。

Step 3　重覆操作直到所有節點都已經輸出。

堆積排序是將根節點刪除，但是並非眞的刪除節點，而是和最後1個陣列元素交換，如下圖所示：

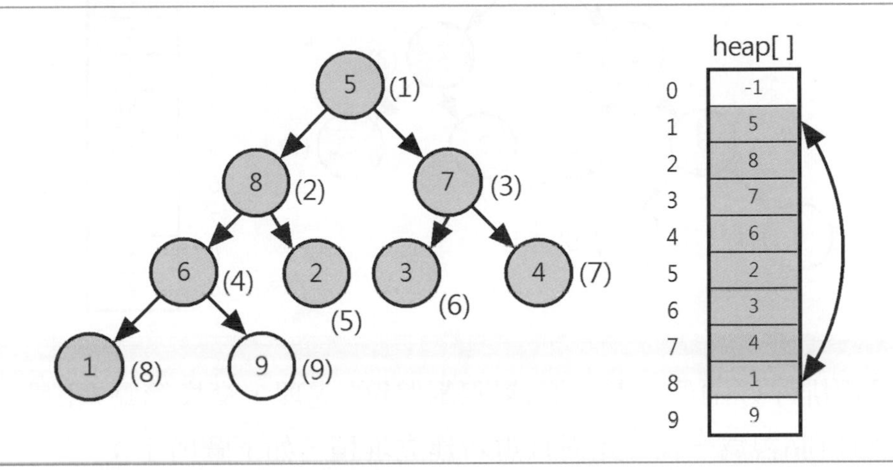

上述索引值9是刪除的節點，接著將索引值1到8以灰色標示的節點視爲一顆新的二元樹，這棵二元樹除根節點外都滿足堆積特性，所以只需調整索引值1的根節點，使之滿足堆積特性，就可以重新建立堆積，調整結果如下圖所示：

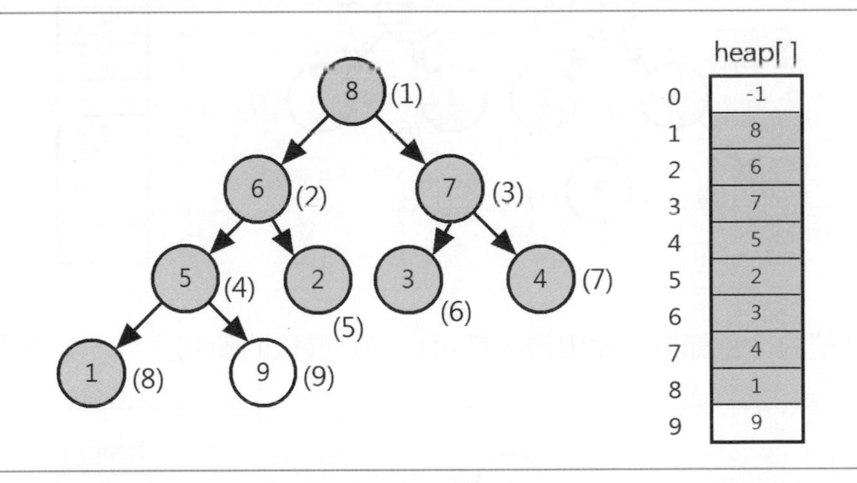

繼續將索引值1的節點8和索引值8的節點1交換，然後將索引值1到7視爲一棵二元樹且重新建立堆積，如下圖所示：

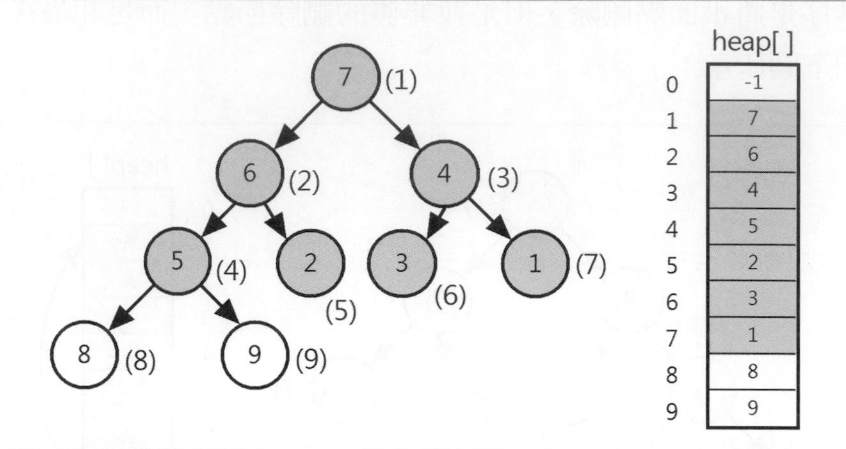

現在已經排序好兩個元素，繼續堆積排序的處理，交換節點7和最後索引值7，將索引值1到6視為一棵二元樹且重新建立堆積，如下圖所示：

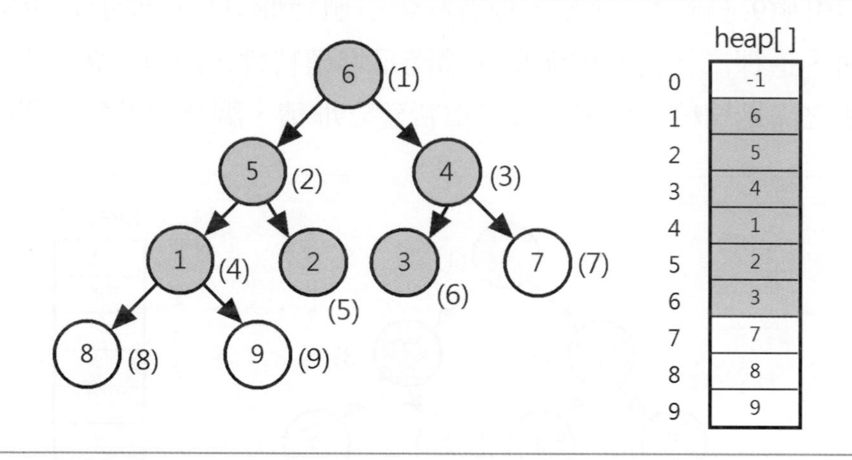

等到堆積的全部節點都輸出後，就可以得到最後的陣列內容，如下圖所示：

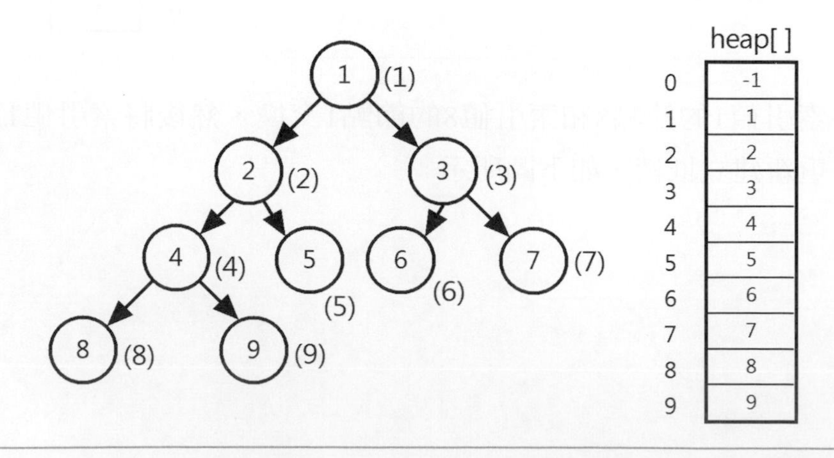

上述陣列內容就是堆積排序法的排序結果。

程式範例

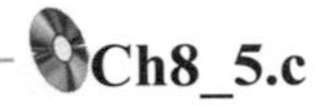

在C程式讀入一個陣列表示法的二元樹，然後使用堆積排序法執行排序，同時將各次調整建立堆積的過程顯示出來，其執行結果如下所示：

```
二元樹內容: [5][6][4][8][2][3][7][1][9]
堆積的內容: [9][8][7][6][2][3][4][1][5]
重建的堆積: [8][6][7][5][2][3][4][1][9]
重建的堆積: [7][6][4][5][2][3][1][8][9]
重建的堆積: [6][5][4][1][2][3][7][8][9]
重建的堆積: [5][3][4][1][2][6][7][8][9]
重建的堆積: [4][3][2][1][5][6][7][8][9]
重建的堆積: [3][1][2][4][5][6][7][8][9]
重建的堆積: [2][1][3][4][5][6][7][8][9]
重建的堆積: [1][2][3][4][5][6][7][8][9]

輸出排序結果: [1][2][3][4][5][6][7][8][9]
```

程式內容

```
01: /* 程式範例: Ch8_5.c */
02: #include <stdio.h>
03: #include <stdlib.h>
04: /* 函數: 建立堆積 */
05: void siftDown(int *heap, int root, int len) {
06:    int done;                          /* 是否可結束 */
07:    int j, temp;
08:    j = 2 * root;                      /* 子節點索引 */
09:    temp = heap[root];                 /* 堆積的根節點值 */
10:    done = 0;
11:    while ( j <= len && !done ) {      /* 主迴圈 */
12:       if ( j < len )                  /* 找最大子節點 */
13:          if ( heap[j] < heap[j+1] )
14:             j++;                      /* 下一節點 */
15:          if ( temp >= heap[j] )       /* 比較樹的根節點 */
16:             done = 1;                 /* 結束 */
17:          else {
18:             heap[j/2] = heap[j];      /* 父節點是目前節點 */
19:             j = 2 * j;                /* 其子節點 */
20:          }
```

```
21:    }
22:    heap[j/2] = temp;                  /* 父節點爲根節點值 */
23: }
24: /* 函數: 堆積排序法 */
25: void heapSort(int *heap, int len) {
26:    int i,j,temp;
27:    /*將二元樹轉成堆積*/
28:    for ( i = ( len / 2 ); i >= 1; i-- )
29:       siftDown(heap, i, len);
30:    printf("\n堆積的內容: ");
31:    for ( j = 1; j < 10; j++ )         /* 顯示堆積 */
32:       printf("[%d]", heap[j]);
33:    /* 堆積排序法的主迴圈 */
34:    for ( i = len - 1; i >= 1; i-- ) {
35:       temp = heap[i+1];               /* 交換最後元素 */
36:       heap[i+1] = heap[1];
37:       heap[1] = temp;
38:       siftDown(heap, 1, i);           /* 重建堆積 */
39:       printf("\n重建的堆積: ");
40:       for ( j = 1; j < 10; j++ )      /* 顯示處理內容 */
41:          printf("[%d]", heap[j]);
42:    }
43: }
44: /* 主程式 */
45: int main() {
46:    /* 二元樹的節點資料 */
47:    int data[10] = { 0, 5, 6, 4, 8, 2, 3, 7, 1, 9 };
48:    int i;
49:    printf("二元樹內容: ");
50:    for ( i = 1; i < 10; i++ )         /* 顯示二元樹內容 */
51:       printf("[%d]", data[i]);
52:    heapSort(data, 9);                 /* 堆積排序法 */
53:    printf("\n\n輸出排序結果: ");
54:    for ( i = 1; i < 10; i++ )         /* 顯示排序結果 */
55:       printf("[%d]", data[i]);
56:    printf("\n");
57:    return 0;
58: }
```

程式說明

▶第5~23行：shiftDown()函數將根節點不滿足堆積特性的二元樹調整成堆積，在第11~21行的while迴圈使用if條件找出左右子節點中比較大的子節點，第

13~14行的if條件找出最大子節點，第15~20行比較父節點和子節點，第16行父節點比較大結束調整，第18~19行是父節點比較小，所以繼續往下比較。

- 第25~43行：heapSort()函數在28~29行將二元樹轉換成堆積，第34~42行是排序的主迴圈。
- 第35~38行：在第35~37行和最後1個陣列元素交換，然後在第38行重建堆積。
- 第47行：二元樹陣列表示法的陣列data[]。
- 第52行：呼叫heapSort()函數執行排序。

堆積排序法的執行效率是當排序的資料個數爲n時，堆積排序的主迴圈一共執行n-1次shiftDown()函數，每次執行shiftDwon()函數的效率爲樹高即Log n，可以得到執行效率爲O(n Log n)。

堆積排序法不需要額外的記憶體空間，不過這種排序法不具有穩定性，因爲在調整根節點時，有可能交換相同鍵值的元素。

8-6 二元搜尋樹排序法

二元搜尋樹是一種常用的樹狀結構，在第6-5節已經說明過二元搜尋樹的建立、走訪，詳細的說明請讀者參閱該節。例如：一棵二元搜尋樹，如下圖所示：

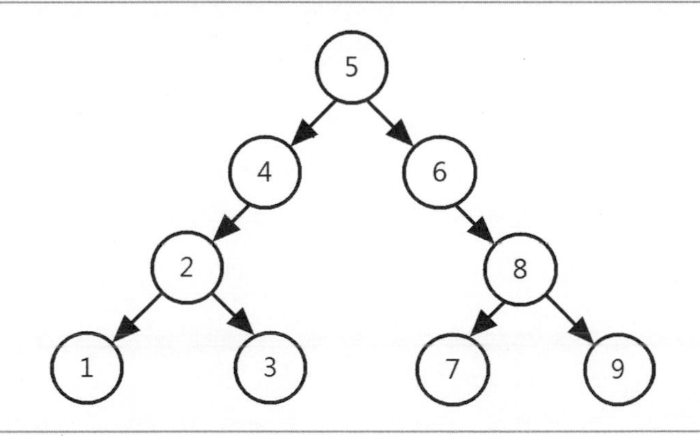

「二元搜尋樹排序法」（binary tree sort）是在建立好上述二元搜尋樹後，使用中序走訪將二元搜尋樹的節點資料顯示出來，完整程式範例為Ch8_6.c。執行結果如下所示：

```
輸入欲排序的字串 ==> 564823719 Enter
輸出排序結果: [1][2][3][4][5][6][7][8][9]
```

上述中序走訪的結果就是排序輸出的結果。二元搜尋樹排序法的執行效率主要是在建立二元搜尋樹，這和輸入陣列的排列方式與二元搜尋樹的樹高有關，每一個元素插入二元搜尋樹的比較時間約為Log n，n為元素個數，因為需要完成n個元素的插入，所以其執行效率約為O(n Log n)。

二元搜尋樹排序法的額外記憶體空間需視二元搜尋樹的實作方式而定，如果使用陣列表示法就不需額外的記憶體空間，如果使用鏈結表示法，在每一個節點就需要兩個額外指標變數的記憶體空間，二元搜尋樹排序法是一種穩定性的排序法，因為元素插入二元樹時，是將大於等於的節點插入右子樹，並不會影響中序走訪時的走訪順序。

學習評量

1. 請說明資料和資料階層。
2. 請舉例說明什麼是資料排序？何謂鍵值？排序的種類？
3. 現在有一些未排序的整數鍵值：45, 5, 34, 12, 33, 10, 9，請使用下列排序法排序這些鍵值，並且寫出詳細的比較和交換過程，如下所示：
   - 泡沫排序法。
   - 選擇排序法。
   - 插入排序法。
   - 謝耳排序法。
4. 在第8-2節基本排序法的範例程式是以字元排序為例，請修改選擇、插入和謝耳排序法程式，可以用來排序整數和浮點數的鍵值。
5. 在第8-2節基本排序法的範例程式是由小排到大，請改寫泡沫、選擇和插入排序法程式，改為由大到小排列。
6. 請修改第8-2-4節謝耳排序法程式範例的h序列間隔量為費氏數列，數列由函數產生。
7. 請問本章的哪些排序法是使用各個擊破（divide and conquer）演算法？比較其時間複雜度與基本排序法的差異？哪一種較佳？為什麼可以使用遞迴來建立排序函數？
8. 現在有一些未排序的整數鍵值：45, 15, 34, 22, 53, 90, 29, 67，請使用下列排序法排序這些鍵值，並且寫出詳細的資料分割過程，如下所示：
   - 合併排序法。
   - 快速排序法（第1個元素為標準元素）。
9. 本章的快速排序法是使用陣列的第1個元素作為標準元素，請改寫程式使用分割陣列的最中間元素作為標準元素進行排序。
10. 請問什麼是基數排序法？可以分成哪二種？

學習評量

11. 現在有一些未排序的整數鍵值：452, 151, 342, 222, 153, 903, 290, 637，請使用最低位優先的基數排序排序這些鍵值，並且寫出詳細的過程。

12. 請將習題3.和8.的鍵值建立成二元搜尋樹，第1個鍵值為根節點，繪出二元搜尋樹的圖形。

13. 請繪圖說明什麼是堆積？其特性為何？堆積排序法的操作步驟？

14. 將習題12.建立的二元搜尋樹調整成堆積。

15. 假設欲排列的資料是一個擁有n個元素的整數陣列，請建立C程序的泡沫排序法，將資料由大至小的排列。 [94中原資管]

16. ( ) 請問下列哪些排序法屬於穩定性的排序法：1.選擇排序法2.泡沫排序法3.快速排序法4合併排序法？
(A) 1, 2 (B) 3, 4 (C) 2, 4 (D) 1, 3 [94屏科資管]

17. 就下列資料而言，請指出使用合併、選擇、快速和泡沫哪一種排序法最適合，為什麼？請說明理由與考量點。 [94嘉大資管]

```
4, 50, 47, 16, 24, 30, 32, 34, 38, 42, 46
```

18. 請依序插入元素10, 12, 5, 8, 15, 7來建立最大堆積，並且將建立過程都繪出來？ [91中央資管]

19. 請使用下列值來建立最大堆積？ [94中技資應]

```
18, 14, 12, 11, 15, 16, 26, 20, 19, 21
```

20. 請分別繪出下列最大堆積在刪除節點18和加入節點11後的結果，如下圖所示： [94淡江資工在專]

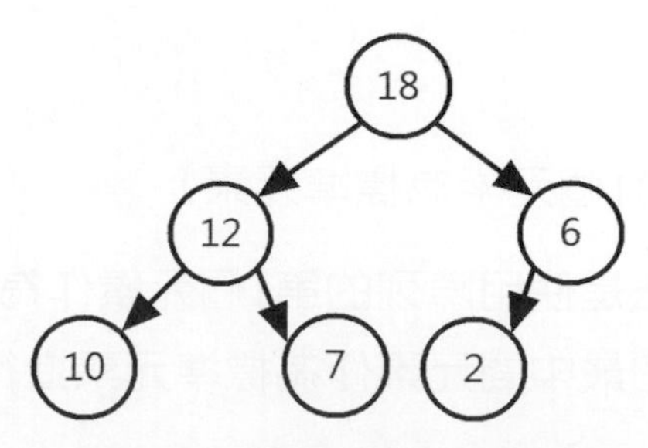

Chapter 9

搜尋

學習重點

- 認識搜尋
- 未排序資料搜尋法
- 已排序資料搜尋法
- 樹狀結構搜尋法
- 雜湊搜尋法
- 雜湊函數的碰撞問題

9-1 認識搜尋

「搜尋」（searching）是在資料中找尋特定的值，這個值稱為「鍵值」（key）。例如：在電話簿以姓名找尋朋友電話號碼，姓名就是鍵值，或在書局以書號的鍵值找尋喜愛的書。

搜尋的目的是為了確定資料中是否存在與鍵值相同的資料。例如：學生聯絡資料的記錄，如下圖所示：

學生

學號	姓名	地址	電話	生日
S001	江小魚	新北市中和區景平路1000號	02-22222222	1978/2/2
S002	劉得華	桃園市三民路1000號	03-33333333	1982/3/3
S003	郭富成	台中市中港路三段500號	04-44444444	1978/5/5
S004	張學有	高雄市四維路1000號	07-77777777	1979/6/6

在上述記錄欄位的【學號】是鍵值，例如：搜尋學號為S003的學生，經搜尋可以找到學生郭富成，因為有此鍵值的學號，接著可以找到學生姓名和電話號碼，然後與學生聯絡。資料搜尋方法依照搜尋資料可以分成兩種，如下所示：

- **沒有排序的資料**：針對沒有排序的資料執行搜尋，需要從資料的第1個元素開始比較，從頭到尾以確認資料是否存在，例如：線性搜尋法。
- **已經排序的資料**：搜尋不需要從頭開始一個個比較。例如：在電話簿找電話，相信沒有人是從電話簿的第一頁開始找，而是直接從姓名出現的頁數開始找，這是因為電話簿已經依照姓名排序好。例如：二元搜尋法和插補搜尋法。

上述搜尋方法主要是在陣列等循序結構上執行搜尋，另外有些搜尋方法在搜尋時，需要預先建立輔助的「索引」（index）資料。例如：圖書最後的索引章節，就是預先建立的索引資料，透過索引資料可以使用關鍵字在書中快速找到所在章節，索引是為了幫助搜尋所建立的資料，這就是本章說明的二元搜尋樹和雜湊搜尋法。

9-2 未排序資料搜尋法

「循序搜尋法」（sequential search）是從循序結構的第1個元素開始走訪整個結構，以陣列來說，就是陣列走訪，從頭開始一個一個比較元素是否是搜尋值，因爲需要走訪整個陣列，陣列資料是否已經排序就沒有什麼關係。例如：一個整數陣列data[]，如下圖所示：

0	1	2	3	4	5	6	7	8	9	10
9	25	33	74	90	15	1	8	42	66	81

在上述陣列搜尋整數90的鍵值，程式需要從陣列索引值0開始比較，在經過索引值1、2和3後，才在索引值4找到整數90，共比較5次。

同理，如果搜尋整數4的鍵值，需要從索引值0一直找到10，才能夠確定鍵值是否存在，結果比較11次發現鍵值4不存在。

程式範例 Ch9_2.c

在C程式輸入整數後，使用循序搜尋法搜尋陣列元素，其執行結果如下所示：

```
原始陣列: [9][25][33][74][90][15][1][8][42][66][81]
請輸入搜尋值(-1結束) ==> 15 Enter
搜尋到鍵值: 15(5)
請輸入搜尋值(-1結束) ==> 9 Enter
搜尋到鍵值: 9(0)
請輸入搜尋值(-1結束) ==> 10 Enter
沒有搜尋到鍵值: 10
請輸入搜尋值(-1結束) ==> -1 Enter
沒有搜尋到鍵值: -1
```

上述執行結果可以看到原始陣列元素，在輸入搜尋值後，顯示搜尋的結果。

程式內容

```
01: /* 程式範例: Ch9_2.c */
02: #include <stdio.h>
03: #include <stdlib.h>
04: #define MAX_LEN      11          /* 最大的陣列尺寸 */
05: /* 函數: 循序搜尋法 */
06: int sequential(int *data, int count, int target) {
07:    int i;                       /* 變數宣告 */
08:    for ( i = 0; i < count; i++ ) /* 搜尋迴圈 */
09:       /* 比較是否是鍵值 */
10:       if ( data[i] == target )
11:          return i;
12:    return -1;
13: }
14: /* 主程式 */
15: int main() {
16:    int data[MAX_LEN] =          /* 搜尋的陣列 */
17:          {9, 25, 33, 74, 90, 15, 1, 8, 42, 66, 81};
18:    int i, index, target, c;
19:    printf("原始陣列: ");
20:    for ( i = 0; i < MAX_LEN; i++ )
21:       printf("[%d]", data[i]); /* 顯示陣列元素 */
22:    printf("\n");
23:    target = 0;
24:    while ( target != -1 ) {
25:       printf("請輸入搜尋值(-1結束) ==> ");
26:       scanf("%d", &target);
27:       /* 呼叫循序搜尋法的搜尋函數 */
28:       index = sequential(data, MAX_LEN, target);
29:       if (index != -1)
30:          printf("搜尋到鍵值: %d(%d)\n", target, index);
31:       else
32:          printf("沒有搜尋到鍵值: %d\n", target);
33:    }
34:    return 0;
35: }
```

程式說明

- 第6~13行：函數sequential()使用for迴圈執行搜尋，在第10~11行的if條件比較陣列元素，以判斷是否找到鍵值。
- 第16~17行：宣告陣列data[]和指定陣列初值。

▶第24~33行：while迴圈在輸入搜尋值後，呼叫sequential()函數執行搜尋後，在第29~32行的if條件顯示搜尋結果。

如果元素個數爲n，循序搜尋法的執行效率是與元素個數成正比的O(n)。

9-3 已排序資料搜尋法

如果搜尋資料是已經排序好的資料，就不需要從頭開始一一比較來執行搜尋，可以使用本節的搜尋方法來提昇搜尋效率。

9-3-1 二元搜尋法

「二元搜尋法」（binary search）是一種分割資料的搜尋方法，搜尋資料需要是已經排序好的資料。二元搜尋法的操作是先檢查排序資料的中間元素，如果與鍵值相等就是找到，如果小於鍵值，表示資料位在前半段，否則位在後半段。然後繼續分割成二段資料重覆上述操作，直到找到或已經沒有資料可以分割爲止。

例如：陣列的上下範圍分別是low和high，中間元素的索引值是(low + high)/2。在執行二元搜尋時的比較，可以分成三種情況，如下所示：

✎ 搜尋鍵值小於陣列的中間元素：鍵值在資料陣列的前半部。

✎ 搜尋鍵值大於陣列的中間元素：鍵值在資料陣列的後半部。

✎ 搜尋鍵值等於陣列的中間元素：找到搜尋的鍵值。

現在有一個已經排序好的整數陣列data[]，如下圖所示：

0	1	2	3	4	5	6	7	8	9	10
1	8	9	15	25	33	42	66	74	81	90

在上述陣列找尋整數81的鍵值，第一步和陣列中間元素索引值(0+10)/2 = 5的值33比較，因爲81大於33，所以搜尋陣列的後半段，如下圖所示：

6	7	8	9	10
42	66	74	81	90

上述搜尋範圍已經縮小剩下後半段，中間元素索引值(6+10)/2 = 8，其值爲74。因爲81仍然大於74，所以繼續搜尋後半段，如下圖所示：

9	10
81	90

再度計算中間元素索引值(9+10)/2 = 9，找到搜尋值81。

程式範例 Ch9_3_1.c

在C程式使用二元搜尋法搜尋已經排序好的陣列資料，二元搜尋法函數是一個遞迴函數，其執行結果如下所示：

```
原始陣列: [1][8][9][15][25][33][42][66][74][81][90]
請輸入搜尋值(-1結束) ==> 25 Enter
搜尋到鍵值: 25(4)
請輸入搜尋值(-1結束) ==> 81 Enter
搜尋到鍵值: 81(9)
請輸入搜尋值(-1結束) ==> 10 Enter
沒有搜尋到鍵值: 10
請輸入搜尋值(-1結束) ==> -1 Enter
沒有搜尋到鍵值: -1
```

上述執行結果可以看到原始陣列元素，在輸入搜尋值後，顯示搜尋的結果。

程式內容

```
01: /* 程式範例: Ch9_3_1.c */
02: #include <stdio.h>
03: #include <stdlib.h>
04: #define MAX_LEN      11              /* 最大的陣列尺寸 */
05: /* 函數: 二元搜尋法 */
```

```
06: int binary(int *data, int low, int high, int target) {
07:    int middle;                          /* 宣告變數 */
08:    if (low > high)                      /* 遞迴的終止條件 */
09:       return -1;
10:    else {  /* 取得中間索引 */
11:       middle = (low + high) / 2;
12:       if ( target == data[middle] ) /* 找到 */
13:          return middle;    /* 傳回索引值 */
14:       else if ( target < data[middle] )/* 前半部分 */
15:               return binary(data,low,middle-1,target);
16:            else   /* 後半部分 */
17:               return binary(data,middle+1,high,target);
18:    }
19: }
20: /* 主程式 */
21: int main() {
22:    int data[MAX_LEN] =              /* 搜尋的陣列 */
23:          {1, 8, 9, 15, 25, 33, 42, 66, 74, 81, 90};
24:    int i, index, target, c;
25:    printf("原始陣列: ");
26:    for ( i = 0; i < MAX_LEN; i++ )
27:       printf("[%d]", data[i]); /* 顯示陣列元素 */
28:    printf("\n");
29:    target = 0;
30:    while ( target != -1 ) {
31:       printf("請輸入搜尋值(-1結束) ==> ");
32:       scanf("%d", &target);
33:       /* 呼叫二元搜尋法的搜尋函數 */
34:       index = binary(data, 0, MAX_LEN-1, target);
35:       if (index != -1)
36:          printf("搜尋到鍵值: %d(%d)\n", target, index);
37:       else
38:          printf("沒有搜尋到鍵值: %d\n", target);
39:    }
40:    return 0;
41: }
```

程式說明

- 第6~19行：binary()函數是一個遞迴函數，在第8~18行的if條件是終止條件，第11行取得中間值的陣列索引。
- 第12~17行：if條件檢查是否找到鍵值，如果沒有找到，在第15和17行遞迴呼叫縮小搜尋範圍，第15行是前半段；第17行是後半段。
- 第34行：呼叫二元搜尋法binary()函數在陣列中找尋指定的鍵值。

整個二元搜尋過程可以使用陣列索引值繪出執行過程的二元搜尋樹，節點內容爲陣列索引值，如下圖所示：

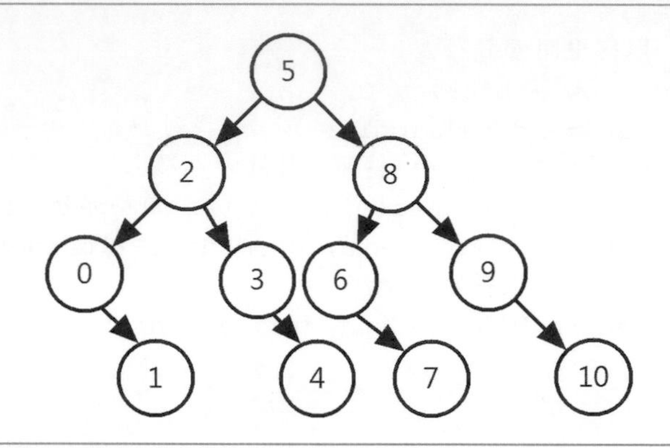

上述執行結果搜尋鍵值81的索引值是9。第一步比較索引值5，然後和索引值8比較，最後和索引值9比較，只需比較3次就可以找到鍵值。二元搜尋法的平均和最差的執行效率很容易算出，因爲每次都分爲二半，其執行效率爲O(Log n)。

9-3-2 插補搜尋法

循序和二元搜尋法都不是在電話簿或百科全書查閱資料的方法，因爲我們通常是依照姓名或分類直接翻至相關章節或頁碼的前後，然後才決定是從前端、中間或後端開始搜尋，這種搜尋法稱爲「插補搜尋法」（interpolation search）。

插補搜尋法以資料分佈情況計算出可能位置的索引值，來縮小搜尋的範圍，而不像二元搜尋法固定分割一半來縮小範圍。例如：一個直角三角形，如下圖所示：

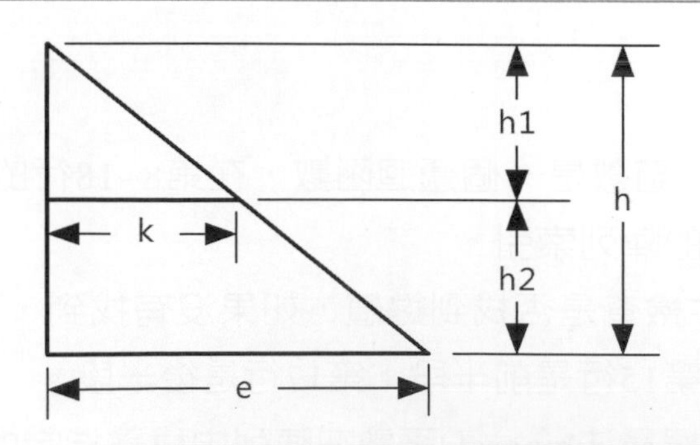

上述圖例可以計算直角三角形中間線k的長度，只需從h、h1和e值就可以使用比例關係計算出k，其公式如下所示：

$$k = e \times \frac{h1}{h}$$

接著將上述圖形標上座標，並且假設三角形是一個分佈平均的資料，我們可以推導出插補搜尋法計算可能位置的索引值公式，如下圖所示：

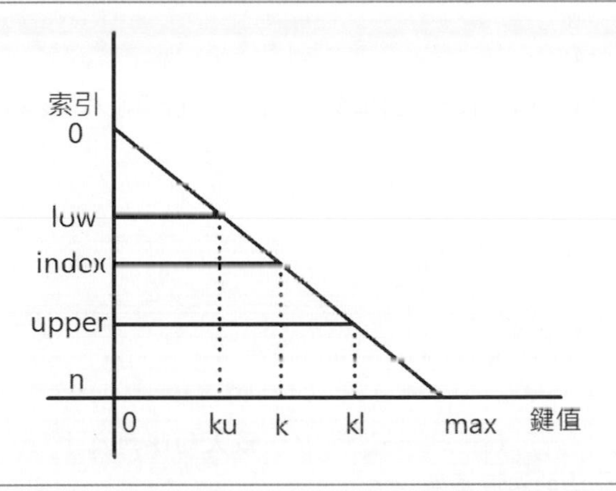

上述圖例的橫座標是鍵值0到max，縱座標是陣列索引值0到n。找尋鍵值k且已知upper和low索引值的鍵值分別為ku和kl，就可以使用比例關係計算出k可能的索引值index，其公式如下所示：

$$index = low + \frac{(k - kl) \times (upper - low)}{ku - kl}$$

插補搜尋法的搜尋函數是使用上述計算公式來分割資料，縮小搜尋的範圍，直到找到鍵值為止。

Ch9_3_2.c

在C程式使用插補搜尋法搜尋已經排序好的陣列資料，這也是遞迴函數，其執行結果如下所示：

```
原始陣列: [1][8][9][15][25][33][42][66][74][81][90]
請輸入搜尋值(-1結束) ==> 81 Enter
搜尋到鍵值: 81(9)
請輸入搜尋值(-1結束) ==> 10 Enter
沒有搜尋到鍵值: 10
請輸入搜尋值(-1結束) ==> -1 Enter
沒有搜尋到鍵值: -1
```

上述執行結果可以看到原始陣列元素，在輸入搜尋值後，顯示搜尋的結果。

程式內容

```
01: /* 程式範例: Ch9_3_2.c */
02: #include <stdio.h>
03: #include <stdlib.h>
04: #define MAX_LEN       11              /* 最大的陣列尺寸 */
05: /* 函數: 插補搜尋法的遞迴函數 */
06: int interSearch(int *data,int key,int left,int right) {
07:    int nextGuess;                      /* 下一個可能索引 */
08:    int offset;                         /* 索引位移 */
09:    int range;                          /* 鍵值範圍 */
10:    int index_range;                    /* 索引範圍 */
11:    int temp;
12:    if ( data[left] == key )            /* 找到了 */
13:       return left;
14:    else if ( left == right ||          /* 沒有找到 */
15:             data[left] == data[right] )
16:         return -1;
17:       else {
18:         index_range = right - left;/* 計算索引範圍 */
19:         /* 計算鍵值範圍 */
20:         range = data[right] - data[left];
21:         offset = key - data[left]; /* 計算鍵值位移 */
22:         temp = ( offset * index_range ) / range;
23:         nextGuess = left + temp;    /* 下一個可能索引 */
24:         if ( nextGuess == left )    /* 是否已試過 */
```

```
25:         nextGuess++;
26:       if ( key < data[nextGuess] )
27:         /* 左邊部分遞迴呼叫插補搜尋 */
28:         return interSearch(data,key,left,nextGuess-1);
29:       else
30:         /* 右邊部分遞迴呼叫插補搜尋 */
31:         return interSearch(data,key,nextGuess,right);
32:     }
33: }
34: /* 函數: 插補搜尋法 */
35: int interpolation(int *data, int n, int key) {
36:    if ( key < data[0] || key > data[n-1] )
37:       return -1;                          /* 沒有找到 */
38:    else
39:       return interSearch(data, key, 0, n-1); /* 遞迴呼叫 */
40: }
41: /* 主程式 */
42: int main() {
43:    int data[MAX_LEN] =             /* 搜尋的陣列 */
44:        {1, 8, 9, 15, 25, 33, 42, 66, 74, 81, 90};
45:    int i, index, target, c;
46:    printf("原始陣列: ");
47:    for ( i = 0; i < MAX_LEN; i++ )
48:       printf("[%d]", data[i]); /* 顯示陣列元素 */
49:    printf("\n");
50:    target = 0;
51:    while ( target != -1 ) {
52:       printf("請輸入搜尋值(-1結束) ==> ");
53:       scanf("%d", &target);
54:       /* 呼叫插補搜尋法的搜尋函數 */
55:       index = interpolation(data, MAX_LEN, target);
56:       if (index != -1)
57:          printf("搜尋到鍵值: %d(%d)\n", target, index);
58:       else
59:          printf("沒有搜尋到鍵值: %d\n", target);
60:    }
61:    return 0;
62: }
```

程式說明

▶ 第6~33行：interSearch()函數插補搜尋的遞迴函數，在第12~13行的if條件是終止條件，表示找到鍵值，第14~16行if終止條件沒有找到鍵值。

- ▶第18~25行：計算下一個可能的索引位置，在第24~25行的if條件檢查此索引是否已經搜尋過，如果搜尋過，就將索引值加一。
- ▶第26~31行：if條件判斷鍵值可能存在的範圍，然後分別在第28和31行遞迴呼叫縮小搜尋範圍，直到確定找到或不存在為止。
- ▶第35~40行：插補搜尋法的interpolation()函數，只是呼叫interSearch()遞迴函數執行搜尋。
- ▶第55行：呼叫插補搜尋法interpolation()函數找尋陣列中的指定鍵值。

插補搜尋法的執行效率是O(Log(Log n))，其推導過程遠超過本書範圍，在此筆者只列出執行效率，詳細的推導方式請讀者自行查閱相關資料結構與演算法書籍。

9-4 樹狀結構搜尋法

樹狀結構搜尋法並不是直接在鍵值上進行搜尋，它是一種索引結構搜尋法，我們需要先替鍵值建立樹狀結構的索引資料，然後才在索引資料進行搜尋，以便提昇搜尋效率。

9-4-1 二元搜尋樹搜尋法

「二元搜尋樹」（binary search tree）除了可以使用中序走訪來排序資料外，也可以進行資料搜尋。例如：一棵二元搜尋樹，如下圖所示：

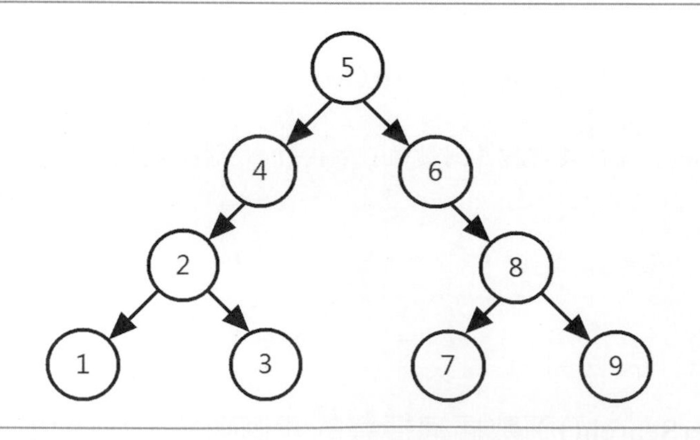

二元搜尋樹搜尋法在搜尋資料時，只需將資料與根節點比較，此時有二種情況，如下所示：

✎ **資料比較大**：往右子樹繼續搜尋。

✎ **資料比較小**：往左子樹繼續搜尋。

我們只需重覆上述比較，直到找到節點資料與找尋鍵值相等，或沒有找到。完整程式範例是：Ch9_4_1.c，不同於第7章的二元搜尋樹搜尋法，BSTreeSearch()函數是一個遞迴函數，如下所示：

```
int BSTreeSearch(BSTree ptr, int d) {
   if ( ptr != NULL ) {              /* 終止條件 */
      if ( ptr->data == d )          /* 找到了 */
         return 1;
      else if ( ptr->data > d )      /* 往左子樹找 */
            return BSTreeSearch(ptr->left, d);
         else                        /* 往右子樹找 */
            return BSTreeSearch(ptr->right, d);
   } else return 0;                  /* 沒有找到 */
}
```

上述第一層if條件是遞迴的中止條件，搜尋資料直到葉節點，如果資料比較小往左子樹遞迴搜尋，反之比較大，往右子樹遞迴搜尋。

二元樹搜尋法的效率如果不考慮建立二元搜尋樹的時間，其執行效率與二元搜尋法相同是O(Log n)。

9-4-2 M路搜尋樹

M路搜尋樹（M-way search trees）是指樹的每一個節點擁有M個子樹和至多M-1個鍵值，鍵值是以遞增方式排序，其節點結構如下圖所示：

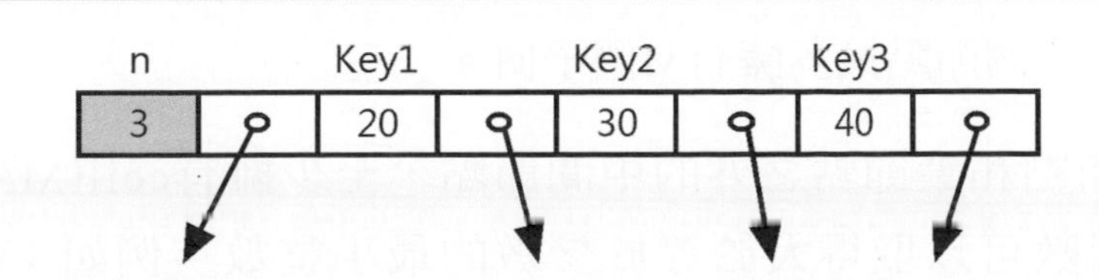

上述節點結構最多有4個子節點，所以是一個四路搜尋樹的節點結構，節點的第1個欄位是鍵值數，以M路搜尋樹來說，鍵值數爲：n <= M-1，即鍵值數最多是M個子節點減一，以此例是3個鍵值Key1、Key2和Key3，其排列方式是遞增排序：Key1 < Key2 < Key3。

例如：一棵四路搜尋樹，如下圖所示：

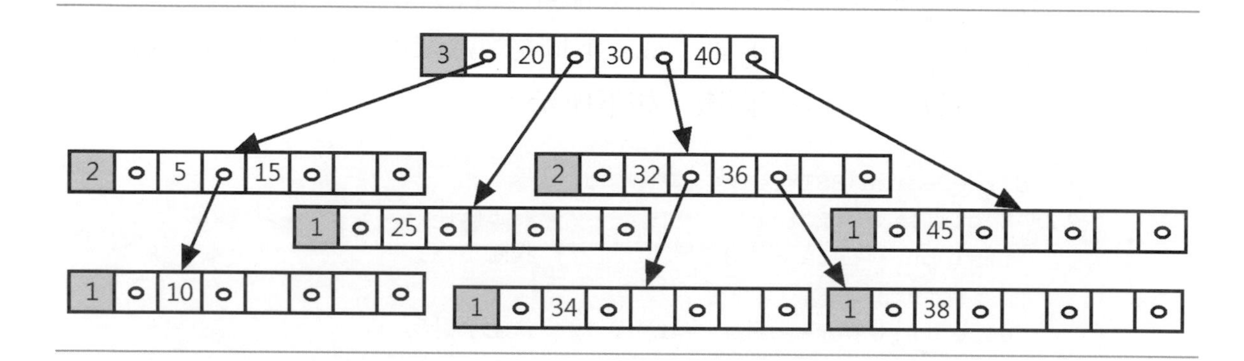

在上述四路搜尋樹搜尋資料時，只需將資料與根節點比較，如下所示：

✎ 與節點的鍵值比較，如果在2個鍵值之間，就表示是在鍵值中指標的子樹，例如：搜尋38，就是在根節點30和40間指標的子樹。

✎ 重複上述比較就可以在M路搜尋樹搜尋指定鍵值。

M路搜尋樹的搜尋效率取決於這棵搜尋樹是否平衡，這種平衡的M路搜尋樹稱爲B樹，也就是下一節討論的主題。

9-4-3 B樹搜尋法

B樹（B-tree）屬於一種樹狀搜尋結構，它是擴充自二元搜尋樹的一種平衡的M路搜尋樹。M爲B樹的度數（order），由Bayer和McCreight提出的一種平衡的M路搜尋樹，其定義如下所示：

✎ B樹的每一個節點最多擁有M個子樹。

✎ B樹根節點和葉節點之外的中間節點，至少擁有ceil(M/2)個子節點，ceil()函數可以取得大於等於參數的最小整數，例如：ceil(4) = 4、ceil(4.33) = 5、ceil(1.89) = 2和ceil(5.01) = 6。

✎ B樹的根節點可以少於2個子節點。葉節點至少擁有ceil(M/2) - 1個鍵值。

✎ B樹的所有葉節點都位在樹最底層的同一階層（level），所以，從根節點開始走訪到各葉節點所經過的節點數都相同，它是一棵相當平衡的樹狀搜尋結構。

例如：一棵度數5的B樹，所有中間節點至少擁有ceil(5/2) = 3個子節點（即至少2個鍵值），最多5個子節點（4個鍵值），葉節點至少擁有2個鍵值，最多爲4個鍵值，如下圖所示：

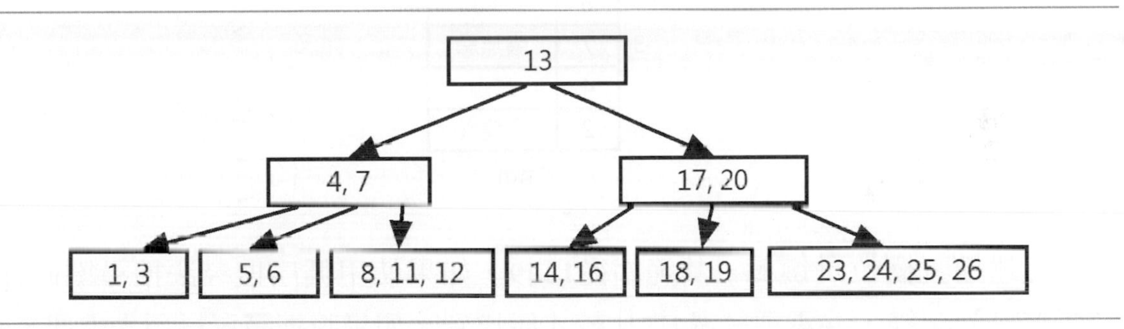

上述圖例的B樹搜尋類似M路搜尋樹，因爲B樹的葉節點都位在同一階層，所以最多只需階層數的比較，就可以知道是否找到鍵值。B樹搜尋法的效率若不考慮建立B樹的時間，其執行效率爲：O(Log n)。

9-5 雜湊搜尋法

在第9-2節和9-3節的搜尋方法都是透過比較方式來找尋特定鍵值，比較次數從循序搜尋的O(n)減少到二元樹搜尋法的O(Log n)次比較。

但是，對於龐大資料的搜尋而言，搜尋效率的改進仍然無法滿足實際需求，在實作上，我們需要一種更好的搜尋方法，這就是「雜湊搜尋法」（hashing search）。

9-5-1 雜湊搜尋法的基礎

雜湊搜尋法的原理是儘量減少搜尋範圍到只有一個，搜尋操作只需檢查一個位置，就可以回答找到或沒有找到。筆者準備使用一個實例來說明。例如：一個結構陣列data[]，如下圖所示：

	編號	姓名
0	1	陳會安
1	9	江小魚
2	6	江大魚
3	7	張無忌
4	4	楊過
5	2	小龍女

data[]

上述編號欄位是鍵值，其範圍從1到9，如果使用循序搜尋法搜尋鍵值7的【張無忌】記錄，共需要經過4次比較才能找到。如果將搜尋資料預先處理，我們可以馬上提高搜尋效率到與陣列存取速度相當，如下圖所示：

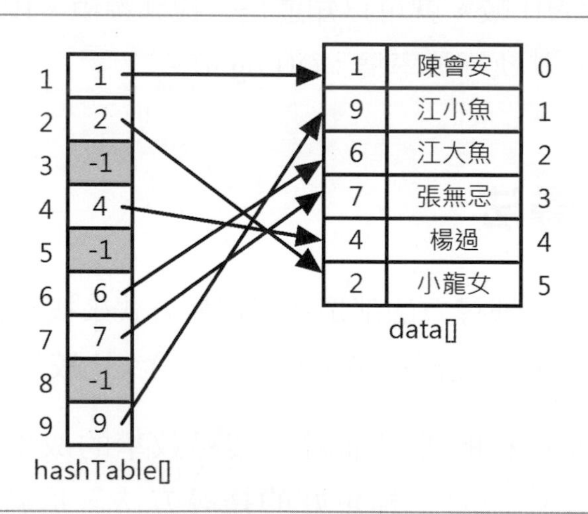

上述圖例使用陣列hashTable[]建立指標陣列，指標陣列的大小是結構陣列data[]鍵值的範圍，指標陣列的索引值是指向data[]結構陣列的鍵值1到9，這就是預先建立好的索引資料。

現在搜尋鍵值只需檢查指標陣列索引值的內容是否為-1，如果不是，就表示找到，可以依指標找出姓名，反之表示鍵值不存在，搜尋範圍縮小到只有1個位置，這個指標陣列就是「雜湊表」（hash tables）。

雜湊表的指標陣列雖然能夠有效縮小搜尋範圍，提高搜尋效率，但是這種方式有一個很大的問題？如果資料範圍是0-999，搜尋鍵值只有幾個，如下所示：

```
111, 415, 319, 895, 603, 526, 222
```

上述搜尋鍵值共只有7個元素，指標陣列需要使用近1000個陣列空間，但是只有7個元素使用，其它值都是-1，所以，提昇搜尋效率是在大幅浪費記憶體空間的情況下來達成。

為了節省指標陣列使用的記憶體空間，本來搜尋鍵值的範圍並沒有進行任何數學運算，我們可以加上餘數來處理鍵值，將原來範圍除以100後，只取餘數建立指標陣列，此時處理後的搜尋鍵值，如下所示：

```
11, 15, 19, 95, 3, 26, 22
```

上述搜尋鍵值只需不到100個空間的指標陣列就可以儲存建立雜湊表。如果雜湊表需要使用數學運算來處理索引值，這個索引化函數稱為「雜湊函數」（hashing functions）。

9-5-2 雜湊函數

雜湊搜尋法的資料搜尋是透過雜湊表來執行搜尋，所以雜湊搜尋法最主要的工作是建立「雜湊表」（hashing tables），而建立雜湊表的方式則是由使用的雜湊函數而定，雜湊函數是一種數學運算，其目的是減少資料範圍，將搜尋鍵值轉換成索引位置，如下圖所示：

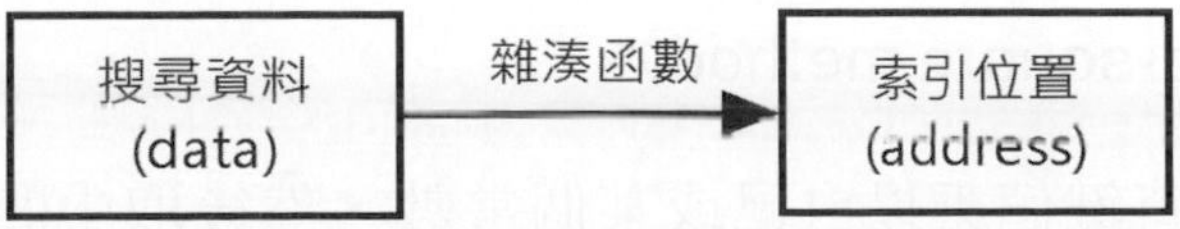

一些常用的雜湊函數，如下所示：

除法（division method）

除法的雜湊函數是將資料除以常數，然後使用餘數作為索引位置，其公式如下所示：

```
索引位置 = 鍵值 mod M
```

上述M是除數，可以取得鍵值除以此除數的餘數。例如：搜尋的鍵值清單，如下所示：

```
11, 15, 49, 78, 53, 26, 22
```

上述鍵值範圍是11~78，所以共需要68個元素才能建立雜湊表，現在使用10餘數運算的雜湊函數，其結果如下所示：

```
1, 5, 9, 8, 3, 6, 2
```

經過轉換後，只需值1~9的範圍就可以建立雜湊表，如下圖所示：

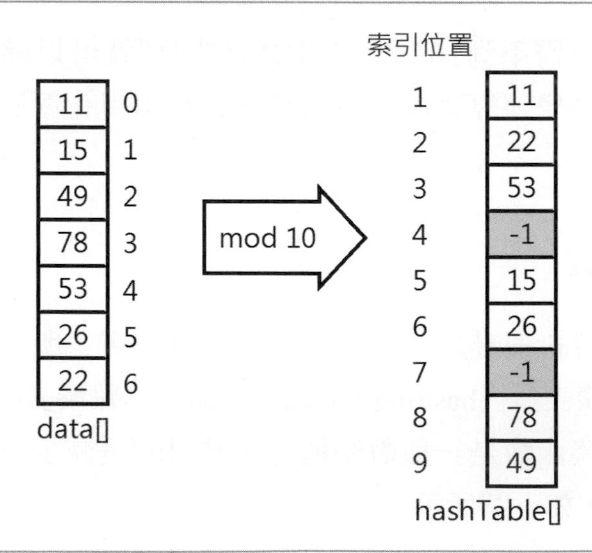

中間平方法（mid-square method）

中間平方法是將鍵值乘以自己或某個常數，然後取中間幾位數字做為索引位置。例如：取中間三位數的中間平方法，如下所示：

```
(136)²  =    2[120]4      →120
(2642)² = 698[016]4      →016
```

上述中間平方法只取中間三個數字來作爲雜湊表的索引位置。

數位分析法（digit analysis method）

數位分析法適用在數值鍵值的雜湊搜尋。例如：電話號碼資料，如下所示：

```
02-772-4531
02-771-3547
02-773-7624
02-772-8513
02-771-5565
```

上述電話號碼資料如果作爲雜湊表的索引位置，需要的記憶體空間將是一個天文數字。如果現在可用的記憶體空間只有1000個，我們需要找出一個縮小索引位置的方法。

因爲電話號碼的區域號碼都相同，所以不用考慮，接著三個號碼的變化也不大，可以省略。最後四位數字只保留三位數，因爲這幾支電話號碼中，最後四碼的第二位數多半是5，所以也將之省略，最後得到的轉換規則，如下表所示：

鍵值	索引
02-772-4531	431
02-771-3547	347
02-773-7624	724
02-772-8513	813
02-771-5565	565

上表的索引值就是雜湊表的索引位置。

折疊法（folding method）

折疊法是將鍵值分成幾個部分，除了最後一個部分外，其餘部分都是相同長度。例如：將一個長整數14237240120933分成5個部分，如下所示：

P1	P2	P3	P4	P5
142	372	401	209	33

上述圖例將數字以3個位數為單位來平均分成P1~P5共五個部分，然後將各分段的值相加，折疊方式有很多種，常用的方法，如下所示：

- **位移折疊法（shift folding）**：在分成幾個部分後，直接靠左或靠右相加後，就是索引位置，如下所示：

```
   142        142
   372        372
   401        401
   209        209
+)  33     +) 33
------     ------
  1157       1454
  靠右       靠左
```

- **邊界折疊法（folding at the boundaries）**：在分成幾個部分後，並不是分割邊界，而是將左邊邊界折起來後相加，所以P2和P4是反轉資料，如下所示：

```
     142
     273  <- P2反轉(372)
     401
     902  <- P4反轉(209)
+)    33
--------
    1751
在左邊折疊
```

9-6　雜湊函數的碰撞問題

雜湊函數是使用數學運算來處理鍵值，以便計算出雜湊表的索引位置，不過任何雜湊函數都不能保證鍵值在執行運算後，得到的索引位置是唯一。例如：數字14、24和34除以10的餘數都是4，這種將數個鍵值轉換成同一個索引位置的情況稱爲「碰撞」（collisions），此時，同一個索引位置，就不知道可以找尋到哪一個鍵值？

如果雜湊函數產生碰撞問題，在建立雜湊表時就需要解決碰撞問題，以便雜湊搜尋法能夠找到正確的鍵值。常用的碰撞問題解決方法，如下所示：

- ✎ 線性深測法（linear probing）。
- ✎ 重雜湊法（rehashing）。
- ✎ 鏈結法（chaining）。

9-6-1　線性探測法

「線性探測法」（linear probing）是當碰撞情形發生時，如果該索引位置已經有鍵值，就使用下列原則來處理，如下所示：

- ✎ 如果鍵值欲存放的索引位置已經有鍵值存在時，將鍵值儲存在下一個索引位置。
- ✎ 如果原位置的下一個索引位置仍然已有鍵值，再將鍵值儲存在下一個索引位置，重覆操作直到找到一個空位置。

上述碰撞問題的處理稱爲線性探測法或「線性開放地址法」（linear open addressing）。例如：搜尋的鍵值清單，如下所示：

```
37, 25, 11, 29, 34, 46, 44, 35
```

雜湊函數是使用除法的餘數運算，如下所示：

```
索引位置 = 鍵值 mod 10
```

互動模擬動畫

點選【第9-6-1節：線性探測法(雜湊函數的碰撞問題)】項目，讀者可以輸入值，按【插入】鈕建立雜湊表，輸入鍵值按【搜尋】鈕執行搜尋，或刪除資料，可以顯示模擬動畫的建立、刪除和搜尋過程，如下圖所示：

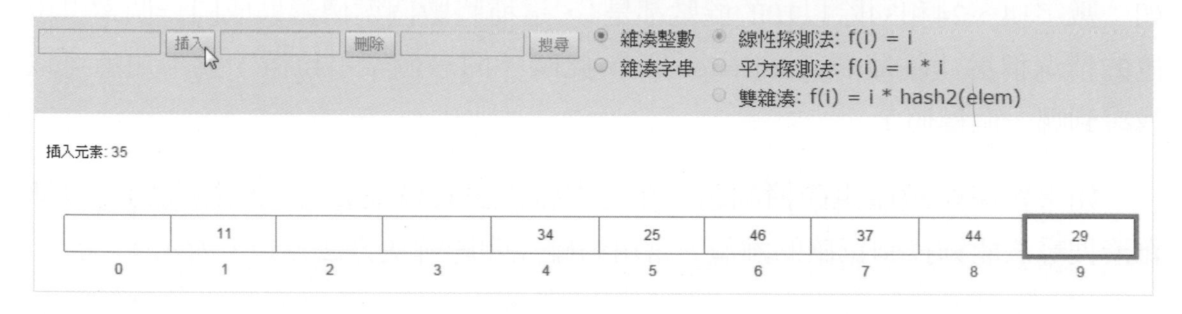

建立雜湊表

現在筆者就一步步使用鍵值來建立雜湊表，其步驟如下所示：

Step 1 首先建立大小10的一維陣列雜湊表，大小是雜湊函數的除數10，並且將雜湊表的所有元素都清除成-1，如下圖所示：

0	1	2	3	4	5	6	7	8	9
-1	-1	-1	-1	-1	-1	-1	-1	-1	-1

Step 2 處理鍵值37，經過雜湊函數計算後，得到陣列索引值是37 mod 10 = 7，所以把鍵值37存入雜湊表的索引值7，如下圖所示：

0	1	2	3	4	5	6	7	8	9
-1	-1	-1	-1	-1	-1	-1	37	-1	-1

Step 3 接著處理鍵值25，經計算得索引值25 mod 10 = 5，所以將鍵值25存入雜湊表索引值5，如下圖所示：

0	1	2	3	4	5	6	7	8	9
-1	-1	-1	-1	-1	25	-1	37	-1	-1

Step 4　重複操作執行鍵值：11、29、34和46，經雜湊函數計算後，可以得到索引值：1、9、4和6，一一將鍵值存入雜湊表後，可以得到雜湊表，如下圖所示：

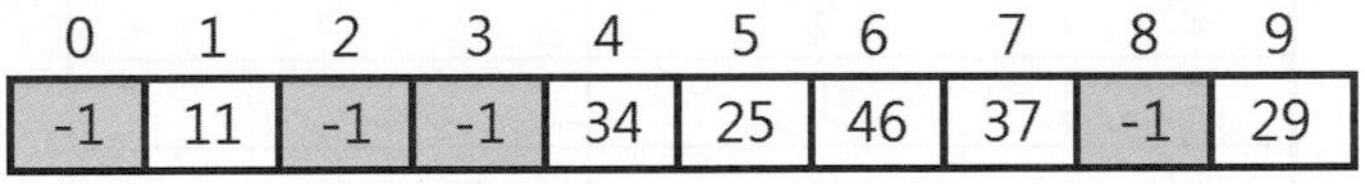

0	1	2	3	4	5	6	7	8	9
-1	11	-1	-1	34	25	46	37	-1	29

Step 5　接著處理鍵值44，經雜湊函數計算得到索引值為4，不過索引值4已經有元素存在，碰撞發生了。依前述原則，接著檢查索引值5，元素存在，繼續檢查索引值6仍然有元素存在，重覆檢查直到索引值8是空的，可以將鍵值44存入雜湊表，如下圖所示：

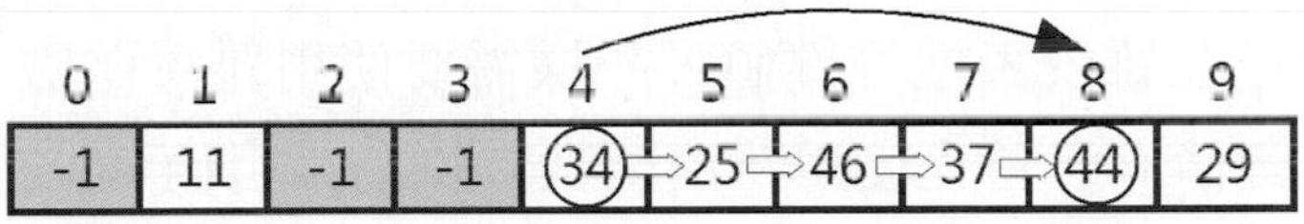

0	1	2	3	4	5	6	7	8	9
-1	11	-1	-1	34	25	46	37	44	29

Step 6　最後處理鍵值35，經計算得索引值5，碰撞又發生了，依照規則直到找到索引值9仍然沒有空的索引位置。但是在雜湊表還有索引值0、2和3是空的，我們可以使用如同環狀串列的技巧將雜湊表的頭尾連接起來，如下所示：

```
temp = (temp+1) %10
```

上述公式可以計算下一個索引位置，變數temp的值如果小於10，索引值是0到9，變數temp的是10、11和12，索引分別爲0、1和2，索引值的移動方式呈環狀移動。經運算可以把鍵值35儲存在索引值0，完成雜湊表的建立，如下圖所示：

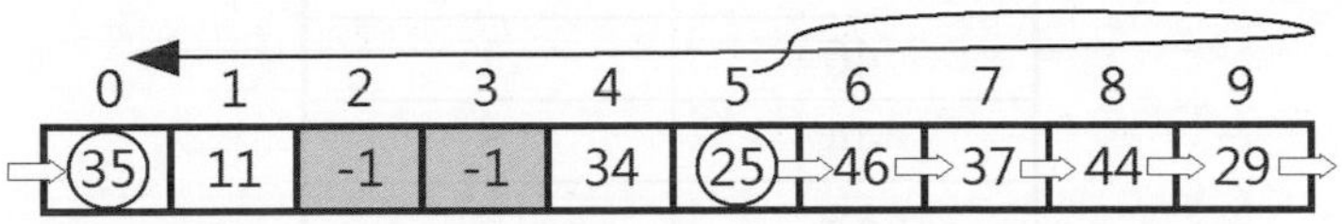

0	1	2	3	4	5	6	7	8	9
35	11	-1	-1	34	25	46	37	44	29

線性探測法使用雜湊函數計算索引位置的完整過程，如下表所示：

鍵值	雜湊函數(mod 10)	索引位置
37	7	7
25	5	5
11	1	1
29	9	9
34	4	4
46	6	6
44	4	4->5->6->7->8
35	5	5->6->7->8->9->0

雜湊搜尋法

雜湊搜尋法是在雜湊表搜尋鍵值，一樣需要使用雜湊函數來計算出索引位置。例如：搜尋鍵值34，首先使用雜湊函數計算出索引值爲34 mod 10 = 4，經比較雜湊表索引值4，找到此鍵值。

接著再看一個例子，如果要找的鍵值是44，經計算後得索引值4，首先比較索引值4，並不是我們要找的資料，所以使用線性探測法的原則，往下一個索引值找，仍然不是，重覆操作直到索引值8才找到，這次總共經過5次比較才找到資料44。雜湊表各鍵值的搜尋次數（即比較次數），如下表所示：

鍵值	搜尋次數
37	1
25	1
11	1
29	1
34	1
46	1
44	5
35	6

線性探測法的標頭檔：Ch9_6_1.h

```
01: /* 程式範例: Ch9_6_1.h */
02: #define MAX_LEN      10     /* 最大陣列尺寸 */
03: int hashTable[MAX_LEN];      /* 雜湊表宣告 */
04: /* 抽象資料型態的操作函數宣告 */
05: extern void createHashTable(int len, int *array);
06: extern void printHashTable();
07: extern int lineHashSearch(int key);
08: extern int hashFunc(int key);
```

上述第3行的陣列hashTable[]是雜湊表。模組函數說明如下表所示：

模組函數	說明
void createHashTable(int len, int *array)	使用參數的陣列值建立雜湊表
void printHashTable()	顯示雜湊表的內容
int hashFunc(int key)	雜湊函數，傳回參數鍵值的索引位置
int lineHashSearch(int key)	線性探測法的雜湊搜尋函數

程式範例 Ch9_6_1.c

在C程式以線性探測法使用陣列值建立雜湊表，當顯示雜湊表的內容後，即可輸入鍵值來進行搜尋，其執行結果如下所示：

```
雜湊表內容: [35][11][-1][-1][34][25][46][37][44][29]
請輸入搜尋值(-1結束) ==> 34 Enter
搜尋到鍵值: 34(4)
請輸入搜尋值(-1結束) ==> 33 Enter
沒有搜尋到鍵值: 33
請輸入搜尋值(-1結束) ==> 44 Enter
搜尋到鍵值: 44(8)
請輸入搜尋值(-1結束) ==> 11 Enter
搜尋到鍵值: 11(1)
請輸入搜尋值(-1結束) ==> -1 Enter
沒有搜尋到鍵值: -1
```

上述執行結果可以看到雜湊表的內容，在輸入搜尋值後，顯示搜尋的結果。

程式內容

```
01: /* 程式範例: Ch9_6_1.c */
02: #include <stdio.h>
03: #include <stdlib.h>
04: #include "Ch9_6_1.h"
05: /* 函數: 雜湊函數 */
06: int hashFunc(int key) { return key % 10; }  /* 餘數 */
07: /* 函數: 建立雜湊表 */
08: void createHashTable(int len, int *array) {
09:    int pos;                    /* 索引位置變數 */
10:    int temp, i;
11:    for ( i = 0; i < MAX_LEN; i++ )
12:       hashTable[i] = -1;       /* 清除雜湊表 */
13:    /* 使用迴圈建立雜湊表 */
14:    for ( i = 0; i < len; i++ ) {
15:       /* 呼叫雜湊函數計算索引位置 */
16:       pos = hashFunc(array[i]);
17:       temp = pos;              /* 保留開始的索引位置 */
18:       while ( hashTable[temp] != -1 ) { /* 找尋位置 */
19:          temp = ( temp + 1 ) % MAX_LEN; /* 下一個位置 */
20:          if ( pos == temp ) {        /* 雜湊表是否已滿 */
21:             printf("雜湊表已滿!\n");
22:             return;
23:          }
24:       }
25:       hashTable[temp] = array[i];   /* 存入雜湊表 */
26:    }
27: }
28: /* 函數: 線性探測法的雜湊搜尋 */
29: int lineHashSearch(int key) {
30:    int pos;                    /* 位置變數 */
31:    int temp;
32:    /* 呼叫雜湊函數計算位置 */
33:    pos = hashFunc(key);
34:    temp = pos;                 /* 保留開始的索引位置 */
35:    while ( hashTable[temp] != key && /* 線性探測迴圈 */
36:            hashTable[temp] != -1 ) {
37:       /* 使用餘數將陣列變為環狀 */
38:       temp = ( temp + 1 ) % MAX_LEN;/* 下一個位置 */
39:       if ( pos == temp )          /* 查詢結束 */
40:          return -1;               /* 已滿沒有找到 */
41:    }
42:    if ( hashTable[temp] == -1 )  /* 是否是空白 */
```

```
43:         return -1;                        /* 沒有找到 */
44:      else
45:         return temp;                      /* 找到了 */
46: }
47: /* 函數: 顯示雜湊表的內容 */
48: void printHashTable() {
49:      int i;
50:      for ( i = 0; i < MAX_LEN; i++ )  /* 顯示雜湊表 */
51:           printf("[%2d]", hashTable[i]);
52:      printf("\n");
53: }
54: /* 主程式 */
55: int main() {
56:      /* 搜尋的鍵值資料 */
57:      int data[8]={37, 25, 11, 29, 34, 46, 44, 35};
58:      int target, index;
59:      createHashTable(8, data);   /* 建立雜湊表 */
60:      printf("雜湊表內容: ");
61:      printHashTable();                  /* 顯示雜湊表 */
62:      target = 0;
63:      while ( target != -1 ) {
64:         printf("請輸入搜尋值(-1結束) ==> ");
65:         scanf("%d", &target);
66:         /* 呼叫線性探測法的雜湊搜尋函數 */
67:         index = lineHashSearch(target);
68:         if (index != -1)
69:              printf("搜尋到鍵值: %d(%d)\n", target, index);
70:         else
71:              printf("沒有搜尋到鍵值: %d\n", target);
72:      }
73:      return 0;
74: }
```

程式說明

- 第4行：含括線性探測法的標頭檔Ch9_6_1.h。
- 第6行：hashFunc()函數是雜湊函數，傳回參數鍵值除以10的餘數。
- 第8~27行：createHashTable()函數建立雜湊表，在第11~12行清除雜湊表成為-1，第14~26行的for迴圈將參數陣列的鍵值一一存入雜湊表。
- 第14~26行：建立雜湊表的for迴圈，在第16行呼叫雜湊函數hashFunc()計算存入的索引位置，接著第18~24行的while迴圈找尋下一個空著的索引位置，在第25行存入雜湊表。

- 第29~46行：lineHashSearch()函數是線性探測法的雜湊搜尋，搜尋步驟和鍵值存入雜湊表的步驟相似。
- 第48~53行：printHashTable()函數使用for迴圈顯示雜湊表的內容。
- 第57行：搜尋鍵值清單的陣列data[]。
- 第67行：呼叫線性探測法的雜湊搜尋lineHashSearch()函數，在雜湊表找尋指定鍵值。

雜湊搜尋法的執行效率在不考慮建立雜湊表的時間和沒有碰撞情形發生的理想情況下，執行效率可以達到O(1)。

9-6-2 重雜湊法

重雜湊法可以解決線性深測法儲存位置過於集中的問題，這是線性探測法解決碰撞問題時，造成的特殊情況，如下圖所示：

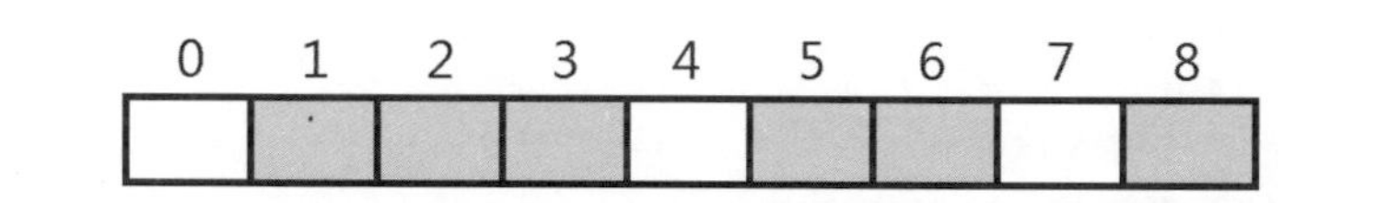

上述圖例的灰色部分表示有鍵值存入，可以看出索引值4儲存的鍵值可能是索引值1、2和3發生碰撞而儲存的鍵值，或是雜湊函數運算結果是4。索引值6可能是由索引值5和6碰撞而決定。這樣的結果將造成搜尋時，比較次數快速的增加，而且這些鍵值連續的現象將愈演愈烈，因爲碰撞的機會大幅增加，所以鍵值越連越多，這種情況稱爲「叢聚現象」（cluster）。

重雜湊法是使用多個雜湊函數來建立雜湊表，當第1個函數產生碰撞時，就使用第2個雜湊函數，如果第2個函數也產生碰撞時，就使用第3個雜湊函數，如此可以減少碰撞發生的機率，降低儲存位置過於集中的問題。例如：使用和上一節相同的鍵值清單，如下所示：

```
37, 25, 11, 29, 34, 46, 44, 35
```

雜湊函數共有三個，都是使用除法的不同餘數運算，如下所示：

(1) 索引位置 = 鍵值 mod 10

(2) 索引位置 = 鍵值 mod 2

(3) 索引位置 = 鍵值 mod 3的線性探測法

如果第1個雜湊函數發生碰撞時，就使用第2個雜湊函數，如果第2個雜湊函數發生碰撞時，就使用第3個雜湊函數。重雜湊法使用雜湊函數計算索引位置的完整過程，如下表所示：

鍵值	函數1(mod 10)	函數2(mod 2)	函數3(mod 3)	索引位置	搜尋次數
37	7			7	1
25	5			5	1
11	1			1	1
29	9			9	1
34	4			4	1
46	6			6	1
44	4	2		2	2
35	5	1	2	2->3	4

上表的搜尋次數就是比較次數，鍵值35需要經過3次雜湊函數計算結果的索引值比較，因爲碰撞，線性探測法再加1次比較才找到索引值3的鍵值。完整雜湊表的內容，如下圖所示：

0	1	2	3	4	5	6	7	8	9
-1	11	44	35	34	25	46	37	-1	29

9-6-3 鏈結法

雖然重雜湊法可以解決線性深測法儲存位置過於集中的問題，不過線性探測法的雜湊搜尋仍然有兩個問題，如下所示：

✎ **擴充困難**：如果雜湊表的儲存空間有n個元素，在存入n+1個元素時，就會發生鍵值無法存入的問題。

✎ **鍵值刪除問題**：除非重建雜湊表，否則刪除有碰撞情況的鍵值，在雜湊搜尋時有可能再也找不到。例如：一個雜湊表如下圖所示：

0	1	2	3	4	5	6	7	8	9
35	11	-1	-1	34	25	46	37	44	29

上述雜湊表使用和第9-6-1節相同的雜湊函數，鍵值44之所以儲存在索引位置8，這是因為索引位置4發生碰撞的結果。如果刪除鍵值34，也就是將索引位置4改為-1，如下圖所示：

0	1	2	3	4	5	6	7	8	9
35	11	-1	-1	-1	25	46	37	44	29

在上述雜湊表搜尋鍵值44，就會發現找不到此鍵值，解決的方法就是使用「鏈結法」（chaining）。

鏈結法是使用類似第7-2-2節的圖形鄰接串列表示法來建立雜湊表，使用一個結構陣列的指標，分別指向各鍵值的串列，如果有碰撞發生，只是將鍵值的節點插入串列，就可以解決線性探測法遇到的問題。

鏈結法的標頭檔：Ch9_6_3.h

```
01: /* 程式範例: Ch9_6_3.h */
02: #define MAX_LEN       10            /* 最大陣列尺寸 */
03: struct Node {                       /* 節點結構宣告 */
04:    int data;                        /* 鍵值 */
05:    struct Node *next;               /* 指下一個節點的指標 */
06: };
07: typedef struct Node *Table;        /* 雜湊表的節點新型態 */
08: struct Node hashTable[MAX_LEN];  /* 雜湊表的結構陣列 */
09: /* 抽象資料型態的操作函數宣告 */
10: extern void createHashTable(int len, int *array);
11: extern void printHashTable();
12: extern int chainHashSearch(int key);
13: extern int hashFunc(int key);
```

上述第3~6行是Node結構擁有data成員變數儲存鍵值和next指標變數指向下一個鍵值，如果是NULL，表示沒有下一個鍵值，在第7行建立節點的新型態。

在第8行宣告雜湊表的結構陣列hashTable[]。模組函數說明如下表所示：

模組函數	說明
void createHashTable(int len, int *array)	使用參數的陣列值建立雜湊表
void printHashTable()	顯示雜湊表的內容
int hashFunc(int key)	雜湊函數，傳回參數鍵值的索引位置
int chainHashSearch(int key)	鏈結法的雜湊搜尋函數

鏈結法建立的雜湊表是使用串列節點來儲存雜湊表的鍵值。例如：搜尋的鍵值清單，如下所示：

```
37, 25, 11, 29, 34, 46, 44, 35
```

雜湊函數是使用除法的餘數運算，如下所示：

```
索引位置 = 鍵值 mod 10
```

建立雜湊表

現在我們就一步步的說明建立雜湊表的過程。第一步將開頭節點的next指標設爲NULL，然後依序讀入鍵值37、25、11、29、34和46，在建立節點後，依雜湊函數計算出的索引位置7、5、1、9、4和6，將節點鏈結至結構陣列的指標，如下圖所示：

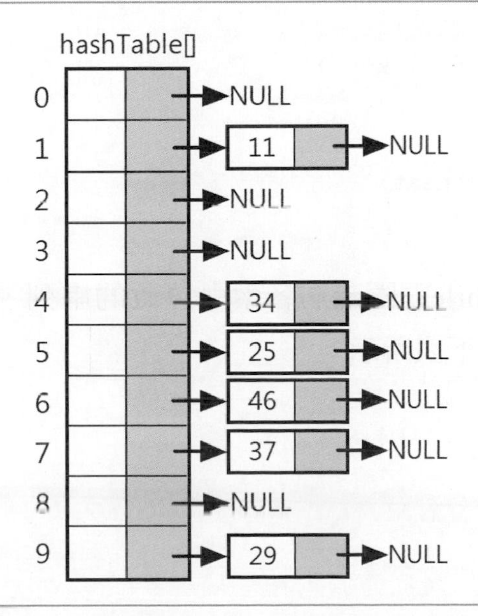

接著處理鍵值44和35，因爲在索引位置4和5已經有資料，所以將鍵值的節點插入索引位置4和5的串列最後，就完成雜湊表的建立，如下圖所示：

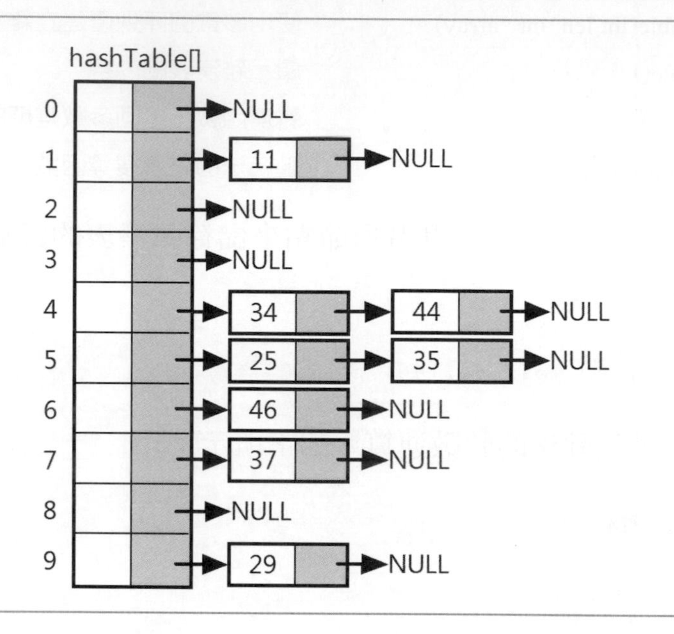

雜湊搜尋函數是使用雜湊函數計算出索引位置，然後檢查結構陣列的指標，如果是NULL表示鍵值不存在，如果存在，使用走訪方式搜尋串列的鍵值，如下所示：

```
pos = hashFunc(key);
ptr = hashTable[pos].next;
while ( ptr != NULL )
   if ( ptr->data == key )
      return 1;
   else
      ptr = ptr->next;
return 0;
```

上述程式碼使用while迴圈走訪各索引位置的串列，雜湊表各鍵值的搜尋次數（即比較次數），如下表所示：

鍵值	搜尋次數
37	1
25	1
11	1
29	1
34	1
46	1
44	2
35	2

程式範例

Ch9_6_3.c

在C程式使用鏈結法建立雜湊表，當顯示雜湊表的內容後，就可以輸入鍵值執行搜尋，其執行結果如下所示：

```
雜湊表內容:
 0 ==>
 1 ==> [11]
 2 ==>
 3 ==>
 4 ==> [34][44]
 5 ==> [25][35]
 6 ==> [46]
 7 ==> [37]
 8 ==>
 9 ==> [29]
請輸入搜尋值(-1結束) ==> 11 Enter
搜尋到鍵值: 11
請輸入搜尋值(-1結束) ==> 20 Enter
沒有搜尋到鍵值: 20
請輸入搜尋值(-1結束) ==> 35 Enter
搜尋到鍵值: 35
請輸入搜尋值(-1結束) ==> -1 Enter
沒有搜尋到鍵值: -1
```

程式內容

```
01: /* 程式範例: Ch9_6_3.c */
02: #include <stdio.h>
03: #include <stdlib.h>
04: #include "Ch9_6_3.h"
05: /* 函數: 雜湊函數 */
06: int hashFunc(int key) { return key % 10; }  /* 餘數 */
07: /* 函數: 建立雜湊表 */
08: void createHashTable(int len, int *array) {
09:    Table ptr;                    /* 開始指標 */
10:    Table newnode;                /* 新節點指標 */
11:    int pos;                      /* 索引位置變數 */
12:    int i;
13:    for ( i = 0; i < MAX_LEN; i++ )
14:       hashTable[i].next = NULL;      /* 清除雜湊表 */
15:    /* 使用迴圈建立雜湊表 */
16:    for ( i = 0; i < len; i++ ) {
17:       /* 建立節點, 配置記憶體 */
18:       newnode = ( Table ) malloc(sizeof(struct Node));
19:       newnode->data = array[i];      /* 雜湊表鍵值 */
20:       newnode->next = NULL;          /* 指標的初值 */
21:       /* 呼叫雜湊函數計算索引位置 */
22:       pos = hashFunc(array[i]);
23:       ptr = hashTable[pos].next;     /* 取得開始指標 */
24:       if ( ptr != NULL ) {           /* 是否是第1個節點 */
25:          while ( ptr->next!=NULL ) /* 找出最後1個節點 */
26:             ptr= ptr->next;          /* 下一個節點 */
27:          ptr->next = newnode; /* 鏈結節點 */
28:       } else
29:          hashTable[pos].next = newnode; /* 第1個節點 */
30:    }
31: }
32: /* 函數: 鏈結法的雜湊搜尋 */
33: int chainHashSearch(int key) {
34:    Table ptr;                    /* 開始指標 */
35:    int pos;                      /* 位置變數 */
36:    /* 呼叫雜湊函數計算位置 */
37:    pos = hashFunc(key);
38:    ptr = hashTable[pos].next;     /* 取得開始指標 */
39:    while ( ptr != NULL )          /* 鏈結法的搜尋迴圈 */
40:       if ( ptr->data == key )     /* 是否找到了 */
41:          return 1;
42:       else
```

```
43:          ptr = ptr->next;        /* 下一個節點 */
44:     return 0;
45: }
46: /* 函數: 顯示雜湊表的內容 */
47: void printHashTable() {
48:     Table ptr;                      /* 開始指標 */
49:     int i;
50:     printf("雜湊表內容: ");
51:     for ( i = 0; i < MAX_LEN; i++ ) {
52:        printf("\n%2d ==> ",i);
53:        ptr = hashTable[i].next;   /* 取得開始指標 */
54:        while ( ptr != NULL ) {    /* 顯示串列的迴圈 */
55:           printf("[%2d]", ptr->data);  /* 顯示鍵值 */
56:           ptr = ptr->next;        /* 下一個節點 */
57:        }
58:     }
59:     printf("\n");
60: }
61: /* 主程式 */
62: int main() {
63:     /* 搜尋的鍵值資料 */
64:     int data[8]={37, 25, 11, 29, 34, 46, 44, 35};
65:     int target;
66:     createHashTable(8, data);  /* 建立雜湊表 */
67:     printHashTable();            /* 顯示雜湊表 */
68:     target = 0;
69:     while ( target != -1 ) {
70:        printf("請輸入搜尋值(-1結束) ==> ");
71:        scanf("%d", &target);
72:        /* 呼叫線性探測法的雜湊搜尋函數 */
73:        if ( chainHashSearch(target) )
74:           printf("搜尋到鍵值: %d\n", target);
75:        else
76:           printf("沒有搜尋到鍵值: %d\n", target);
77:     }
78:     return 0;
79: }
```

程式說明

▶第4行：含括鏈結法的標頭檔Ch9_6_3.h。

▶第6行：hashFunc()函數是雜湊函數，傳回參數鍵值除以10的餘數。

- ▶第8~31行：createHashTable()函數建立雜湊表，在第13~14行清除雜湊表的next指標為NULL，第16~30行的for迴圈將參數陣列的鍵值一一存入雜湊表。
- ▶第16~30行：建立雜湊表的for迴圈，在第18~20行配置記憶體空間建立節點，第22行呼叫雜湊函數hashFunc()計算存入的索引位置，接著在第23行取得串列的開始指標，第25~27行的while迴圈將節點插入在串列的最後。
- ▶第33~45行：chainHashSearch()函數是鏈結法的雜湊搜尋，在第39~43行的while迴圈使用走訪方式搜尋鍵值。
- ▶第47~60行：printHashTable()函數使用二層迴圈分別走訪陣列和串列來顯示雜湊表的內容。
- ▶第64行：搜尋鍵值清單的陣列data[]。
- ▶第73行：呼叫鏈結法的雜湊搜尋chainHashSearch()函數，在雜湊表找尋指定鍵值。

學習評量

1. 請舉例說明什麼是資料搜尋？哪一種搜尋法：＿＿＿＿＿並不需要考慮資料是否已經排序。
2. 假設：搜尋的鍵值清單，如下所示：

   ```
   1, 8, 9, 15, 25, 33, 42, 55, 66, 74, 81, 90
   ```

   請寫出使用下列搜尋法搜尋指定鍵值的比較次數，如下所示：

   - 循序搜尋法：搜尋鍵值55。
   - 二元搜尋法：搜尋鍵值81。
   - 插補搜尋法：搜尋鍵值15。
3. 請以習題2.的鍵值清單為例，使用第1個鍵值為根節點繪出二元搜尋樹，然後寫出搜尋指定鍵值的比較次數，如下所示：
   - 搜尋鍵值55。
   - 搜尋鍵值81。
   - 搜尋鍵值15。
4. 請使用下列鍵值清單為例，以第1個鍵值為根節點繪出二元搜尋樹，如下所示：

   ```
   5, 19, 23, 47, 56, 89, 91, 95, 99
   ```
5. 如果鍵值共有15個已排序的資料，請問二元搜尋法最多需要比較幾次？
6. 請舉例說明什麼是雜湊表、雜湊函數和雜湊搜尋法？
7. 請使用圖例說明什麼是碰撞問題？叢聚現象（cluster）？
8. 如果使用下列餘數的雜湊函數，請問習題2.和4.的鍵值清單中，線性探測法第1次發生碰撞是哪一個鍵值，如下所示：

   ```
   索引位置 = 鍵值 mod 5
   ```
9. 請分別以習題2.和4.的鍵值清單為例，使用下列雜湊函數，以線性探測法建立雜湊表和計算各鍵值的比較次數，如下所示：

   ```
   索引位置 = 鍵值 mod 10
   ```

學習評量

10. 同習題9.，改為鏈結法建立雜湊表和計算各鍵值的比較次數。
11. 請分別以習題2.和4.的鍵值清單為例，使用下列多個雜湊函數，以重雜湊建立雜湊表和計算各鍵值的比較次數，如下所示：

    (1) 索引位置 = 鍵值 mod 10
    (2) 索引位置 = 鍵值 mod 2
    (3) 索引位置 = 鍵值 mod 3的線性探測法

12. 請寫出一個C程式實作第9-6-2節的重雜湊法。
13. 請使用圖例說明什麼是M路搜尋樹？什麼是B樹？
14. 請比較M路搜尋樹和B樹間的差異？
15. 假設欲搜尋的資料是一個擁有n個元素的整數陣列，請建立C的二元搜尋法，使用參數傳回找到的索引值。 [94中原資管]
16. 在姓名清單｛Alice, Byron, Carol, Duane, Elaine, Floyd, Gene, Henry, Iris｝中搜尋姓名Elaine，請問循序搜尋法需比較____次姓名，二元搜尋法需比較____次姓名。 [94高考]
17. 請問當雜湊函數發生碰撞時，要使用何種方法來解決？請寫出兩種方法並詳細說明之。 [93中正資管]
18. 假設我們使用5個雜湊桶（即5個元素）的雜湊表，雜湊函數H(I) = I mod 5，並且使用線性探測法來處理碰撞問題，假設開始時的雜湊表是空的，在依序插入23, 48, 35, 4, 10後，請繪圖顯示最後的雜湊表內容。 [93中央資工]

Chapter A

安裝與使用Orwell Dev-C++整合開發環境

學習重點

- 下載與安裝Dev-C++
- 啟動與結束Dev-C++
- 使用Dev-C++編輯和編譯C程式
- Dev-C++的專案管理
- Dev-C++的可攜式版本

A-1 下載與安裝Dev-C++

Dev-C++整合開發工具是一套提供正體中文使用介面、功能強大且完全免費的C/C++開發環境，可以讓我們在同一工具編輯、編譯和執行C/C++程式。

A-1-1 認識Dev-C++整合開發環境

Dev-C++原來是Bloodshed Software公司的產品，一套C/C++語言的整合開發環境，可以幫助我們開發Windows和主控台等應用程式（console applications），主控台應用程式就是指在MS-DOS或Windows作業系統的「命令提示字元」視窗執行的文字模式程式。

事實上，Dev-C++整合開發工具本身是使用Borland Delphi開發的一套C/C++整合開發環境，使用MinGW（Minimalist GNU for Windows，網址：http://www.mingw.org/）的C/C++編譯器，即UNIX系統GCC編譯器的Windows版本。

Orwell Dev-C++

請注意！Dev-C++已經有很長一段時間都沒有改版更新（從2005年2月22日起），在本書使用的Orwell Dev-C++是Dev-C++的衍生版本，此版本直到現在仍然持續提供錯誤更新和新版編譯器（支援64位元編譯器），和提供免安裝的可攜式版本。

Orwell Dev-C++支援的C/C++編譯器有32位元版本的MinGW編譯器，或64位元版本的TDM-GCC，TDM-GCC是一套Windows版本的編譯器套件，內含最新穩定版本GCC工具箱和MinGW或MinGW-w64。

在本書是使用Orwell Dev-C++整合開發工具來開發C/C++程式，讀者可以在官方部落格網頁免費下載最新版本Dev-C++，其URL網址如下所示：

✎ http://orwelldevcpp.blogspot.com/

請在上述網頁捲動至Download區段，可以看到各種版本的下載超連結，分爲不含編譯器版本、包含編譯器32或64位元版本和可攜式版本，其中64位元編譯器一樣可以編譯32位元C/C++程式。

A-1-2 Dev-C++的安裝與設定

在書附光碟提供Orwell Dev-C++ 5.10多國語言版本，可以讓讀者在Windows作業系統的開發電腦安裝Dev-C++（筆者是使用Windows 7作業系統64位元版本爲例），其安裝與設定步驟如下所示：

Step 1 請執行下載安裝程式檔【Dev-Cpp 5.x TDM-GCC 4.x Setup.exe】，當看到使用者帳戶控制視窗後，按【是】鈕繼續，稍等一下，可以選擇安裝程式使用的語言。

Step 2 選擇安裝程式語言，目前安裝程式不支援中文，請選【English】，按【OK】鈕。

Step 3 請捲動視窗閱讀軟體使用授權書後，按【I Agree】鈕同意授權。

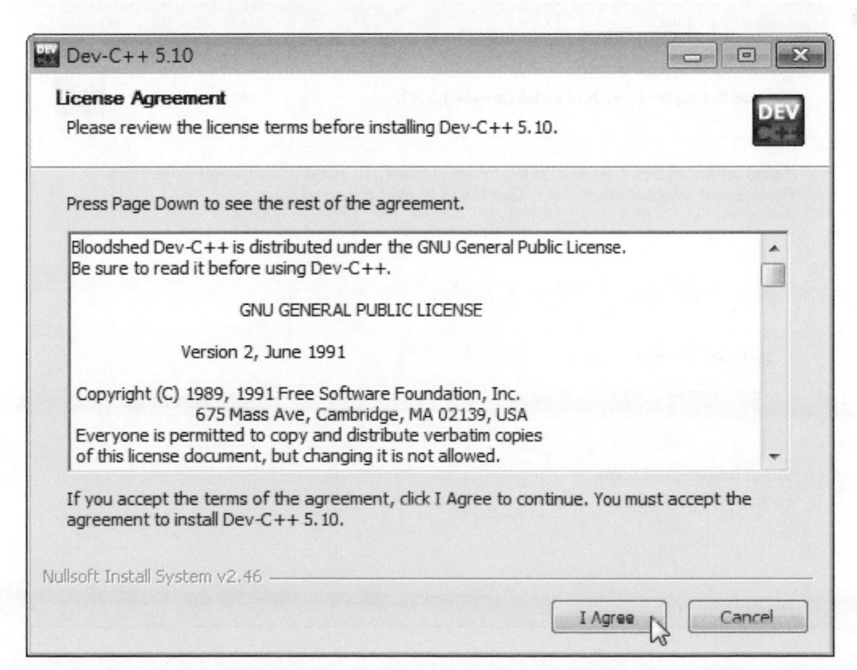

Step 4 選擇安裝元件，預設是選【Safe】類型安裝，不用更改，請按【Next】鈕。

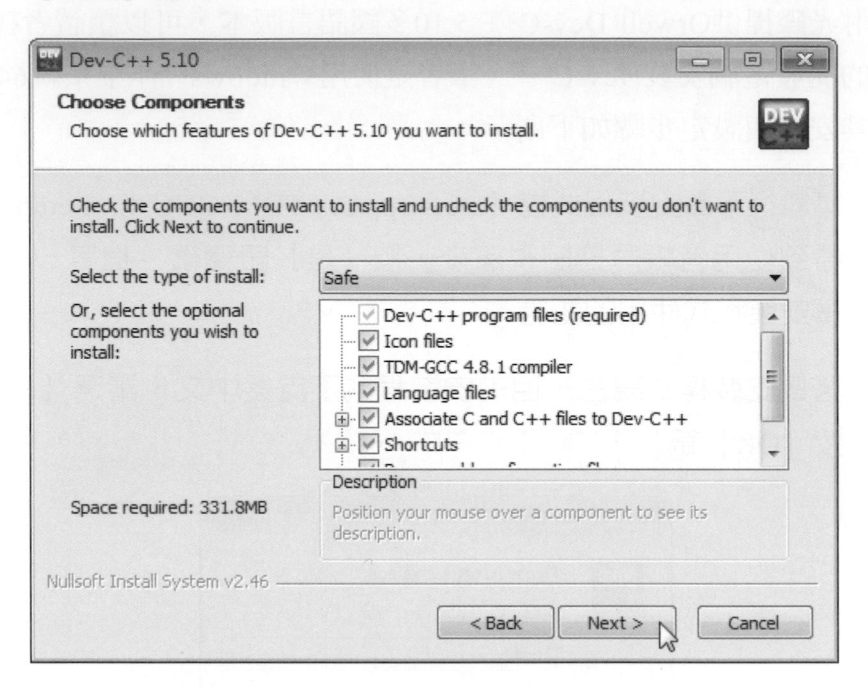

Step 5 預設安裝路徑是「C:\Program Files (x86)\Dev-Cpp」，不用更改，按【Install】鈕開始複製檔案和安裝Dev-C++。

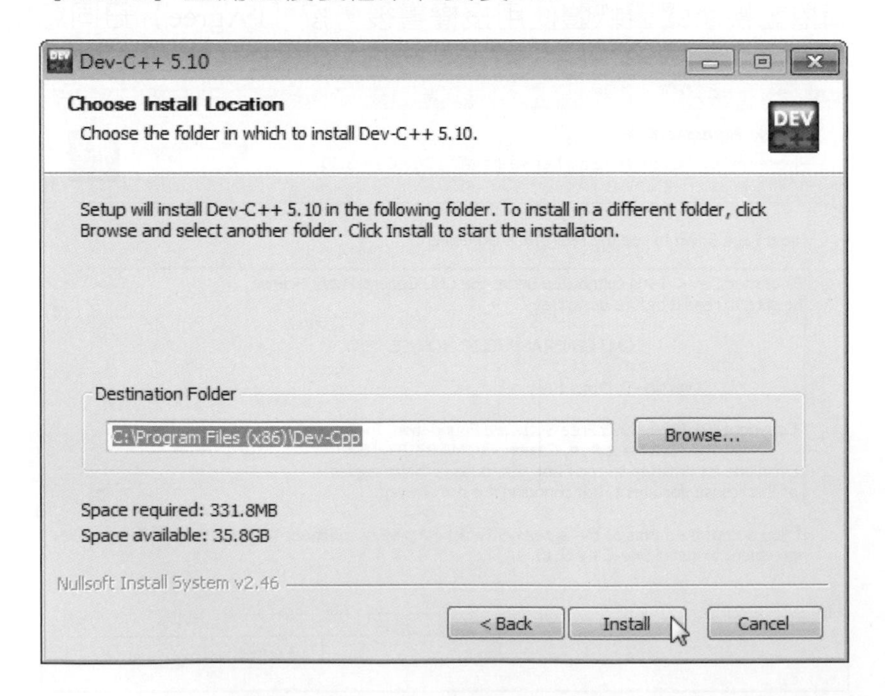

Step 6 等到完成檔案複製和安裝後，可以看到安裝完成的精靈畫面，按【Finish】鈕完成Dev-C++的安裝。

Step 7 因為在安裝的最後一步驟勾選啓動Dev-C++，所以安裝完成後，就會自動啓動Dev-C++來執行第一次環境設定，選中文【Chinese(TW)】，按【Next】鈕選擇字型。

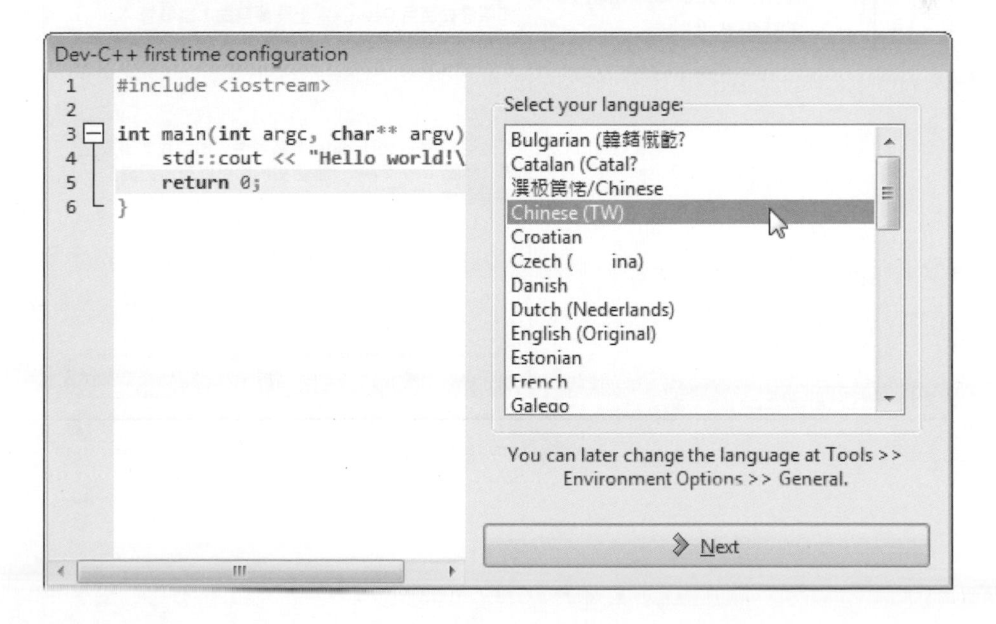

Step 8 不用更改字型設定，請按【下一步】鈕。

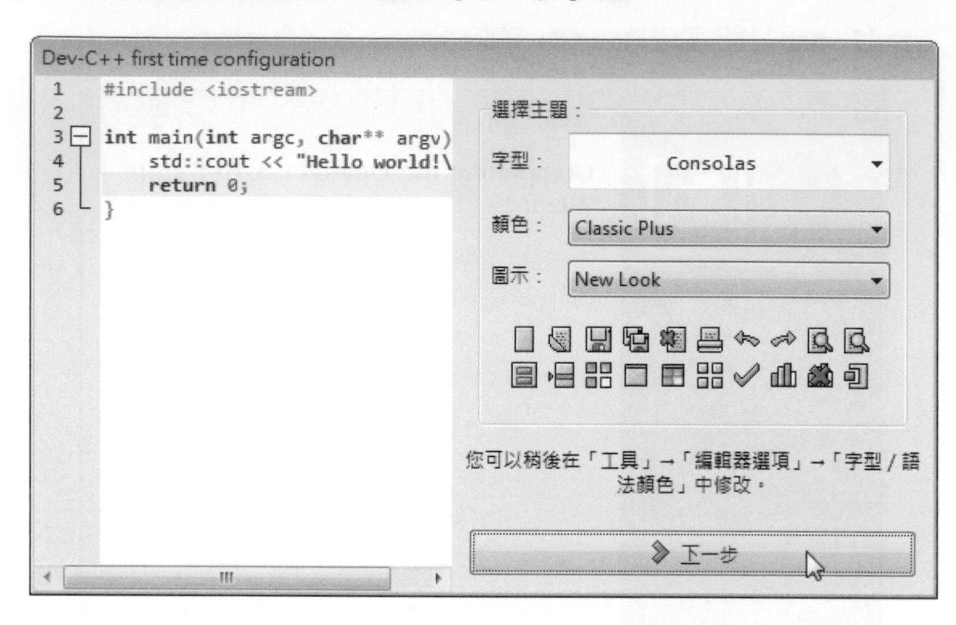

Step 9 可以看到已經完成Dev-C++調整，按【OK】鈕，就可以進入Dev-C++整合開發環境的執行畫面。

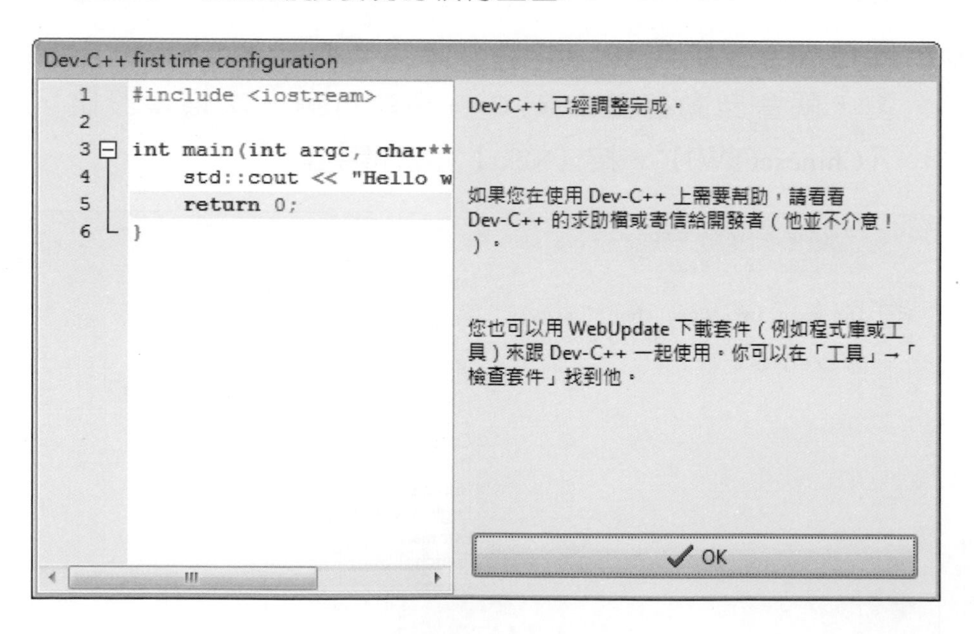

A-2 啟動與結束Dev-C++

在成功安裝Dev-C++整合開發環境後，我們可以在Windows作業系統啟動和結束Dev-C++。

啟動Dev-C++

在Windows作業系統提供開始功能表指令和桌面捷徑來啟動Dev-C++，其步驟如下所示：

Step 1 請執行「開始>所有程式>Bloodshed Dev-C++>Dev-C++」指令，或按二下桌面【Dev-C++】捷徑啟動Dev-C++，可以看到Dev-C++的執行畫面。

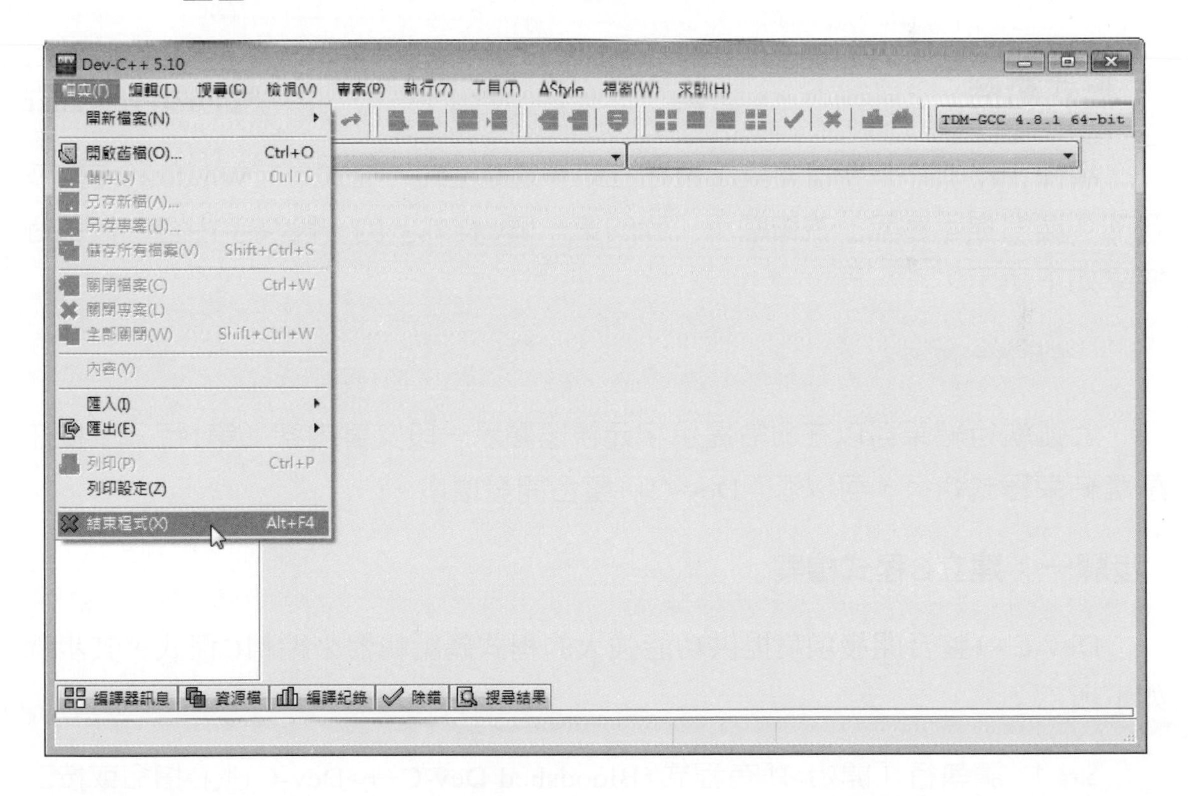

結束Dev-C++

當完成C/C++程式開發工作後，離開Dev-C++請執行「檔案>結束程式」指令結束Dev-C++。

A-3 使用Dev-C++編輯和編譯C程式

Dev-C++是一套功能強大的整合開發環境，我們可以在同一工具編輯、編譯、連結和執行C程式。使用Dev-C++開發C程式的步驟，如下所示：

Step 1 啓動Dev-C++整合開發環境後，執行「檔案>開新檔案>原始碼」指令新增原始碼檔案。

Step 2 在編輯視窗輸入C程式碼後，儲存C原始程式碼檔案，副檔名預設為.c。

Step 3 執行「執行>編譯並執行」指令或按 F11 鍵，即可編譯、連結和執行C程式。

程式範例

FirstProgram.c

請使用Dev-C++整合開發工具建立第一個C程式，程式是在Windows作業系統的「命令提示字元」視窗顯示「我的第一個C程式」的一段文字內容，其執行結果如下所示：

```
我的第一個C程式
```

上述執行結果可以在命令提示字元視窗顯示一段文字內容（第1行），按任意鍵結束程式執行，可以返回Dev-C++整合開發環境。

步驟一：建立C程式檔案

Dev-C++整合開發環境提供功能強大的程式碼編輯器來編輯C程式，其步驟如下所示：

Step 1 請執行「開始>所有程式>Bloodshed Dev-C++>Dev-C++」指令或按二下桌面【Dev-C++】捷徑啓動Dev-C++（可攜式版本是執行目錄下的devcppPortable.exe執行檔）。

Step 2 執行「檔案>開新檔案>原始碼」指令，可以新增名為新文件1的程式檔案，看到【新文件1】標籤的編輯視窗。

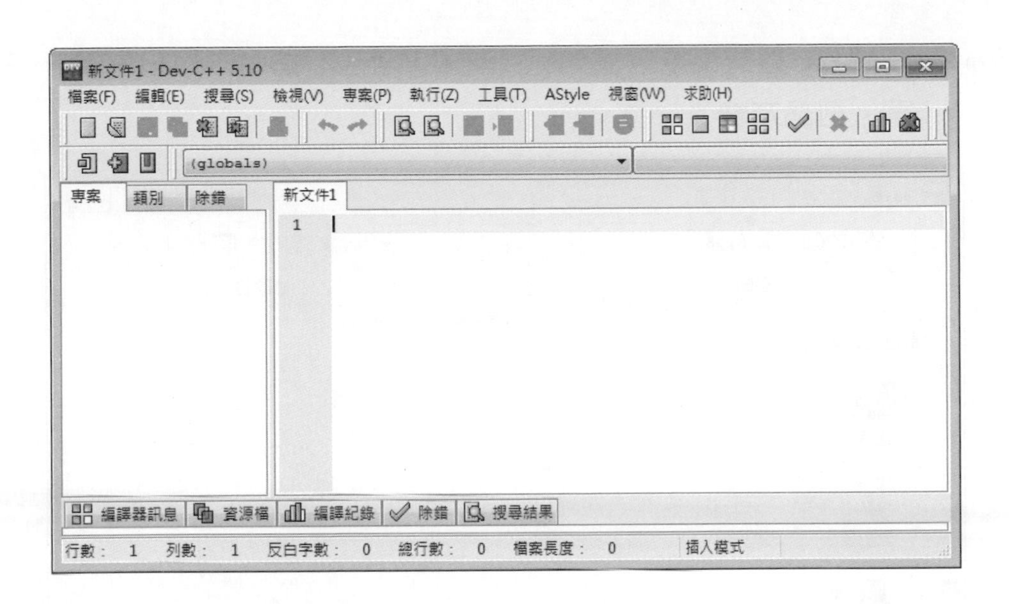

步驟二：編輯和儲存程式碼

在Dev-C++新增程式碼檔案後，我們就可以在編輯視窗輸入C程式碼，其步驟如下所示：

Step 1 請直接在編輯視窗使用鍵盤輸入C程式碼（請注意！C語言區分英文字母大小寫，在輸入時請務必小心），如下所示：

```
01: /* 程式範例: FirstProgram.c */
02: #include <stdio.h>
03: #include <stdlib.h>
04: int main(void) {
05:     printf("我的第一個C程式\n");
06:     return 0;
07: }
```

```
[*] 新文件1
1  /* 程式範例: FirstProgram.c */
2  #include <stdio.h>
3  #include <stdlib.h>
4  int main(void) {
5      printf("我的第一個C程式\n");
6      return 0;
7  }
8
```

Step 2 在輸入C程式碼後，請執行「檔案>儲存」指令，可以看到「儲存檔案」對話方塊。

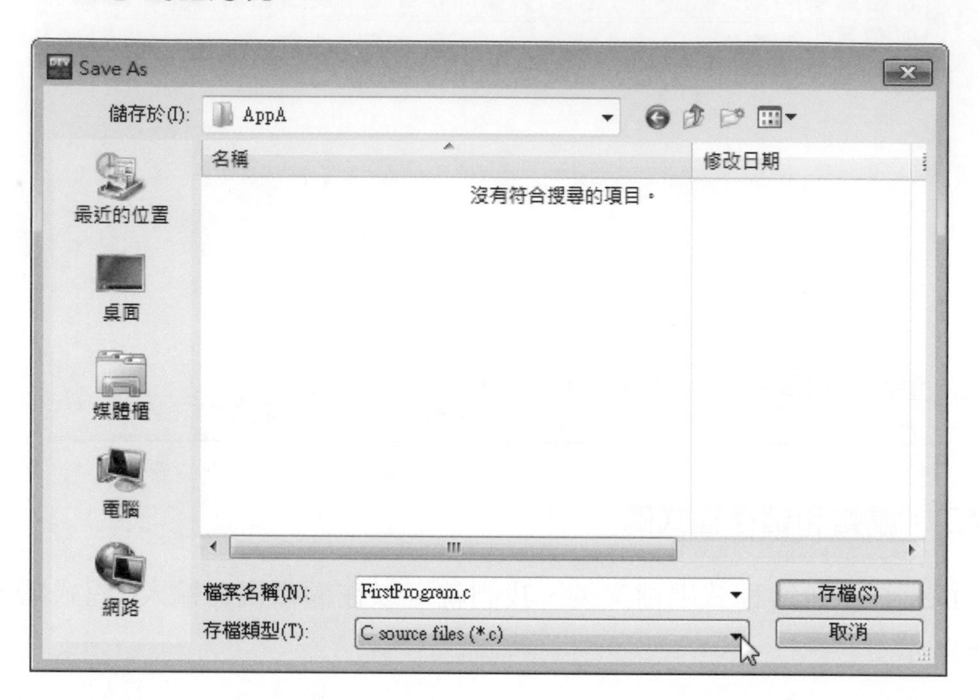

Step 3 請切換到「C:\DS_C\AppA」路徑，在【檔案名稱】欄輸入C程式檔案的名稱【FirstProgram.c】，【存檔類型】欄選【C source(*.c)】，按【存檔】鈕儲存C程式檔案，可以看到上方標籤改為檔名【FirstProgram.c】，如下圖所示：

FirstProgram.c

```
1  /* 程式範例: FirstProgram.c */
2  #include <stdio.h>
3  #include <stdlib.h>
4  int main(void) {
5      printf("我的第一個C程式\n");
6      return 0;
7  }
8  
```

步驟三：編譯和執行C程式

當成功建立和儲存C程式檔案後，Dev-C++整合開發環境可以馬上編譯和執行C程式，其步驟如下所示：

Step 1 請執行「執行>編譯並執行」指令或按 F11 鍵，可以在下方【編譯記錄】標籤看到編譯結果。

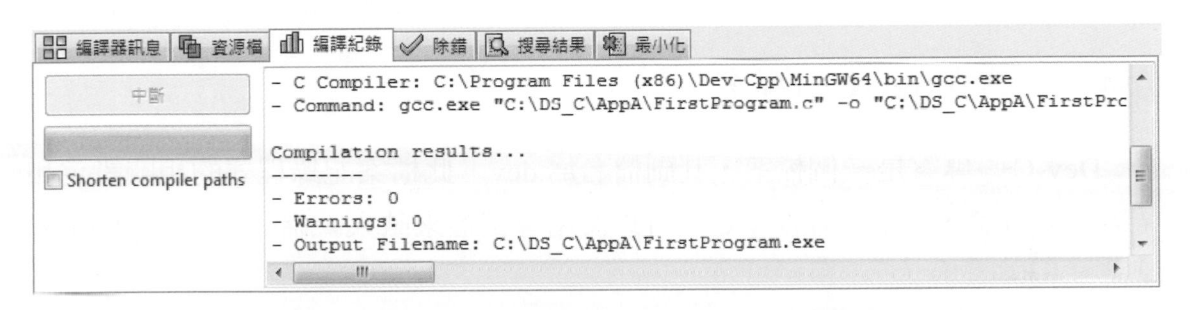

Step 2 如果程式沒有錯誤，編譯成功後，就會自動開啟「命令提示字元」視窗顯示執行結果，如下圖所示：

在上述視窗顯示執行結果的一段文字內容，按 Enter 鍵結束程式執行和關閉視窗（新版Dev-C++需按二次 Enter 鍵）。

說明

Dev-C++整合開發環境可以將編譯和執行步驟分開來執行，即先執行「執行>編譯」指令編譯C程式，確認沒有錯誤後，再執行「執行>執行」指令執行建立的C程式。

對於書附光碟的C範例程式，請執行「檔案>開啓舊案」指令開啓C程式檔案，然後參閱步驟三來編譯和執行C程式。

A-4 Dev-C++的專案管理

Dev-C++的「專案」（projects）可以幫助程式設計者開發和維護大型C程式，在專案包含程式檔案和相關檔案清單，程式檔案所在路徑和相關編譯設定等資訊。例如：C語言的模組是由.h標頭檔和.c的程式檔組成，我們可以使用Dev-C++專案來管理模組的程式檔案。

A-4-1 建立Dev-C++專案

Dev-C++專案是一個檔案，其副檔名爲.dev，此檔案記錄程式的相關設定和專案所屬的檔案清單，在Dev-C++可以使用專案檔來載入、儲存、編譯和執行C程式。

筆者準備建立名爲FirstProject.dev的專案，將模組檔案Compare.h和Compare.c加入專案，然後在主程式main.c呼叫2次cmpresult()模組函數，其步驟如下所示：

Step 1 請將「\DS_C\AppA」資料夾的Compare.h和Compare.c程式檔案複製至「Project」子資料夾。

Step 2 啓動Dev-C++開啓「Project」子資料夾的Compare.c程式檔案，在程式開頭新增含括Compare.h標頭檔的程式碼，如下所示：

```
#include "Compare.h"
```

Step 3 在儲存後，請執行「檔案>關閉檔案」指令關閉Compare.c程式檔案。

Step 4 請執行「檔案>開新檔案>專案」指令，可以看到「建立新專案」對話方塊。

Step 5 在【Basic】標籤選【Console Application】，在右下方框選【C專案】，【名稱】欄輸入專案名稱【FirstProject】，按【確定】鈕。

Step 6 在「另存新檔」對話方塊的【儲存於】欄切換到路徑「C:\DS_C\AppA\Project」，在【檔名】欄是與專案名稱同名的【FirstProject.dev】，按【存檔】鈕儲存專案。

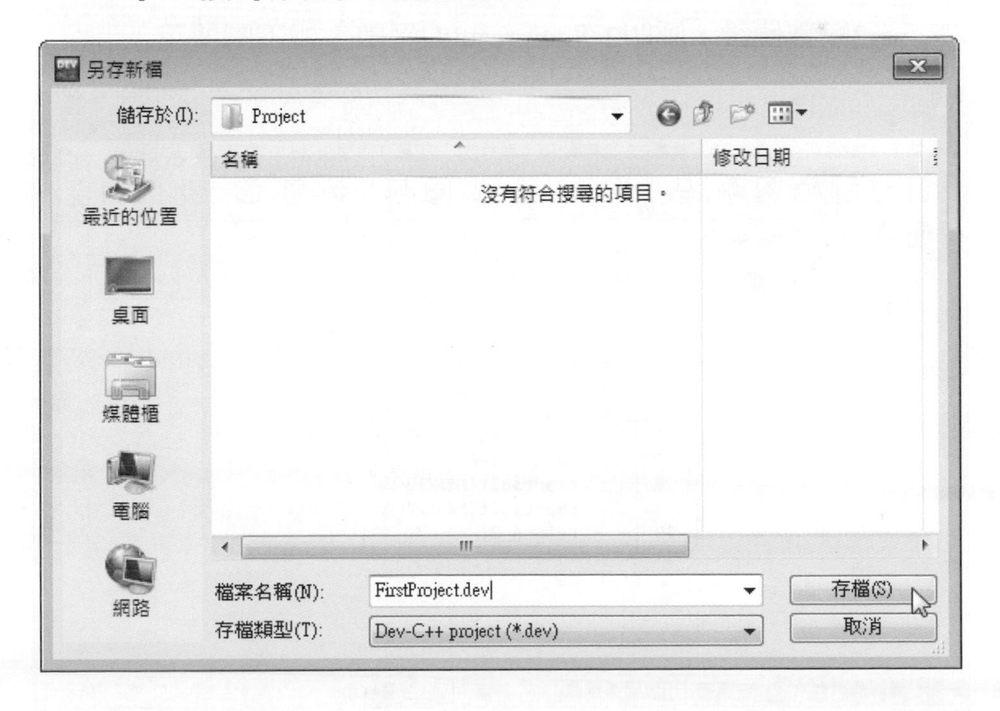

Step 7 在「專案/類別瀏覽」視窗可以看到新增的專案FirstProject。

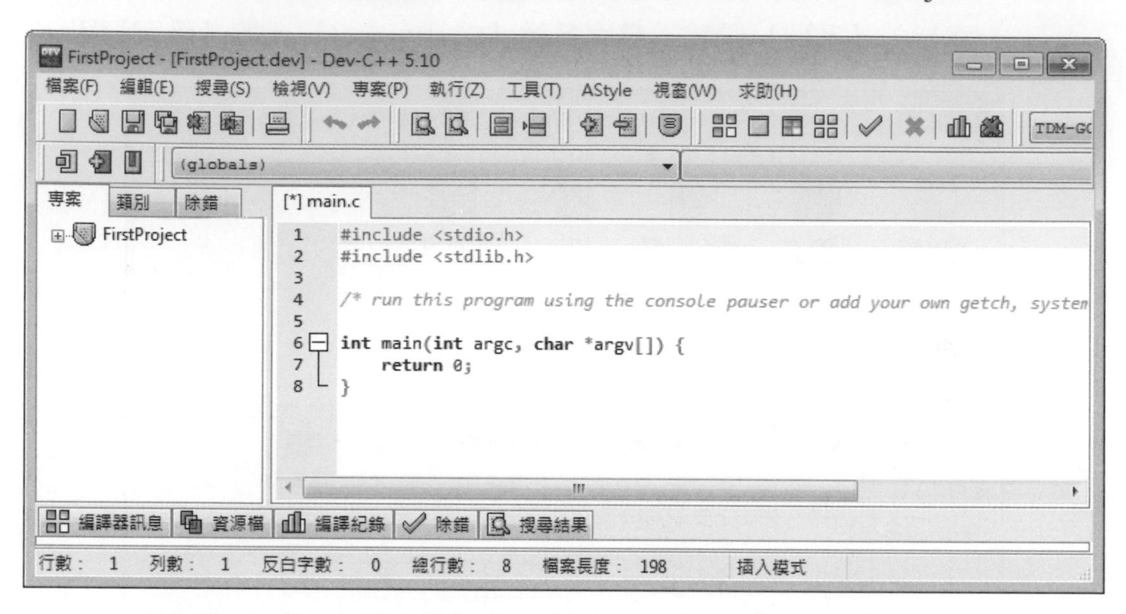

上述Dev-C++專案預設建立名為main.c的C程式檔案（在儲存時可以更改檔名），在右邊編輯視窗是預設建立的程式碼內容。

Step 8 在編輯視窗輸入C程式碼含括模組Compare.h標頭檔，和指定var1和var2變數值後，呼叫2次cmpresult()函數，如下圖所示：

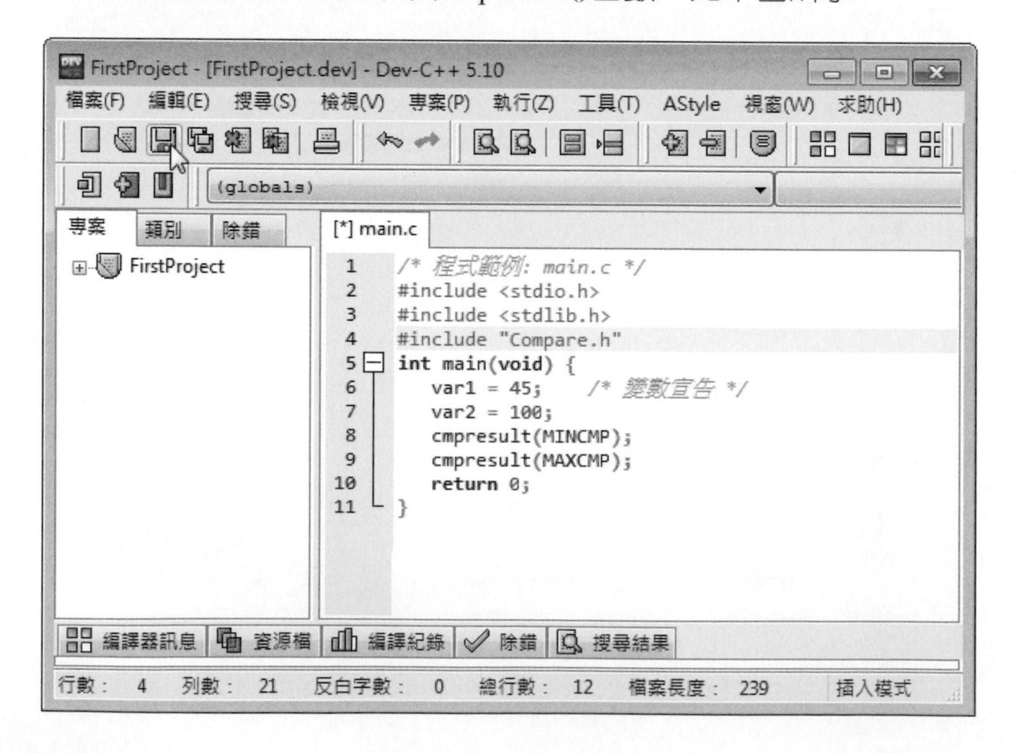

Step 9 按游標所在【儲存】鈕，可以看到「儲存檔案」對話方塊。

Step10 在【檔案名稱】欄輸入【main.c】，【存檔類型】為【C source (*.c)】，按【存檔】鈕儲存程式檔案。

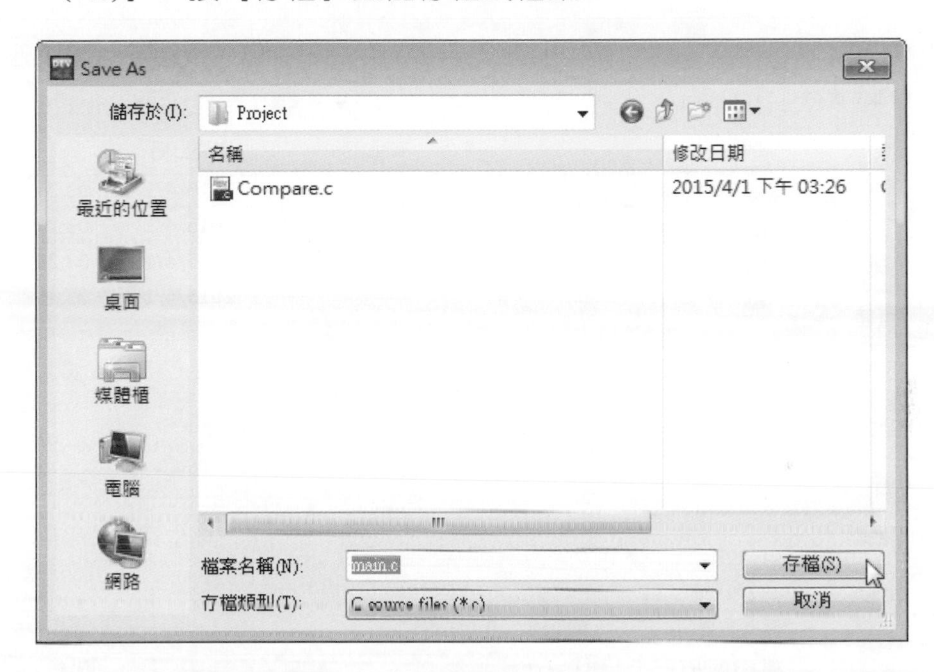

Step11 在「專案/類別瀏覽」視窗展開【FirstProject】專案，可以看到新增的main.c檔案，在【FirstProject】專案上執行【右】鍵快顯功能表的【將檔案加入專案】指令，

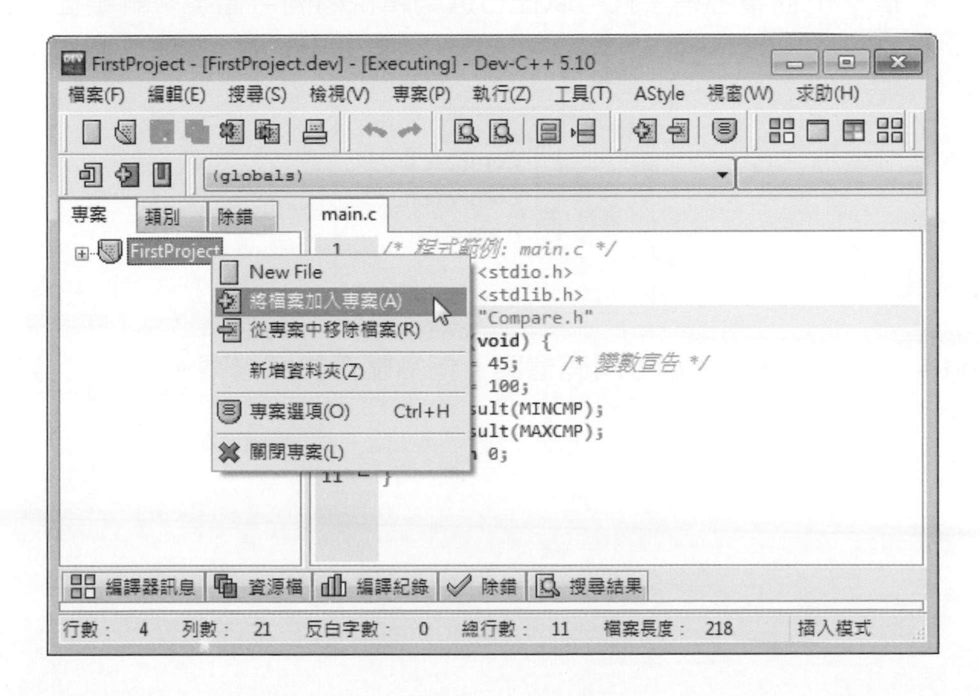

Step12 請同時按下 Ctrl 和 Shift 鍵和檔名選取多個加入專案的程式檔案，以此例是Compare.h和Compare.c，按【開啟舊檔】鈕將程式檔案加入專案。

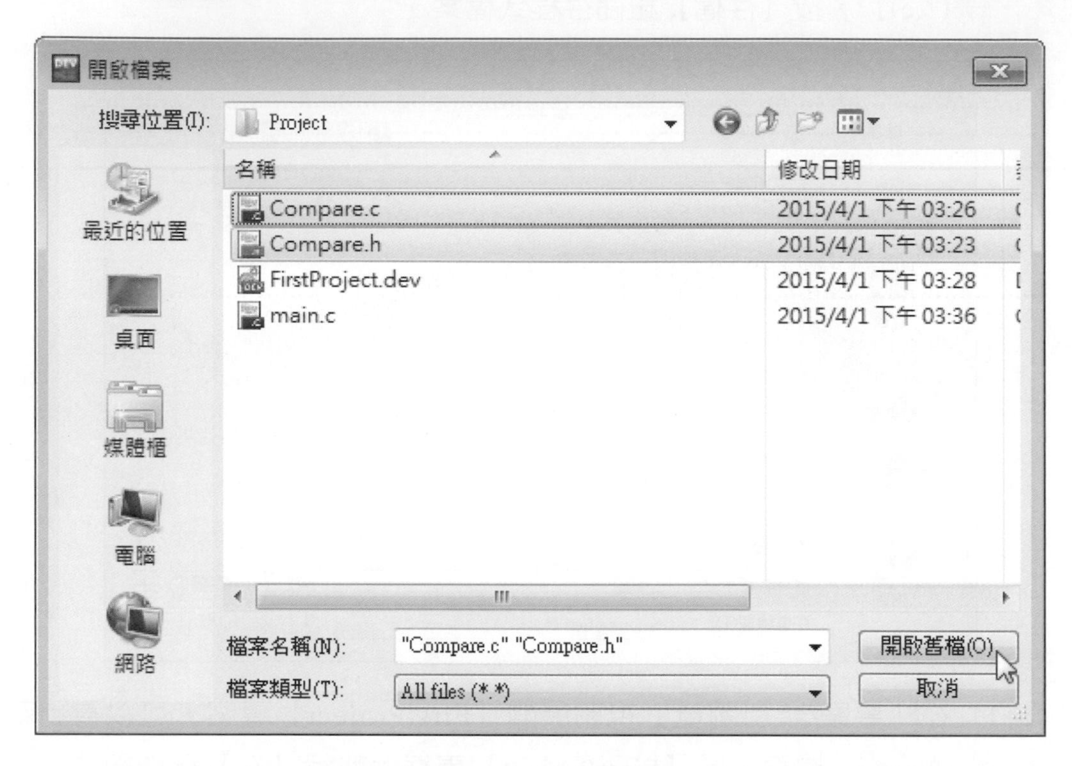

Step13 在【專案】標籤顯示專案的程式檔案清單，我們只需在檔案清單上按一下檔案名稱，就可以在右邊編輯視窗開啟檔案來編輯程式碼。

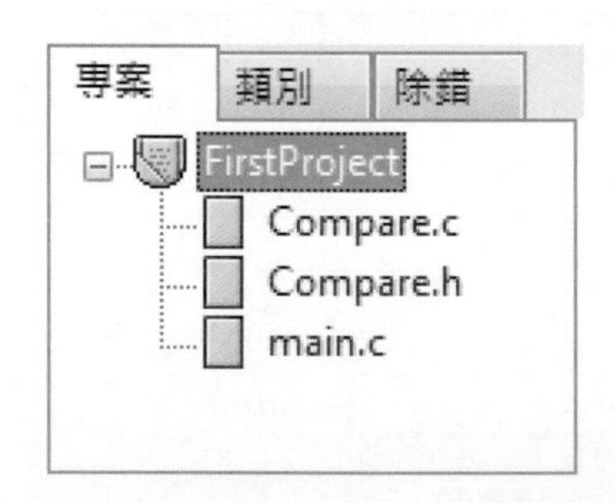

Step14 請執行「檔案>儲存所有檔案」指令儲存專案檔案。

Step15 請執行「執行>編譯並執行」指令或按 F11 鍵，如果程式沒有錯誤，可以看到專案的執行結果，如下圖所示：

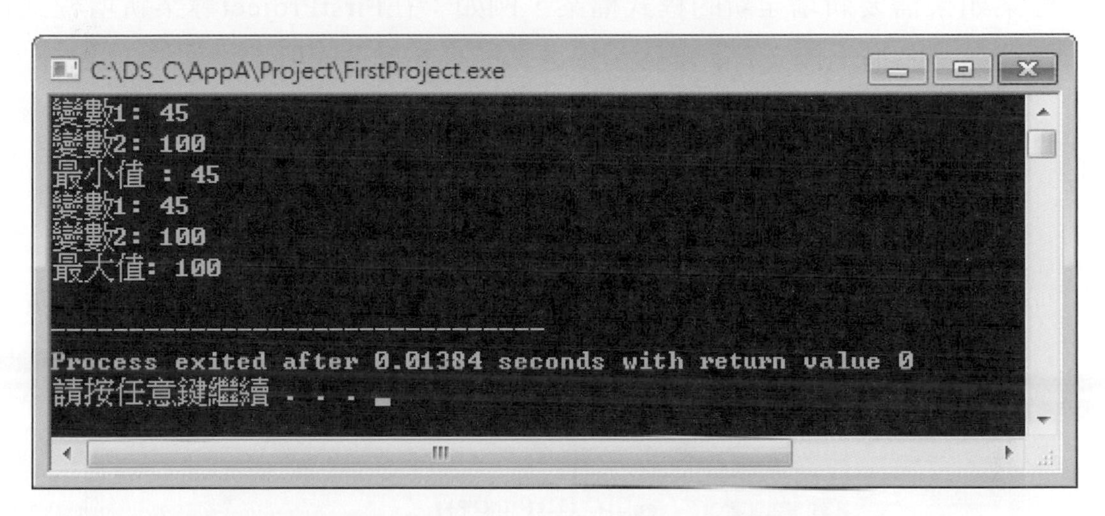

上述視窗顯示程式的執行結果，按任意鍵結束執行和關閉此視窗。如果已經完成專案的建立，請執行「檔案>關閉專案」指令關閉目前開啓的專案。

A-4-2 專案管理的基本操作

Dev-C++的專案管理除了可以新增存在的C程式檔案，還可以在專案的檔案清單新增、刪除程式檔案或重新命名檔案。

開啓Dev-C++專案

當啓動Dev-C++後，請執行「檔案>開啓舊檔」指令，可以看到「開啓檔案」對話方塊。

在【檔案類型】選【dev-c++ project(*.dev)】類型，可以看到專案的檔案清單，選取後，按【開啓舊檔】鈕即可開啓存在的專案。

在專案新增檔案

專案如果需要新增全新的程式檔案，例如：在FirstProject專案新增程式檔案，請在專案名稱上按【右】鍵顯示快顯功能表，如下圖所示：

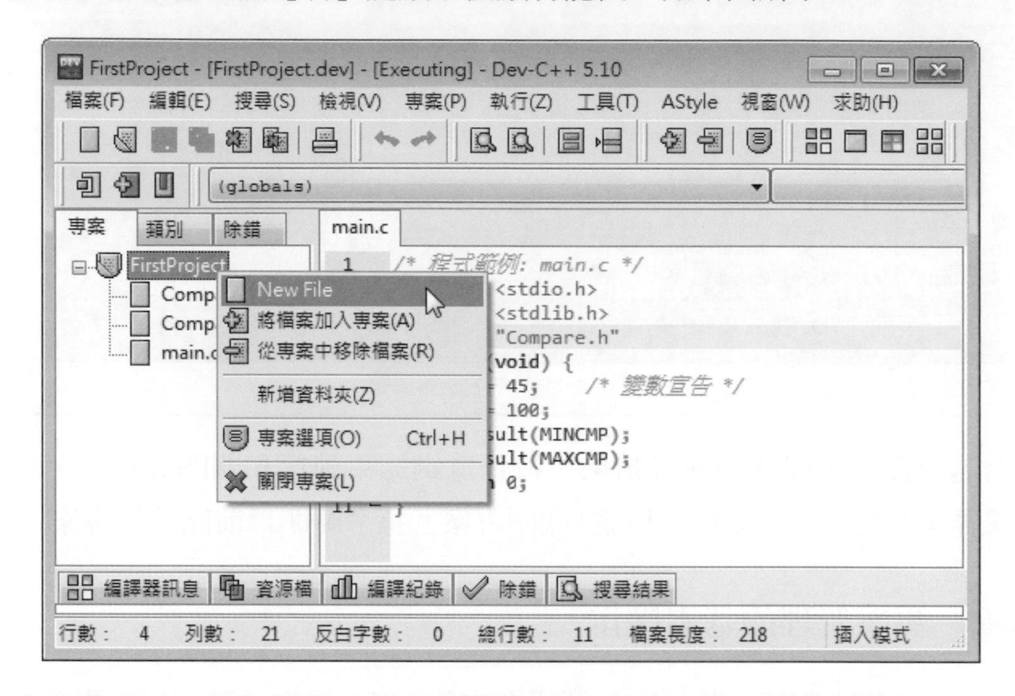

執行【New File】指令，可以新增名為【新文件?】的程式檔案，在右邊就會顯示新文件的編輯視窗，然後在編輯視窗輸入程式碼，儲存檔案來新增專案的程式碼檔案。

重新命名程式檔案

在專案檔案清單的檔案可以直接重新命名，請在檔案上執行【右】鍵快顯功能表的【重新命名】指令，可以看到「重新命名檔案」對話方塊。

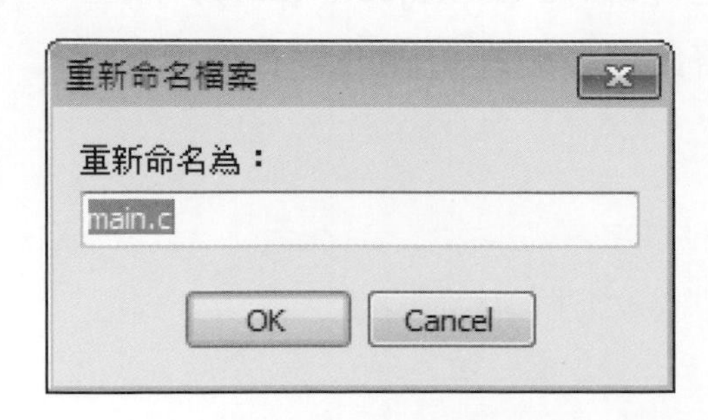

在【重新命名為:】欄輸入新檔名，按【OK】鈕即可更改檔案名稱。

移除程式檔案

在專案中如果有不再需要的檔案，我們可以將此檔案從專案中移除，請在欲移除檔案上執行【右】鍵快顯功能表的【移除檔案】指令移除專案的檔案。請注意！此操作只是將檔案從專案檔案清單中移除，並不是真的刪除檔案。

A-5 Dev-C++的可攜式版本

Orwell Dev-C++可攜式版本是使用7Z壓縮格式，我們只需解壓縮此檔案【Dev-Cpp 5.x TDM-GCC x64 4.x Portable.7z】，就可以執行可攜式版本的Dev-C++，如下圖所示：

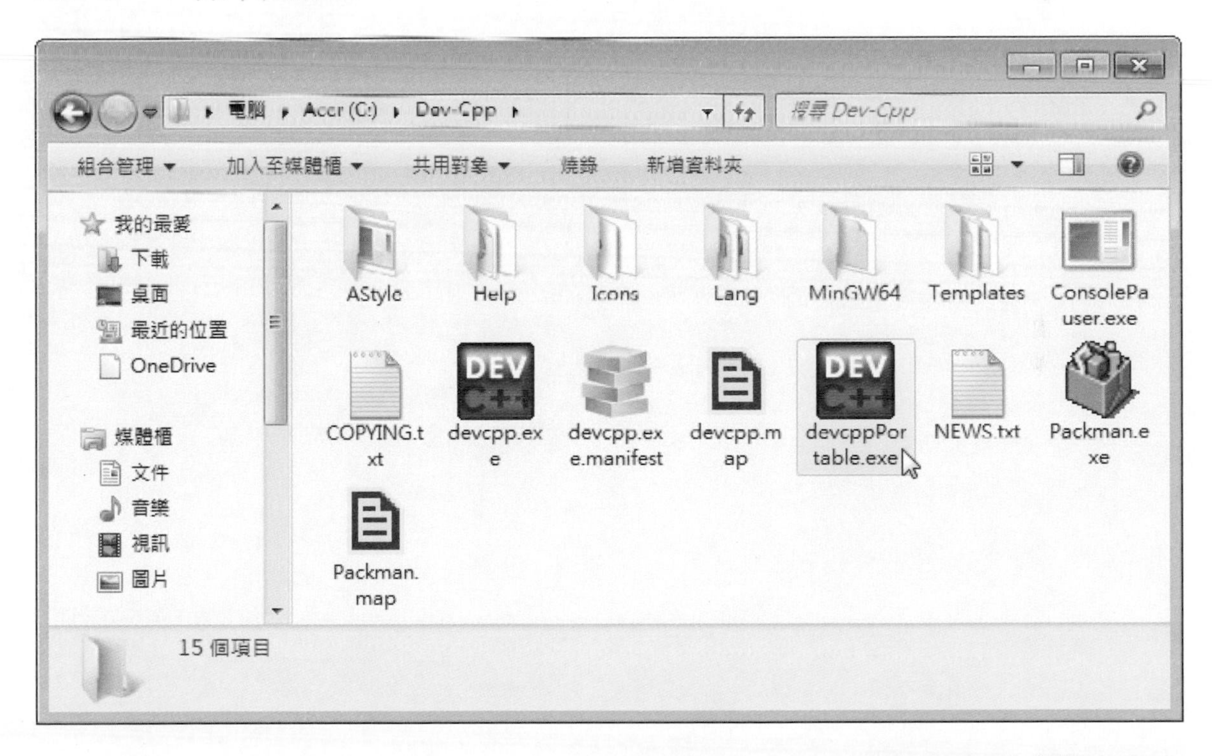

請按二下【devcppPortable.exe】執行檔啓動Dev-C++可攜式版本（請注意！第1次啓動一樣需要設定Dev-C++）。現在，Windows電腦不用安裝Dev-C++，我們只需將Dev-C++可攜式版本解壓縮至USB行動碟，就可以隨時隨地測試開發C/C++程式。

Memo

Chapter B

ASCII碼對照表

ASCII碼	符號	HTML碼	ASCII碼	符號	HTML碼
32	SPACE		80	P	P
33	!	!	81	Q	Q
34	"	"	82	R	R
35	#	#	83	S	S
36	$	$	84	T	T
37	%	%	85	U	U
38	&	&	86	V	V
39	'	'	87	W	W
40	(	(	88	X	X
41	)	)	89	Y	Y
42	*	*	90	Z	Z
43	+	+	91	[	[
44	,	,	92	\	\
45	-	-	93	]	]
46	.	.	94	^	^
47	/	/	95	_	_
48	0	0	96	`	`
49	1	1	97	a	a
50	2	2	98	b	b
51	3	3	99	c	c
52	4	4	100	d	d
53	5	5	101	e	e
54	6	6	102	f	f
55	7	7	103	g	g
56	8	8	104	h	h
57	9	9	105	i	i
58	:	:	106	j	j
59	;	;	107	k	k
60	<	<	108	l	l
61	=	=	109	m	m
62	>	>	110	n	n
63	?	?	111	o	o

ASCII碼	符號	HTML碼	ASCII碼	符號	HTML碼
64	@	@	112	p	p
65	A	A	113	q	q
66	B	B	114	r	r
67	C	C	115	S	s
68	D	D	116	t	t
69	E	E	117	u	u
70	F	F	118	v	v
71	G	G	119	w	w
72	H	H	120	x	x
73	I	I	121	y	y
74	J	J	122	z	z
75	K	K	123	{	{
76	L	L	124	|		
77	M	M	125	}	}
78	N	N	126	~	~
79	O	O	127	DEL	

Memo

Memo

Memo

Memo

國家圖書館出版品預行編目資料

資料結構入門：使用 C 語言/陳會安編著. -- 修訂一版. -- 新北市：全華圖書股份有限公司, 2021.11

面；　公分

ISBN 978-986-503-968-4(平裝)

1.資料結構 2.C(電腦程式語言)

312.73　　110018576

資料結構入門－使用 C 語言

(修訂版)(附範例光碟)

作者 / 陳會安

發行人 / 陳本源

執行編輯 / 王詩蕙

出版者 / 全華圖書股份有限公司

郵政帳號 / 0100836-1 號

印刷者 / 宏懋打字印刷股份有限公司

圖書編號 / 06286017

修訂一版 / 2021 年 11 月

定價 / 新台幣 480 元

ISBN / 978-986-503-968-4(平裝)

全華圖書 / www.chwa.com.tw

全華網路書店 Open Tech / www.opentech.com.tw

若您對書籍內容、排版印刷有任何問題，歡迎來信指導 book@chwa.com.tw

臺北總公司(北區營業處)

地址：23671 新北市土城區忠義路 21 號

電話：(02) 2262-5666

傳真：(02) 6637-3695、6637-3696

南區營業處

地址：80769 高雄市三民區應安街 12 號

電話：(07) 381-1377

傳真：(07) 862-5562

中區營業處

地址：40256 臺中市南區樹義一巷 26 號

電話：(04) 2261-8485

傳真：(04) 3600-9806(高中職)

(04) 3601-8600(大專)

（請由此線剪下）

歡迎加入 全華會員

● 會員獨享

會員享購書折扣、紅利積點、生日禮金、不定期優惠活動…等。

● 如何加入會員

填妥讀者回函卡直接傳真（02）2262-0900 或寄回，將由專人協助登入會員資料，待收到 E-MAIL 通知後即可成為會員。

如何購買 全華書籍

1. 網路購書

全華網路書店「http://www.opentech.com.tw」，加入會員購書更便利，並享有紅利積點回饋等各式優惠。

2. 全華門市、全省書局

歡迎至全華門市（新北市土城區忠義路 21 號）或全省各大書局、連鎖書店選購。

3. 來電訂購

(1) 訂購專線：(02) 2262-5666 轉 321-324
(2) 傳真專線 (02) 6637-3696
(3) 郵局劃撥（帳號：0100836-1　戶名：全華圖書股份有限公司）
※ 購書未滿一千元者，酌收運費 70 元。

全華網路書店 www.opentech.com.tw
E-mail: service@chwa.com.tw

※ 本會員制如有變更則以最新修訂制度為準，造成不便請見諒。

廣　告　回　信
板橋郵局登記證
板橋廣字第540號

行銷企劃部　收

23671 新北市土城區忠義路 21 號
全華圖書股份有限公司

讀者回函卡

填寫日期：　/　/

姓名：＿＿＿＿　生日：西元＿＿年＿＿月＿＿日　性別：□男 □女

電話：(　)＿＿＿＿　傳真：(　)＿＿＿＿　手機：＿＿＿＿

e-mail：(必填)＿＿＿＿

註：數字零，請用 Φ 表示，數字 1 與英文 L 請另註明並書寫端正，謝謝。

通訊處：□□□□□

學歷：□博士 □碩士 □大學 □專科 □高中・職

職業：□工程師 □教師 □學生 □軍・公 □其他

學校 / 公司：＿＿＿＿　科系 / 部門：＿＿＿＿

・需求書類：

□ A. 電子 □ B. 電機 □ C. 計算機工程 □ D. 資訊 □ E. 機械 □ F. 汽車 □ I. 工管 □ J. 土木

□ K. 化工 □ L. 設計 □ M. 商管 □ N. 日文 □ O. 美容 □ P. 休閒 □ Q. 餐飲 □ B. 其他

・本次購買圖書為：＿＿＿＿　書號：＿＿＿＿

・您對本書的評價：

封面設計：□非常滿意 □滿意 □尚可 □需改善，請說明＿＿＿＿

內容表達：□非常滿意 □滿意 □尚可 □需改善，請說明＿＿＿＿

版面編排：□非常滿意 □滿意 □尚可 □需改善，請說明＿＿＿＿

印刷品質：□非常滿意 □滿意 □尚可 □需改善，請說明＿＿＿＿

書籍定價：□非常滿意 □滿意 □尚可 □需改善，請說明＿＿＿＿

整體評價：請說明＿＿＿＿

・您在何處購買本書？

□書局 □網路書店 □書展 □團購 □其他＿＿＿＿

・您購買本書的原因？（可複選）

□個人需要 □幫公司採購 □親友推薦 □老師指定之課本 □其他＿＿＿＿

・您希望全華以何種方式提供出版訊息及特惠活動？

□電子報 □ DM □廣告（媒體名稱＿＿＿＿）

・您是否上過全華網路書店？（www.opentech.com.tw）

□是 □否　您的建議＿＿＿＿

・您希望全華出版那方面書籍？＿＿＿＿

・您希望全華加強那些服務？＿＿＿＿

～感謝您提供寶貴意見，全華將秉持服務的熱忱，出版更多好書，以饗讀者。

全華網路書店 http://www.opentech.com.tw　客服信箱 service@chwa.com.tw

2011.03 修訂

親愛的讀者：

感謝您對全華圖書的支持與愛護，雖然我們很慎重的處理每一本書，但恐仍有疏漏之處，若您發現本書有任何錯誤，請填寫於勘誤表內寄回，我們將於再版時修正，您的批評與指教是我們進步的原動力，謝謝！

全華圖書　敬上

勘　誤　表

書　號		書　名	作　者
頁　數	行　數	錯誤或不當之詞句	建議修改之詞句

我有話要說：（其它之批評與建議，如封面、編排、內容、印刷品質等・・・）